"十三五"艺术类专业规划教材

建筑装饰预算

吴承钧　　主编

河南科学技术出版社

·郑州·

图书在版编目（CIP）数据

建筑装饰预算/吴承钧主编 . —郑州：河南科学技术出版社，2015.10
ISBN 978 - 7 - 5349 - 7939 - 2

Ⅰ . ①建… Ⅱ . ①吴… Ⅲ . ①建筑装饰 - 建筑预算定额 Ⅳ . ①TU723.3

中国版本图书馆 CIP 数据核字（2015）第 220142 号

出版发行：河南科学技术出版社
地址：郑州市经五路 66 号 邮编：450002
电话：(0371) 65788001 65788624
网址：www.hnstp.cn

策划编辑：孙 彤
责任编辑：张晓东
责任校对：柯 姣
封面设计：张 伟
责任印制：张 巍
印 刷：河南龙华印务有限公司
经 销：全国新华书店
幅面尺寸：185mm×260mm 印张：23.25 字数：600 千字
版 次：2015 年 10 月第 1 版 2015 年 10 月第 1 次印刷
定 价：49.00 元

如发现印、装质量问题，影响阅读，请与出版社联系并调换。

编委会

前　言

随着我国建设行业的快速发展,越来越多的跨国合作和国际合作出现,这意味着中国工程造价事业需要更为宽松的行政管制和更为专业的合同体系,造价工程师、咨询工程师以及工程造价咨询机构执业资格制度的完善和发展,工程造价行业正以较快的步伐与国际惯例接轨。为适应建设市场的发展需求,培养符合时代要求的专业性及实用性工程造价人员,也为在校生今后就业提供一个更为完善的发展平台,满足建设行政主管部门、工程造价咨询机构、项目业主及承建单位对专业化工程造价人员的迫切需要,我们从理论和实际相结合的角度编写了这本《建筑装饰预算》。

本书系统地阐述了建筑装饰工程造价的基础知识、工程造价的构成、工程造价的依据以及工程计量的原理和方法,并密切关注我国工程造价行业的发展现状及改革趋势,充分考虑了从传统的定额取费模式到清单计价的市场定价模式的过渡。对建筑装饰工程不同阶段的计价方法,如招标工程量清单、招标控制价、投标总价、竣工结算整个工程量清单计价系统及规范进行了较为详细的归纳,主要阐述了建筑装饰工程造价的组成原理及实际案例的编制填写。

本书不仅对建筑装饰工程预算的编制原则、编制程序、编制方法进行重点介绍,也对《建设工程工程量清单计价规范》进行了较详尽的剖析。从简化到复杂,从市场常规到国际规范,系统地阐述了工程造价的理论基础知识、工程造价的构成、工程造价的依据以及工程计量的原理和方法,充分考虑了从传统的定额取费模式到清单计价的市场定价模式的过渡。

本书在内容编排上,紧扣2013版《清单计价规范》,并参考了我国造价师及咨询师考试大纲的重点内容,力求实现专业人才培养与执业资格认证的顺利对接。特别是第二部分清单计价,以工程计价文件,从招标工程量、招标控制价、投标总价和竣工总价等四个不同阶段的计价方式为重点内容进行介绍,对其在2013版《清单计价规范》中的各自规定和要求,相应的清单表格填写方式等均做了详细的分析,最后引入实际案例进行计算和相应的预算表格填写,紧密结合本地区实际情况,内容新,适用性强,图文并茂,以期读者能尽快适应工程量清单计价模式。

希望借助本书能够帮助学习者更为全面和系统的对工程造价进行认识,注重到理论对预算表格填写的指导价值,并能针对具体工程造价案例进行正确计算、规范填写和使用清单,尽快适应新形势下工程造价的要求和规定。

本书经过编委会全体成员通力合作撰写而成,其中吴承钧负责全书的框架起草和写作指导工作;徐文娟撰写第一部分第一、二章,第二部分第一章第一节,第六章第一、四、五、六节;张丹撰写第一部分第三、四章,第五章第一节,第六章;吴艺珂撰写第一部分第九章;宋珂撰写第一部分第五章;杨亚南撰写第一部分第七、八章;王永强、张晓辉撰写第一部分第十章;王红撰写第二部分第四章第二节;马召民撰写第二部分第三章;刘予申撰写第二部分第一章第二节,第五章,第六章第二节;李君君撰写第二部分第一章第四节;张弛撰写第二部分第六章第三节;张嘉兴撰写第二部分第一章第三节,第四章第一节;褚楚撰写第一部分第五章第八节,第二部分第一章第五节;韩萍毅撰写第二部分第二章。此外,于晓颖、范嘉迪、许言、吴陈艺航参与了整书的编写工作。

　　本书编写过程中,参考了大量专家、学者论著中的相关文献和资料,并借鉴了其中一些,在此向这些作者表示衷心感谢。

吴承钧
2015 年 8 月

目　录

第一部分

定额计价

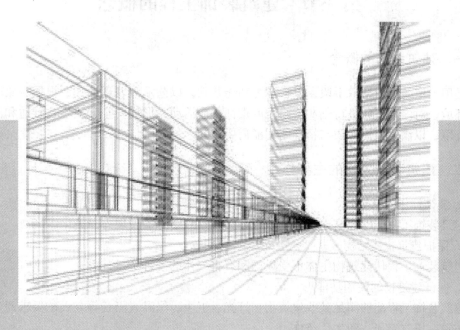

第一章 建筑装饰工程概述

建筑装饰工程预算是施工企业管理科学发展的产物，它为企业科学管理提供了基本数据，是企业实现科学管理的必备条件。我国建筑装饰工程预算，是随着经济的快速发展，改革开放政策的正确贯彻，以及旅游事业的兴盛而发展起来的。建筑装饰行业作为一个独立的与建筑业平行发展的综合行业，在国民经济的发展中发挥着重要的作用。建筑装饰工程预算在建筑装饰行业的管理中有着重要的地位，随着市场经济的蓬勃发展和建筑装饰行业管理体制的逐步健全和完善，它必将适应新的形势和时代要求，在科学管理的道路上发挥着更大的作用。

第一节 建筑装饰工程的概念

一、建筑装饰的概念

运用一定的物质技术手段，以科学为功能基础，以艺术为表现形式，根据对象所处的特定环境，对内部空间进行创造与组织的理性创造活动，形成安全、卫生、舒适和优美的内部环境，以满足人们物质与精神的功能需要。

二、建筑装饰工程的主要作用

1. 装饰性作用
建筑装饰工程能够丰富建筑设计效果和体现建筑艺术的表现力，美化建筑物。
2. 保护建筑主体结构
建筑装饰工程使建筑物主体不受风雨和有害气体的侵害。
3. 保证建筑物的使用功能
建筑装饰工程能够满足某些建筑物在灯光、卫生、保温、隔音等方面的要求而进行的各种布置，以改善居住和生活条件。
4. 强化建筑物的空间序列
建筑装饰工程对公共娱乐设施、商场、写字楼等建筑物的内部合理地进行布局和分隔，以满足在使用过程中的各种需求。
5. 强化建筑物的意境和气氛
建筑装饰工程对室内外的环境进行再创造，从而达到满足精神需求的目的。

第二节　建筑装饰工程的分类

建筑装饰工程项目也称为投资项目、工程项目，或者简称为项目，但都是指需要一定量的投资，并经过决策和实施等一系列程序，在特定的条件下以形成固定资产为明确目标的行为。根据这个特征，在实际工作中所确定的某个建设项目，主要看在一个总体设计范围内，是否形成固定资产为特定目标，是否符合预定投资数量的范围之内。

一个建筑装饰工程项目的分类，可以有若干个相互关联的单项工程所组成，这些单项工程也可以跨域几个年度或分期分批建设。

建筑装饰工程项目从提出建设的设想、建议、方案选择、评估、决策、勘察设计、施工到项目竣工、投产或投入使用，这一全过程必须经过各个阶段、各个环节，都有固定的先后顺序，必须循序渐进。每个建筑装饰工程项目的工期不同，短则一两个月，长则一两年，建设一旦开始，要求连续不断地进行下去，直到竣工投入使用。

由于建筑装饰工程造价的计算比较复杂，所以为了能够确保工程造价的准确性，必须把建筑装饰工程的组成分解为简单的、便于计算的基本构成项目。汇总这些基本项目求出工程总造价。

建设项目的种类繁多，可以从不同的角度进行划分。如按照管理需要分类，可分为基本建设项目和技术改造项目两大类；按投资资源分类，可分为以国家预算内拨款（基本建设资金）、银行基本建设贷款为主的基本建设项目，以及利用企业基本折旧基金、自有资金和银行技术改造贷款为主的技术改造项目；按照建设规模分类，可分为大型、中型和小型三类；按照建设阶段分类，可分为预备项目、筹建项目、施工项目、建设投产项目、收尾项目、全部竣工项目和停缓建项目七类。而对于建设项目分类而言，最为常用的是按照它组成内容的不同，从大到小，把一个建设项目划分为单项工程、单位工程、分部工程以及分项工程等项目。

一、建设项目

建设项目一般是指有一个设计任务书，按一个总体设计进行施工，经济上实行独立核算，营运上有独立法人组织建设的管理单位，并且是由一个或一个以上的单项工程组成的新增固定资产投资项目，如一个工厂、一个矿山、一条铁路、一所医院、一所学校等。建设项目的工程造价一般是由编制设计总概算（又称设计预算）或修正概算来确定的。

二、单项工程

单项工程是建设项目的组成部分。

所谓单项工程（或称工程项目），是指能够独立设计、独立施工，建成后能够独立发挥生产能力或工程效益的工程项目，如生产车间、办公楼、影剧院、教学楼、食堂、宿舍楼等。它是建设项目的组成部分，其工程造价是由编制单项工程综合概（预）算确定的。一个建设项目可以有一个投资主体，也可以有若干个投资主体，这些投资主体本身又是独立核算、互不相关的，但作为共同投资的对象，实行统一核算、统一管理，是一个建设项目，即联合投资的建设项目。对同属于一个部门、一个地区或一个企业集团，但不属于一个总体设计范围，互不关联又分别核算、分别管理的工程，不能"捆"起来作为一个建设项目。

单项工程是具有独立存在意义的一个完整的建筑、装修及设备安装工程，也是一个复杂的综合体。为了便于计算工程造价，单项工程仍需进一步分解为若干单位工程。

三、单位工程

单位工程是单项工程的组成部分。

单位工程一般是指具有独立设计文件，可以独立组织施工和单独成为核算对象，但建成后一般不能单独进行生产或发挥效益的工程项目。它是单项工程的组成部分，如一个车间由土建工程和设备安装工程组成。

比如建筑工程，包括一般土建工程、工业管道工程、电气照明工程、卫生工程、庭园工程等单位工程。建筑装饰工程包括楼地面工程，墙地面工程，天棚工程，门窗工程，油漆、涂料、裱糊工程以及其他工程。如果其中某单项工程只有一个单位工程，这个工程项目既是单项工程，又是单位工程。单位工程是编制设计总概算、单项工程综合概（预）算的基本单位。单位工程造价一般可由编制施工图预算（或单位工程设计概算）确定。

总之，单位工程是可以独立设计，也可以独立施工，但不能独立形成生产能力与发挥效益的工程。

四、分部工程

分部工程是单位工程的组成部分。

分部工程是按照建筑物或构筑物的结构部位或主要的工种工程划分的工程分项，如基础工程、主体工程、钢筋混凝土工程、楼地面工程、屋面工程等。又如楼地面工程又可分为若干分项工程。分部工程费用是单位工程造价的组成部分，也是按分部工程发包时确定承发包合同价格的基本依据。

五、分项工程

分项工程是分部工程的组成部分。

分项工程是分部工程的细分，是建设项目最基本的组成单元，是最简单的施工过程，也是工程预算分项中最基本的分项单元。一般是按照选用的施工方法，所使用的材料及结构构件规格等不同因素划分的施工分项，用较为简单的施工过程可以完成。

例如，在楼地面工程中（地面石材饰面铺装施工）可分为基层处理、找规矩、试拼、试排、板块浸水、摊铺砂浆找平层，以及对缝镶条、灌缝、踢脚板镶贴、上蜡等分项工程；又如天棚工程（平面木质吊顶施工）可分为施工前期施工准备、木龙骨吊装工艺两个分项工程，但细分可为施工条件检查、放线（标高线、造型位置线、吊点位置）、制作与安装吊件、固定标高线木方条、木龙骨防火处理、木龙骨架的地面拼接等分项工程。

分项工程是单项工程组成部分中最基本的构成要素，都能用最简单的施工过程去完成。每个分项工程都可以用一定的计量单位计算，（如墙的计量单位为 $10m^3$，楼地面的计量单位为 $100m^2$），并能计算出某一定量分项工程所需耗用的人工、材料和机械台班的数量。

综上所述，一个建设项目是由一个或几个单项工程组成的，一个单项工程是由几个单位工程组成的，一个单位工程又可以划分为若干分部工程，一个分部工程又可以划分为许多分项工程。因此，正确地划分该预算编制对象的分项，是能否有效地计算每个分项工程的工程实体数量（一般简称为"工程量"）、正确编制和套用概（预）算定额、计算每个分项工程的单位基价、准确可靠地编制工程概（预）算造价的一项十分重要的工作。

划分建设项目一般是分析它包含几个单项工程（也可能是一个建设项目只有一个单项工程），然后按单项工程、单位工程、分部工程、分项工程的顺序逐步细分，即由大项到细项进行划分。概（预）算造价的形成（或计算分析）过程，是在确定项目划分的基础上进行，具体计算工作是由分项工程工程量开始，并以有关工程造价主管部门颁布的相关概（预）算定额标准中的相应分项工程基价为依据，按分项工程、分部工程、单位工程、单项工程、建设项目的顺序计算和编制形成相应产品的工程造价。

第二章　建筑装饰工程预算的分类与作用

　　建筑装饰工程预算是建筑装饰工程施工企业管理科学发展的产物，它为企业科学管理提供了基本数据，是企业实现科学管理的必备条件。我国建筑装饰工程预算，是随着经济的快速发展，改革开放政策的正确贯彻，以及旅游事业的兴盛而发展起来的。室内装饰行业作为一个独立的与建筑业平行发展的综合行业，在国民经济的发展中发挥着重要的作用。建筑装饰工程预算在室内装饰行业的管理中有着重要的地位，随着市场经济的蓬勃发展和室内装饰行业管理体制的逐步健全和完善，它必将适应新的形势和时代要求，在科学管理的道路上发挥着更大的作用。

第一节　建筑装饰工程预算的概念

　　设计单位根据建设单位（业主）对工程提出的要求进行设计，并按国家有关编制预算的规定编制施工图预算；施工企业根据建设单位（业主）提供的施工图资料，结合施工方案、预算定额、取费标准、造价管理文件及价格信息等基础资料，计算出建筑装饰工程的建造价格叫建筑装饰工程预算。工程预算是建筑装饰工程产品的"计划"价格，即其价值的货币表现。国家根据价值规律，规定了一整套编制预算的办法，用货币形式表现建筑装饰工程的价值，这就是设计单位和施工企业（承包商）编制的预算。建筑装饰工程预算的误差大小，将直接影响到建设单位的经济支出和施工单位（承包商）的经济收入。

第二节　建筑装饰工程预算的分类

　　建筑装饰工程预算的分类通常有两种方法，即按装饰部位划分和按建筑装饰工程的进展阶段划分。现在最常用的是按建筑装饰工程的进展阶段划分装饰工程预算的方法。

一、按装饰部位划分

（一）室外装饰工程预算
　　室外建筑装饰工程是为了满足或增强建筑外部的视觉艺术效果及城市规划等方面的要求，对建筑物的外部各要素（如墙体、檐口、腰线、窗户、大门、勒脚等外部）做必要的重点修饰。在装饰施工之前，业主和承包商为了掌握室外建筑装饰工程建造价格而做的具有经济分析性质的文件称室外建筑装饰工程预算。

（二）室内装饰工程预算
　　建筑装饰工程是为了满足或增强室内使用功能和视觉艺术效果，对建筑物的内部空间中各要素（如墙体、天棚、地面、门窗及其他设施等部位）做必要的重点修饰。在装饰施工之前，业主和承包商为了掌握建筑装饰工程建造价格而作的具有经济分析性质的文件称为建筑装饰工程预算。

二、按装饰工程的进展阶段划分

（一）装饰工程概算

在建筑装饰工程初步设计阶段，以初步设计阶段的设计图及概算定额或概算指标及其应配套造价文件及规定作为主要计算依据，对拟建装饰工程建设所需费用的投资额进行的概算、估算或报价。

（二）装饰工程施工图预算

装饰工程初步设计完成后，就进入装饰施工图设计阶段。在装饰施工图阶段，以装饰施工图及预算定额作为主要计算依据，对拟建工程的建造价格所进行的较为准确的预算或报价，称装饰工程预算。装饰工程施工图，通俗地讲即是在建筑装饰工程未施工前，在图纸上所拟定的装饰造型式样、装饰材料、工艺作法、要求等。它是施工必须严格执行的图样。这种图样可通俗地理解为设计人员根据建设单位（业主）所确定的装饰标准、要求以及设计规范、设计人员的创意，将头脑中所构思的室内装饰造型式样、做法、色彩及要求等内容表示在图纸上。

（三）装饰工程预算分类

施工图预算、施工预算、竣工结算、竣工决算是装饰工程中重要的四个环节。四者的概念是不同的，不可混淆的。

1. 施工图预算

施工图预算是按照施工图及国家或各省、市、地区颁发的预算定额、费用定额，经过计算得出的建造建筑装饰工程施工所需的全部费用的经济性文件。施工图预算必须要能准确反映工程造价。因为施工图预算的准确性直接关系到国家、企业和个人三者的切身利益，既不能高估预算，也不能低估少算。施工图预算主要用于对外进行招投标时所进行的关于工程造价的计算。

2. 施工预算

施工预算是装饰施工企业内部以施工图为计算对象，对其人工费、材料费和机械台班费消耗用量及费用进行计算的经济性文件。它是工程承包、限额领料及成本核算的依据。施工预算直接受施工图预算的控制。

3. 竣工结算

在工程施工过程中，设计的变更、材料代用、洽谈签证等因素的变化会影响工程价款的增减。考虑到这部分变化，施工企业对所承包的工程按照合同规定建成交付甲方后，向建设单位（业主）最后进行工程价款的计算称竣工结算。

现行建筑装饰工程有的是按一次性包死的承包方式进行的，盈亏均由建筑装饰工程承包企业自负，这就大大简化了竣工结算。竣工结算时施工企业对工程的缺陷责任期未满（保修期内），一般情况下，建设方（业主或甲方）按合同规定扣发5％左右的工程价款作为承包商的质量保证金或违约预留金，待全部缺陷责任期满，用户签发合格证书时退还此款。

4. 竣工决算

建筑装饰工程的竣工决算是以竣工结算为基础进行编制的，它是对从筹建建筑装饰工程开始到工程全部竣工后的费用支出的计算。

第三节　建筑装饰工程预算的作用

目前，我国经济建设正在实现两个根本性的转变，一是经济体制从传统计划经济向市场经济转变，运用市场经济规律来调节建筑装饰工程市场；二是经济的增长从粗放型向集约型转变。建筑装饰工程的施工相当于向社会提供建筑装饰工程产品，施工企业是以销售产品（卖方）的一方出现的，而建设单位（业主）是以买方的身份出现，两者的经济关系是以合同的形式确定的。

一、设计概算的作用

（1）设计概算是编制建筑装饰工程计划、控制建筑装饰工程投资额的文件。设计概算的编制以建筑装饰工程的初步设计图纸及其相应的概算定额、指标为依据的。它所确定的造价是用来控制投资的最高限额。

（2）设计概算是进行建筑装饰工程设计方案比较的依据。因为建筑装饰工程设计往往有很多方案可供选择，但具体用哪一种方案，还需要经过多方面的比较，其中经济比较是非常重要的一个方面，综合各个方案概算投资及其他方面的比较，才可选择出既经济又合理的建筑装饰工程方案。

（3）设计概算是筹集资金，进行拨款、贷款的依据，也是监理工程师控制建筑装饰工程投资的根据。

二、施工图预算的作用

施工图预算是技术准备工作的主要组成部分之一，它是按照施工图确定的工程内容和工程量、施工方案所拟定的施工方法、合同条款规定选用造价文件及取费办法（包括建筑装饰工程预算定额及其取费标准、造价信息等），由设计及施工单位（承包商）编制的确定建筑装饰工程造价的经济文件。

施工图预算的作用是：

（1）它是确定建筑装饰工程造价的依据。

（2）它是建设单位（业主）与施工单位（承包商）进行工程招标、投标、签订工程合同、办理工程拨款和竣工结算的依据。

（3）它是施工企业进行成本核算的依据。作为施工企业，不仅要提供给业主优质合格的建筑装饰工程产品，同时要以低投入、高产出获得更多的经济效益，所以要在保证工程质量的前提下，千方百计降低工程成本，只用通过各种施工方案的比较，预算价格的比较，才能确定盈利还是亏损。

（4）它是施工企业编制施工组织设计的依据。

（5）它是施工企业管理水平的反映，尤其能反映施工企业实行经济承包责任制的效果，从而为其不断进行改善管理体制提供重要手段。

三、施工预算的作用

施工企业为了降低工程成本，提高劳动生产率，加强企业管理，在施工图预算限额的控制下，通过工料分析，在施工组织设计中采用降低工程成本的技术与组织措施，对工程所需的人工、材料、机械台班消耗量及其他费用进行较详细准确的计算，其作用是：

（1）施工预算作为实行班组责任承包任务的依据。

（2）施工预算是施工项目经理向班组下达建筑装饰工程施工任务和进行验收的根据。

（3）施工预算是施工班组实行限额领料、考核单位用工、班组进行经济核算的依据。

（4）施工预算是材料管理部门、劳动力组织部编制劳动力需要量计划、材料供应计划、机具需要计划的重要依据。

（5）施工预算是施工图预算与施工预算进行对比分析，控制成本的有力措施。

第三章 建筑装饰工程预算费用的构成

做出正确的建筑装饰工程预算，必须了解建筑装饰工程造价的构成原理。由于建筑装饰工程中的费用是以货币形式来表现，因而只有剖析建筑装饰工程的组成原理，从而分析工程之间的相互关系才能准确地表达出工程的总体造价。

第一节 工程预算费用的组成原理

目前主要有两种划分方法，一种是按照费用构成要素划分的构成形式，一种是按照造价形成划分的构成形式。

表1-3-1 按费用构成要素划分

建筑安装工程费

- 人工费
  - 1.计时工资或计件工资
  - 2.奖金
  - 3.津贴、补贴
  - 4.加班加点工资
  - 5.特殊情况下支付的工资
- 材料费
  - 1.材料原价
  - 2.运杂费
  - 3.运输损耗费
  - 4.采购及保管费
- 施工机具使用费
  - 1.施工机械使用费
    - ①折旧费
    - ②大修理费
    - ③经常修理费
    - ④安拆费及场外运费
    - ⑤人工费
    - ⑥燃料运力费
    - ⑦税费
  - 2.仪器仪表使用费
- 企业管理费
  - 1.管理人员工资
  - 2.办公费
  - 3.差旅交通费
  - 4.固定资产使用费
  - 5.工具用具使用费
  - 6.劳动保险和职工福利费
  - 7.劳动保护费
  - 8.检验试验费
  - 9.工会经费
  - 10.职工教育经费
  - 11.财产保险费
  - 12.财务费
  - 13.税金
  - 14.其他
- 利润
- 规费
  - 1.社会保险费
    - ①养老保险费
    - ②失业保险费
    - ③医疗保险费
    - ④生育保险费
    - ⑤工伤保险费
  - 2.住房公积金
  - 3.工程排污费
  - 4.危险作业意外伤害保险
- 税金
  - 1.营业税
  - 2.城市维护建设税
  - 3.教育费附加
  - 4.地方教育费附加

- 1.分部分项工程费
- 2.措施项目费
- 3.其他项目费

表1-3-2 按造价形成划分

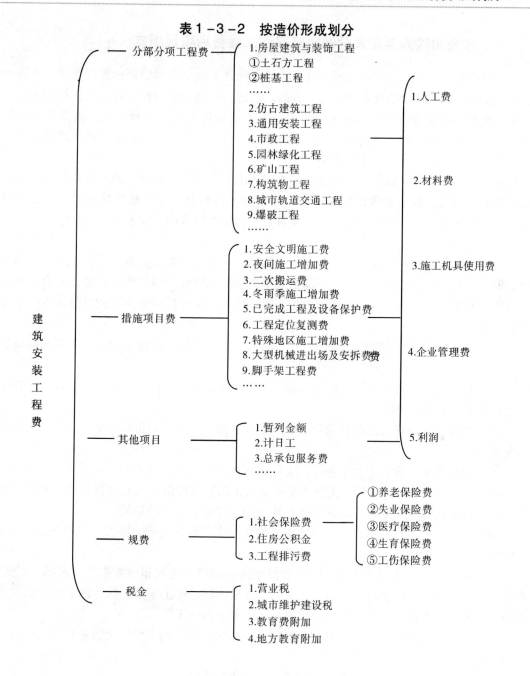

第二节 工程预算费用的构成内容

通过上一节内容的学习，已经了解了建筑装饰工程造价的构成原理。下面将在这两种分法的基础上，详细讲述工程预算费用的构成内容。

一、按费用构成要素划分的建筑安装工程费用项目组成

工程成本，一般是指一项工程预计开支或实际开支的全部固定资产投资费用，在这个意义上工程造价和建设投资的概念是一致的。因此，在讨论建设投资时，经常使用工程造价这个概念。需要指出的是，在实际应用中工程造价还存在另一种含义，就是指工程价格，即为建成一项工程，预计或实际在土地市场、设备市场、技术劳务市场以及承包市场等交易活动中所形成的建设工程价格。

按照费用构成要素划分，建筑安装工程费用由人工费、材料费、施工机具使用费、企业管理费、利润、规费和税金组成。其中人工费、材料费、施工机具使用费、企业管理费、利润包含在分部分项工程费、措施项目费、其他项目费中。如表3-1所示。

1. 人工费

人工费是工程预算造价的一个重要组成部分，同时也是施工企业支付给工人工资的来源。因此正确地确定建筑装饰工程中的工人工资标准，计算分项工程人工费，对合理确定造价，有效地使用装饰资金，促进企业加强经济核算，实行按劳分配，提高劳动生产率有重要意义。

人工费是指按工资总额构成规定，支付给从事建筑安装工程施工的生产工人和附属生产单位工人的各项费用。内容包括：

（1）计时工资或计件工资。这是指按计时工资标准和工作时间或对已做工作按计件单价支付给个人的劳动报酬。

（2）奖金。这是指对超额劳动和增收节支支付给个人的劳动报酬。如节约奖、劳动竞赛奖等。

（3）津贴补贴。这是指为了补偿职工特殊或额外的劳动消耗和因其他特殊原因支付给个人的津贴，以及为了保证职工工资水平不受物价影响支付给个人的物价补贴。如流动施工津贴、特殊地区施工津贴、高温（寒）作业临时津贴、高空津贴等。

（4）加班加点工资。这是指按规定支付的在法定节假日工作的加班工资和在法定日工作时间外延时工作的加点工资。

（5）特殊情况下支付的工资。这是指根据国家法律、法规和政策规定，因病、工伤、产假、计划生育假、婚丧假、事假、探亲假、定期休假、停工学习、执行国家或社会义务等原因按计时工资标准或计时工资标准的一定比例支付的工资。

人工费的调差可按照河南省建设厅文件豫建设标【2015】11号文规定执行（表1-3-3）。

表1-3-3　人工费指导价格

项目分类	工资单价分类	人工单价（元/定额综合工日）
建筑安装市政园林工程	综合	72
装饰工程	单独承包综合	88

各工种信息价格

项目分类	工资单价分类	人工单价（元/天）
工种	普工	100
	木工（模板工）	135
	钢筋工	134
	混凝土工	124
	架子工	135
	砌筑工	134
	抹灰工（一般抹灰）	130
	抹灰、镶贴工	155
	装饰木工	155
	防水工	125
	油漆工	123
	管工	120
	电工	123
	通风工	120
	电焊工	130
	起重工	120
	玻璃工	115
	金属制品安装工	124

注：由于省内人工费指导价格每年每季度都会有新规定，此表只作参考。按实际执行工程所在地当时人工费指导价。

人工费可执行市场价、政府指导价、承发包人议价，由发包人在招标公告时明确，使用国有资金投资的项目（含全额和部分出资）、承发包双方有异议的应执行我省人工费指导价。

人工费指导价和定额综合工日相配套计算人工费。人工费指导价作为计算人工费差价的依据，只计税金不计费用。人工费指导价属于政府指导价，不应列入计价风险范围。

2. 材料费

装饰材料（包括产品、零件）是进行建筑装饰工程施工的劳动对象，是构成工程实体的主要因素。建筑装饰工程施工需要耗用大量的装饰材料。据统计，一般宾馆建筑装饰工程所需要的材料就有十七大类，五千多种。在工程成本中材料费占有很大比重，约占工程总造价的40%～60%。由于建筑装饰工程所耗用的装饰材料产品品种繁多，其来源地、供应的运输方式是多种多样的，各种资料从货源地开始至用料工地仓库发料为止，要经过材料的采购、包装、运输、保管等环节的过程，在这一过程中要发生一定的费用。所以装饰材料预算价格，是指装饰材料由货源地运到工地仓库或施工现场存放地点的出库价格，也就是指施工过程中耗费的构成工程实体的原材料、辅助材料、构配件、零件、半成品的费用。内容包括：

（1）材料原价。这是指材料、工程设备的出厂价格或商家供应价格。

（2）运杂费。这是指材料自来源地运至工地仓库或指定堆放地点所发生的全部费用。

（3）运输损耗费。这是指材料在运输装卸过程中不可避免的损耗。

（4）采购及保管费。这是指为组织采购、供应和保管材料过程中所需要的各项费用。
包括：采购费、仓储费、工地保管费、仓储损耗（表1-3-4）。

表1-3-4 材料运输损耗率、采购及保管费费率

序号	材料类别名称	运输耗损率（%）		采购及保管费费率（%）	
		承包方提运	现场交货	承包方提运	现场交货
1	砖、瓦、砌块	1.5	—	2.0	1.40
2	石灰、砂、石子	2.0	—	2.5	1.75
3	水泥、陶粒、耐火土	1.0	—	1.5	1.05
4	饰面材料、玻璃	2.0	—	2.0	1.40
5	卫生洁具	1.0	—	1.0	0.70
6	灯具、开关、插座	1.0	—	1.0	0.70
7	电缆、配电箱（屏、柜）	—	—	0.7	0.50
8	金属材料、管材	—	—	0.8	0.55
9	其他材料	—	—	1.5	1.05

注：① 业主供应材料（简称甲供材）时，甲供材应以全额价格计入相应的综合单价子目内。

② 材料单价=（材料原价+材料运杂费）×（1+运输损耗率+采购及保管费率）

③ 业主指定材料供应商并由承包方采购时，双方应依据注②的方法计算，该价格与综合单价材料
取定价格的差异应计算材料差价。

④甲供材到现场，承包方现场保管费可按下列公式计算（该保管费课在税后返还甲供材料费内抵
扣）；现场保管费=供应到现场的材料价格×表中的"现场交货"费率。

材料费的调差按照工程所在地当年最新的主要材料价格信息执行；若有缺项，缺项材
料价格按当前市场价执行。

3. 施工机具使用费

施工机具使用费是指施工作业所发生的施工机械、仪器仪表使用费以及机械安拆费和
场外运费或其租赁费。

（1）施工机械使用费。以施工机械台班耗用量乘以施工机械台班单价表示，施工机械
台班单价应由下列七项费用组成。

①折旧费：指施工机械在规定的使用年限内，陆续收回其原值的费用。

②大修理费：指施工机械按规定的大修理间隔台班进行必要的大修理，以恢复其正常
功能所需的费用。

③经常修理费：指施工机械除大修理以外的各级保养和临时故障排除所需的费用。包
括为保障机械正常运转所需替换设备与随机配备工具附具的摊销和维护费用，机械运转中
日常保养所需润滑与擦拭的材料费用及机械停滞期间的维护和保养费用等。

④安拆费及场外运费：安拆费指施工机械在现场进行安装与拆卸所需的人工、材料、

机械和试运转费用以及机械辅助设施的折旧、搭设、拆除等费用；场外运费指施工机械整体或分体自停放地点运至施工现场或由一施工地点运至另一施工地点的运输、装卸、辅助材料及架线等费用。

⑤人工费：指机上司机（司炉）和其他操作人员的工作日人工费及上述人员在施工机械规定的年工作台班以外的人工费。

⑥燃料动力费：指施工机械在运转作业中所消耗的固体燃料（煤、木柴）、液体燃料（汽油、柴油）及水、电等。

⑦税费：指施工机械按照国家规定和有关部门规定应缴纳的养路费、车船使用税、保险费及年检费等。

机械使用费调差按照国家最新规定执行。

（2）仪器仪表使用费。这是指工程施工所需使用的仪器仪表的摊销及维修费用。

4. 企业管理费

企业管理费是指建筑安装企业组织施工生产和经营管理所需的费用。

（1）管理人员工资。这是指按规定支付给管理人员的计时工资、奖金、津贴补贴、加班加点工资及特殊情况下支付的工资等。

（2）办公费。这是指企业管理办公用的文具、纸张、账表、印刷、邮电、书报、办公软件、现场监控、会议、水电、烧水和集体取暖降温（包括现场临时宿舍取暖降温）等费用。

（3）差旅交通费。这是指职工因公出差、调动工作的差旅费、住勤补助费，市内交通费和误餐补助费，职工探亲路费，劳动力招募费，职工退休、退职一次性路费，工伤人员就医路费，工地转移费以及管理部门使用的交通工具的油料、燃料等费用。

（4）固定资产使用费。这是指管理和试验部门及附属生产单位使用的属于固定资产的房屋、设备、仪器等的折旧、大修、维修或租赁费。

（5）工具用具使用费。这是指企业施工生产和管理使用的不属于固定资产的工具、器具、家具、交通工具和检验、试验、测绘、消防用具等的购置、维修和摊销费。

（6）劳动保险和职工福利费。这是指由企业支付的职工退职金、按规定支付给离休干部的经费，集体福利费、夏季防暑降温、冬季取暖补贴、上下班交通补贴等。

（7）劳动保护费。这是企业按规定发放的劳动保护用品的支出。如工作服、手套、防暑降温饮料以及在有碍身体健康的环境中施工的保健费用等。

（8）检验试验费。这是指施工企业按照有关标准规定，对建筑以及材料、构件和建筑安装物进行一般鉴定、检查所发生的费用，包括自设试验室进行试验所耗用的材料等费用。不包括新结构、新材料的试验费，对构件做破坏性试验及其他特殊要求检验试验的费用和建设单位委托检测机构进行检测的费用，对此类检测发生的费用，由建设单位在工程建设其他费用中列支。但对施工企业提供的具有合格证明的材料进行检测不合格的，该检测费用由施工企业支付。

（9）工会经费。这是指企业按《中华人民共和国工会法》规定的全部职工工资总额比例计提的工会经费。

（10）职工教育经费。这是指按职工工资总额的规定比例计提，企业为职工进行专业技术和职业技能培训，专业技术人员继续教育、职工职业技能鉴定、职业资格认定以及根据需要对职工进行各类文化教育所发生的费用。

（11）财产保险费。这是指施工管理用财产、车辆等的保险费用。

（12）财务费。这是指企业为施工生产筹集资金或提供预付款担保、履约担保、职工工资支付担保等所发生的各种费用。

（13）税金。这是指企业按规定缴纳的房产税、车船使用税、土地使用税、印花税等。

（14）其他。这包括技术转让费、技术开发费、投标费、业务招待费、绿化费、广告费、公证费、法律顾问费、审计费、咨询费、保险费等。

5. 利润

利润是指施工企业完成所承包工程获得的盈利。

施工企业为完成所承包工程而合理收取的酬金。施工企业承包建设工程需要计取的利润属于工程价格的组成部分。同现行财务成本制度中的营业利润相对应，利润中仍包括所得税，属于一种商品的利润大小，反映了企业劳动者对社会的贡献，对企业的发展和职工福利都有着重大的影响。

利润是指施工企业完成所承包工程获得的盈利。具体计算公式为：

利润＝计算基数（工程直接费）×利润率（按企业资质7%～9%或企业自定利润率10%～15%）

计算基数采用综合单价。

随着市场经济的进一步发展，企业决定利润率水平的自主权将会更大。在投标报价时，企业可以根据工程的难易程度、市场竞争情况和自身的经营管理水平自行确定合理的利润率。

例如，某家庭装修工程直接费为5万元，利润率为10%，那么利润为5000元。

6. 规费

规费是指政府和有关权力部门规定必须缴纳的费用（简称规费）。包括：

（1）社会保障费：

①养老保险费：指企业按规定标准为职工缴纳的基本养老保险费。

②失业保险费：指企业按照国家规定标准为职工缴纳的失业保险费。

③医疗保险费：指企业按照规定标准为职工缴纳的基本医疗保险费。

④生育保险费：指企业按照规定标准为职工缴纳的基本生育保险费。

⑤工伤保险费：指企业按照规定标准为职工缴纳的工伤保险费。

（2）住房公积金。这是指企业按规定标准为职工缴纳的住房公积金。

（3）工程排污费。这是指施工现场按规定缴纳的工程排污费。

（4）危险作业意外伤害保险。这是指按照建筑法规定，企业为从事危险作业的建筑安装施工人员支付的意外伤害保险费，具体费率如表1-3-5所示。

表1-3-5　规费费率

序号	费用项目	费率（元/工日）	备注
1	工程排污费		按实际发生额计算
2	定额测定费		（已取消）
3	社会保障费	8.08	

续表

序号	费用项目	费率（元/工日）	备注
4	住房公积金	1.70	
5	工伤保险	1.00	

注：①由于政策的调整，执行工程所在地当时费率。

　②在社会保障费中增加"生育保险费"，费率为 0.60 元/综合工日。即社会保障费率由 7.48 元/综合工日调至 8.08 元/综合工日。

　③执行新规取消"意外伤害保险"。增加"工伤保险"，费率为 1.00 元/综合工日。

7. 税金

税金是指国家税法规定的应计入建筑安装工程造价内的营业税、城市维护建设税、教育费附加及地方教育费附加等。其中，营业税是以营业额为基础进行计算的，营业额是指从事建筑、安装、修缮、装饰及其他工程作业收取的全部收入，还包括建筑、修缮、建筑装饰工程所用原材料及其他物资和动力的价款，当安装设备的价值作为安装工程产值时，亦包括所安装设备的价款。但建筑业的总承包人将工程分包或转包给他人的，其营业额中不包括付给分包或转包人的价款。

城市维护建设税是国家为了加强城乡的维护建设，扩大和稳定城市、乡镇维护建设资金来源，而对有经营收入的单位和个人征收的一种税。

为了计算上的方便，可将营业税、城市维护建设税、教育费附加及地方教育费附加合并在一起计算，以税前造价为计税基数计算税金（以工程所在地税率执行）。具体税率如表 1 - 3 - 6 所示。

表 1 - 3 - 6　税率

序号	纳税地点	营业税、城市建设维护税、教育费附加及地方教育费附加	
		计税基数	综合税率（%）
1	市（郊）	税前造价	3.477
2	县、镇	税前造价	3.413
3	市、县、镇以外	税前造价	3.284

注：由于各地税率不同，按工程所在地当时税率执行。

二、按造价形成划分的建筑安装工程费用项目组成

此费用是指为完成建设工程施工，发生于该工程施工前和施工过程中的技术、生活、安全、环境保护等方面的费用。建筑安装工程费按照工程造价形成由分部分项工程费、措施项目费、其他项目费、规费、税金组成，分部分项工程费、措施项目费、其他项目费包含人工费、材料费、施工机具使用费、企业管理费和利润（表 1 - 3 - 2）。

1. 分部分项工程费

分部分项工程费是指各专业工程的分部分项工程应予列支的各项费用。

（1）专业工程。指按现行国家计量规范划分的房屋建筑与装饰工程、仿古建筑工程、通用安装工程、市政工程、园林绿化工程、矿山工程、构筑物工程、城市轨道交通工程、爆破工程等各类工程。

（2）分部分项工程。指按现行国家计量规范对各专业工程划分的项目。如房屋建筑与装饰工程划分的土石方工程、地基处理与桩基工程、砌筑工程、钢筋及钢筋混凝土工程等。

各类专业工程的分部分项工程划分见现行国家或行业计量规范。

2. 措施项目费

措施项目费是指为完成建设工程施工，发生于该工程施工前和施工过程中的技术、生活、安全、环境保护等方面的费用。

（1）安全文明施工费（表1-3-7）。

①环境保护费：是指施工现场为达到环保部门要求所需要的各项费用。

②文明施工费：是指施工现场文明施工所需要的各项费用。

③安全施工费：是指施工现场安全施工所需要的各项费用。

④临时设施费：是指施工企业为进行建设工程施工所必须搭设的生活和生产用的临时建筑物、构筑物和其他临时设施费用。包括临时设施的搭设、维修、拆除、清理费或摊销费等。

表1-3-7　河南省建设工程安全文明施工措施费计价标准

序号	工程分类	安全文明施工措施费			
		安全生产费		文明施工措施费	
		计费基数	费率%	计费基数	费率%
1	建筑工程	综合工日× (34×1.66)	10.18	综合工日× (34×1.66)	5.10
2	装饰工程	同上	5.09	同上	2.55
3	安装工程	同上	10.18	同上	5.10
4	市政工程	同上	13.55	同上	6.78
5	园林绿化工程	同上	6.78	同上	3.39
6	仿古建工程	同上	5.09	同上	2.55
7	轨道交通工程				
8	机械土石方工程	估价表人机费	4.46	估价表人机费	2.24
9	车站结构工程	同上	14.06	同上	7.04
10	盾构法隧道	同上	8.33	同上	4.17
11	轨道工程	同上	13.60	同上	6.8
12	通信、信号工程	同上	14.66	同上	7.34

注：① 依据豫建设标〔2014〕57号文的规定制定。本办法实施后，豫建设标〔2006〕82号、豫建设标〔2012〕31号废止。

②豫建设标〔2014〕57号文的规定制定，所称"安文费"是建设部、财政部《建筑安装工程费用项目组成》（建标【2013】44号）规定的安全文明施工费（含环境保护费、安全施工费，文明施工费，临时设施费）。

③河南省"安文费"计价标准，划分为安全生产费、文明施工措施费两个部分。

④工程分类均为单独发包工程。

（2）夜间施工增加费。是指因夜间施工所发生的夜班补助费、夜间施工降效、夜间施工照明设备摊销及照明用电等费用（表1-3-8）。

（3）二次搬运费。是指因施工场地条件限制而发生的材料、构配件、半成品等一次运输不能到达堆放地点，必须进行二次或多次搬运所发生的费用（表1-3-9）。

（4）冬雨季施工增加费。是指在冬季或雨季施工需增加的临时设施、防滑、排除雨雪，人工及施工机械效率降低等费用（表1-3-10）。

表1-3-8　夜间施工增加费费率表

序号	合同工期/定额工期	费率（元/工日）
1	1 > t > 0.9	0.68
2	t > 0.8	1.36

表1-3-9　材料二次搬运费费率表

序号	现场面积/首层面积	费率（元/工日）
1	4.5	0
2	> 3.5	1.02
3	> 2.5	1.36
4	> 1.5	2.04
5	≤ 1.5	3.40

表1-3-10　冬雨季施工增加费费率表

序号	合同工期/定额工期	费率（元/工日）
1	1 > t > 0.9	0.68
2	t > 0.8	1.29

（5）已完工程及设备保护费。是指竣工验收前，对已完工程及设备采取的必要保护措施所发生的费用。

（6）工程定位复测费。是指工程施工过程中进行全部施工测量放线和复测工作的费用。

（7）特殊地区施工增加费。是指工程在沙漠或其边缘地区、高海拔、高寒、原始森林等特殊地区施工增加的费用。

（8）大型机械设备进出场及安拆费。是指机械整体或分体自停放场地运至施工现场或由一个施工地点运至另一个施工地点，所发生的机械进出场运输及转移费用及机械在施工现场进行安装、拆卸所需的人工费、材料费、机械费、试运转费和安装所需的辅助设施的费用。

（9）脚手架工程费。是指施工需要的各种脚手架搭、拆、运输费用以及脚手架购置费的摊销（或租赁）费用。

措施项目及其包含的内容详见各类专业工程的现行国家或行业计量规范。

3. 其他项目费

（1）暂列金额。是指发包人在工程量清单中暂定并包括在工程合同价款中的一笔款项。用于施工合同签订时尚未或者不可预见的所需材料、工程设备、服务的采购，施工中可能发生的工程变更、合同约定调整因素出现时的工程价款调整以及发生的索赔、现场签证确认等的费用。

（2）计日工。是指在施工过程中，承包人完成发包人提出的施工图纸以外的零星项目或工作所需的费用。

（3）总承包服务费。是指总承包人为配合、协调发包人进行的专业工程发包，对发包人自行采购的材料、工程设备等进行保管以及施工现场管理、竣工资料汇总整理等服务所需的费用。

4. 规费

规费是指政府和有关权力部门规定必须缴纳的费用。

5. 税金

税金是指国家税法规定的应计入建筑安装工程造价内的营业税、城市维护建设税、教育费附加及地方教育费附加等。

注：本节内容的编制依据的是最新版的《建设工程工程量清单计价规范》（GB 50500—2013），大家会发现和2008版的《河南省建设工程工程量清单综合单价 B 装饰装修工程》有出入。这个问题的存在是因为我省最新版的定额尚未公布出版。故在此说明，凡是存在差异的地方均以最新的规范执行。

第四章　建筑装饰工程预算定额的作用和构成形式

第一节　建筑装饰工程预算定额的概念和分类

　　建筑装饰工程预算定额作为管理学中的一门学问，它的任务是研究建筑装饰工程施工和施工消耗之间的内在关系，以便正确认识，掌握其运动规律，在建筑装饰工程中投入的人工、机械、材料科学地、合理地组织起来，在确保安全施工的前提下，以最小的人工、材料、机械消耗，装饰数量更多、质量更好的建筑装饰工程来。

　　建筑装饰工程预算定额是管理科学发展的产物，它为企业科学管理提供了基本数据，是企业实现科学管理的必备条件。我国建筑装饰工程预算定额，是随着改革开放政策的贯彻和旅游事业的发展，建筑装饰工程行业作为一个独立的与建筑业平行发展的综合性行业的建立健全而发展起来的，它在建筑装饰工程行业的管理中发挥了极其重要的作用。

一、建筑装饰工程预算定额的意义

　　建筑装饰工程预算定额，是指在正常合理的施工条件下，采用科学的方法和群众智慧相结合，制定出生产一定计量单位的质量合格的分项工程所必需的人工、材料和施工机械台班及价值货币表现的消耗数量标准。在建筑装饰工程预算定额中，除了规定上述各项资源和资金消耗的数量以外，还规定了应完成的工程内容和相应的质量标准及安全要求等内容。

　　预算定额是工程建设中一项重要的技术经济文件。它的各项指标，反映了国家要求施工企业和建设单位，在完成施工任务中消耗的活劳动和物化劳动的限度。这种限度，最终决定着国家和建设单位，能够为建设工程向施工企业提供多少物质资料和建设资金。可见，预算定额体现的是国家、建设单位和施工企业之间的一种经济关系。国家和建设单位按预算定额的规定，为建设工程提供必要的人力、物力和资金供应；施工企业则在预算定额的范围内，通过自己的施工活动，按质按量地完成施工任务。

　　建筑装饰工程预算定额，是指在一定的施工技术与建筑艺术综合创作条件下，为完成该项装饰工程质量的产品，消耗在单位基本构造要素上的人工、机械和材料的数量标准与资金消耗的费用额度。它反映了建筑装饰工程施工和施工消耗之间的关系。

　　总之，在进行建筑装饰工程预算定额的编制时，要充分考虑到可能发生的变更和突发事件，进行全面细致的调查，以便能够适应工程施工中复杂而多变的情况。因此说，建筑装饰工程预算定额具有极强的适应性、全面性、广泛性和灵活性，必须要求编制人具有极强的专业知识和敬业精神。

二、建筑装饰工程预算定额的分类

建筑装饰工程预算定额的内容一般而言包括人工、材料、机械台班消耗费，此外还包括人工、材料、机械台班费基价，及装饰工程费的间接费。但严格意义上进行划分，可按建设阶段、工程对象（或范围），承包结算方式进行分类。

（一）按编制单位和执行范围分类

1. 国家定额（主管部门定额）

国家定额是指由国家建设主管部门组织，依据有关国家标准和规范，综合全国工程建设的技术与管理状况等编制和发布，在全国范围内使用的定额。

2. 行业定额

行业定额是指由行业建设主管部门组织，依据有关行业标准和规范，考虑行业工程建设特点等情况所编制和发布的，在本行业范围内使用的定额。

3. 地区定额（各省、市定额）

地区定额是指由建设行政主管部门组织，考虑地区工程建设特点和情况编制发布的，在本地区内使用的定额。

4. 企业定额

企业定额是指由施工企业自行组织，主要根据企业的自身情况，包括人员素质、机械装备程度、技术和管理水平等编制，在本企业内部使用的定额。

（二）按生产要素分类

1. 劳动定额（或称人工定额）

它是指在正常的施工技术和组织条件下，完成单位合格产品所必需的人工消耗量标准。

2. 材料消耗定额

材料消耗定额是指在合理和节约使用材料的条件下，生产单位合格产品所必须消耗的一定规格的材料、成品、半成品和水、电等资源的数量标准。

3. 施工机械台班使用定额

施工机械台班费使用定额也称施工机械台班消耗定额，是指施工机械在正常施工条件下完成单位合格所必需的工作时间。它反映了合理地、均衡地组织劳动和使用机械时机械在单位时间内的生产效率。

（三）按定额编制程序和用途分类

1. 施工定额

施工定额是指同一性质的施工过程、工序作为研究对象，表示生产产品数量与时间消耗综合关系编制的定额。施工定额是施工企业（建筑装饰企业）组织生产和加强管理在企业内部使用的一种定额，属于企业定额的性质。施工定额是建设工程定额中分项最细、定额子目最多的一种定额，也是建设工程定额中的基础性定额。施工定额由人工定额、材料消耗定额和施工机械台班使用定额所组成。

施工定额是施工企业进行施工组织、成本管理、经济核算和投标报价的重要依据。施工定额直接应用于施工项目的管理，用来编制施工作业计划、签发施工任务单、签发限额领料单，以及结算计件工资或计量奖励工资等。施工定额和施工生产结合紧密，施工定额的定额水平反映施工企业生产与组织的技术水平和管理水平。施工定额也是编制预算定额的基础。

2. 预算定额

预算定额是以建筑物或构筑物各个分部分项工程为对象编制的定额。预算定额是以施工定额为基础综合扩大编制的，同时也是编制概算定额的基础。其中的人工、材料和机械台班的消耗水平根据施工定额综合取定，定额项目的综合程度大于施工定额。预算定额是编制施工图预算的主要依据，是编制估价表、确定工程造价、控制建设工程投资的基础和依据。与施工定额不同，预算定额是社会性的，而施工定额是企业性的。

3. 概算定额或概算指标

（1）概算定额。概算定额是以扩大的分部分项工程为对象编制的。概算定额是编制扩大初步设计概算、确定建设项目投资额的依据。概算定额一般是在预算定额的基础上综合扩大而成，每一综合分项概算定额都包含了数项预算定额。

（2）概算指标。概算指标是概算定额的扩大与合并，它是以整个建筑物和构筑物为对象，以便为扩大的计量单位来编制的。概算指标的设定和初步设计的深度相适应，一般是在概算定额和预算定额的基础上编制的，是设计单位编制设计概算或建设单位编制年度投资计划的依据，也可作为编制估算指标的基础。

4. 投资估算指标

投资估算指标通常是以独立的单项工程或完整的工程项目为对象，编制确定的生产要素消耗的数量标准或项目共费用标准，是根据已建工程或现有工程的价格数据和资料，经分析、归纳和整理编制而成的。投资估算是在项目建议书和可行性研究阶段编制投资估算、计算投资需要时使用的一种指标，是合理确定建设工程项目投资的基础。

（四）建筑装饰工程预算涉及文件

为了适应装饰装修业的发展，规范其市场，建筑装饰工程预算定额已得到不断改进与完善。1992 年建设部颁布《全国统一建筑装饰工程预算定额》（已停止使用）；1993 年轻工部、国家物价局颁布了《全国建筑装饰工程预算定额》。由于我国幅员广阔，各省、自治区、直辖市又在国家颁布的行业规范基础上，结合当地情况编制了相应的行业规范，以适应各省、自治区、直辖市的需要。

由于国内装饰工程在做法及用材上大同小异，仅在材质及人工价格方面有很大的差别，因而建设部于 1995 年又推出了建标（1995）736 号、建标（1996）494 号文件，发布和贯彻执行《全国统一建筑工程基础定额》（土建工程）的若干规定和通知精神（以下简称《基础定额》和《计算规则》），使工程量的计算更具有了通用性。各地为了贯彻执行建设部新的《基础定额》和《计算规则》，结合本地实际情况，对所在省、自治区和直辖市的定额作了修正。

2013 年 7 月 1 号新推出了房屋建筑与装饰工程工程量计算规范（GB 50854—2013）。

建筑装饰工程预算的有关文件和规定，采用原则为：①地方服从省级，省级服从中央；②一律执行最新颁布的文件和规定。

第二节　建筑装饰工程预算定额的作用

一、建筑装饰工程预算定额的作用

建筑装饰工程预算定额。是编制建筑装饰工程施工图预算的基本依据；是控制建筑装饰工程投资和工程价格水平的数据之一；是建筑装饰工程施工企业实现经济核算，进行经济活动分析的依据；也是编制建筑装饰工程概算定额、概算指标的基础。实现招标承包的工程，是作为编制标底的基础。建筑装饰工程预算定额的作用概括而言如下。

1. 确定工程预算估价

一项单位工程，施工图绘制出来后，无论是自营工程或承发包工程，要知道预算造价和所需人工、主要材料和机械台班使用数量，必须通过编制施工图预算。所以，施工图预算是确定装饰工程造价和人工、材料、机械消耗的文件。

2. 考核施工图是否经济合理

通过施工图预算，可以考核施工图设计是否经济、合理，是否需修改，设计预算是否需要调整。

3. 签订施工合同的主要内容

凡是承、发包工程，施工单位都应该首先编制施工图预算。作为装饰单位和施工企业签订施工合同的主要内容之一，即使是些比较复杂的单位工程或单项工程，也可以暂时按预算来签订合同，但在施工图预算编制完成后，仍应以施工图预算为准。

4. 办理拨款、贷款结算的依据

根据现行规定，经银行审查认定后的施工图预算，是监督装饰单位和施工企业根据工程进度办理拨款、贷款和结算的依据。

5. 考核工程成本的依据

施工图预算是施工企业承担装饰工程施工任务的额定收入、预算收入，以及考核施工企业本身经营管理水平的重要依据，施工企业以其工程价款收入，抵补装饰过程中所消耗的人力、物力和财力之后，有盈余。说明该企业经营管理好，反之管理差，经济效益差。因此，施工图预算是施工企业转换经营机制，全面贯彻经济核算制、考核工程成本的依据，是企业财务决算成本最可靠的基础资料。

6. 施工企业编制计划和统计完成投资的依据

施工图预算是装饰企业正确编制计划，包括材料计划、人工计划、机械台班计划、财务计划及施工计划等，进行施工准备，组织施工力量，组织装饰材料备料的依据，也是进一步落实和高速年度计划的依据。在了施工图预算，编制年、季、月、旬计划及完成情况的统计就有了依据。

（1）预算定额是确定招标标底和投标报价的基础。

（2）预算定额是编制施工组织设计，进度计划的依据。

（3）预算定额是编制概算定额和概算指标的依据。

（4）预算定额是施工企业进行工程结算，进行经济分析的基础。

第三节　建筑装饰工程预算定额的构成形式

在建筑装饰工程预算定额中，除了规定各项资源和资金消耗的数量以外，还规定了应完成的工程内容和相应的质量标准及安全要求等内容。

可见，预算定额的规定，为建设工程提供必要的人力、物力和资金供应；施工企业则在预算定额的范围内，通过自己的施工活动，按质按量地完成施工任务。

在此需要说明的是本书所用的预算定额是《河南省建设工程工程量清单综合单价（2008）》。

为了快速、准确地确定各分项工程的人工、材料、机械台班和费用等的消耗指标及金额标准，需要将定额按一定的顺序、分章、节、项和子目汇编成册。

定额由目录、总说明、分部分项工程说明及其相应的工程量计算规则和方法、分项工程定额项目表及有关的附录组成。

一、预算定额项目表的构成

1. 预算定额项目表的构成

定额项目表的表现形式见表 1 - 4 - 1（《河南省建设工程工程量清单综合单价（2008）》。通过以下块料面层例子的分析，明确子目定额的组成原理。

表 1 - 4 - 1　B. 1. 2　块料面层（020102）020102001 石材楼地面（m²）

工作内容：①清理基层、锯板修边、调制砂浆。②刷素水泥浆、磨砂浆找平层。③铺结合层及贴块料面层、擦缝。④清理净面等。

单位：100m²

定额编号				1 - 24	1 - 25
项目				大理石楼地面	花岗岩楼地面
综合单价（元）				16 198.38	18 385.08
其中		人工费（元）		1361.38	1374.71
		材料费（元）		13 895.19	15 926.03
		机械费（元）		60.35	64.47
		管理费（元）		527.59	532.67
		利润（元）		353.87	487.20
名称		单位	单价（元）	数量	
综合工日		工日	43.00	(32.17)	(32.48)
定额工日		工日	43.00	31.660	31.970
大理石板 500×500		m²	130.00	101.500	—
花岗岩板 500×500×30		m²	150.00	—	101.500
水泥砂浆 1:4		m³	194.06	3.050	3.050
素水泥浆		m³	421.78	0.100	0.100

续表

白水泥	kg	0.42	10.000	10.000
石料切割锯片	片	12.00	0.350	0.420
水	m³	4.05	3.000	3.000
其他材料费	元	1.00	45.580	45.580
灰浆搅拌机200L	台班	61.82	0.510	0.510
手提石料切割机	台班	20.59	1.400	1.600

（1）项目工作内容。即完成此项建筑装饰工程需要进行的工作。

如上表4-1所示，定额项目工作内容为：清理基层、锯板修边、调制砂浆、刷素水泥浆、磨砂浆找平层、铺结合层及贴块料面层、擦缝、清理净面。这是完成此项建筑装饰工程需要进行的工作。

（2）定额计算单位。依据工程量计算单位为准则。定额计算单位为100m²。

（3）分项工程定额编号（子项目号）。分项工程定额编号为1-24、1-25，《河南省建设工程工程量清单综合单价（2008）》中的定额编号每个分册从1开始，这一工程属于装饰工程中的楼地面工程，分项工程编号为1，子目工程编号为24、25。

（4）分项工程定额项目名称。分项工程定额项目名称为大理石楼地面和花岗岩楼地面，项目编号为1-24和1-25。综合单价：人工费、材料费、机械费及管理费、利润五个部分，分别有相应定额费。

（5）综合单价。明确了某一装饰工程项目人工、材料、机械台班单位工程消耗量后，根据当地的人工日工资标准、材料预算价格和机械台班单价，分部计算出定额人工费、材料费、机械费及管理费和利润，其总和即综合单价。其中包括：人工费、材料费、机械费、管理费、利润。

（6）人工定额。包括综合工和其他人工费。综合工包括工种和数量以及工资等级（平均等级）。人工定额，是反映建筑装饰工程施工中人工消耗量标准数额。它是指在正常的施工组织和施工技术条件下，为完成单位合格装饰工程或完成一定量的工程所预先规定的必要人工消耗量的标准数额。

人工定额按其表现形式可分为工时定额和工程量定额两种。

①工时定额是指在一定的装饰施工技术和装饰施工组织条件下，某工程、某种技术等级的工人小组或个人，完成单位合格建筑装饰工程所必须消耗的工作时间。定额工作时间包括工人的有效工作时间（准备与结束时间、基本工作时间、辅助工作时间），必需的休息和不可避免的中断时间。定额工作时间以工日为单位，每个工日的工作时间按现行制度规定为八小时。

②工程量定额，是指在一定的装饰施工技术和施工组织条件下，某工种、某种技术等级工人小组或个人，在单位时间内（工日）应完成合格装饰工程的数量。

（7）材料消耗定额。是指在建筑装饰施工组织和装饰施工技术条件正常，装饰材料供应符合技术要求，合理使用装饰材料的条件下，完成单位合格建筑装饰工程，所需一定品种规格的装饰材料或配套装饰产品、配套设备消耗量的标注数额，装饰材料在施工工程中用量大、品种多，是降低施工成本，提高企业经济效益的重要措施。

从建筑装饰材料消耗的性质来说，可分为消耗材料定额和损失材料定额两类。

①消耗材料定额是指在合理用料的条件下，完成单位合格装饰工程所需消耗的材料，它包括直接用于建筑装饰工程的材料、不可避免的施工废料和不可避免的材料损耗。

②损失材料定额是指建筑装饰材料在施工之前要进行截配、加工、精选后，必然有一部分碎料不能直接用于工程。比如木作工程施工过程中截配下来的木屑、刨花、边角等，称为废料。损失材料包括建筑装饰材料在贮存、运输、操作过程中发生的损耗，如运送瓷片、玻璃等的破碎损耗以及在操作中难以避免的各种损失。

在定额中，材料分为主要材料和辅材，主要材料是指在进行此项装饰工程中主要使用的材料，辅材则是指在对主要材料施工过程中需要的一些辅助材料。比如铺设地板砖项目中，地板砖为主材，水泥、砂浆等为辅材。材料栏内一般列出主要材料和周转使用材料名称及消耗数量。辅材一般都以其他材料形式用金额"元"表示。

（8）机械台班定额。是指施工机械在正常的施工条件下，合理的组织人工和使用机械，完成单位合格装饰工程所必需的工作时间，它包括机械台班工程量定额、机械时间定额以及操作机械和配合机械的人工工时定额。

机械台班工程量定额是指在合理人工组织和一定的技术条件下，工人操作机械在一个台班内应完成合格装饰工程的标准数额。

机械时间定格是指在合理的人工组织和一定的技术条件下，施工某一合理装饰工程所必须消耗的机械台班数量。工人使用一台机械，工作一个班（八小时），称为一个台班。在这里，它既包括机械本身的工作，又包括使用该机械的工人的工作。

操作机械和配合机械的人工工时定额是指在合理的人工组织和正常施工条件下，施工某一合格装饰工程所必须消耗人工工时的标注数额。

机械时间定额包括净工作时间和其他工作时间。净工作时间是指工人利用机械对建筑装饰工程进行装饰，用于完成基本操作所消耗的时间，它与完成工程的数量成正比。其他工作时间是指除了净工作时间以外的定额时间。

机械定额栏内要列出主要机械名称和数量，次要机械以其他机械费形式用金额"元"表示。

（9）管理费。是施工企业组织施工生产和经营管理所需的费用，用金额"元"表示。

（10）利润。是施工企业完成工程后应获得的盈利。

（11）综合工日。是指完成一项装饰工程所有内容必需的工日。

以 1－24 大理石楼地面为例：其人工费为 1361.38 元，材料费为 13 895.19 元，机械费为 60.35 元，管理费为 527.59 元，利润为 353.87 元，说明在完成 100m² 的大理石楼地面项目中，所需的人工费为 1361.38 元，所需主材辅材费为 13 895.19，完成工程施工企业组织施工生产和经营管理所需的费用为 527.59 元，施工企业完成工程后应获得的盈利为 353.87 元。

综合工日是完成干挂大理石项目必须使用的工日，每个工日的单价为 43.00 元，也就是说人工费单价为 43.00 元，大理石楼地面工作量为 31.66 个工日。

该项目主要材料为大理石板等，辅材为水泥等都在定额表内进行了详细的说明。

由于需要对大理石进行切割，所有需要使用机械，并将切割锯片的损耗考虑在内。

（12）预算定额项目表的说明。定额项目表是由分项工程定额所组成，是预算定额的主要构成部分。当设计材料、工艺、价格等内容与本定额规定不适应时，所进行的预算调整的依据，以及其他应该说明的，但在定额总说明和分部说明中所未包含的问题。

二、预算定额编制的说明

定额的编制说明包括以下几个方面的内容：

（一）预算定额的适用范围、指导思想及目的、作用。

（二）预算定额的编制原理、主要依据及上级下达的有关定额汇编文件精神。

（三）使用本定额必须遵守的规则及本定额的适用范围。

（四）定额所采用的材料规格、材质标准、允许换算的原则。

（五）定额在编制过程中已经考虑的和没有考虑的要素及未包括的内容。

（六）各分部工程定额的共性问题和有关统一规定及使用方法。

如《河南省建设工程工程量清单综合单价（2008）》，其总说明如下：

1. 《河南省建设工程工程量清单综合单价（2008）"B 装饰工程"》（以下简称本综合单价）是依据现行国家标准《建设工程工程量清单计价规范》（GB 50500—2003）（以下简称《计价规范》），在《河南省建筑和装饰工程综合基价》（2002）的基础上，为适应工程量清单计价的需要，按正常的施工条件、合理的施工组织和施工工期、现行设计规范、施工验收规范、质量评定标准及安全技术操作规程编制的。

2. 本综合单价适用于河南省行政区域内的一般工业与民用建筑新建、扩建和改建项目中的装饰工程。

3. 本综合单价是编审投资估算指标、设计概算、施工图预算、工程招标标底价、拦标价、竣工结算的政府指导价；是建设工程实行工程量清单招标投标计价的基础；是企业编制内部定额、考核工程成本、进行投标报价、选择经济合理的设计与施工方案的参考。

4. 装饰工程造价由工程成本（直接费、间接费）、利润和税金组成。

5. 实行工程量清单项目招标的招标标底（或拦标价）和投标报价由工程量清单项目费用、措施项目费用、其他项目费、规费和税金组成。

工程量清单项目费用系各分部分项工程量清单数量与本综合单价相应项目价格的乘积之和。

措施项目是为完成工程项目施工，发生于该工程施工前和施工过程中技术、生活、安全、卫生、环境等方面的非工程实体项目。措施项目费用由组织措施项目费和技术措施项目费组成。

其他项目费由预留金、材料购置费、总承包服务费、零星工作项目费组成。规费由工程排污费、工程定额测定费、社会保障费（养老保险费、失业保险费、医疗保险费）、住房公积金和意外伤害保险费组成。税金由营业税、城市建设维护税、教育费附加组成。

6. 本综合单价依据《计价规范》的内容和顺序设置，其章节和项目编码均与《计价规范》一致，并在此基础上对《计价规范》没有涉及的内容进行相应的扩展。凡是扩展的章节编号和项目编码前均加字母"Y"，以示区别。

7. 实行工程量清单招标的项目，应依据《计价规范》和本综合单价编制工程量清单。工程量清单中项目编码十至十二位数字，由清单编制人依据招标工程的工程量清单项目名称设置。

8. 为便于组合工程量清单综合单价，本综合单价将《计价规范》中的项目编码、项目名称和计量单位统一标注在各章节的标题下，并同时标注了综合单价子目的具体工作内容。当综合单价子目的工作内容与《计价规范》清单项目的工程内容不一致时，应将相应的综合单价子目进行组合。

9. 本综合单价中的措施项目费和注明不得调整的规定仅适用于编制招标标底和拦标价。施工企业投标报价可自主决定。

10. 综合单价由人工费、材料费、机械费、管理费和利润组成。综合单价所确定的人、材、机消耗量依据合理的施工方法综合取定，辅助材料和辅助机械以"元"表示，除另有规定外，不得调整。管理费是施工企业组织施工生产和经营管理所需的费用。利润是施工企业完成工程后应获得的盈利。

11. 本综合单价中的综合工日包括定额工日和机械台班工日，其中定额工日包括基本用工、其他用工。人工单价为 43 元，包括基本工资、工资性补贴、辅助工资、职工福利费、生产工人劳动保护费。人工单价可调差价。市场人工费发生变化时，可依据河南省建设工程造价管理机构发布的指导价，在合同中约定调整办法。调整部分另计入人工费差价，其他不变。

12. 本综合单价的材料单价按《河南省工程造价信息》2007 年第一季度郑州地区材料价格取定。该价格为材料送达工地仓库（或现场堆放地点）的完全价格，包含运输损耗、运杂费和采购保管费。如招标文件或合同约定按照工程造价管理机构发布的市场指导价格或另行协商的价格调整（含甲供材），可直接在综合单价子目中换算材料价格或统一将材料差价计入计价程序的差价栏内，其他不变。

13. 本综合单价中的机械费依据 2008 年《河南省统一施工机械台班费用定额》计算。如实际使用机械型号与定额不符时，除本综合单价有特殊注明外，不得换算。

14. 本综合单价各分部说明或附注中允许定额人工费、机械费乘以系数或增加工日、机械台班时，仅调整人工费、机械费，其他费用均不得调整。

15. 本综合单价中的檐高是指设计室外地坪至檐口屋面结构板面的垂直距离。建筑物檐高超过 20m 或层数超过 6 层的工程，可按相应规定计算超高施工增加费。

16. 本综合单价技术措施项目编码用"Y0208 + 顺序号"表示。技术措施项目中的周转材料摊销量，已考虑了合理的周转次数、补损和回收价值。

17. 施工组织措施费包括现场安全文明施工措施费、材料二次搬运费、夜间施工增加费、冬雨季施工增加费。施工组织措施费的计算方法详见"YB.8 措施项目费"分部有关说明。

18. 规费的计算方法详见表 2，税金的计算方法详见表 3。

19. 总承包服务费在以下工程中计取：

（1）实行总发包、承包的工程。

（2）业主单独发包的专业施工与主体施工交叉进行或虽未交叉进行，但业主要求主体承包单位履行总包责任（现场协调、竣工验收资料整理等）的工程。

（3）总承包服务费由业主承担。其标准为单独发包专业工程造价的 2% ~ 4%，总包责任和具体费率应在招标文件或合同中明示。

20. 施工配合费是指专业分包单位要求总承包单位为其提供的脚手架、垂直运输和水电设施等所发生的费用。该费用数额经双方共同协商，由专业分包单位承担，并可计入专业分包工程造价。

21. 检测费是指对构件所做破坏性试验及其他特殊要求检验试验的费用，新结构、新材料的试验费，业主对具有出厂合格证明的材料进行检验的费用等，属于非承包方原因所发生的费用。该费用应由业主支付。如需承包方代付者，应依实计入税前工程造价。

22. 风险费是指施工合同期内因人工、材料、机械等市场价格的上涨因素，导致工程造价超出正常承包造价的费用。本综合单价未考虑风险因素。为有效地控制造价，业主宜在招标文件中明确有关风险因素的以下内容：

（1）招标标底价（或拦标价）中，人工和材料价格的计算依据；合同中调价条款内有关人工、材料价格的调整方法。

（2）招标标底价（或拦标价）应考虑市场价格波动因素，计入相应的风险系数。风险系数视工程的合同工期和市场价格波动程度，可确定在工程总造价的3%～5%。

（3）风险系数所包括的范围及超出该范围的价格调整方法。

23. 装饰工程造价费用组成和计算标准程序详见表4、表5。表中的各项内容均为工程造价的组成部分，无论任何一方都不得从中肢解费用。如业主供应某项材料或代为缴纳某项规费，该材料费或规费应从税后工程造价中扣减。

24. 综合单价中带有"（）"者，系不完整价格，在使用时应补充缺项价格。注明有"×以内或以下"者，包括×本身；"×以外或以上"者，则不包括本身。

25. 本综合单价的解释和修改，由河南省建筑工程标准定额站负责。

三、分部工程及其说明

分部工程在建筑装饰工程预算定额中，称为"章"。

（一）分部工程所包括的定额项目内容和子目数量。

（二）分部工程各定额项目工程量的技术方法。

（三）分部工程定额内综合的内容及允许换算和不得换算的界限及特殊规定。

（四）使用本分部工程允许增减系数范围的规定。

第四节　建筑装饰工程预算定额的使用

建筑装饰工程预算定额是确定建筑装饰工程预算造价、办理工程价款、处理承发包关系的主要依据之一。定额应用得正确与否，直接影响装饰工程造价。因此，工作人员必须熟练而准确地使用预算定额。

一、预算定额与工程项目编号

为了便于查阅、核对和审查定额项目选套是否准确合理，提高建筑装饰工程施工图预算的编制质量，在编制建筑装饰工程施工图预算时，必须填写定额编号。编号的方法，通常有以下两种：

1. "三符号"编号法

"三符号"编号法，是以预算定额中的分部工程序号—分项工程序号（或工程项目所在的定额页数）—分项工程的子项目序号等三个号码，进行定额编号。其表达形式如下：分部工程序号—分项工程序号—子项目序号。

例如：某市现行建筑装饰工程预算定额中的墙面挂贴花岗岩项目，它属于装饰工程项目，在定额中被排在第 21 部分，墙面装饰工程排在第 2 分项内；墙面挂贴花岗岩项目排在定额第 25 页第 16 个子项目。其定额编号为 21 - 2 - 25 或 21 - 2 - 16。

2. "二符号"编号法

"二符号"编号法，是在"三符号"编号法的基础上，去掉一个符号（分部工程序号或分项工程序号），采用定额中分部工程序号（或子项目所在定额页数）—子项目序号等两个号码，进行定额编号。其表达形式如下：分部工程序号—子项目序号或：子项目所在定额页数—子项目序号。

在《河南省建设工程工程量清单综合单价（2008）》分为 A 建筑工程、B 装饰工程、C 安装工程、D 市政工程、E 园林绿化工程五个分册，其中每个分册中的分部分项工程重新开始编号。其定额编号为所使用的编号方法是"二符号"编号法，采用的是定额中分部分项工程序号—子项目序号进行定额编号，形式：分部工程序号—子项目序号。

注：部分内容与 2013 版《清单计价规范》、附录《房屋建筑与装饰工程工程量计算规范》，GB 50854—2013 的内容有冲突，由于最新版河南省定额尚未正式公布，故此仍沿用现行的《河南省建设工程工程量清单综合单价（2008）》。

例如：《河南省建设工程工程量清单综合单价（2008）》中大理石楼地面项目，它属于 B 装饰工程项目，在定额中被排在第 1 分项，在定额的第 24 个子项，其定额编号为 B1 - 24。

二、预算定额项目的查套方法与注意事项

（一）定额的查套方法

1. 预算定额的直接套用

当施工图设计的工程项目内容，与所选套的相应定额内容一致时，则应必须按定额的规定，直接套用定额。在编制建筑装饰工程施工图预算、选套定额项目和确定单位预算价值时，绝大部分属于这种情况。

当施工图实际的工程项目内容，与所选套的相应定额项目规定的内容不相一致时，而定额规定又不允许换算或调整，此时也必须直接套用相应定额项目，不得随意换算或调整。直接套用定额项目的方法步骤如下：

（1）根据施工图设计的工程项目内容，从定额目录中，查出该工程项目所在定额中的页数及其部位。

（2）判断施工图设计的工程项目内容与定额规定的内容，是否相处一致。当完全一致或虽然不一致，但定额规定不允许换算或调整时，即可直接套用定额。但是，在套用定额前，必须注意分项工程的名称、规格、计量单位要与定额规定的名称、规格、计量单位相一致。

（3）将定额编号和定额单价，其中包括人工费、材料费、机械费、管理费、利润，分别填入建筑装饰工程预算表内。

（4）确定工程项目预算价值。其计算公式如下：

工程项目预算价值 ＝ 工程项目工程量 × 相应综合单价

例 1 - 4 - 1　某房间墙面设计为刷乳胶漆，满刮石膏腻子两遍。现墙面面积为 $150m^2$，计算工程直接费如表 1 - 4 - 2 所示。

表 1 - 4 - 2　B. 5. 6 抹灰面油漆（020506）
020506001 抹灰面油漆（m^2）

工作内容：清理底层，批刮腻子、砂纸打磨、刷底油、刷（喷）面漆等。

单位：$100m^2$

定额编号			5 - 163	5 - 164	5 - 165
项目			抹灰面刷乳胶漆		
			满刮石膏腻子		满刮白水泥腻子
			二遍	三遍	二遍
综合单价（元）			1440. 93	1942. 69	1380. 43
其中	人工费（元）		374. 96	441. 18	374. 96
	材料费（元）		786. 93	1173. 19	726. 43
	机械费（元）		—	—	—
	管理费（元）		143. 01	168. 26	143. 01
	利润（元）		136. 03	160. 06	136. 03
名称	单位	单价	数量		
综合工日	工日	43. 00	(8. 72)	(10. 26)	(8. 72)
定额工日	工日	43. 00	8. 720	10. 260	8. 720
乳胶漆 室内	kg	25. 00	27. 810	43. 260	27. 810
白水泥	kg	0. 42	—	—	53. 620
聚酸醋乙烯乳胶（白乳胶）	kg	6. 20	6. 000	6. 000	—
建筑胶	kg	2. 00	—	—	2. 210
羧甲基纤维素（化学浆糊）	kg	7. 50	1. 200	1. 200	—
大白粉	kg	0. 50	52. 800	52. 800	—
滑石粉 325 目	kg	0. 80	13. 850	13. 860	—
石膏粉	kg	0. 80	2. 050	2. 050	—
其他材料费	元	1. 00	6. 360	6. 360	4. 240

解：查《河南省建设工程工程量清单综合单价（2008）》"B 装饰工程"（以下均简称本综合单价），定额编号：5 - 163（表 4 - 2），满刮石膏腻子两遍，$100m^2$ 基价 1440. 93 元，该墙面工程量为 150/100 ＝1.5（按 $100m^2$ 为单位），即工程项目直接费为：

工程量 × 基价 ＝ 直接工程费

$1.5 \times 1440.93 = 2161.40$ （元）

从 5 - 163 子目中，可以求得人工费、材料费、机械费。即：

人工费 = 工程量 × 人工费定额单价

562.44 （元） = 1.5 × 374.96

材料费 = 工程量 × 材料费定额单价

1180.40 （元） = 1.5 × 786.93

机械费没有发生，机械费为 0

管理费 = 工程量 × 管理费定额单价

214.52 （元） = 1.5 × 143.01

利润 = 工程量 × 利润定额单价

204.05 （元） = 1.5 × 136.03

所需人工工日 = 工程量 × 定额单位工日

13.08 （工日） = 1.5 × 8.72

在《河南省建设工程工程量清单综合单价（2008）》"B 装饰工程"中直接给出了材料用量及材料单价，对工料分析及材料价格换算时，使用非常方便。

乳胶漆刷 $150m^2$ 的墙面用量 （kg） = 工程量 × 定额单位用量

41.72 （kg） = 1.5 × 27.81

乳胶漆刷 $150m^2$ 的墙面所需费用 = 用量 × 定额单价

1043 （元） = 41.72 × 25.00

聚酸醋乙烯乳胶用量 （kg） = 工程量 × 定额单位用量

9.00 （kg） = 1.5 × 6.00

聚酸醋乙烯乳胶所需费用 = 用量 × 定额单价

55.80 （元） = 9.00 × 6.20

羧甲基纤维素 （kg） = 工程量 × 定额单位用量

1.80 （kg） = 1.5 × 1.20

羧甲基纤维素所需费用 = 用量 × 定额单价

13.50 （元） = 1.80 × 7.50

大白粉 （kg） = 工程量 × 定额单位用量

79.20 （m^3） = 1.5 × 52.80

大白粉所需费用 = 用量 × 定额单价

39.60 （元） = 79.20 × 0.50

滑石粉 325 目 （kg） = 工程量 × 定额单位用量

20.78 （m^3） = 1.5 × 13.85

滑石粉 325 目所需费用 = 用量 × 定额单价

16.62 （元） = 20.78 × 0.80

石膏粉 （kg） = 工程量 × 定额单位用量

3.08 （m^3） = 1.5 × 2.05

石膏粉所需费用 = 用量 × 定额单价

2.46 （元） = 3.08 × 0.80

其他材料费（元）＝工程量×定额单位费用

9.54（元）＝1.5×6.36

2. 一个项目多次套用定额

施工图设计的工程项目内容，与选套的相应定额项目规定的内容不相一致时，如果定额规定不能满足设计要求时，需多次套用定额，则应在定额规定范围内套用定额。

例1-4-2　某房屋墙面设计为抹灰面刷乳胶漆200m²，满挂成品腻子并且一底漆二面漆，现由于工程需要在此基础上增加一遍面漆以达到更好的装饰效果，试计算增加后的工程量直接费如表1-4-3所示。

表1-4-3　B.5.6 抹灰面油漆（020206）

020506001 抹灰面油漆（m²）

工作内容：基层清理、批刮腻子、砂纸打磨、刷底油、刷（喷）面漆等。

单位：100m²

定额编号			5-166	5-167	5-168
项目			抹灰面刷乳胶漆		
			满刮成品腻子		
			一底漆二面漆	每增一遍底漆	每增一遍面漆
综合单价（元）		2058.28	427.81	536.56	
其中	人工费（元）		325.08	64.07	66.22
	材料费（元）		1491.28	316.06	421.06
	机械费（元）		—	—	—
	管理费（元）		123.98	24.44	25.26
	利润（元）		117.94	23.24	24.02
名称	单位	单价	数量		
综合工日	工日	43.00	(7.56)	(1.49)	(1.54)
定额工日	工日	43.00	7.560	1.490	1.540
乳胶底漆 室外	kg	30.00	11.000	10.500	—
乳胶面漆 室外	kg	35.00	25.000	—	12.000
建筑腻子	kg	1.75	154.500	—	—
其他材料费	元	1.00	15.900	1.060	1.060

解： 查定额5-166，抹灰面刷乳胶漆，满刮成品腻子一底漆二面漆综合单价为2058.28元。

工程量为200/100＝2百平方米

则满刮成品腻子一底漆二面漆

工程直接费＝2×2058.28＝4116.56元

由于工程设计要求满刮成品腻子一底漆二面漆增加一遍面漆，所以再查定额5-168，每增一遍面漆，综合单价为536.56元。

则抹灰面刷乳胶漆增一遍面漆

$$工程直接费 = 2 \times 536.56 = 1073.12 \text{ 元}$$

抹灰面刷乳胶漆工程量为 200m^2，则工程项目直接费为：

$$4116.56 + 1073.12 = 5189.68 \text{ 元}$$

3. 套用补充定额项目

施工图中的某些工程项目，由于采用了新结构、新构造、新材料和新工艺等原因，在编制预算定额时尚未列入。同时，也没有类似定额项目可供借鉴。在这种情况下，为了确定建筑装饰工程预算造价，必须编制补充定额项目，报请工程造价管理部门审批后执行。套用定额项目时，应在定额编号的分部工程序号后注明"补"字，以示区别，如 10 补—65。

一般补充的方法有两种。一是定额代用法，其原理是利用性质相似，材料大致相同，施工方法又很接近的定额项目，采用考虑估算或采用一定系数进行换算。此种方法一定要在施工中加以观察和测定。同时也为今后补充和修订定额做准备。二是补充定额法，其原理是材料的用量按照图样的作法及相应的计算公式计算，并加入规定的或预估的损耗率。人工机械台班的使用量，可以使用劳动定额、机械台班定额及类似的定额进行计算，并经由技术、定额人员和工人讨论后决定。然后再乘以人工工资标准、材料预算价格及机械台班费，就可以得到补充定额。

预算定额的补充，随着我国的经济发展，因为装饰工程业及装饰材料业在我国的日益兴旺发展，在装饰工程预算中会经常遇到，同时施工方法的日新月异，因而需要不断补充定额才能适应装饰工程预算的发展。

（二）查套定额时的注意事项

（1）查阅定额前，应首先认真阅读定额总说明，分部工程说明和有关附注的内容；要熟悉和掌握定额的适用范围，定额已考虑和未考虑的要素以及有关规定。

（2）要明确定额中的用语和符号的含义。

（3）要正确地理解和熟记各分部工程计算规则中所指出的工程量计算方法，以便在熟悉施工图的基础上，能够迅速准确地计算各分项工程或配件、设备的工程量。

（4）要了解和记忆常用分项工程定额所包括的工作内容、人工、材料、施工机械台班消耗量和定额计量单位，以及有关附注的规定，做到正确地套用定额项目。

（5）要明确定额换算范围，正确应用定额附录资料，熟练进行定额项目的换算和调整。

第五章　建筑装饰工程量的计算

随着我国建筑装饰行业的迅速发展，室内装饰设计和施工技术的水平在不断地提高，装饰工程中大量采用投资包干和招标承包的运行方式，使得高档、中高档的装饰愈来愈多，施工技术复杂化，装饰效果多样化。因此，对于建筑装饰工程量的计算规则提出了新的要求，特别是对于装饰面积、装饰工程用料等方面，必须要求有规范的计算规则，制定一个统一的规定，以利于统一尺度，避免重复计算，提供工效，节约成本。因此，掌握建筑装饰工程量的正确计算方法是非常必要的。

第一节　建筑装饰工程量的计算依据与方法

工程量是设计图纸的内容，转化为按定额的分项工程或结构构件项目划分的以物理量计量单位或自然计量单位表示的实物数量。自然计量单位是以客观存在的自然实体为单位的计量单位，如套、个、组、台、座等。物理计量单位是以分项工程或结构构件的物理属性为计量单位，如长度、面积、体积和重量等。

工程量是编制预算的原始数据，是计算工程直接费、确定预算造价的重要依据；是进行工料分析，编制人工、材料、机械台班需要量和成品加工计划的直接依据；是编制施工进度计划，检查、统计、分项计划执行情况，进行成本核算和财务管理的重要依据。

一、建筑装饰工程量的计算依据

建筑装饰工程的工程量计算与建筑工程量计算一样，是以施工图及施工说明为计算依据的。

工程量是以自然计量单位或物理计量单位所表示的各分项工程或结构构件的数量。

自然计量单位是以物体自身为计量单位，表示工程完成的数量。例如，卫生洁具安装以组为计量单位，灯具安装以套为计量单位，回、送风口以个为计量单位。

物理计量单位是指物体的物理属性，采用法定计量单位表示工程完成的数量。例如：墙面、柱面工程和门窗工程等工程量以平方米为计量单位，窗帘盒、木压条等工程量以米为计量单位。

二、建筑装饰工程量的计算方法

（一）建筑装饰工程量的计算顺序
计算工程量应按照一定的顺序依次进行，既可以节省看图时间，加快计算进度，又避免漏算或重复计算。

（1）单位工程计算顺序。

①按施工顺序计算法。按施工顺序计算法就是按照工程施工顺序的先后次序来计算工程量。如一般民用建筑，按照土方、基础、墙体、脚手架、地面、楼面、屋面、门窗安装、外抹灰、内抹灰、刷浆、油漆、玻璃等顺序进行计算。

②按定额顺序计算法。按定额顺序计算工程量法就是按照预算定额（或计价表）上的分章或分部分项工程顺序来计算工程量。这种计算顺序法对初学编制预算的人员尤为合适。

（2）单个分项工程计算顺序。

①按照顺时针方向计算法。按顺时针方向计算法就是先从平面图的左上角开始，自左至右，然后再由上而下，最后转回到左上角为止，这样按顺时针方向依次进行计算工程量。例如计算外墙、地面、天棚等分项工程，都可以按照此顺序进行计算。

②按"先横后竖、先上后下、先左后右"计算法。此法就是在平面图上从左上角开始，按"先横后竖、从上而下、自左到右"的顺序进行计算工程量。例如房屋的条形基础土方、基础垫层、砖石基础、砖墙砌筑、门窗过梁、墙面抹灰等分项工程，均可按这种顺序计算。

③按图纸分项编号顺序计算法。此法就是按照图纸所注结构构件、配件的编号顺序进行计算工程量。例如计算混凝土构件、门窗，均可照此顺序进行，在计算工程量时，不论采用哪种顺序方法计算，都不能有漏项少算或重复多算。

（二）计算工程量的步骤。

（1）列出计算式。工程项目列出后，根据施工图所示的部位、尺寸和数量，按照一定的计算顺序和工程量计算规则，列出该分项工程量计算式。计算式应力求简单明了，并按一定的次序排列，便于审查核对。例如，计算面积时，应该为：宽×高；计算体积时，应该为：长×宽×高，等等。

（2）演算计算式。分项工程量计算式全部列出后，对各计算式进行逐式计算，并将其计算结果数量保留两位小数。然后再累计各算式的数量，其和就是该分项工程的工程量，将其填写入工程量计算表中的"计算结果"栏内。

（3）调整计量单位。计算所得工程量，一般都是以米、平方米、立方米或千克为计量单位，但预算定额或计价表往往是以100m、100m^2、100m^{3}或10m、10m^2、10m^{3}或吨等为计量单位。这时，就要将计算所得的工程量，按照预算定额或计价表的计量单位进行调整，使其一致。

三、建筑装饰工程量计算的注意事项

工程量计算是根据已会审的施工图所规定的各分项工程的尺寸、数量以及设备、构件、门窗等明细表和预算定额各部分工程量计算规则进行计算的。在计算工程中，应注意以下几个方面。

（1）必须在熟悉和审查施工图的基础上进行，要严格按照定额规定和工程量计算规定进行计算，不得任意加大或缩小各部位的尺寸。例如，不能以轴线间距作为内墙净长距离。

（2）为了便于核对和检查尺寸，避免重算或漏算，在计算工程量时，一定要注意层次部位、轴线编号、断面符号。

（3）工程量计算公式中的数字应按一定次序排列。计算面积时，一般按照长×宽（高）次序排列。数字精确度一般计算到小数点后三位。在汇总列项时，可四舍五入，取小数点后两位。

（4）为了减少重复劳动，提高编制预算工作效率，应尽量利用图纸上已注明的数据和各种附表，如门窗、灯具明细表。

（5）为了防止重算或漏算，应按施工顺序，并结合定额手册中定额目排列的顺序以及计算方法顺序进行计算。

（6）计算工程量时，应采用表格方式进行，以利审核。

（7）计量单位必须和定额一致。

第二节　建筑面积的计算

建筑面积是指房屋建筑的水平面面积，以平方米为计算单位。建筑面积是计算占地面积、土地利用系数、使用面积系数、有效面积系数，以及开工、竣工面积，优良工程率等指标的依据，也是一项建筑工程重要的技术经济指标，如单位面积造价，人工、主要材料消耗指标等。计算建筑装饰工程建筑面积，应根据国家制定的规则进行，如《河南省建设工程工程量清单综合单价（2008）》中对建筑面积计算规定：

一、建筑面积的计算规则

（1）单层建筑物的建筑面积应按其外墙勒脚以上结构外围水平面积计算，并应符合下列规定：

①单层建筑高度在2.20m及以上者应计算全面积：高度不足2.20m者应计算1/2面积；净高不足1.20m的部位不应计算面积。

②利用坡屋顶内空间时净高超过2.10m的部位应计算全面积；净高在1.20m至2.10m的部位应计算1/2面积；净高不足1.20m的部位不应计算面积。

（2）单层建筑物内设有局部楼层者，局部楼层的二层及以上楼层，有围护结构的应按其围护结构外围水平面积计算，无围护结构的应按其结构底板水平面积计算。层高在2.20m及以上者应计算全面积；层高不足2.20m者应计算1/2面积。

（3）多层建筑物首层应按其外墙勒脚以上结构外围水平面积计算；二层及以上楼层应按其外墙结构外围水平面积计算。层高在2.20m及以上者应计算全面积；层高不足2.20m者应计算1/2面积。

（4）多层建筑坡屋顶内和场馆看台下，当审计加以利用时净高超过2.10的部位应计算全面积；净高在1.20m至2.10m的部位应计算1/2面积；当设计不利用或室内净高不足1.20m时不应计算面积。

（5）地下室、半地下室（车间、商店、车站、车库、仓库等），包括相应的有永久性顶盖的出入口，应按其外墙上口（不包括采光井、外墙防潮层及其保护墙）外边线所围水平面积计算。层高在2.20m及以上者应计算全面积；层高不足2.20m者应计算1/2面积。

（6）坡地的建筑物吊脚架空层、深基础空层，设计加以利用并有围护结构的，层高在

2.20m 及以上的部位应计算全面积；层高不足 2.20m 的部位应计算 1/2 面积。设计加以利用、无围护结构的建筑吊脚架空层，应按其利用部位水平面积的 1/2 计算；设计不利用的深基础架空层、坡地吊脚架空层、多层建筑坡屋顶内、场馆看台下的空间不应计算面积。

（7）建筑物的门厅、大厅按一层计算建筑面积。门厅、大厅内设有回廊时，应按其结构底板水平面积计算。层高在 2.20m 及以上者应计算全面积；层高不足 2.20m 者应计算 1/2 面积。

（8）建筑物间有围护结构的架空走廊，应按其围护结构外围水平面积计算。层高在 2.20m 及以上者应计算全面积；层高不足 2.20m 者应计算 1/2 面积。有永久性顶盖无围护结构的应按其结构底板水平面积的 1/2 计算。

（9）立体书库、立体仓库、立体车库，无结构层的应按一层计算，有结构层的应按其结构层面积分别计算。层高在 2.20m 及以上者应计算全面积；层高不足 2.20m 者应计算 1/2 面积。

（10）有围护结构的舞台灯光控制室，应按其围护结构外围水平面积计算。层高在 2.20m 及以上应计算全面积；层高不足 2.20m 者应计算 1/2 面积。

（11）建筑物外有围护结构的落地橱窗、门斗、挑廊、走廊、檐廊，应按其围护结构外围水平面积计算。层高在 2.20m 及以上者应计算全面积；层高不足 2.20m 者应计算 1/2 面积。有永久性顶盖无围护结构的应按其结构底板水平面积的 1/2 计算。

（12）有永久性顶盖无围护结构的场馆看台应按其顶盖水平投影面积的 1/2 计算。

（13）建筑物顶部有围护结构的楼梯间、水箱间、电梯机房等，层高在 2.20m 及以上者应计算全面积；层高不足 2.20m 者应计算 1/2 面积。

（14）设有围护结构不垂直于水平面而超出底板外沿的建筑物，应按其底板面的外围水平面积计算。层高在 2.20m 及以上者应计算全面积；层高不足 2.20m 者应计算 1/2 面积。

（15）建筑物内的室内楼梯间、电梯井、观光电梯井、提物井、管道井、通风排气竖井、垃圾道、附墙烟囱应按建筑物的自然层计算。

（16）雨蓬结构的外边线至外墙结构外边线的宽度超过 2.10m 者，应按雨蓬结构板的水平投影面积的 1/2 计算。

（17）有永久性顶盖的室外楼梯，应按建筑物自然层的水平投影面积的 1/2 计算。

（18）建筑物的阳台均应按其水平投影面积的 1/2 计算。

（19）有永久性顶盖无围护结构的车棚、货蓬、站台、加油站、收费站等，应按其顶盖水平投影面积的 1/2 计算。

（20）高低联跨的建筑物，应以高跨结构外边线为界分部计算建筑面积；其高低跨内部连通时，其变形缝应计算在低跨面积内。

（21）以幕墙作为围护结构的建筑物，应按幕墙外边线计算建筑面积。

（22）建筑物外墙侧有保温隔热层的，应按保温隔热层外边线计算建筑面积。

（23）建筑物内的变形缝，应按其自然层合并在建筑物面积内计算。

（24）下列项目不应计算面积：

①建筑物通道（骑楼、过街楼的底层）。

②建筑物内的设备管道夹层。

③建筑物内分隔的单层房间，舞台及后台悬挂幕布、布景的天桥、挑台等。

④屋顶水箱、花架、凉棚、露台、露天游泳池。

⑤建筑物内的操作平台、上料平台、安装箱和罐体的平台。

⑥勒脚、附墙柱、垛、台阶、墙面抹灰、装饰面、镶贴快料面层、装饰性幕墙、空调室外机搁板（箱）、飘窗、构件、配件、宽度在2.10m及以内的雨蓬以及与建筑物不相连通的装饰性阳台、挑廊。

⑦无永久性顶盖的架空走廊、室外楼梯和用于检修、消防等的室外钢楼梯、爬梯。

⑧自动扶梯、自动人行道。

⑨独立烟囱、烟道、地沟、油（水）罐、气柜、水塔、贮仓、栈桥、地下人防通道、地铁隧道。

二、建筑面积的计算案例

例1-5-1 如图1-5-1所示，计算其建筑面积。

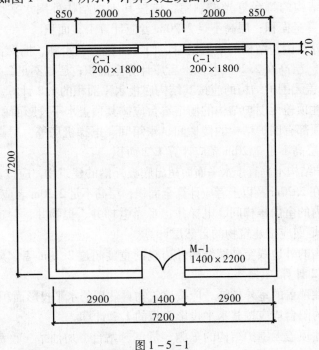

图1-5-1

解：建筑面积 = 外墙长 × 外墙宽 = （7.2 + 0.24） × （7.2 + 0.24） = 55.35m²

第三节 楼地面工程量的计算

一、楼地面装饰工程量的说明及计算规则

（一）楼地面装饰工程量的计算说明

（1）本分部中，工程量清单项目工程内容与定额子目工作内容不一致的清单项目组合单价，应由本定额不同分部（或本分部）和编码下的相关子目组成。如楼地面整体面层清

单项目的组成子目为：垫层、找平层、防水层（如设计要求）、整体面层等。

楼地面块料和其他面层清单项目的组成子目为：垫层、找平层、防水层（如设计要求）、填充层、面层铺设、刷防护材料等。

楼梯、台阶面层清单项目的组成子目为：垫层（台阶）、找平层、防水层（如设计要求）、面层、镶嵌防滑条、块料刷防护材料等。

散水清单项目的组成子目为：素土夯实、垫层、面层、伸缩缝等。

（2）本分部未含找平层、防水层子目，找平层、防水层可另列项目，执行建筑工程 A.7 分部相应子目。

（3）本分部子目中的混凝土强度等级及灰土、三合土、水泥砂浆、水泥石子浆等的配合比，如与设计规定不同，可按定额附录换算；砂浆厚度、饰面材料规格可按设计要求调整。

（4）楼地面整体面层系按现行 05YJ 标准图集编制。水泥砂浆地面、一次抹光、混凝土地面子目未考虑找平层；水磨石楼地面子目仅包括一道 18mm 的找平层，不包括防水层，超出一道的找平层和防水层另列项目计算。

（5）彩色镜面水磨石系指高级水磨石，操作工序一般应按"五浆五磨"研磨、七道"抛光"工序施工。

（6）水磨石嵌玻璃条整体面层如采用金属嵌条时，可另列项计算，相应子目减少人工 4.25 工日并取消玻璃数量。

（7）菱苦土、现浇水磨石整体面层已包括酸洗打蜡工料。

（8）楼地面块料面层系按现行 05YJ 标准图集编制，仅含水泥砂浆结合层和面层。防水层和非结合层的找平层另列项目计算。

（9）花岗岩楼地面子目中的花岗岩板材数量为成品图案消耗量，如铺设艺术造型图案或在现场拼制图案时，应按签证的石材实际消耗量换算。

（10）楼地面块料面层如设计要求为弧形铺设时，执行相应子目，人工乘以系数 1.10，块料可按实际签证数量调整。

（11）木地板方木楞子目未考虑木楞刨光；木楞刨光者，仍执行该子目，人工乘以系数 1.32。

（12）木地板子目中的木格栅和木地板面层是按 05YJ 图集编制的，其中木格栅规格为：木龙骨 50×60@400、横撑龙骨 40×50@1000，松木毛地板厚 22mm，如设计不同时，相应子目中木材用量可以换算。

（13）席纹地板粘贴在毛地板上，执行硬木拼花地板粘在毛地板上子目，人工乘以系数 1.4。

（14）木地板龙骨和面层子目均未包括涂刷防火涂料，如设计要求涂刷防火涂料，应另按 B.5 分部列项计算。

（15）除楼梯整体面层外，楼地面中的整体面层和块料面层子目均未包括踢脚线费用，踢脚线应单独列项，执行相应子目。踢脚线打蜡，执行楼地面打蜡子目，但人工乘以系数 2。

（16）水泥砂浆楼梯面层不包括防滑条，如设计有防滑条时，另执行防滑条子目。

（17）水磨石楼梯面层已综合考虑了防滑条的工料，如设计为铜防滑条时，铜防滑条另执行相应子目，水磨石楼梯子目应扣除人工 28.3 工日、金刚砂 123kg。

（18）楼梯装饰子目已包括楼梯底面和侧面的抹灰，但不包括刷浆，刷浆应按 B.5 分部另列项目计算。

（19）螺旋形楼梯的装饰，均按相应饰面的楼梯子目，人工、机械乘以系数1.20，块料用量乘以系数1.10，整体面层的材料用量乘以系数1.05。

（20）现浇水磨石楼梯装饰子目已经包括了踢脚线，如设计为预制踢脚线时，该踢脚线可另列项目计算，但相应楼梯子目应扣除人工41.91工日，1:3水泥砂浆0.22m³，水泥白石子浆0.15m³，灰浆搅拌机0.05台班。

（21）块料面层楼梯、台阶子目均不包括踢脚线，踢脚线可另列项目计算。

（22）本分部中的"零星装饰"项目，适用于小便池、蹲位、池槽、台阶的牵边和侧面装饰、0.5m²以内少量分散的楼地面装修等。其他未列的项目，可按墙、柱面中相应子目计算。

（23）台阶的垫层执行本分部的相应子目。

（24）架空木地板地垄墙按建筑工程A.3分部规定列项计算。

（25）扶手、栏杆、栏板主要依据现行05YJ标准图集编制，适用于楼梯、走廊、回廊及其他装饰性栏杆、栏板。

（26）铁栏杆子目中的铁栏杆用量与设计用量不同时，其用量可以调整，其他不变。不锈钢（铝合金）栏杆子目中不锈钢（铝合金）管材、不锈钢装饰板、玻璃的规格和用量与设计要求不符时可以换算，其他不变。

（27）铸铁花饰栏杆木扶手子目中，铸铁花饰片的含量和价格均可按设计要求调整，其他不变。

（28）铁栏杆和铁艺栏杆仅包括一般除锈，如设计要求特殊除锈，可按安装定额规定另列项目计算。

（29）本分部内含有混凝土消耗量的子目中，不包括现浇混凝土的现场搅拌费用。如在现场搅拌时，可按建筑工程A.4分部中的有关子目计算现场搅拌费。如采用商品混凝土，可直接进行换算或调差价，商品混凝土运输费执行建筑工程A.4分部中的有关子目。

（二）楼地面装饰工程量的计算规则

楼地面工程包括：水磨石地面，地面镶贴面层，地板胶板，地毯，地面活动地板等，需要考虑到材料的成品，半成品场内水平运输的超运距，及材料临时加工和地面保护养护等辅助用工。其工程量计算规则如《河南省建设工程工程量清单综合单价（2008）》中规定：

（1）楼地面整体和块料面层按设计图所示尺寸以面积计算。扣除凸出地面构筑物、设备基础、室内地道、地沟等所占面积，不扣除间壁墙和0.3m²以内的柱、垛、附墙烟囱及孔洞所占面积。门洞、空圈、暖气包槽、壁龛的开口部分不增加面积。

（2）橡塑面层和其他材料面层按设计图所示尺寸以面积计算。门洞、空圈、暖气包槽、壁龛的开口部分并入相应的工程量内。

（3）踢脚线按设计图示长度乘以高度以面积计算。

（4）楼梯装饰按设计图所示尺寸以楼梯（包括踏步、休息平台及宽500mm以内的楼梯井）水平投影面积计算。楼梯与楼地面相连时，算至梯口梁内侧边沿；无梯口梁者，算至最上一层踏步边沿加300mm。

（5）台阶装饰按设计图所示尺寸以台阶（包括上层踏步边沿加300mm）水平投影面积计算。

（6）零星装饰项目按设计图所示尺寸以面积计算。

（7）防滑条按设计图所示长度计算。设计未明确时，可按楼梯踏步两端距离减300mm后的长度计算。

（8）地面、散水和坡道垫层按设计图所示尺寸以体积计算。应扣除凸出地面的构筑物、设备基础、室内铁道、地沟等所占体积，不扣除间壁墙和0.3m² 以内的柱、垛、附墙烟囱及孔洞所占体积。

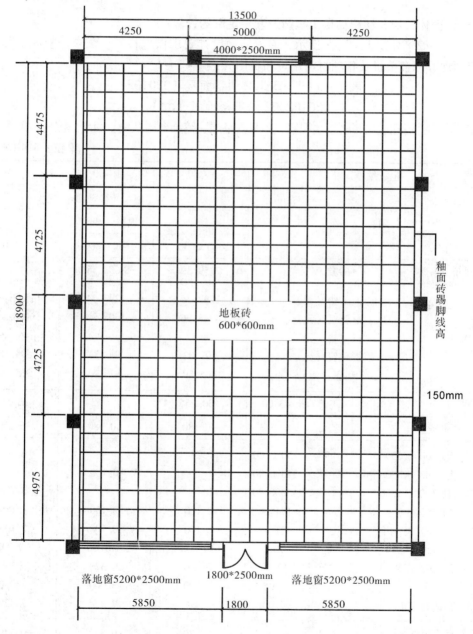

图 1 - 5 - 2　专卖店平面布置图

（9）散水、防滑坡道按图1-5-2所示尺寸以水平投影面积计算（不包括翼墙、花池等）。

（10）扶手、栏杆、栏板按设计图1-5-2所示尺寸以扶手中心线长度（包括弯头长度）计算。

二、楼地面装饰工程量的计算及套用定额案例

（一）整体面层、块料面层工程量及套用定额的计算

例1-5-2 如图1-5-2所示，室内地面设计要求做地板砖。试求地板砖工程量并套用定额计算综合单价及各项材料用量和费用（表1-5-1）。

表1-5-1 B.1.2 块料面层（020102）

020102002 块料楼地面（m²）

工作内容：清理底层，刷素水泥浆、砂浆找平层、铺结合层及块料面层、擦缝、净面等。

单位：100m²

定额编号			1-39	1-40	1-41
项目			地板砖楼地面		
			规格（mm）		
			600×600	800×800	1000×1000
综合单价（元）		6902.04	7759.39	8668.56	
其中	人工费（元）		1297.74	1297.74	1557.46
	材料费（元）		4748.96	5608.96	6098.96
	机械费（元）		48.82	46.96	46.96
	管理费（元）		501.02	500.53	599.58
	利润（元）		305.50	305.20	365.60
综合工日	工日	43.00	(30.55)	(30.52)	(36.56)
定额工日	工日	43.00	30.180	30.180	36.220
地板砖 600×600	千块	15000.00	0.284	—	—
地板砖 800×800	千块	32000.00	—	0.160	—
地板砖 1000×1000	千块	55000.00	—	—	0.102
水泥砂浆1:4	m³	194.06	2.160	2.160	2.160
素水泥浆	m³	421.78	0.100	0.100	0.100
白水泥	kg	0.42	10.000	10.000	10.000
石料切割锯片	片	12.00	0.320	0.320	0.320
水	m³	4.05	3.000	3.000	3.000
其他材料费	元	1.00	7.420	7.420	7.420
灰浆搅拌机200L	台班	61.82	0.370	0.340	0.340
手提石料切割机	台班	20.59	1.260	1.260	1.260

解： 地板砖工程量＝内墙长×内墙宽＝13.5×18.9＝255.15m²

地板砖楼地面800×800mm地板砖，套用定额：《河南省建设工程工程量清单综合单价2008》B装饰装修工程分册，套定额1−39，将255.15m²换算成与定额一致单位（百平方米），并保留两位小数，即：255.15/100＝2.55（百平方米）

则　该地面综合单价 ＝6902.04×2.55＝17600.20元

人工费 ＝1297.74×2.55＝3309.24元

材料费 ＝4748.96×2.55＝12109.85元

机械费 ＝48.82×2.55＝124.49元

管理费 ＝501.02×2.55＝1277.60元

利润 ＝305.50×2.55＝779.03元

人工工日 ＝30.18×2.55＝76.96工日

（二）踢脚线的工程量及套用定额的计算

例1−5−3　如图1−5−2所示，踢脚线高度为150mm，计算室内釉面砖踢脚线的工程量并套用定额计算综合单价及各项材料用量和费用（表1−5−2）。

表1−5−2　B.1.5　踢脚线（020105）

020105003　块料踢脚线（m²）

工作内容：清理底层、调制砂浆；铺结合层、贴块料踢脚板、擦缝、净面等。

单位：100m²

定额编号			1−74	1−75	1−76	1−77
项目			预制水磨石板踢脚线	缸砖踢脚线	釉面砖踢脚线	地板砖踢脚线
综合单价（元）			6896.44	6956.00	6703.25	8141.26
其中	人工费（元）		2085.50	2697.39	2404.56	2803.6
	材料费（元）		3338.77	2339.08	2578.66	3351.42
	机械费（元）		24.73	50.88	53.55	46.55
	管理费（元）		801.96	1035.33	923.32	1074.69
	利润（元）		645.48	833.32	743.16	865.00
名称	单位	单价（元）		数量		
综合工日	工日	43.00	(48.90)	(63.13)	(56.30)	(65.53)
定额工日	工日	43.00	48.50	62.73	55.92	65.20
预制水磨石踢脚板	m²	27.00	101.00	—	—	—
缸砖150×150×10	千块	400.00	—	4.53	—	—
釉面砖踢脚板500×130	M	3.00	—	—	680.00	—
地板砖300×300	千块	2500.00	—	—	—	1.13
水泥砂浆1:1	m³	264.66	0.30	0.40	0.38	0.40
水泥砂浆1:2.5	m³	218.62	2.04	—	—	—
水泥砂浆1:3	m³	195.94	—	1.73	1.77	—

名称	单位	单价（元）	数量			
水泥砂浆 1:4	m³	194.06	—	—	—	1.73
水泥 32.5	t	280.00	—	0.01	—	—
白水泥	kg	0.42	—	—	31.00	14.00
清油	kg	20.00	0.53	—	—	—
建筑胶	kg	2.00	—	24.00	23.08	24.00
煤油	kg	5.00	4.00	—	—	—
油漆溶剂油	kg	3.50	0.53	—	—	—
石料切割锯片	片	12.00	—	0.33	0.31	0.33
硬白蜡	kg	9.00	2.70	—	—	—
草酸	kg	6.88	1.00	—	—	—
水	m³	4.05	3.00	3.00	3.08	3.00
其他材料费	元	1.00	10.60	14.13	15.90	14.84
手提石料切割机	台班	20.59	—	1.27	1.46	1.27
灰浆搅拌机 200L	台班	61.82	0.40	0.40	0.38	0.33

解：踢脚线工程量 = 踢脚线长度 × 踢脚线高度 = [（内墙长 + 内墙宽）× 2 - 门宽] × 踢脚线高度

$$= [（13.5 + 18.9）× 2 - 1.8] × 0.15$$

$$= 9.45（平方米）$$

套用定额：《河南省建设工程工程量清单综合单价 2008》B 装饰装修工程分册，釉面砖踢脚线中定额 1 - 76，将 9.45m² 换算成与定额一致单位（百平方米），并保留两位小数，即：9.45/100 = 0.09（百平方米）

则　该地面综合单价	$= 6703.25 × 0.09 = 603.29$ 元

　　则　该地面综合单价　　　　= 6703.25 × 0.09 = 603.29 元

　　人工费　　　　　　　　　= 2404.56 × 0.09 = 216.41 元

　　材料费　　　　　　　　　= 2578.66 × 0.09 = 232.08 元

　　机械费　　　　　　　　　= 53.55 × 0.09 = 4.82 元

　　管理费　　　　　　　　　= 923.32 × 0.09 = 83.10 元

　　利润　　　　　　　　　　= 743.16 × 0.09 = 66.88 元

　　综合工日　　　　　　　　= 56.30 × 0.09 = 5.07 工日

（三）室外台阶及踏步工程量及套用定额的计算

例 1 - 5 - 4　如图 1 - 5 - 3 所示，台阶设计为花岗岩面层，计算其工程量及各项费用（表 1 - 5 - 3）。

表 1 - 5 - 3　B.1.8 台阶装饰（020108）

020108001 石材台阶面（m²）

工作内容：清理底层、锯板修边、调制砂浆；刷素水泥浆；铺结合层及贴石材面层、擦缝；清理净面等。

单位：100m²

定额编号			1–119	1–120	1–121
项目			台阶面层		
			大理石	花岗岩	花岗岩（简单图案）
			600×600	800×800	1000×1000
综合单价（元）		23 951.86	24 016.88	24 867.22	
其中	人工费（元）		2352.53	2375.32	2850.47
	材料费（元）		19 709.27	19 711.79	19 712.42
	机械费（元）		153.01	176.08	203.67
	管理费（元）		907.25	915.94	1097.16
	利润（元）		829.80	837.75	1003.50
名称	单位	单价（元）	数量		
综合工日	工日	43.00	(55.32)	(55.85)	(66.90)
定额工日	工日	43.00	54.710	55.240	66.290
大理石台阶板	m²	120.00	156.880	—	—
花岗岩台阶板	m²	120.00	—	156.880	156.880
水泥砂浆 1:4	m³	194.06	3.650	3.650	3.650
素水泥浆	m³	421.78	0.160	0.160	0.160
白水泥	kg	0.42	15.000	15.000	16.500
石料切割锯片	片	12.00	1.400	1.610	1.610
水	m³	4.05	4.440	4.440	4.440
其他材料费	元	1.00	66.780	66.780	66.780
灰浆搅拌机 200L	台班	61.82	0.610	0.610	0.610
手提石料切割机	台班	20.59	5.600	6.720	8.060

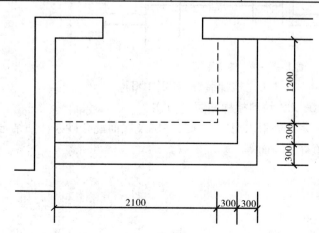
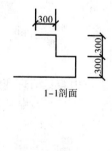

图 1 – 5 – 3　台阶平面及侧面

解：花岗岩台阶饰面面积 = ［3.0×1.8 − (3.0−0.6) × (1.8−0.6)］ = 2.52m² = 0.03 百平方米

套用定额：《河南省建设工程工程量清单综合单价 2008》B 装饰装修工程分册，查定额 B.1.8 台阶装饰中 1 − 120，即：

综合单价　　　　= 24 016.88 × 0.03 = 720.51 元

人工费　　　　　= 2375.32 × 0.03 = 71.26 元

材料费　　　　　= 19 711.79 × 0.03 = 591.35 元

机械费　　　　　= 176.08 × 0.03 = 5.28 元

管理费　　　　　= 915.94 × 0.03 = 27.48 元

利润　　　　　　= 837.75 × 0.03 = 25.13 元

综合工日　　　　= 55.24 × 0.03 = 1.66 工日

(四) 室内楼梯工程量及套用定额的计算

例 1 − 5 − 5　如图 1 − 5 − 4 所示，楼梯设计为缸砖楼梯面层，计算其工程量及各项费用（表 1 − 5 − 4）。

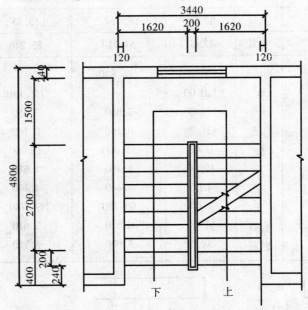

图 1 − 5 − 4　楼梯平面

表 1 − 5 − 4　B.1.6　楼梯装饰（020106）

020106002 块料楼梯面层（m²）

工作内容：清理底层、调制砂浆；刷素水泥浆、抹找平层及底面混合砂浆；铺结合层及贴块料面层、填缝、净面等。

单位：100m²

定额编号			1－88	1－89	1－90
项目			预制水磨石板楼梯面层	缸砖楼梯面层	地板砖楼地面层
综合单价（元）			14 238.03	12 255.44	13 376.01
其中	人工费（元）		4125.85	4719.25	4719.25
	材料费（元）		7074.75	4089.52	5444.95
	机械费（元）		156.76	165.22	174.25
	管理费（元）		1596.05	1818.10	1818.10
	利润（元）		1284.62	1463.35	1219.46
名称	单位	单价（元）	数量		
综合工日	工日	43.00	(97.32)	(110.86)	(110.86)
定额工日	工日	43.00	95.950	109.750	109.750
预制水磨石踏步板	m²	45.00	101.000	—	—
预制水磨石踢脚板	m²	27.00	43.690	—	—
缸砖 150×150×10	千块	400.00	—	6.440	—
地板砖 300×300	千块	2500.00	—	—	1.608
水泥砂浆 1:2	m³	229.62	0.170	0.170	0.170
水泥砂浆 1:3	m³	195.94	—	0.180	0.180
水泥砂浆 1:4	m³	194.06	3.420	3.350	3.350
水泥砂浆 1:1.6	m³	157.02	2.690	2.690	2.690
素水泥浆	m³	421.78	0.320	0.450	0.450
麻刀石灰浆	m³	119.42	0.280	0.280	0.280
白水泥	kg	0.42	14.000	—	14.000
石料切割锯片	片	12.00	1.430	—	1.290
水	m³	4.05	4.100	3.500	4.100
其他材料费	元	1.00	16.960	129.320	16.960
灰浆搅拌机 200L	台班	61.82	1.370	1.110	1.110
手提石料切割机	台班	20.59	3.500	—	5.130
机械使用费	元	1.00	—	96.600	—

解： 楼梯的工程量 = (3.44－0.24) × (1.5＋2.7)

　　　　　　　　　　= 13.44m² = 0.13 百平方米

套用定额：《河南省建设工程工程量清单综合单价 2008》B 装饰装修工程分册，查定额 B.1.6 楼梯装饰中 1－89，即：

综合单价　　　　= 12 255.44 × 0.13 = 1593.20 元

人工费　　　　　= 4719.25 × 0.13 = 613.50 元

材料费　　　　　= 4089.52 × 0.13 = 531.64 元

机械费	$=165.22 \times 0.13 = 21.48$ 元
管理费	$=1818.10 \times 0.13 = 236.35$ 元
利润	$=1463.35 \times 0.13 = 190.24$ 元
综合工日	$=109.75 \times 0.13 = 14.27$ 工日

若该楼梯作为五层楼房中的楼梯使用，则工程量为：

五层楼梯工程量 $= 13.44 \times (5-1) = 53.76 \text{m}^2$

第四节　墙、柱面装饰工程量的计算

一、墙、柱面装饰工程量的说明及计算规则

（一）墙、柱面装饰工程量的计算说明

（1）本分部中，工程量清单项目工程内容与定额子目工作内容不一致的清单项目组合单价，应由本定额不同分部（或本分部）和编码下的相关子目组成。如墙面钢架上干挂石材清单项目的组成子目为：底层抹灰、钢架制作安装刷漆、面层干挂（嵌缝）、刷防护材料等。

（2）本分部墙面的一般抹灰、装饰抹灰和块料镶贴系按现行 05YJ 标准图集编制，相应子目均包括基层、面层，但石材镶贴未含刷防护材料，如有设计要求，可另计算，执行刷防护材料子目。

（3）本分部子目中凡注明砂浆种类、配合比、饰面材料型号规格的，如与设计要求不同时，可按设计要求调整，但人工数量不变。

（4）本分部子目已考虑了搭拆 3.6m 以内的简易脚手架用工和材料摊销费，不另计算措施项目费。

（5）抹灰均按手工操作考虑，如采用不同施工方法时，亦不得换算。

（6）抹灰厚度如设计与本分部取定不同时，可区分基层和面层分别按比例换算。

（7）圆形柱面抹灰，执行相应柱面抹灰子目，人工乘以系数 1.2，其他不变。柱帽、柱脚抹线脚者，另套用装饰线条或零星抹灰子目圆弧形、锯齿形、不规则墙面抹灰、镶贴块料饰面，按相应子目人工乘系数 1.15。块料面层要求在现场磨光 45°、60°斜角时，另按本册 B.6 分部相应子目计算。

（8）化粪池、检查井、水池、贮仓壁抹灰，执行墙面抹灰子目，人工乘以系数 1.1。

（9）圆柱水磨石饰面执行方柱子目，人工乘以系数 1.09。圆柱斩假石石饰面执行方柱子目，人工乘以系数 1.05。

（10）斩假石墙、柱面子目未考虑分格费用，如设计要求时，仍执行相应子目，并按表 1-5-5 增加费用。

（11）外墙贴块料釉面砖子目分密贴和勾缝列项，其人工、材料已综合考虑。如灰缝超过 20mm 以上者，其块料及灰缝材料用量允许调整，其他不变。

（12）干挂大理石、花岗岩勾缝子目的勾缝缝宽是按 10mm 以内考虑的，如设计要求不同者，石材和密封胶用量允许调整。

表1-5-5 墙、柱面装饰抹灰分格增加工料表

名称	分格方法	增加工料	
		人工调增系数	板方综合规格木材（m³）
斩假石墙面	木条分格	1.09	0.023
斩假石柱面	木条分格	1.25	0.023

（13）块料镶贴和装饰抹灰的"零星项目"适用于挑檐、天沟、腰线、窗台线、门窗套、压顶、栏板、扶手、遮阳板、雨篷周边、0.5m² 以内少量分散的饰面等。一般抹灰的"零星项目"适用于各种壁柜、过人洞、暖气壁龛、池槽、花台以及1m² 以内的抹灰。抹灰的"装饰线条"适用于门窗套、挑檐、腰线、压顶、遮阳板、楼梯边梁、宣传栏边框等凸出墙面或灰面展开宽度小于300mm 以内的竖、横线条抹灰。超过300mm 的线条抹灰按"零星项目"执行。

（14）本分部的木材树种分类如下：

一类：红松、水桐木、樟子松。

二类：白松（方杉、冷杉）、杉木、杨木、柳木、椴木。

三类：青松、黄花松、秋子木、马尾松、东北榆木、柏木、苦楝木、梓木、黄菠萝、椿木、楠木、柚木、樟木。

四类：栎木（柞木）、檀木、色木、槐木、荔木、麻栗木（麻栎、青刚）、桦木、荷木、水曲柳、华北榆木。

（15）本分部除注明者外，均以一、二类木种为准，如采用三、四类木种，其人工及木工机械乘以系数1.3。

（16）本分部木装饰子目木材均为板方综合规格材，其施工损耗按定额附表取定，木材干燥损耗率为7%，凡注明允许换算木材用量时，所调整的木材用量应包括其损耗在内，并计算相应的木材干燥费用。

（17）面层、隔墙（间壁）、隔断定额内，除注明者外均未包括压条、收边、装饰线（板），如设计要求时，另按本册 B.6 分部相应子目计算。

（18）木龙骨、木基层及面层均未包括刷防火涂料，如设计要求时，另按本册 B.5 分部相应子目计算。

（19）单面木龙骨隔断子目未考虑龙骨刨光费用，如设计要求刨光者，仍执行该子目，人工增加0.09 工日，增加单面压刨床0.12 台班。

（20）幕墙、隔墙（间壁）、隔断所用的轻钢、铝合金龙骨和幕墙用胶，如子目内容与设计要求不同时允许按设计调整，但人工不变。

（21）木龙骨基层是按双向计算的，设计为单向时，材料、人工用量乘以系数0.55。木龙骨与设计图纸规格不同时，可按附表换算用量。附表中没有的，可以按设计木龙骨规格及中距计算含量。

（22）玻璃隔墙如设计有平开、推拉窗者，玻璃隔墙应扣除平开、推拉窗面积，平开、推拉窗另按本册 B.4 分部相应子目执行。玻璃幕墙设有开启窗时，可按本册 B.4 分部中铝合金窗五金配件表增加开启窗的五金配件费。

（23）木龙骨无论采用哪种方法固定，均执行相应子目，不得换算。

（24）现场采用木龙骨和装饰板制作的装饰柱、梁，可执行柱、梁木龙骨无夹板基层装饰板饰面的相应子目，其中的木材用量可按设计要求调整。

（25）板条墙子目中的灰板条以百根或立方米计算，板条的规格为 7.5mm×38mm×1000mm，其损耗率（包括清水的刨光损耗）已包括在该子目内。

（二）墙、柱面装饰工程量的计算规则

墙、柱面工程是建筑装饰工程中的重要组成部分。它对空间环境，最终的艺术效果和材料艺术功能起重要影响，也体现了装饰整体布局，在建筑装饰工程中起到很重要的作用。其工程量计算规则如《河南省建设工程工程量清单综合单价（2008）》中规定。

（1）墙面抹灰按设计图示尺寸以面积计算。扣除墙裙、门窗洞口及单个 0.3m² 以上的孔洞面积，不扣除踢脚线、挂镜线和墙与构件交接处的面积，门窗洞口和孔洞的侧壁及顶面不增加面积。附墙柱、梁、垛、烟囱侧壁并入相应的墙面面积内。具体计算方法为：

①外墙抹灰面积按外墙垂直投影面积计算。

②墙裙抹灰面积按其长度乘以高度计算。

③内墙抹灰面积按主墙间的净长乘以高度计算；无墙裙的，高度按室内楼地面至天棚底面计算；有墙裙的，高度按墙裙顶至天棚底面计算。

④内墙裙抹灰面按内墙净长乘以高度计算。

（2）柱面抹灰按设计图示柱断面周长乘以高度计算。

（3）墙、柱面镶贴块料、零星镶贴块料和零星抹灰按饰面设计图示尺寸以面积计算。

（4）干挂石材钢骨架按设计图示尺寸以质量计算。

（5）墙饰面按设计图示墙净长乘以净高以面积计算。扣除门窗洞口及单个 0.3m² 以上的孔洞所占面积。

（6）柱（梁）饰面按设计图示外围尺寸以面积计算。柱帽、柱墩并入相应柱饰面工程量内。

（7）隔断按设计图示尺寸以面积计算。扣除单个 0.3m² 以上的孔洞所占面积；浴厕门的材质与隔断相同时，门的面积并入隔断面积内。

（8）浴厕隔断，高度自下横枋底算至上横枋顶面。浴厕门扇和隔断面积合并计算，安装的工料，已包括在厕所隔断子目内，不另计算。

（9）带骨架幕墙按设计图示框外围尺寸以面积计算。与幕墙同种材质的窗所占面积不扣除。

（10）全玻璃幕墙按设计图示尺寸以面积计算。带肋全玻璃幕墙按设计图示尺寸以展开面积计算。

二、墙、柱面装饰工程量及套用定额的计算案例

例 1-5-6　如图 1-5-5 所示，计算其墙面砖、乳胶漆工程量并套用定额计算综合单价及各项材料用量和费用（表 1-5-6、1-5-7）。

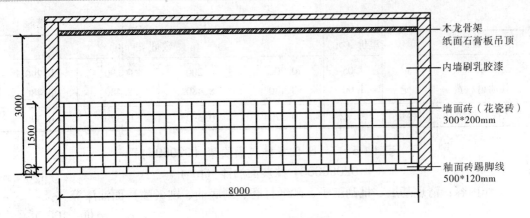

图1-5-5 墙面立面图

表1-5-6 B.2.4 墙面镶贴块料（020204）

020204003 块料墙面（m²）

工作内容：清理修补基层表面、调运砂浆、打底、抹灰、砍打和修边、镶贴面层及阴阳角、修嵌缝隙、清洁表面等。

单位：100m²

定额编号			2-78	2-79	2-80	2-81
项目			贴瓷砖			
			砖、混凝土墙		加气混凝土墙	
			150×150	300×200	150×150	300×200
综合单价（元）			7258.20	8046.37	7335.33	8123.50
其中	人工费（元）		2773.07	2495.72	2822.52	2545.17
	材料费（元）		2685.10	3925.56	2681.27	3921.73
	机械费（元）		22.87	24.11	22.87	24.11
	管理费（元）		1063.70	958.25	1082.56	977.11
	利润（元）		713.46	642.73	726.11	655.38
名称	单位	单价（元）	数量			
综合工日	工日	43.00	(64.86)	(58.43)	(66.01)	(59.58)
定额工日	工日	43.00	64.490	58.040	65.640	59.190
白瓷砖 150×150	千块	474.00	4.556	—	4.556	—
花瓷砖 300×200	千块	2000.00	—	1.700	—	1.700
水泥砂浆 1:1	m³	264.66	0.400	0.400	0.400	0.400
水泥砂浆 1:3	m³	195.94	1.600	1.600	—	—
混合砂浆 1:0.5:4	m³	181.22	—	—	1.600	1.600
素水泥浆	m³	421.78	0.101	0.101	0.101	0.101
白水泥	kg	0.42	15.000	15.000	15.000	15.000
水泥 32.5	t	280.00	—	—	0.012	0.012
建筑胶	kg	2.00	24.000	24.000	32.000	32.000

续表

名称	单位	单价（元）	数量			
水	m³	4.05	0.200	0.200	0.290	0.290
其他材料费	元	1.00	8.480	8.480	8.480	8.480
灰浆搅拌机 200L	台班	61.82	0.370	0.390	0.370	0.390

表1-5-7 B.5.6 抹灰面油漆（020506）
020506001 抹灰面油漆（m²）

工作内容：清理基层、批刮腻子、砂纸打磨、刷底油、刷（喷）面油漆等。

单位：100m²

定额编号				5-163	5-164	5-165
项目				抹灰面刷乳胶漆		
				满刮石膏腻子		满挂白水泥腻子
				二遍	三遍	二遍
综合单价（元）				1440.93	1942.69	1380.43
其中	人工费（元）			374.96	441.18	374.96
	材料费（元）			786.93	1173.19	726.43
	机械费（元）			—	—	—
	管理费（元）			143.01	168.26	143.01
	利润（元）			136.03	160.06	136.03
名称	单位	单价（元）		数量		
综合工日	工日	43.00		(8.72)	(10.26)	(8.72)
定额工日	工日	43.00		8.720	10.260	8.720
乳胶漆 室内	kg	25.00		27.810	43.260	27.810
白水泥	kg	0.42		—	—	53.620
聚醋酸乙烯乳胶（白乳胶）	kg	6.20		6.000	6.000	—
建筑胶	kg	2.00		—	—	2.210
化学浆糊	kg	7.50		1.200	1.200	—
大白粉	kg	0.50		52.800	52.800	—
滑石粉 325 目	kg	0.80		13.850	13.860	—
石膏粉	kg	0.80		2.050	2.050	—
其他材料费	元	1.00		6.360	6.360	4.240

解：墙面砖工程量 = 墙长×贴墙砖高度 = 8×1.5 = 12 = 0.12 百平方米

墙面乳胶漆工程量 = 墙长×刷乳胶漆高度 = 8×（3-1.5-0.12）= 11.04 = 0.11 百平方米

墙面砖的主要费用为，套用定额：《河南省建设工程工程量清单综合单价2008》B 装饰装修工程分册，查定额 B.2.4 抹灰面油漆2-79，综合单价 = 8046.37×0.12 = 965.56 元

人工费　　　　　= 2495.72 × 0.12 = 299.49 元

材料费　　　　　= 3925.56 × 0.12 = 471.07 元

管理费　　　　　= 24.11 × 0.12 = 2.89 元

利润　　　　　　= 958.25 × 0.12 = 114.99 元

综合工日　　　　= 642.73 × 0.12 = 77.13 工日

室内乳胶漆主要费用为，套用定额：《河南省建设工程工程量清单综合单价 2008》B 装饰装修工程分册，查定额 B.5.6 抹灰面油漆 5 - 163，综合单价 = 1440.93 × 0.11 = 158.50 元

人工费　　　　　= 374.96 × 0.11 = 41.25 元

材料费　　　　　= 786.93 × 0.11 = 86.56 元

管理费　　　　　= 143.01 × 0.11 = 15.73 元

利润　　　　　　= 136.03 × 0.11 = 14.96 元

综合工日　　　　= 8.72 × 0.11 = 0.96 工日

第五节　天棚装饰工程量的计算

一、天棚装饰工程量的说明及计算规则

（一）天棚装饰工程量的计算说明

（1）本分部中，工程量清单项目工程内容与定额子目工作内容不一致的清单项目组合单价，应由本定额不同分部（或本分部）和编码下的相关子目组成。如天棚吊顶清单项目的组成子目为：龙骨架（制作）安装、基层、面层铺设、钉装饰压条、刷防护材料、油漆等。

（2）本分部子目中凡注明砂浆种类、配合比、饰面材料型号规格的，如与设计要求不同时，可按设计要求调整，但人工数量不变。天棚抹灰厚度与设计要求不符时，可按本册 B.2 分部各种砂浆抹灰层厚度每增减 1mm 子目进行调整，人工乘以系数 1.1，其他不变。

（3）木材树种同本册 B.2 分部，本分部除注明者外，均以一、二类木种为准，如采用三、四类木种，其人工及木工机械乘以系数 1.3。

（4）本分部采用的木材均为板方综合规格木材，子目中已考虑了施工损耗、木材的干燥费用及干燥损耗（7%）。凡注明允许换算木材用量时，所增减的木材用量均可计入施工损耗、木材的干燥费用及干燥损耗（7%）。

（5）雨篷、挑檐抹灰子目适用于雨篷、挑檐、遮阳板、飘窗、空调板等的一般抹灰。

（6）天棚吊顶系按现行 05YJ 标准图集编制，轻钢龙骨架、铝合金龙骨架均按双层龙骨结构考虑（即次龙骨紧贴在主龙骨底面吊挂）。各种龙骨架按标准图 05YJ1、05YJ7 做法取定，如与设计要求的龙骨品种、用量和价格不同时，可按设计要求调整龙骨用量和价格，其他不变。

（7）天棚面层在同一标高或者标高差在 200mm 以内者为平面天棚；天棚面层不在同一标高且标高差在 200mm 以上者为跌级式天棚。

（8）曲面造型的天棚龙骨架执行跌级式天棚子目，人工乘以系数1.50。

（9）如工程设计为单层结构的龙骨架（即主、次龙骨底面在同一标高）时，仍执行相应子目，但应扣除该子目中的小龙骨及相应的配件，且人工乘以下述系数：平面天棚0.83，跌级天棚0.85。

（10）天棚木龙骨架用于板条、钢板网、木丝板天棚面层时，应扣除天棚方木龙骨子目中的木材0.904m³，增加圆钉8.63kg。

（11）吊顶子目中未包括抹灰基层，抹灰基层应执行天棚抹灰子目。

（12）天棚面层子目除胶合板面层外，其他面层均按平面天棚取定；如为跌级天棚或曲面造型天棚时，天棚面层执行相应天棚子目，分别乘以下系数：

①跌级天棚其他面层人工乘以1.3，饰面板乘以1.03，其他不变。

②曲面造型其他天棚面层人工乘以1.5，饰面板乘以1.05，其他不变。

（13）胶合板如现场制作钻吸音孔时，相应子目增加人工6.67工日。

（14）天棚面层子目，除注明者外均未包括压条、收边、装饰线，如设计要求时，另按本册B.6分部相应子目计算。十五、天棚面层子目中的灰板条以"百根"或"m³"计算，板条的规格为7.5mm×38mm×1000mm，其损耗率（包括清水的刨光损耗）已包括在该子目内。

（15）装饰雨篷按其构造做法执行相应的天棚子目。

（16）天棚检查孔子目用于已经施工完成的天棚需增开的检查孔。灯孔用于设计要求需在天棚施工时设置的灯孔。

（17）大规格的木制风口按表1-5-8执行相应子目并乘以规定的系数。

表1-5-8　大规格木制风口调增系数表

名称	规格（mm）	执行子目	人工调增系数
方形风口	380×380以上	木制风口	1.25
矩形风口	周长1280以上	木制风口	1.25
条形风口	周长1400~1800	木制风口	1.25
	周长1801~2600	木制风口	1.50
	周长2600以上	木制风口	1.75

（18）木龙骨、木基层及面层均未包括刷防火涂料，如设计要求时，另按本册B.5分部相应子目计算。

（19）采光天棚和天棚设保温隔热吸音层时，按建筑工程A.8分部相关项目列项。

（20）本分部子目均已包括3.6m以下简易脚手架搭设及拆除，不另计算。

（二）天棚装饰工程量的计算规则

天棚工程是建筑装饰工程中的一个主要内容。在装饰工程中，由于不同空间环境的功能要求各不相同，档次和豪华程度不尽一致，包括对装饰艺术文化的追求方面也都有所不同，因此，就会出现不同档次、不同风格的天棚设计来，这样就需要采取不同的装饰工艺和施工方法。其工程量计算规则如《河南省建设工程工程量清单综合单价（2008）》中规定。

（1）天棚抹灰按设计图示尺寸以水平投影面积计算。不扣除间壁墙、垛、柱、附墙烟囱、检查口和管道所占的面积，带梁天棚、梁两侧抹灰面积并入天棚面积内。

（2）檐口天棚抹灰按设计图示尺寸以面积计算，并入相同的天棚抹灰工程量内。

（3）阳台底面抹灰设计图示尺寸以水平投影面积计算，并入相应天棚抹灰面积内。阳台如带悬臂梁者，其工程量乘系数1.30。

（4）雨篷、挑檐、飘窗、空调板、遮阳板的单面抹灰设计图示尺寸以水平投影面积计算。雨篷顶面带反沿或反梁者，其工程量按其水平投影面积乘以系数1.2。

板顶面、底面和沿口均为一般抹灰时，其工程量可按水平投影面积乘以系数2.2计算。

雨篷沿口线如为镶贴快料时，可另行计算，执行本册B.2.6中的相应子目。

（5）天棚吊顶骨架按设计图示尺寸以水平投影面积计算。不扣除间壁墙、检查口、附墙烟囱、柱、垛和管道所占面积。天棚中的折线、迭落等圆弧形，高低吊灯槽等面积也不展开计算。

（6）天棚面层按设计图示尺寸以面积计算。不扣除间壁墙、检查口、附墙烟囱、附墙垛和管道所占面积，应扣除单个$0.3m^2$以上的孔洞、独立柱与天棚相连的窗帘盒所占的面积。

天棚中的迭落侧面、曲面造型、高低灯槽、假梁装饰及其他艺术形式的天棚面层均按展开面积计算，合并在天棚面层工程量内。

（7）灯孔、灯槽、送风口和回风口按设计图示数量计算。

（8）天棚检查口按设计图示数量计算。

（9）天棚走道板按设计图示长度计算。

二、天棚装饰工程量及套用定额的计算案例

1. 天棚龙骨和石膏板吊顶工程量及套用定额的计算

例1-5-7　如图1-5-6所示，吊顶设计为轻钢龙骨纸面石膏板面饰乳胶漆，分别计算天棚龙骨、面层的工程量并套用定额计算综合单价及各项材料用量和费用（表1-5-9、表1-5-10）。

表1-5-9　B.3.2　天棚吊顶（020302）
020303001　天棚吊顶（m^2）
一、天棚龙骨架

工作内容：吊件加工、安装；定位、弹线、射钉；选料、下料、定位杆控制高度、平整、安装龙骨及横撑附件、空洞预留等；临时加固调整、校正；灯箱风口封边、龙骨设置；预留位置、整体调整等。

单位：100m²

定额编号			3－20	3－21	3－22	3－23
项目			天棚 U 型轻钢龙骨架（不上人）			
			面层规格（mm）			
			600×600 以上	600×600 以内	600×600 以上	600×600 以上
			平面		跌级	
综合单价（元）			3627.82	3525.37	4296.01	4398.36
其中	人工费（元）		804.96	761.96	910.74	867.31
	材料费（元）		2077.80	2058.15	2542.31	2728.28
	机械费（元）		—	—	—	—
	管理费（元）		408.10	386.30	461.72	439.71
	利润（元）		336.96	318.96	381.24	363.06
名称	单位	单价（元）	数量			
综合工日	工日	43.00	(18.72)	(17.72)	(21.18)	(20.17)
定额工日	工日	43.00	18.720	17.720	21.180	20.170
板方木材 综合规格	m³	1550.00	—	—	0.066	0.073
U 型天棚轻钢大龙骨 h38	m	1.85	133.330	133.330	181.620	190.080
U 型天棚轻钢中龙骨 h19	m	2.70	197.990	258.910	182.630	244.660
天棚轻钢中龙骨横撑 h19	m	2.70	200.000	133.330	198.060	147.660
U 型天棚轻钢小龙骨 h19	m	1.62	—	—	33.970	33.970
天棚轻钢小龙骨横撑 h19	m	1.62	—	—	20.210	30.320
U 型天棚轻钢龙骨主接件 h38	个	0.21	66.000	65.000	101.000	100.000
U 型轻钢龙骨次接件	个	0.80	116.000	65.000	116.000	172.000
U 型轻钢龙骨小接件	个	1.10	—	—	13.000	13.000
U 型天棚轻钢大龙骨垂直吊挂件 h38	个	0.21	145.000	145.000	168.000	179.000
U 型轻钢中龙骨垂直吊挂件	个	0.50	235.000	307.000	320.000	502.000
U 型轻钢小龙骨垂直吊挂件	个	0.45	—	—	125.000	125.000
U 型轻钢中龙骨平面连接件	个	0.25	352.000	345.000	307.000	344.000
U 型轻钢小龙骨平面连接件	个	0.10	—	—	125.000	125.000
方钢管 25×25×2.5	m	8.20	—	—	6.120	6.120
扁钢	t	3400.00	—	—	0.002	0.002
钢板 6~7	t	4230.00	—	—	0.001	0.001
钢拉杆	kg	3.00	34.240	34.240	44.450	31.980
铁件	kg	5.20	40.000	40.000	40.700	40.700
机螺丝	百个	8.50	1.220	1.060	1.030	0.900
螺母	百个	15.60	3.520	3.740	4.130	4.300
垫圈	百个	5.05	1.760	1.870	2.070	2.150
射钉	个	0.19	153.000	153.000	155.000	155.000

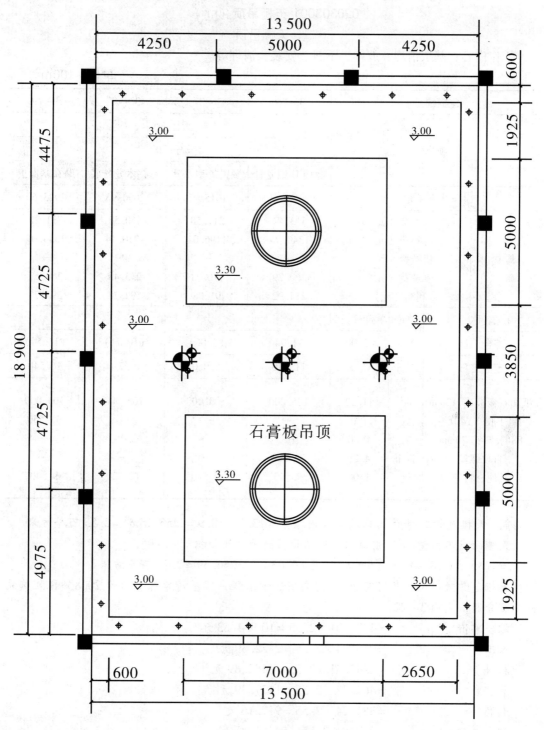

图 1 - 5 - 6　天棚图

表1-5-10 B.3.2 天棚吊顶（020302）

020303001 天棚吊顶（m²）

二、天棚吊顶

工作内容：基层清理、放样、下料、安装、清理等。

单位：100m²

定额编号			3-76	3-77	3-78	3-79
项目			天棚面层			
			石膏板			
			螺接U型龙骨	搁置T型龙骨	钉在木龙骨底	贴在基面上
综合单价（元）			2329.57	1615.01	2096.93	2923.60
其中	人工费（元）		513.42	217.58	460.53	711.22
	材料费（元）		1340.94	1196.04	1210.14	1554.09
	机械费（元）		—	—	—	—
	管理费（元）		260.29	110.31	233.48	360.57
	利润（元）		214.92	91.08	192.78	297.72
名称	单位	单价（元）	数量			
综合工日	工日	43.00	(11.94)	(5.06)	(10.71)	(16.54)
定额工日	工日	43.00	11.940	5.060	10.710	16.540
纸面石膏板 厚12mm	m²	11.30	105.000	105.000	105.000	105.000
氯丁胶 XY401、	kg	11.00	—	—	—	32.550
88#胶圆钉70mm	kg	5.30	—	—	2.060	—
自攻螺丝	百个	4.20	34.500	—	—	—
其他材料费	元	1.00	9.540	9.540	12.720	9.540

解： 天棚龙骨工程量 ＝内墙长×内墙宽＝13.5×18.9 ＝ 255.15m² ＝2.55 百平方米

天棚面层工程量 ＝天棚面积＋天棚面层侧面展开面积

＝（13.5×18.9）＋（5＋7）×2×0.03×2 ＝256.59 ＝2.57 百平方米

天棚龙骨费用为，套用定额：《河南省建设工程工程量清单综合单价2008》B 装饰装修工程分册，定额 3-22，

综合单价 ＝4296.01×2.55 ＝10 954.83 元

人工费 ＝910.74×2.55 ＝2322.39 元

材料费 ＝2542.31×2.55 ＝6482.89 元

管理费 ＝461.72×2.55 ＝1177.39 元

利润 ＝381.24×2.55 ＝972.16 元

综合工日 ＝21.18×2.55 ＝54.01 工日

天棚面层费用为，套用定额：《河南省建设工程工程量清单综合单价2008》B 装饰装修工程分册，定额 3-76，

综合单价	$= 2329.57 \times 2.57 = 5986.99$ 元
人工费	$= 513.42 \times 2.57 = 1319.49$ 元
材料费	$= 1340.94 \times 2.57 = 3446.22$ 元
管理费	$= 260.29 \times 2.57 = 668.95$ 元
利润	$= 214.92 \times 2.57 = 552.34$ 元
综合工日	$= 11.94 \times 2.57 = 30.69$ 工日

第六节　门窗工程量的计算

一、门窗工程量的说明及计算规则

（一）门窗工程量的计算说明

（1）本分部中，工程量清单项目工程内容与定额子目工作内容不一致的清单项目组合单价，应由本定额不同分部（或本分部）和编码下的相关子目组成。如木门窗清单项目的组成子目为：门窗外购或制作、安装、特殊五金安装、刷油漆等。

（2）外购的门窗运费可计入成品价格内。

（3）门窗油漆另按本册 B.5 分部列项计算。

（4）本分部是按机械和手工操作综合编制的，不论实际采取何种操作方法，均按本分部执行。

（5）木材树种分类同本册 B.2 分部。本分部（除注明者外）木材树种均以一、二类木种为准，如采用三、四类时，分别乘以下列系数：相应子目中的木门窗制作人工和机械乘以 1.3；木门窗安装人工和机械乘以 1.16。

（6）本分部木门窗、木饰面子目采用的木材均为板方综合规格木材，子目中已考虑了施工损耗、木材的干燥费用及干燥损耗（7%）。凡注明允许换算木材用量时，所增减的木材用量均应计入施工损耗、木材的干燥费用及干燥损耗（7%）。

（7）子目中所注明的木材断面或厚度均以毛料为准。如设计图纸注明的断面或厚度为净料时，应增加刨光损耗。木材单面刨光增加 3mm，两面刨光增加 5mm。凡设计规定的木材断面或厚度与本分部不符时，可按断面比例换算木材用量。

（8）木门分为普通成品木门和豪华成品木门。普通木门子目内容，由外购普通成品门扇、现场框和亮制作、安装三部分组成。豪华成品木门子目内容，由外购豪华成品门扇、筒子板框现场制作安装、门扇安装三部分组成。外购成品木门扇的取定单价与施工合同约定价格不同时，可以调整。

（9）普通成品木门子目是按单层门、框料断面 58cm^2 考虑的，框料断面如与设计不同时，按本说明第六、七条调整，其他不变。

（10）豪华成品木门的筒子板框，是按 05YJ4-1 标准图做法取定的，如与工程设计要求不同时，可按设计要求另行计算。

（11）普通木窗的框、扇梃断面是按 05YJ4-1 标准图做法取定的，如与工程设计要求不同时，可按设计要求另行计算。定额子目内容由框制作、扇和亮制作、安装三部分组成。其中窗扇是按单层玻璃窗考虑的，如为双层玻璃窗者，相应子目中安装人工乘以系数1.6，其他人工、材料和机械均乘以系数2.0。如设计有纱窗、纱亮者，应另列项目计算。

（12）玻璃橱窗为现场制作安装，包括框制作安装、玻璃安装和框包镜面不锈钢，如子目内的材料消耗量与设计不同时，可以调整，但人工、机械不变。

（13）成品门窗安装子目中的门窗含量，如与设计图示用量不同时，相应子目中的含量可以调整，其他不变。

（14）成品金属门窗安装子目，均是以外购成品现场安装编制的。成品门窗供应价格应包括门窗框扇制作安装费、玻璃和五金配件及安装费、现场安装固定人工费、供应地至现场的运杂费、采购保管费等。安装子目中的人工仅为周边塞口和清扫的人工。

（15）无框玻璃门安装子目不包括五金，五金可按设计要求另列项目计算。

（16）木门窗子目已包括了普通的小五金费用，特殊拉手、弹簧合页、门锁等可单列项目计算。

（17）镀锌铁皮、镜面不锈钢、人造革包门窗扇，切片皮、塑料装饰面、装饰三合板贴门扇面均按双面考虑，如设计为单面包、贴时，相应子目乘以系数0.67。

（二）门窗工程量的计算规则

（1）各类门、窗工程量除特别规定者外，均按设计图示尺寸以门、窗洞口面积计算。框帽走头、木砖及立框所需的拉条、护口条以及填缝灰浆，均已包括在定额子目内，不得另行增加。

（2）纱门、纱窗、纱亮的工程量分部按其安装对应的开启门窗、窗扇、亮扇面积计算。

（3）铝合金、塑钢纱窗制作安装按其设计图示尺寸以扇面积计算。

（4）金属卷闸门安装按设计图示洞口尺寸以面积计算。电动装置安装以"套"计算，小门安装以"个"计算，同时扣除原卷帘门中小门的面积。

（5）无框玻璃门指无铝合金框，如带固定亮子无框（上亮、侧亮），工程量按门及亮子洞口面积分别计算，并执行相应子目。

（6）硬木门窗扇子与框应分别列项计算工程量：硬木门窗框按设计图示尺寸以门窗洞口面积计算；硬木门窗扇均以扇的净面积计算。

（7）特殊五金按设计图示数量计算。

（8）门窗贴脸、门窗套按设计图示门窗洞口尺寸以长度计算。

（9）筒子板按设计图示尺寸以展开面积计算。

（10）窗帘盒、窗帘轨按设计图示尺寸以长度计算。如设计未注明时，可按窗洞口宽度两边共加300mm计算。

（11）窗台板按设计图示尺寸以面积计算。如设计未注明者，长度可按窗洞口宽两边共加100mm，挑出墙面外的宽度，按50mm计算。

（12）镜面不锈钢、镜面玻璃、镀锌铁皮包门框按设计图示尺寸以展开面积计算（不计咬口面积）。

（13）镀锌铁皮、镜面不锈钢、人造革包门窗扇，切片皮、塑料装饰面、装饰三合板贴门扇面均按门窗扇的单面面积计算。

（14）镀锌铁皮包木材面设计图示尺寸以展开面积计算。

（15）挂镜线按设计图示长度计算。挂镜点按图示数量计算。

二、门窗工程量及套用定额的计算案例

1. 铝合金门制作安装工程量及套用定额的计算

例1-5-8　如图1-5-7某房屋平面图所示，计算该房屋铝合金平开门安装工程量及套用定额计算其主要费用（表1-5-11）。

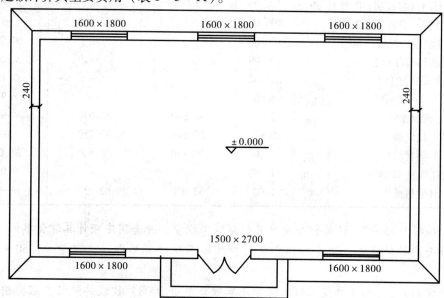

图1-5-7　某房屋平面图

表1-5-11　B.4.2 金属门（020402）

020402001/2 金属平开门、金属推拉门（m²）

工作内容：购置成品门、安装门框、校正、安装门扇及配件、周边塞口、清扫等。

单位：100m²

定额编号		4-11	4-12	4-13
项目		成品门安装		
		铝合金		钢制
		平开门	推拉门	简易门
综合单价（元）		23 705.08	20 516.84	14 644.80
其中	人工费（元）	1209.59	967.50	1186.80
	材料费（元）	21 723.67	18 919.39	12 625.46
	机械费（元）	62.95	62.95	112.83
	管理费（元）	461.33	369.00	468.38
	利润（元）	247.54	198.00	251.33

名称	单位	单价（元）	数量		
综合工日	工日	43.00	(28.13)	(22.50)	(28.56)
定额工日	工日	43.00	28.130	22.500	27.600
铝合金平开门（含玻璃、配件）	m²	220.00	97.000	—	—
铝合金推拉门（含玻璃、配件）	m²	190.00	—	97.000	—
钢门（含玻璃、配件）单层	m²	130.00	—	—	96.200
现浇碎石混凝土	m³	186.09	—	—	0.200
水泥砂浆1:2	m³	229.62	—	—	0.150
电焊条（综合）	kg	4.00	—	—	2.940
密封油膏	kg	2.00	52.510	36.670	—
软填料	kg	9.80	24.540	39.750	—
其他材料费	元	1.00	38.160	26.500	36.040
交流弧焊机32kW·A	台班	117.53	—	—	0.960
其他机械费	元	1.00	62.950	62.950	—

解： 如图1-5-7，计算铝合金平开门制装工程量，并套用定额计算综合单价。

铝合金门的制装工程量是按铝合金门框外围面积计算的即：工程量 = 1.50 × 2.70 = 4.05m²

套用定额：《河南省建设工程工程量清单综合单价2008》B装饰装修工程分册407页4-11项铝合金平开门计算，定额单位为100m²

铝合金平开门工程量 $= 4.05/100 = 0.04$ 百平方米

综合单价 $= 23\,705.08 × 0.04 = 948.2$ 元

人工费 $= 1209.59 × 0.04 = 48.38$ 元

材料费 $= 21\,723.67 × 0.04 = 868.95$ 元

机械费 $= 62.95 × 0.04 = 2.52$ 元

管理费 $= 461.33 × 0.04 = 18.45$ 元

利润 $= 247.54 × 0.04 = 9.9$ 元

人工工日 $= 28.13 × 0.04 = 1.13$ 工日

2. 塑钢窗制作安装工程量及套用定额的计算

例1-5-9 如图1-5-7某房屋平面图所示，计算该房屋塑钢推拉窗安装工程量及套用定额计算其主要费用（表1-5-12）。

表1-5-12 B.4.6 金属窗（020406）

020406007 塑钢窗（樘/m²）

工作内容：购置、校正框扇、安装固定、周边塞缝、清理等。

单位：100m²

定额编号			4－67	4－68	4－69
项目			成品窗安装		
			塑钢推拉窗	塑钢平开窗	塑钢纱窗扇
综合单价（元）			19 885.41	22 060.86	7000.00
其中		人工费（元）	1182.50	1537.25	—
		材料费（元）	18 004.91	19 617.71	7000.00
		机械费（元）	5.00	5.00	—
		管理费（元）	451.00	586.30	—
		利润（元）	242.00	314.60	—
名称	单位	单价（元）	数量		
综合工日	工日	43.00	(27.50)	(35.75)	—
定额工日	工日	43.00	27.500	35.750	—
塑钢推拉窗（含玻璃、配件）	m²	180.00	96.640	—	
塑钢平开窗（含玻璃、配件）	m²	200.00	—	95.040	
塑钢纱窗扇 含纱	m²	70.00			100.000
密封油膏	kg	2.00	47.460	47.460	
软填料	kg	9.80	52.530	52.530	—
其他机械费	元	1.00	5.000	5.000	

解： 如图 1－5－7，计算塑钢推拉窗制装工程量，并套用定额计算综合单价。

塑钢推拉窗制作安装工程量是按塑钢窗框外围面积计算的即：工程量 = 1.6 × 1.8 × 5 = 14.4m²

套用定额：《河南省建设工程工程量清单综合单价2008》B 装饰装修工程分册 449 页 4－67 项塑钢推拉窗计算，定额单位为 100m²

铝合金平开门工程量 ＝14.4/100 ＝0.14 百平方米

综合单价 ＝19 885.41 ×0.14 ＝2783.96 元

人工费 ＝1182.5 ×0.14 ＝165.55 元

材料费 ＝18 004.91 ×0.14 ＝2520.69 元

机械费 ＝5 ×0.14 ＝0.7 元

管理费 ＝451 ×0.14 ＝63.14 元

利润 ＝242 ×0.14 ＝33.88 元

人工工日 ＝27.5 ×0.14 ＝3.85 工日

第七节 油漆、涂料、裱糊工程量的计算

一、油漆、涂料、裱糊工程量的说明及计算规则

(一) 油漆、涂料、裱糊工程量的计算说明

(1) 本分部子目适用于其他分部工程量清单项目的综合单价组合和单独计价。

(2) 本分部刷涂、刷油操作方法为综合取定，与设计要求不同时不得调整。

(3) 本分部子目未显示的一些木材面和金属面油漆应按本分部工程量计算规则中的规定，执行相应子目。

(4) 油漆浅、中、深各种颜色已综合在定额子目内，颜色不同时不另调整。

(5) 门窗油漆子目已综合考虑了门窗贴脸、披水条、盖口条油漆以及同一平面上的分色和门窗内外分色，执行中不得另计。如需做美术图案者可另行计算。

(6) 一玻一纱门窗油漆按双层门窗油漆子目执行。

(7) 本分部规定的刷涂遍数，如与设计要求不同时，可按每增加一遍的相应子目调整。

(二) 油漆、涂料、裱糊工程量的计算规则

1. 木材面油漆

(1) 各种木门油漆 (表1-5-13) 和木窗油漆 (表1-5-14) 均按设计图示尺寸以单面洞口面积计算。

(2) 双层和其他木门窗的油漆执行相应的单层木门窗油漆子目，并分别乘以表1-7-1、表1-7-2中的系数 (表1-5-13、表1-5-14)。

表1-5-13 木门油漆综合单价计算系数表

项目名称	调整系数	工程量计算方法
单层木门	1.00	按设计图示尺寸以单面洞口面积计算
双层 (一板一纱) 木门	1.36	
双层木门	2.00	
全玻门	0.83	
半玻门	0.93	
半百叶门	1.30	
厂库大门	1.10	
无框装饰门、成品门扇	1.10	按设计图示尺寸以门扇面积计算

(3) 各种木扶手油漆按设计图示尺寸以长度计算。

(4) 带托板的木扶手及其他板条的油漆执行木扶手 (不带托板) 油漆子目，并分别乘以表5-15中的系数。

表1-5-14 木窗油漆综合单价计算系数表

项目名称	调整系数	工程量计算方法
单层玻璃窗	1.00	
双层（一玻一纱）窗	1.36	
双层窗	2.00	
三层（二玻一纱）窗	2.60	按设计图示尺寸以单面洞口面积计算
单层组合窗	0.83	
双层组合窗	1.13	
木百叶窗	1.50	

表1-5-15 木扶手及其他板条线条油漆综合单价计算系数表

项目名称	调整系数	工程量计算方法
木扶手（不带托板）	1.00	
木扶手（带托板）	2.60	
窗帘盒	2.04	
封檐板、顺水板	1.74	按设计图示长度计算
挂衣板	0.52	
装饰线条（宽度60mm）内	0.50	
装饰线条（宽度60～100mm）	0.65	

（5）木板、胶合板天棚和其他木材面油漆按设计图示尺寸以面积计算。

（6）木板、胶合板天棚和其他木材面油漆执行其他木材面油漆子目，并分别乘以表1-5-16中的系数。

表1-5-16 其他木材面油漆综合单价系数表

项目名称	调整系数	工程量计算方法
木板、纤维板，胶合板顶棚、檐口	1.00	按设计图示尺寸以面积计算
板条顶棚、檐	1.20	
木方格吊顶顶棚	1.30	
带木线的板饰面（墙裙、柱面）	1.07	按设计图示尺寸以面积计算
窗台板、门窗套（筒子板）	1.10	
屋面板（带檩条）	1.11	按设计图示尺寸以斜面积计算
暖气罩	1.28	
木间壁、木隔断	1.90	按设计图示尺寸以单面外围面积计算
玻璃间壁露明墙筋	1.65	
木栅栏、木栏杆（带扶手）	1.82	

续表

项目名称	调整系数	工程量计算方法
木屋架	1.79	按设计图示跨度（长）×中高/2 计算
衣柜、壁柜	1.05	按设计图示尺寸以展开面积计算
零星木装修	1.15	

（7）木地板及木踢脚线油漆按设计图示尺寸以面积计算。空洞、空圈、暖气包槽、壁龛的开口部分并入相应的工程量内。

（8）木楼梯油漆（不含底面）按设计图示尺寸以水平投影面积计算，执行木地板油漆子目并乘以系数 2.3。

（9）木龙骨刷涂料按设计图示的由龙骨组成的木格栅外围尺寸以面积计算。

2. 金属面油漆

（1）各种钢门窗油漆均按设计图示的单面洞口面积计算。

（2）各种钢门窗和金属间壁、平板屋面等油漆均执行单层钢门窗油漆子目，并分别乘以表 1 - 5 - 17 中的系数（表 1 - 5 - 17）。

表 1 - 5 - 17　钢门窗、间壁及屋面油漆综合单价计算系数表

名称	调整系数	工程量计算方法
单层钢门窗	1.00	按设计图示尺寸以单面洞口面积计算
双层（一玻一纱）钢门窗	1.48	
钢百叶门	2.74	
半截百叶钢门	2.22	
满钢门或包铁皮门	1.63	
钢折叠门	2.30	
射线防护门	2.96	按设计图示尺寸以框（扇）外围面积计算
厂库房平开、推拉门	1.70	
铁丝网大门	0.81	
平板屋面	1.85	按设计图示尺寸以面积计算
间壁	0.74	
排水、伸缩缝盖板	0.78	按设计图示尺寸以展开面积计算
吸气罩	1.63	按设计图示尺寸以水平投影面积计算

（3）钢屋架、天窗架、挡风架、屋架梁、支撑、檩条和其他金属构件油漆均按设计图示尺寸以质量计算。

（4）金属构件油漆均执行其他金属面油漆子目，并分别乘以表 1 - 5 - 18 中的系数。

表1-5-18　金属构件油漆综合单价计算系数表

项目名称	调整系数	工程量计算方法
钢屋架、天窗架、挡风架、屋架梁、支撑、檩条	1.00	按设计图示尺寸以质量计算
墙架（空腹式）	0.50	
墙架（格板式）	0.82	
钢柱、吊车梁、花架梁柱、空花构件	0.63	
操作台、走台、制动梁、钢梁车档	0.71	
钢栅栏门、栏杆、窗栅	1.71	
铸铁花饰栏杆、铸铁花片	1.90	
钢爬梯	1.18	
轻型屋架	1.42	
踏步式钢扶梯	1.05	
零星铁件	1.32	

（5）金属面涂刷沥青漆、磷化及锌黄底漆均设计图示尺寸以面积计算。

（6）其他金属涂刷沥青漆、磷化及锌黄底漆执行平板面刷沥青漆、磷化及锌黄底漆子目，并分别乘以表1-5-19中的系数。

表1-5-19　金属面涂刷磷化、锌黄底漆综合单价计算系数表

项目名称	调整系数	工程量计算方法
平板面	1.00	按设计图示尺寸以面积计算
排水、伸缩缝盖板	1.05	按设计图示尺寸以展开面积计算
吸气罩	2.20	按设计图示尺寸以水平投影面积计算
包镀锌铁皮门	2.20	按设计图示尺寸以单面洞口面积计算

（7）金属结构刷防火涂料按构件的设计图示尺寸以展开面积计算。

（8）铁皮排水和金属构件面积换算可参考表1-5-20、1-5-21计算。

表1-5-20　镀锌铁皮排水管沟、零件单位面积折算表

名称	管沟及泛水								
单位	水落管 Φ100	檐沟	天沟	天窗窗台泛水	天窗侧面泛水	通气管泛水	烟囱泛水	滴水檐头泛水	滴水
m²/m	0.32	0.30	1.30	0.50	0.70	0.22	0.80	0.24	0.11

名称	排水零件		
单位	水斗	漏斗	下水口
m²/个	0.40	0.16	0.45

表 1 - 5 - 21　金属构件单位面积折算表

名称　单位	钢屋顶支撑、檩条	钢梁柱	钢墙架	平台操作台	钢栅栏栏杆	钢梯	球节点网架	零星构件
m²/t	38	38	19	27	65	45	28	50

3. 墙、柱、天棚抹灰面油漆、刷涂料

按设计图示尺寸以面积计算。

4. 折板、肋形梁板等底面的涂刷

按设计图示尺寸的水平投影面积计算，执行墙、柱、天棚抹灰面油漆及涂料子目，并分别乘以表 1 - 5 - 22 中的系数。

表 1 - 5 - 22　抹灰面油漆、涂料综合单价计算系数表

项目名称	系数	工程量计算方法
墙、柱、天棚平面	1.00	按设计图示尺寸以面积计算
槽形底板、混凝土析板	1.30	
有梁板底	1.10	
密肋、井字梁底板	1.50	
混凝土平板式楼梯底	1.30	按设计图示尺寸以水平投影面积计算

二、油漆、涂料、裱糊工程量及套用定额的计算案例

1. 室内木门油漆工程量及套用定额的计算

例 1 - 5 - 10　如图 1 - 5 - 8 所示，房屋室内使用单层木门，计算木门油漆工程量及主要费用（表 1 - 5 - 23）。

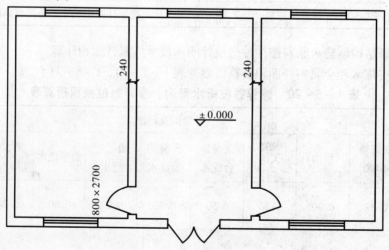

图 1 - 5 - 8　某房屋平面图

表1-5-23　B.5.1 门油漆（020501）

020501001 门油漆（樘/m²）

工作内容：清扫、磨砂纸、润油粉、刮腻子、刷底漆、磁漆、清漆等。

单位：100m²

定额编号			5-18	5-19	5-20	5-22
项目			单层木门油过氯乙烯漆			
			一底二磁二清漆	每增加一遍底漆	每增加一遍磁漆	每增加一遍清漆
综合单价（元）			7138.88	1101.74	1127.19	1435.04
其中	人工费（元）		1839.54	266.60	266.17	266.17
	材料费（元）		3930.38	636.74	662.94	970.79
	机械费（元）		—	—	—	—
	管理费（元）		701.59	101.68	101.52	101.52
	利润（元）		667.37	96.72	96.56	96.56
名称	单位	单价（元）	数量			
综合工日	工日	43.00	(42.78)	(6.20)	(6.19)	(6.19)
定额工日	工日	43.00	42.780	6.200	6.190	6.190
过氯乙烯底漆 铁红	kg	16.00	32.520	32.520	—	—
过氯乙烯磁漆 各色	kg	17.00	65.520	—	32.760	—
过氯乙烯清漆	kg	17.00	88.220	—	—	44.010
过氯乙烯腻子	kg	1.20	7.420	—	—	—
过氯乙烯刷稀释剂	kg	10.00	76.320	11.430	10.390	22.050
其他材料费	元	1.00	24.380	2.120	2.120	2.120

解：室内木门工程量 =0.8×2.7×4 =8.64m²

套用定额：《河南省建设工程工程量清单综合单价2008》B 装饰装修工程分册512页5-18项单层木门油过氯乙烯漆一底二磁二清漆计算，定额单位为100m²

室内木门工程量　　　　　 =8.64/100 =0.09 百平方米

综合单价　　　　　　　　 =7138.88×0.9 =642.5 元

人工费　　　　　　　　　 =1839.54×0.09 =165.56 元

材料费　　　　　　　　　 =3930.38×0.09 =353.73 元

管理费　　　　　　　　　 =701.59×0.09 =63.14 元

利润　　　　　　　　　　 =667.37×0.09 =60.06 元

人工工日　　　　　　　　 =42.78×0.09 =3.85 工日

2. 室内墙面壁纸工程量及套用定额的计算

例1-5-11　如图1-5-9所示，墙面设计为裱糊壁纸（对花）。计算其墙面壁纸工程量（表1-5-24）。

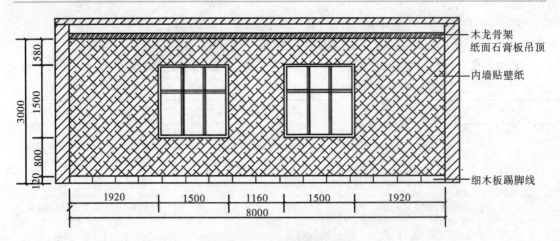

图 1 - 5 - 9 某房屋立面图

表 1 - 5 - 24 B. 5. 9 裱糊（020509）

020509001 墙纸裱糊（m²）

工作内容：清理基层、刮腻子、磨砂纸、配置贴面材料、裱糊刷胶、裁墙纸、贴装饰面等。

单位：100m²

定额编号			5 - 194	5 - 195	5 - 196	5 - 197
项目			墙面贴装饰纸		柱面贴装饰纸	
			墙纸			
			不对花	对花	不对花	对花
综合单价（元）			2672. 61	2819. 86	2872. 25	3002. 82
其中	人工费（元）		766. 26	819. 15	842. 80	885. 80
	材料费（元）		1336. 11	1391. 11	1396. 25	1451. 82
	机械费（元）		—	—	6. 00	6. 00
	管理费（元）		292. 25	312. 42	321. 44	337. 84
	利润（元）		277. 99	297. 18	305. 76	321. 36
名称	单位	单价（元）	数量			
综合工日	工日	43. 00	(17. 82)	(19. 05)	(19. 60)	(20. 60)
定额工日	工日	43. 00	17. 820	19. 050	19. 600	20. 600
纸基塑料壁纸	m²	9. 50	110. 000	115. 790	117. 000	122. 850
酚醛清漆	kg	13. 50	7. 000	7. 000	7. 000	7. 000
油漆溶剂油	kg	3. 50	3. 000	3. 000	3. 000	3. 000
聚醋酸乙烯乳胶（白乳胶）	kg	6. 20	25. 100	25. 100	25. 100	25. 100
化学浆糊	kg	7. 50	1. 650	1. 650	1. 650	1. 650
大白粉	kg	0. 50	23. 500	23. 500	23. 500	23. 500
其他材料费	元	1. 00	6. 360	6. 360	—	—
其他机械费	元	1. 00	—	—	6. 000	6. 000

解：墙面壁纸工程量=墙面面积-窗洞面积=8×（3-0.12）-1.5×1.5×2=18.54=0.19百平方米

套用定额：《河南省建设工程工程量清单综合单价2008》B装饰装修工程分册，查定额B.5.9墙纸裱糊5-195，室内墙纸主要费用为：

综合单价	=2819.86×0.19=535.77元
人工费	=819.15×0.19=155.64元
材料费	=1391.11×0.19=264.31元
管理费	=312.42×0.19=59.36元
利润	=297.18×0.19=56.46元
综合工日	=19.05×0.19=3.62工日

第八节 其他工程量的计算

一、其他工程量的说明及计算规则

（一）其他工程量的计算说明

（1）本分部的装修木材树种分类同本册B.2分部，本分部除注明者外，均以一、二类木种为准，如采用三、四类木种，其人工及木工机械乘以系数1.3。

（2）本分部木装修子目中木材均为板方综合规格材，其施工损耗按定额附表取定，木材干燥损耗率为7%。凡注明允许换算木材用量时，所调整的木材用量应包括其损耗在内，同时计算相应的木材干燥费用。

（3）本分部子目中除铁件带防锈漆一度外，均未包括油漆、防火漆的工料，如设计需要刷油漆、防火漆，另按本册B.5分部列项计算。

（4）本分部安装子目中的主材，如与设计的主材材质、品种、规格不同时可以换算，其他不变。

（5）暖气罩挂板式是指钩挂在暖气片上，平墙式是指凹入墙内，明式是指凸出墙面，半凹半凸套用明式定额子目。

（6）压条、装饰条以成品安装为准。如在现场制作木压条者，木材体积按设计图示净断面加刨光损耗计算，并增加人工0.025工日。如在天棚面上钉压条、装饰条者，相应子目的人工按下表系数调增（表1-5-25）。

表1-5-25 现场制作木压条人工调增表

项目名称	相应子目人工调增系数
木基层天棚面钉装饰条	1.34
木基层天棚面钉装饰条	1.34
轻钢龙骨天棚面钉装饰条	1.68
木装饰条做图案	1.80

（7）招牌基层。

①平面招牌是安装在门前墙上的；箱式招牌、竖式标箱是招牌六面体固定在墙上的；生根于雨篷、檐口、阳台的立式招牌，套用平面招牌复杂子目计算。

②一般招牌和矩形招牌是指正立面平整无凸面的招牌基层；复杂招牌和异形招牌是指正立面有凹凸或造型的招牌基层；招牌的灯饰均不包括在定额内。

（8）招牌面层执行本册 B.3 天棚面层子目，人工乘以系数 0.8。

（9）透光彩按安装在墙面（墙体）、雨篷、檐口上综合考虑。安装在独立柱上时，独立柱另行计算，其他不变。

（二）其他工程量的计算规则

（1）暖气罩按设计图示的边框外围尺寸，以垂直投影面积（不展开）计算。

（2）浴厕配件。

①洗漱台区分单、双孔，分别按设计图示数量计算。

②毛巾杆、帘子杆、浴缸拉手、毛巾环、毛巾架均按设计图示数量计算。

③镜面玻璃按设计图示尺寸以边框外围面积计算。

（3）压条、装饰线按设计图示尺寸以长度计算。

（4）雨篷吊挂饰面按设计图示尺寸以水平投影面积计算。

（5）招牌。

①平面招牌基层，按设计图示尺寸以正立面边框外围面积计算，复杂形的凸凹造型部分不增加面积。

②生根于雨篷、檐口或阳台的立式招牌基层，按设计图示尺寸以展开面积计算。

③箱式招牌和竖式标箱基层，按设计图示尺寸以外围体积计算。突出箱外的灯饰、店徽及其他艺术装潢等另行计算。

④招牌的面层按设计图示尺寸以展开面积计算。

（6）透光彩按设计图示的正立面投影面积计算。

（7）窗帘安装按设计图示尺寸以展开面积计算。

二、其他工程量及套用定额的计算案例

例 1-5-12　如图 1-5-10 所示，房屋室内墙窗下安装靠墙式木暖气罩，高度为 900mm，计算暖气罩工程量及主要费用（表 1-5-26）。

表 1-5-26　B.6.2 暖气罩（020602）

020602001 饰面板暖气罩（m²）

工作内容：靠墙式及明式：制作暖气罩、钉胶合板、钢丝网、装轧头及面板等；挂板式：下料、截口、成型、铁件制作安装、面板及框装配、粘贴铝合金压边、清理等。

单位：100m²

定额编号			6－1	6－2	6－3
项目			暖气罩		暖气罩（挂板式）
			靠墙式	明式	柚木板
综合单价（元）			1133.21	1253.34	2254.73
其中	人工费（元）		177.16	215.43	267.89
	材料费（元）		843.16	900.64	1795.14
	机械费（元）		—	—	21.00
	管理费（元）		67.57	82.16	102.17
	利润（元）		45.32	55.11	68.53
名称	单位	单价（元）	数量		
综合工日	工日	43.00	(4.12)	(5.01)	(6.23)
定额工日	工日	43.00	4.120	5.010	6.230
板方木材 综合规格	m³	1550.00	0.335	0.435	—
木企口板 柚木	m³	4687.00	—	—	0.240
胶合板 5mm	m²	15.00	7.480	9.220	—
角钢	t	3180.00	—	—	0.039
铁件	kg	5.20	—	—	11.600
铝压条、压边 16×1.5	m	3.60	—	—	78.900
钢板网 1mm	m²	9.20	4.670	5.730	—
醇酸防锈漆 红丹	kg	14.00	—	—	4.120
调和漆	kg	13.00	—	—	4.120
电焊条（综合）	kg	4.00	—	—	1.300
粘胶 SY－19	kg	22.60	—	—	0.640
螺栓 带帽 Φ4	个	0.50	—	—	125.000
木材干燥费	m³	59.38	0.182	0.435	—
其他材料费	元	1.00	157.940	9.540	8.480
其他机械费	元	1.00	—	—	21.000

解：暖气罩工程量 = ［（3.6×3－0.24×3）×2 +（3.6－0.24）］×0.9

　　　　 =23.18 m² = 0.23 百平方米

套用定额：《河南省建设工程工程量清单综合单价2008》B装饰装修工程分册，定额6－1，计算如下：

综合单价　　　　　　 =1133.21×0.23 = 260.64 元

人工费　　　　　　　 =177.16×0.23 = 40.75 元

材料费　　　　　　　 =843.16×0.23 = 193.93 元

管理费　　　　　　　 =67.57×0.23 = 15.54 元

利润　　　　　　　　 =45.32×0.23 = 10.42 元

人工工日　　　　　　 =4.12×0.23 = 0.95 工日

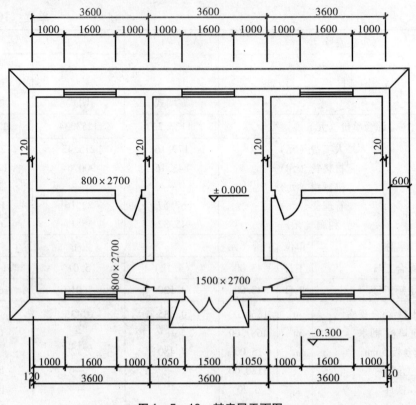

图 1-5-10 某房屋平面图

第九节 单独承包装饰工程超高费

一、其他工程量的说明及计算规则

（一）其他工程量的计算说明

（1）本分部仅适用于单独承包的超过 6 层或檐高超过 20m 的装饰工程。

（2）超高费包含的内容：

①超高施工的人工及机械降效；

②自来水加压及附属设施；

③其他。

（3）本分部子目的划分是以建筑物檐高及层数两种指标界定的，两种指标达到其中之一即可执行相应子目。

（二）工程量计算规则

（1）超高费以装饰工程的合计定额工日为基数计算。

（2）同一建筑物高度不同时，可按不同高度的竖向切面分别计算人工，执行超高费的相应子目。

第十节　措施项目费

一、措施项目费的说明及计算规则

（一）措施项目费的计算说明

措施项目是指完成工程项目施工，发生于该工程施工前和施工过程中技术、生活、安全等方面的非工程实体项目。措施项目费即实施措施项目所发生的费用。措施项目费由组织措施项目费和技术措施项目费组成。

本分部所列入的措施项目费有垂直运输费、成品保护费、脚手架使用费。如实际发生施工排水、降水费和大型机械设备进出场、安拆费时，可执行建筑工程分册 YA.12 措施项目费中的相应子目。

1. 垂直运输费

（1）建筑物的檐高是指设计室外地坪至檐口（屋面结构板面）的垂直距离，突出主体建筑屋顶的电梯间、水箱间等不计入檐口高度之内。构筑物的高度，是指从设计室外地坪至构筑物顶面的高度。

（2）垂直运输费子目的划分按建筑物的檐高界定。

（3）檐高 4m 以内的单层建筑，不计算垂直运输费。

2. 脚手架使用费

（1）室内高度在 3.6m 以上时，可按建筑工程分册 YA.12 分部相应子目列项计算满堂脚手架，但内墙装饰不再计算脚手架，也不扣除抹灰子目内的简易脚手架费用。内墙高度在 3.6m 以上，无满堂脚手架时，可另计算装饰用脚手架，执行建筑工程 YA.12 分部里脚手架子目。

（2）高度在 3.6m 以上的墙、柱、梁面及板底单独的勾缝、刷浆或喷浆工程，每 100m² 增加设施费 15.00 元，不得计算满堂脚手架。单独板底勾缝、刷浆确需搭设悬空脚手架者，可按建筑工程分册 YA.12 分部列项计算悬空脚手架。

（二）工程量计算规则

（1）垂直运输费以装饰工程的合计定额工日为基数计算。

（2）满堂脚手架、里脚手架计算同建筑工程 YA.12 分部。

（3）挑阳台突出墙面超过 80cm 的正立面装饰和门厅外大雨篷外边缘的装饰可计算挑脚手架。挑阳台挑脚手架按其设计图示正立面长度和搭设层数以长度计算。门厅外大雨篷挑脚手架按其图示外围长度计算。

（4）悬空脚手架按搭设水平投影面积计算。

（5）吊篮脚手架按使用该架子的墙面面积计算。

（6）高度超过 3.6m 的内墙装饰架按内墙装饰的面积计算。

（7）外墙装饰架均按外墙装饰的面积计算。

第六章　建筑装饰工程用料的计算

建筑装饰工程材料是装饰工程的物质基础，装饰材料已占工程造价的60%比重。正确的管理和使用材料是降低工程成本的重要措施，装饰材料的用量计算是编制工程预算的重要环节。

随着科学技术的发展，装饰材料的品种日益更新，各种新型装饰材料得到迅速的发展。常有的装饰材料有：

石材类：花岗岩、大理石、人造石类。

陶瓷：瓷质地砖、釉面砖、水泥地砖等。

玻璃类：普通浮化玻璃、安全玻璃、特种玻璃等。

铝合金类：普通铝合金、合成铝合金、镀膜铝合金等。

涂料类：水性涂料、乳性涂料、油性涂料等。

木材类：阔叶材质类（硬木质）、针叶材质类（软木质）、小叶材质类（中木质）等。

塑料类：塑料门窗、塑料装饰板（PVC板）、PE塑料装饰板、有机玻璃板、PVC管道、PP-R管等。

钢材类：轻钢类、不锈钢类、有色金属类等。

以上材料都具有良好的着色性，装饰性，用它可制成各种饰面板和造型。其中有些材料具有耐热、耐磨、防水、防潮、防腐蚀、环保、健康和安全等特点，适用于室内外各种装饰。

由于在建筑装饰工程中以上材料多以板材形式出现，所以本节简要讲述常用的块状装饰材料用量的计算和各种配合比。例如：各种装饰板（铝合金扣板、石膏板、釉面砖、大理石、花岗岩）壁纸、油漆、喷涂及其他装饰材料用量的计算。

第一节　块料用量的计算

$$用量 = \frac{使用面积}{（块长 + 拼缝） \times （块宽 + 拼缝）} \times （1 + 损耗率）$$

注：式中拼缝应按设计要求或施工标准，离缝或压条等。

一、铝合金装饰板

铝合金装饰板是现代的装饰新型材料，具有耐热、耐磨、防腐蚀、抗震等特点，刻有图案花饰。适用于室内外装饰墙、柱面吊顶等。

例1-6-1　铝合金装饰板的长度为6m 宽为0.2m，试求100m^{2}用量。

$$100m^2用量 = \frac{100}{（6 + 0.002） \times （0.2 + 0.002）} \times （1 + 0.02） = 84.13 块$$

注：施工要求板与板之间有 0.002m 的缝隙。

答：100 平方米的铝合金装饰板用量约为 84 块。

二、石膏板装饰板

石膏板装饰板是一种新型装饰材料，具有轻质、隔音、防火、可调节室内湿度、装饰美观、施工方便等优点，适用于石膏板墙面、顶棚等。

例 1-6-2 纸面石膏装饰板规格为 3m×1.2m，其拼缝为 0.002m，损耗率为 2%，试求 50m² 需要块数。

$$50m^2 \text{用量} = \frac{50}{(3+0.002) \times (1.2+0.002)} \times (1+0.02) = 14.13 \text{ 块}$$

答：50 平方米约为 14 块。

三、釉面砖

釉面砖，又称"内墙面砖"，是上釉的薄片状精陶建筑装饰工程材料。主要用于建筑内装饰、铺贴台面等。白色釉面砖，色纯白釉面光亮，清洁大方。彩色釉面砖分为：有光彩色釉面砖，釉面光亮晶莹，色纯丰富；无光彩色釉面砖，釉面半无光，不晃眼，色泽一致，色调柔和；还有各种装饰釉面砖，如花釉砖、结晶釉砖、斑纹釉砖、白地图案釉砖等。釉面砖不适于严寒地区室外用，经多次冻融，易出现剥落掉皮现象，所以在严寒地区室外应慎用。

例 1-6-3 釉面砖规格为 0.1m×0.2m，其拼缝宽度为 0.002m。其损耗率为 1%，求 10m² 釉面砖的块数。

$$10m^2 \text{用量} = \frac{10}{(0.1+0.002) \times (0.2+0.002)} \times (1+0.01) = 490.20 \text{ 块}$$

答：10 平方米用料约为 490 块。

四、大理石

大理石是一种富有装饰性的天然石料，品种繁多，有纯黑、纯白、纯灰等，色泽朴素自然，也有的可以形成"朝霞""晚霞""云雾""海浪"等图案。且石质细腻，光泽度高，色调素雅。它是用于厅、堂、馆、所及其他装饰物的建筑装饰工程材料。

例 1-6-4 大理石规格为 0.6m×0.6m，其拼缝宽为 0.002m，损耗率为 2%，求 100m² 大理石需要块数。

$$100m^2 \text{用量} = \frac{100}{(0.6+0.002) \times (0.6+0.002)} \times (1+0.02) = 281.45 \text{ 块}$$

注：拼缝宽度应根据《建筑装饰工程工艺规格和质量验收法》规定的饰面的接缝宽度，应符合设计要求。

答：100 平方米大约需要 281 块。

五、壁纸

壁纸是目前国内外使用最广泛的墙面装饰材料。它的品种很多，按被涂基物为纸、布、塑料、玻璃纤维布等。它的花饰图案及色泽丰富，有印花、压花、发泡等。按质地有聚氯乙烯、玻璃纤维、化纤品及符合材料等上涂料液，并有印花色浆印制出各种花纹而成。

例 1-6-5　求 100m² 壁纸用量，壁纸每卷长度 50m，宽度 0.5m 其损耗率为 12%，试求 100m² 的壁纸用量。

$$100m^2 \text{ 用量} = \frac{100}{50 \times 0.5} \times (1 + 0.12) = 4.48 \text{ 块}$$

注：仿锦缎及大单元对华壁纸及布，其用量乘以系数 1.20。

答：100 平方米的用量约为 4.5 块。

六、镜面

玻璃镜面是一种常用的室内顶棚及墙面的装饰材料。

例 1-6-6　整张镜面规格为 3.2m×2m，其损耗率为 30%，试求 100m² 镜面的需要块数。

$$100m^2 \text{ 用量} = \frac{100}{3.2 \times 2} \times (1 + 0.3) = 20.31 \text{ 块}$$

答：100 平方米的镜面约为 20.31 块。

七、木地板（企口）

木地板被广泛应用于体育馆，豪华餐厅、舞厅等。

例 1-6-7　木地板（企口）的规格为 1m×0.15m，其拼缝为 0.001m，损耗率为 5%，试求 100m² 木地板的用量块数。

$$100m^2 \text{ 用量} = \frac{100}{(1 + 0.001) \times (0.15 + 0.001)} \times (1 + 0.05) = 694.67 \text{ 块}$$

答：100 平方米的木地板约为 695 块。

八、铺地毯地面

地毯是一种广泛应用于豪华宾馆、餐厅、居室等豪华地面的装饰材料。

例 1-6-8　地毯规格为 10m×4m，其缝宽为 0.002m，损耗率为 10%，试求 100m² 地毯用量数块数。

$$100m^2 \text{ 用量} = \frac{100}{(10 + 0.002) \times (4 + 0.002)} \times (1 + 0.01) = 2.52 \text{ 块}$$

答：100 平方米的地毯约为 2.5 块。

第二节　涂料用量的计算

油漆涂料是一种胶体溶液，以成膜为基础，一般由胶黏剂、颜料、溶剂和各种助剂组成。油漆命名原则是以主要成膜物质为混合树脂，按其在涂膜中起作用的一种数值为基础。

下面给出常用涂料的用量配合比，在具体的施工过程中，参考下列比例进行计算。

一、水油粉、油漆配合比

（一）水粉和油粉配合比参考表 1-6-1

表 1-6-1

水性粉		油性粉	
调配成分	比例（%）	调配成分	比例（%）
大白粉	60.5	大白粉	65
清水	36	松香水	30
颜料	0.5~3	颜料	0.5~3
骨胶	0.2~0.5	熟桐油	2
干燥时间	4 小时	干燥时间	3~4 小时

（二）油漆配色参考表 1-6-2

表 1-6-2

所配油漆	红漆	黄漆	蓝漆	白漆	黑漆
奶白色		2		92	
奶黄色		3.5		96.5	
灰色				93.5	6.5
深灰色				90	7.5
绿色		45	2.5		
墨绿色		37	55		7
天蓝色		0.5	4.5	95	
海蓝色		3	21.5	75	0.5
紫红色	85		0.5		14.5
棕色	62	30			8
豆绿色		15	10	75	
肉红色	3.5	3.5	0.2	92.8	
粉红色	3.5			96.5	

注：表中各种色漆配方中以最多者为主色，最少者为次色，调配时应把次色加入主色内，不得相反。

（三）漆片调配参考配合比表 1-6-3

表 1-6-3

工艺方法	原料	重量比例（千克）
排笔刷	干漆片 酒精	0.2～0.25 1
揩布	干漆片 酒精	0.15～0.17 1
酒色（上色）	干漆片 酒精	0.1～0.12 1

（四）金、银粉漆配合比参考表 1-6-4

表 1-6-4

金粉漆		银粉漆	
组成材料	比例（%）	组成材料	比例（%）
金粉	35	银粉	30
清漆	61	清漆	65
松香水	4	松香水	5

二、各类油漆涂盖面积

（一）各色调合漆涂盖面积参考表 1-6-5

表 1-6-5

色调合漆	涂盖面积（克/m²）	色调合漆	涂盖面积（克/m²）
白色	160	黑色	≤40
马黄色	160	天蓝色	100
乳黄色	160	浅蓝色	100
正黄色	120	正蓝色	80
橘黄色	≤80	豆绿色	120
浅绿色	≤80	砂色	≤80
正绿色	≤80	栗皮色	≤50
深绿色	≤80	银灰色	≤120
酱色	≤80	中灰色	≤80
紫红色	≤130	深灰色	≤70
浅驼色	≤100	浅灰色	≤80
朱红色	≤130	铁红色	≤50
草绿色	≤70	紫棕色	≤50

（二）各色原漆涂盖面积参考表 1 - 6 - 6

表 1 - 6 - 6

各色铅油	涂盖面积（克/m²）	各色铅油	涂改面积（克/m²）
特号白色	≤160	一号绿色	≤180
一号白色	≤200	一号朱红色	≤200
一号黑色	≤40	一号铁红色	≤60
一号黄色	≤150	一号灰色	≤70
一号蓝色	≤120		

（三）木材、金属面油漆工程估算参考表 1 - 6 - 7

表 1 - 6 - 7

项目	计算基数（m²）	估算面积（m²）
钢板玻璃门	门窗洞口	2.50
全玻璃门、单层门	门窗洞口	2.00
无框木板门	门窗洞口	2.10
工业组合窗	门窗洞口	1.50
纱门窗	门窗洞口	1.20
一玻一纱	门窗洞口	2.80
双玻窗	门窗洞口	3.20
百叶窗	门窗洞口	3.00
木地面	每 m² 地面	1.12
木楼梯	每 m² 投影面积	2.00
屋面板、檩木	每 m² 屋面板	2.00
白铁皮排水	每 m²	1.00
钢柱、挡风柱	每吨	21
钢屋架	每吨	25
吊车梁、车档	每吨	26
钢天窗架、支撑	每吨	35
篦子板、平台	每吨	53
钢门窗（标准料）	每吨	55
零星钢构件	每吨	40

第七章　建筑装饰工程定额项目的调整

室内装饰设计风格的多样性，促进了施工工艺的科学发展，因此在进行具体施工中常常出现设计变更和材料更换等情况，这种变更必定会对前期已确定的工程定额项目产生影响。因此，在此种情况下，对工程定额项目的换算是极为必要的，换算的准确性也势必影响着整个工程定额的质量。总之，定额项目的调整，就是将定额项目规定的内容与设计要求的内容，取得一致的换算或调整过程，并且换算完成后的费用可以直接加入直接费中使用。

具体而言，当确定某一工程项目单位预算价值时，如果施工图设计的工程项目内容，与所套用相应定额项目内容的要求不完全一致，并且定额规定允许换算，则也可以按定额规定的换算范围、内容和方法进行定额换算。

例如，某建筑装饰工程施工图设计的大理石柱面项目，其大理石的定额预算价格为234.45 元/m²，而现行市场价格为 375 元/ m²。由于大理石价格变动，引起定额计价变化，定额规定允许换算。此时可计算出定额计量单位大理石价差，加入原定额基价中，以此作为新的大理石柱面的定额基价。因此，定额项目换算的实质，就是按定额规定的换算范围、内容和方法，对某些工程项目的预算定额基价、工程量及其他有关内容进行调整。

各专业部门或省、市、自治区现行的建筑装饰工程预算定额中的总说明、分部工程说明和定额项目表及附注内容中都有所规定。对于某些工程项目的工程量、定额基价（或其中的人工费）、材料品种、规格和数量增减，装饰砂浆配合比不同，使用机械、脚手架、垂直运输原定额需要增加系数等方面均允许进行换算或调整。以下换算或调整的范围、内容和方法，均以河南省现行的建筑装饰工程预算定额为例。

第一节　换算法

一、工程量换算法

工程量的换算，是依据建筑装饰工程预算定额中的规定，将施工图设计的工程项目工程量，乘以定额规定的调整系数。换算后的工程量，一般可按以下公式计算：

换算后的工程量 = 按施工图计算的工程量 × 定额规定的调整系数

例1-7-1　现有50m²办公室，其天棚设计为木方格吊顶天棚油漆饰面，试计算其工程量（表1-7-1）。

表1-7-1　其他木材面油漆综合单价计算系数表

项目名称	调整系数	工程量计算方法
木板、纤维板、胶合板天棚、檐口	1.00	按设计图示尺寸以面积计算
板条天棚、檐口	1.20	
木方格吊顶天棚	1.30	
带木线的板饰面（墙裙、柱面）	1.07	按设计图示尺寸以面积计算
窗台板、门窗套（筒子板）	1.10	
屋面板（带檩条）	1.11	按设计图示尺寸以斜面积计算
暖气罩	1.28	
木间壁、木隔断	1.90	按设计图示尺寸以单面外围面积计算
玻璃间壁露明墙筋	1.65	
木栅栏、木栏杆（带扶手）	1.82	
木屋架	1.79	按设计图示的跨度（长）×中高×1/2计算
衣柜、壁柜	1.05	按设计图示尺寸以展开面积计算
零星木装修	1.15	

解： 查定额《其他木材面油漆综合单价计算系数表》得出木方格吊顶天棚的调整系数为1.30。

调整后天棚工程量 = 50 ×1.30 = 65m^2

二、材料价格换算法

当建筑装饰工程的主要材料的市场价格，与相应定额预算价格不同而引起定额基价的变化，并且定额允许换算时，必须进行换算。

材料价格换算的方法步骤如下：

（1）根据施工图纸设计的工程项目内容，从定额目录中查出工程项目所在定额的页数及其部位，并判断是否需要进行定额项目换算。

（2）如需要换算，则从定额项目中查出工程项目相应的换算前定额基价、材料预算价格和定额消耗量。

（3）从室内装饰材料市场价格信息资料中，查出相应的材料市场价格。

（4）计算换算后的定额基价，一般可用下列公式计算：

定额基价 = 换算前定额基价 + ［换算材料定额消耗量×（换算材料市场价格 - 换算材料预算价格）］

例1-7-2　现有50m^{2}办公室地面需使用花岗岩地板，已知市场价为260/m^{2}元，试计算其100m^{2}换算后的基价（表1-7-2）。

表1-7-2　B.1.2 块料面层（020102）
020102001 石材楼地面（m^2）

工作内容： 清理基层、锯板修边、调制砂浆；刷素水泥浆、抹砂浆找平层；铺结合层及贴块料面层、擦缝；清理净面等。

单位：100 m²

定额编号				1 - 24	1 - 25
项目				大理石楼地面	花岗岩楼地面
综合单价（元）				16 198.38	18 385.08
其中	人工费（元）			1361.38	1374.71
	材料费（元）			13 895.19	15 926.03
	机械费（元）			60.35	64.67
	管理费（元）			527.59	532.67
	利润（元）			353.87	487.20
名称		单位	单价（元）	数量	
综合工日		工日	43.00	(32.17)	(32.48)
定额工日		工日	43.00	31.660	31.970
大理石板 500×500		m²	130.00	101.500	—
花岗岩板 500×500×30		m²	150.00	—	101.500
水泥砂浆 1:4		m³	194.06	3.050	3.050
素水泥浆		m³	421.78	0.100	0.100
白水泥		kg	0.42	10.000	10.000
石料切割锯片		片	12.00	0.350	0.420
水		m³	4.05	3.000	3.000
其他材料费		元	1.00	45.580	45.580
灰浆搅拌机 200L		台班	61.82	0.510	0.510
手提石料切割机		台班	20.59	1.400	1.600

解：查定额 1 - 25，花岗岩楼地面 100m² 定额基价为 18 385.08 元，其中花岗岩板定额单价为 150.00 元，消耗量为 101.500m²，所以换算后的 100m² 定额基价为：

换算后 100m² 定额基价 = 18 385.08 + [101.5 × (260 - 150)] = 29 550.08 元

写出换算后的定额编号为：1 - 25 换。

套用换算后的预算价值，一般可按下列公式进行计算：

工程预算价值 = 工程项目工程量 × 相应的换算后定额基价

由上面换算得出花岗岩楼地面 100m² 工程直接费为 29 550.08 元。

根据定额单位换算 50m² 办公室工程量为 0.5 百平方米，所以：

50m² 办公室工程直接费 = 29 550.08 × 0.5 = 14 775.04 元

填表时直接将定额直接费单价填为 29 550.08 元，合价填为 14 775.04 元

三、材料种类换算法

当施工图设计的工程项目所采用的材料种类，与定额规定的材料种类不同而引起定额基价变化时，定额规定，必须进行换算，其换算方法和步骤如下：

（1）根据施工图设计的工程项目内容，从定额目录中，查出工程项目所在定额中的页数及其部位，并判断是否需要进行定额换算。

（2）如需换算，从定额项目表中查出换算前定额目录基价、换出材料定额消耗量及相应的定额预算价格。

（3）计算换入材料定额计量单位消耗量，并查出相应的市场价格。

（4）计算定额计量单位换入（出）材料费，一般可按下式计算：

换出材料费＝换出材料预算价格×相应材料定额消耗量

例 1－7－3 某工程需制作 $100m^2$ 宝丽板面艺术墙裙，已知宝丽板市场价每平方 35 元，试计算出工程直接费。（表 1－7－3）

解： 根据施工图纸设计的工程项目内容，从定额目录中，无法查出宝丽板项目，采用工艺相同的胶合板面艺术墙裙项目，经判断必须进行定额换算。

查装饰三合板项目的换算前定额基价为 7331.25 元/$100m^2$，胶合板面板的定额消耗量为 $105m^2$，相应预算价格为 25 元/m^2。

宝丽板面板每平方价格－定额每平方价格＝35－25＝10 元

$100m^2$ 用量价格＝105 × 10 ＝ 1050 元

换入定额计价＝7331.25 + 1050 ＝8381.25 元

换算后 $100m^2$ 的预算价值为 8381.25 元，直接写入预算表，表示形式 2－122 换。

表 1－7－3 B.2.7 墙饰面（020207）
020207001 装饰板墙面（m^2）

工作内容：埋木砖（膨胀螺栓）、制作安装木龙骨、粘钉面板、清洁表面等。

单位：$100m^2$

定额编号			2－121	2－122	2－123
项目			装饰板墙面		
			木龙骨无夹板		
			基层五合板	装饰三合板	铝合金扣板
综合单价（元）			6758.74	7331.25	16533.45
其中	人工费（元）		1452.97	1421.58	2162.47
	材料费（元）		4108.99	4738.65	12 556.42
	机械费（元）		4.00	4.00	39.33
	管理费（元）		665.66	651.28	990.71
	利润（元）		527.12	515.74	784.52
名称	单位	单价（元）	数量		
综合工日	工日	43.00	(33.79)	(33.06)	(50.29)
定额工日	工日	43.00	33.790	33.060	50.290
胶合板 厚5mm	m^2	15.00	105.000	—	—
装饰三合板	m^2	25.00	—	105.000	—
铝合金扣 104×10×1.3	m^2	90.00	—	—	107.000
板方木材 综合规格	m^3	1550.00	1.085	1.085	1.085
铝压条、压边 16×1.5	m	3.60	—	—	106.510
石油沥青油毡	m^2	4.00	108.000	—	—

续表

名称	单位	单价（元）	数量		
粘胶 SY－19	kg	22.60	—	—	1.050
万能胶	kg	18.00	8.650	9.180	—
金属胀锚螺栓	套	1.00	160.500	160.500	160.500
镀锌螺丝 m³×25	千个	230.00	—	—	2.505
圆钉 70mm	kg	5.30	3.460	3.460	.3.460
射钉	个	0.19	45.000	45.000	45.000
木材干燥费	m³	59.38	1.085	1.085	1.085
其他材料费	元	1.00	12.720	14.840	9.540
手提电钻	台班	5.18	—	—	6.820
其他机械费	元	1.00	4.000	4.000	4.000

四、材料用量换算法

当施工图设计的工程项目的主要材料用量，与定额规定的主要材料消耗量不同而引起定额基价的变化时必须进行定额换算，其换算的方法步骤如下：

（1）根据施工图设计的工程项目内容，从定额目录中，查出工程项目所在定额中的页数及部位，并判断是否需要进行定额换算。

（2）从定额项目表中，查出换算前的定额基价、定额主要材料消耗量和相应的主要材料预算价格。

（3）计算工程项目主要材料的实际用量和定额单位实际消耗量，一般可按下列公式计算：主要材料实际用量＝主要材料设计净用量×（1＋损耗率）

五、材料规格换算法

当施工图设计的工程项目的主要材料规格与定额规定的主要材料规格不同而引起定额基价的变化时，定额规定必须进行换算，与此同时，也应进行差价调整。其换算与调整的方法和步骤如下：

（1）根据施工图设计的工程项目内容，从定额手册目录中，查出工程项目所在的定额页数及其部位，并判断是否需要进行换算。

（2）如需换算，从定额项目表中，查出换算前定额基价、需要换算的主要材料定额消耗量及其相应的预算价格。

（3）根据施工图设计的工程项目内容，计算应换算的主要材料实际用量和定额单位的实际消耗量，一般有下列两种方法：

①虽然主要材料不同，但两者的消耗量不变。此时，必须按定额规定的消耗量执行。

②因规格改变，引起主要材料实际用量发生变化。此时，要计算设计规格的主要材料实际用量和定额计量单位主要材料实际消耗量。

（4）从室内装饰材料市场价格信息资料中，查出施工图采用的主要材料相应的市场价格。

（5）计算定额计量单位两种不同规格主要材料费的差价，一般按下式计算：

定额计量单位图纸规格主材费＝定额计量单位选用规格主材实际消耗量×相应主材市场价格

六、人工费换算法

当建筑装饰工程人工费已不能满足市场变化时，与其相应的定额人工费不相符时，根据当地定额有关文件规定允许调整时可进行换算。其换算与调整的方法和步骤如下：

（1）根据施工图设计的工程项目内容，从定额手册目录中，查出工程项目所在的定额页数及其部位，并判断是否需要进行换算。

（2）如需换算，从定额项目表中，查出换算前定额基价、需要换算的定额人工费、定额工日的数量及定额工日单价。

（3）根据施工图设计的工程项目内容，并参考相关定额规定，计算出应换算的定额人工费用量。

（4）根据当地有关文件规定，并参考市场价格，得出当时每工日人工费用。

（5）计算换算后的人工费，一般按下式计算：

换算后人工费＝换算前人工费＋综合工日×（市场人工费－定额人工费）

第二节　调差法

一、人工费调差

为了维护建筑市场秩序，规范市场计价行为，合理确定工程造价，降低人工、材料等市场价格波动给建设工程发包人、承包人带来的风险，维护发承包双方的合法权益，保证建设工程的质量和安全，加强建设工程施工合同中人工、材料等市场价格风险防范与控制。

1. 明确约定相关条款

依法应招标的项目，发包人、承包人在签订施工合同时应当根据工程具体情况，充分考虑施工工期、市场价格变化情况，合理确定工程合同价格及有关调整办法，对人工、材料、机械等市场价格变化的风险范围和幅度、超出其幅度的调整方法及价款结算方式等内容，应当在合同有关条款中明确约定。

（1）采用可调价格合同方式的，发包人、承包人应当在合同有关条款中约定人工、材料、机械等市场价格发生变化时的调整方法。

（2）采用固定单价或固定总价合同方式的，发包人、承包人应当在合同有关条款中约定综合单价包含的风险范围和风险费用的计算方法，在约定的风险范围内综合单价不再调整，风险范围以外的综合单价调整方法，应当在合同有关条款中约定。

（3）发包人、承包人应当按月或按季度对施工期间人工、材料、机械等市场价格进行认价。承包人应当在合同规定的调整情况发生后 14 天内，将调整原因、金额以书面形式通知发包人，发包人确认调整金额后将其作为追加合同价款，与工程进度款同期支付；发包人收到承包人通知后 14 天内未予确认也未提出异议的，视为已经同意该项调整。

（4）当合同规定的调整合同价款的调整情况发生后，承包人未在规定的时间内通知发包人，或者未在规定的时间内提出调整报告，发包人可以根据有关资料，决定是否调整和调整的金额，并书面通知承包人。

（5）发包人、承包人应当根据工程具体情况、施工工期，结合市场价格变化情况在合同中约定风险范围和幅度。

（6）工程量按调整期内完成的相应工程量计算。

（7）计算后的差价仅计取税金。

2. 在工程施工合同中严禁强行约定承包人承担全部风险

施工合同中仅明确有风险或类似语句，规定承包人应当承担风险，但没有具体约定范围和幅度的，视为其风险范围和幅度约定不明，应当按照以下办法执行并签订补充协议：

（1）风险范围和幅度。风险范围应包括：钢材、木材、水泥、预拌混凝土、钢筋混凝土预制构件、沥青混凝土、电线、电缆等对工程造价影响较大的主要材料以及人工和机械。风险幅度建议在 ±3% ~ ±6% 区间内考虑。

（2）市场价格变化幅度确定的原则及调整办法。

①以本市建设工程造价管理机构发布的《工程造价信息》中的市场信息价格（以下简称造价信息价格）为依据，造价信息价格中有上、下限的，以下限为准，造价信息价格中没有的，按发包人、承包人共同确认的市场价格为准。

当投标报价时的单价低于投标报价期对应的造价信息价格时，按施工期对应的造价信息价格与投标报价期对应的造价信息价格计算其变化幅度；当投标报价时的单价高于投标报价期对应的造价信息价格时，按施工期对应的造价信息价格与投标报价时的价格计算其变化幅度。

②施工期市场价格以发包人、承包人共同确认的价格为准。若发包人、承包人未能就共同确认价格达成一致，可以参考造价信息价格。

发包人、承包人应当在施工合同中约定市场价格变化幅度超过合同约定幅度的调整办法，可采用加权平均法、算术平均法或其他计算方法。

③主要材料和机械市场价格的变化幅度小于或等于合同中约定的价格变化幅度时，不做调整；变化幅度大于合同中约定的价格变化幅度时，应当计算超过部分的价差，其价差由发包人承担或受益。

④人工市场价格的变化幅度小于或等于合同中约定的价格变化幅度时，不做调整；变化幅度大于合同中约定的价格变化幅度时，其价差全部由发包人承担或受益。

3. 因发包人原因造成工期延误的，延误期间发生的价差由发包人承担；因承包人原因造成工期延误的，延误期间发生的价差由承包人承担。

4. 编制工程设计概算应当考虑工程建设期内价格波动等因素。

5. 依法不招标的建设工程和房屋修缮工程，可参照本意见执行。

6. 自本意见发布之日起，已签订工程施工合同但尚未结算的工程项目，合同中对合同价格调整办法和人工、材料、机械等市场价格变化风险范围和幅度等内容有明确约定的，按照合同约定执行；合同中没有约定或约定不明确的，发包人、承包人可以结合工程实际情况，协商签订补充协议进行调整。

例 1 - 7 - 4　某办公楼卫生间墙面镶贴花瓷砖 265m²，规格为 300mm × 300mm，人工费的市场价为 80 元/工日，计算调差后 100m² 的人工费差价。

解：查定额 2 - 79，100m² 花瓷砖定额人工费为 2495.72 元，需 58.04 工日，每工日人工费为 43 元，市场人工费为 80 元。

每个工日差价为 80 - 43 = 37 元

100m² 人工费调差后 = 58.04 × 37 = 2147.48 元

由上述案例得出的差价直接填入材料调差表。

二、材料费调差

在工程实践中，建设工程材料价差调整通常采用以下几种方法。

1. 按实调整法（即抽样调整法）

此法是工程项目所在地材料的实际采购价（甲、乙双方核定后）按相应材料定额预算价格和定额含量，抽料抽量进行调整计算价差的一种方法。按下列公式进行：

某种材料单价价差 = 该种材料实际价格（或加权平均价格）- 定额中的该种材料价格

注：工程材料实际价格的确定

（1）参照当地造价管理部门定期发布的全部材料信息价格。

（2）建设单位指定或施工单位采购经建设单位认可，由材料供应部门提供的实际价格

某种材料加权平均价 = $\sum X_i \times J_i \div \sum X_i$（i = 1 ~ n）。

（式中 X_i——材料不同渠道采购供应的数量，J_i——材料不同渠道采购供应的价格）

某种材料价差调整额 = 该种材料在工程中合计耗用量 × 材料单价价差

按实调差的优点是补差准确，计算合理，实事求是。由于建筑工程材料存在品种多、渠道广、规格全、数量大的特点，若全部采用抽量调差，则费时费力，繁琐复杂。

2. 综合系数调差法

此法是直接采用当地工程造价管理部门测算的综合调差系数 调整工程材料价差的一种方法，计算公式为：

某种材料调差系数 = $\sum \times K_1$（各种材料价差）K_2

（式中：K_1——各种材料费占工程材料的比重，K_2——各类工程材料占直接费的比重）

单位工程材料价差调整金额 = 综合价差系数 × 预算定额直接费

综合系数调差法的优点是操作简便，快速易行。但这种方法过于依赖造价管理部门对综合系数的测量工作。实际中，常常会因项目选取的代表性，材料品种价格 的真实性、准确性和短期价格波动的关系导致工程造价计算误差。

3. 按实调整与综合系数相结合

据统计，在材料费中三材价值占 68% 左右，而数目众多的地方材料及其他材料仅占材料费 32%。而事实上，对子目中分布面广的材料全面抽量，也无必要。在有些地方，根据数理统计的 A、B、C 分类法原理，抓住主要矛盾，对 A 类材料重点控制，对 B、C 类材料作次要处理，即对三材或主材（即 A 类材料）进行抽量调整，其他材料（即 B、C 类材料）用辅材系数进行调整，从而克服了以上两种方法的缺点，有效地提高工程造价准确

性，将预算编制人员从繁琐的工作中解放出来。

4. 价格指数调整法

它是按照当地造价管理部门公布的当期建筑材料价格或价差指数逐一调整工程材料价差的方法。这种方法属于抽量补差，计算量大且复杂，常需造价管理部门付出较多的人力和时间。具体做法是先测算当地各种建材的预算价格和市场价格，然后进行综合整理定期公布各种建材的价格指数和价差指数。

计算公式为：某种材料的价格指数 = 该种材料当期预算价 ÷ 该种材料定额中的取定价

某种材料的价差指数 = 该种材料的价格指数 − 1

价格指数调整办法的优点是能及时反映建材价格的变化，准确性好，适应建筑工程动态管理。

上述四种调差办法，在实际工作运用中经常遇到，这就要求我们预算编制人员能熟练掌握并运用。在实际工作中，不论是在何处工作，收集哪个地方资料，都应尽快了解、适应、熟悉当地的编制习惯与方法，坚持做到有章可循，有据可依。

例 1 − 7 − 5　如查定额 1 − 38 中，500mm × 500mm 地板砖定额单价为每千块 4500 元，每 100m² 的地板砖定额消耗量为 0.408 千块，根据市场价格每块 10 元，试计算出 100m² 地板砖材料的差价（表 1 − 7 − 4）。

表 1 − 7 − 4　B.1.2 块料面层（020102）

020102002 块料楼地面（m²）

工作内容：清理底层，刷素水泥浆、砂浆找平层，铺结合层及块料面层、擦缝、净面等。

单位：100m²

定额编号			1 − 35	1 − 36	1 − 37	1 − 38
项目			地板砖楼地面			
			规格（mm）			
			200 × 200	300 × 300	400 × 400	500 × 500
综合单价（元）			5036.67	5735.90	4723.99	4559.93
其中	人工费（元）		1517.47	1458.13	1401.80	1348.48
	材料费（元）		2528.96	3323.96	2402.96	2324.96
	机械费（元）		48.82	48.82	48.82	48.82
	管理费（元）		584.82	562.19	540.71	520.37
	利润（元）		356.60	342.80	329.70	317.30
名称	单位	单价（元）	数量			
综合工日	工日	43.00	(35.66)	(34.28)	(32.97)	(31.73)
定额工日	工日	43.00	35.290	33.910	32.600	31.360
地板砖 200 × 200	千块	800.00	2.550	—	—	—
地板砖 300 × 300	千块	2500.00	—	1.134		

续表

名称	单位	单价（元）	数量			
地板砖 400×400	千块	3000.00	—	—	0.638	—
地板砖 500×500	千块	4500.00	—	—	—	0.408
水泥砂浆 1:4	m³	194.06	2.160	2.160	2.160	2.160
素水泥浆	m³	421.78	0.100	0.100	0.100	0.100
白水泥	kg	0.42	10.000	10.000	10.000	10.000
石料切割锯片	片	12.00	0.320	0.320	0.320	0.320
水	m³	4.05	3.000	3.000	3.000	3.000
其他材料费	元	1.00	7.420	7.420	7.420	7.420
灰浆搅拌机 200L	台班	61.82	0.370	0.370	0.370	0.370
手提石料切割机	台班	20.59	1.260	1.260	1.260	1.260

解：查定额 1 - 38 得出 500mm × 500mm 地板砖每块 4.5 元/块，100m² 定额消耗量为 408 块。

市场价 500mm × 500mm，102 元/块，

即：每块 500mm × 500mm 地砖差价价格 = 10 - 4.5 = 6.5 元

计算后的 100m² 材料差价 = 6.5 × 408 = 2652 元

换算后定额基价 = 换算前定额基价 + （换入材料费 - 定额材料费）

由上述案例得出的差价直接填入材料调差表。

三、机械费调差

综合单价中的机械费依据 2008 年《河南省统一施工机械台班费用定额》计算。如实际使用机械型号与本综合单价不符，除综合单价有特殊注明外，不得换算。

综合单价各分部说明或附注中允许定额人工费、机械费乘以系数或增加工日、机械台班时，仅调整人工费、机械费，其他费用均不得调整。可以调整机械所含的汽油、柴油、电等价格。

第八章　建筑装饰工程预算的编制

建筑装饰工程预算，是指在执行工程建设程序过程中，根据不同的设计阶段、设计文件的具体内容和国家规定的定额指标以及各种取费标准，预先计算和确定每项新建、扩建、改建和重建工程中的装饰工程所需要全部投资额的经济文件。它是装饰工程在不同建设阶段经济上的反映，是按照国家规定的特殊计划程序，预先计算和确定装饰工程价格的计划文件。

根据我国现行的设计和预算文件编制以及管理方法来看，对工业与民用建设工程项目做了如下规定：

第一，采用两阶段设计的建设项目，在扩大初步设计阶段，必须编制设计概算；在施工图设计阶段，必须编制施工图预算。

第二，采用三阶段设计的建设项目，除在初步设计、施工图设计阶段，必须编制相应的概算和施工图预算外，还必须在技术设计阶段编制修正概算。因此，不同阶段设计的装饰工程，也必须编制相应的概算和预算。

建筑装饰工程预算所确定的投资额，实质上就是建筑装饰工程的计划价格。这种计划价格在工程建设中，通常又称为"预算造价"。

第一节　编制建筑装饰工程预算的依据及步骤

按照基本建设阶段和编制依据的不同，建筑装饰工程投资文件可分为工程估算、设计概算、施工图预算、施工预算和竣工结算等五种形式。

在建筑装饰工程行业中，装饰工程预算最为常用的是施工图预算形式，所以通常把工程预算称为施工图预算。施工图预算，是指在施工图设计阶段，当工程设计完成后，在工程开工之前由施工单位根据施工图纸计算的工程量、施工组织设计和国家或地方主管部门规定的现行预算定额、单位估价表以及各项费用定额或取费标准等有关资料，预先计算和确定建筑装饰工程费用的文件。

施工图预算是确定工程施工造价、签订承建合同、实行经济核算、进行拨款结算、安排施工计划、核算工程成本的主要依据，也是工程施工阶段的法定经济文书。

一、建筑装饰工程预算的编制原则

建筑装饰工程预算从狭义上讲，可称之为施工图预算。它是确定工程造价的文件，是工程预算、施工企业承包施工任务后，以室内设计单位提供的经过会审的施工图为主要依据，结合施工组织设计或施工方案，《河南省建筑装饰工程预算基价》装饰材料与机械台班预算价格。取费标准等基础资料，计算出来的该项工程预算价格（预算造价）称为工程预算。因为它是在施工设计阶段完成以后，以施工图为主要依据编制的，所以通常把工程预算称为施工图预算。施工图预算同装饰预算的区别，概括起来，主要是编制单位不同，编制根据不同，包括内容不同，审批过程及所起的作用不同。

工程预算是装饰工程价格的货币表现，是施工单位和设计单位计算标价和指标的经济基础资料（表1-8-1）。

表8-1 预概算功能表

名称	施工图预算	装饰预算
编制单位	施工单位	设计单位
编制依据	施工图、施工方案、预算定额、材料预算价格、取费标准	设计图纸、概算定额或概算指标
包括内容	装饰工程施工费用	装饰工程费用+设备工器具购置费+其他费用
审批过程	装饰单位初审、中介组织审查认可、可以作为拨付工程款和竣工结算的依据	送交装饰单位，由其送交主管部门审查作为设计文件组成部分
作用	拨付工程价款、竣工结算的依据，计算标底的基础资料	确定投资额编制计划、控制施工图预算的依据

二、建筑装饰工程预算的编制依据和条件

（一）建筑装饰工程预算的编制依据

进行建筑装饰工程预算的编制时，必须有相关资料、图纸和数据作为依据，进行参考和分析，其中最为常用的是施工图纸、施工组织设计或施工方案、材料预算价格、施工管理及其他费用定额及有关文件、工程合同或协议，以及《河南省建设工程工程量清单综合单价》。编制建筑装饰工程预算的依据如下：

1. 经过审批后的设计图和说明书

经建设单位、设计单位和施工单位共同会审后的施工图和说明书，是编制建筑装饰工程预算的重要依据。主要包括：建筑装饰工程施工图说明、总平面布置图、平面图、立面图、剖面图，梁、柱、地面、楼梯、屋顶和，门窗等各种详图以及门窗明细表等。这些资料表明了建筑装饰工程的主要工作对象和主要工作内容，结构、构造、零配件等尺寸，材料的品种、规格和数量。

2. 批准的工程项目设计总概算文件

设计总概算在规定个拟建项目投资最高限额的基础上对各单位工程规定了相应的投资额。而建筑装饰工程在某些设计总概算中，已成为一个独立的单位工程，其投资额受到明确的限制。因此，在编制建筑装饰工程预算时，必须对此为依据，使其预算造价不能突破单位工程概算所规定的限额。

3. 施工组织设计资料

建筑装饰工程施工组织设计具体地规定了建筑装饰工程中各分部分项工程的施工方法、施工机具、构配件加工方式、技术组织措施和现场平面布置图等内同。它直接影响着

整个建筑装饰工程的预算造价，是计算工程量、选套预算定额或单位估价表和计算其他费用的重要依据。

4. 现行建筑装饰工程预算定额

现行建筑装饰工程预算定额是编制砖石工程预算的基本依据。编织预算时，从分部分项工程项目的划分到工程量的计算，都必须以此作为标准进行。

5. 材料预算价格

工程所在地区不同，运费不同，所以材料预算价格也不同。由于材料费用在建筑装饰工程造价中所占比例较大，导致相同的建筑装饰工程，在不同的地区各自的预算造价的不同，因此，必须以相应地区的材料预算价格，进行定额调整或换算，作为编制建筑装饰工程预算的依据。

6. 有关的标准图和取费标准

编制建筑装饰工程预算，除要具备全套的施工图以外，还必须具备所需的一切标准图（包括国家标准图和地区标准图）和相应地区的利润、施工组织措施费、差价和税金等费用的取费率标准，作为计算工程量、计取有关费用、最后确定工程造价的依据。

7. 预算定额及有关的手册

预算定额手册是准确、迅速地计算工程量、进行工料分析、编制建筑装饰工程预算的主要基础资料。

8. 其他资料

其他资料一般是指国家或地区主管部门以及工程所在地区的工程造价管理部门所颁布的编制预算的补充规定（如项目划分、取费标准、调整系数等）、文件和说明等资料。

9. 建筑装饰工程施工合同

根据甲、乙双方签订的合同协议，如工程范围、工期、临建设置、材料、成套用品及设备的供应，拨款与结算方式、定额执行、总承包方式、预算的编制与审批、仲裁、技术资料供应、工程质量及交工验收等条款为依据，编制施工图预算。经双方签订的合同包括：双方同意的有关修改承包合同的设计变更文件，承包范围，结算方式，包干系数的确定，材料量，质和价的调整，协商记录，会议纪要及资料和图表等。这些都是编制建筑装饰工程预算的主要依据。

（二）建筑装饰工程预算的编制条件

（1）施工图纸经过审批、交底和会审后，必须由建设单位、设计单位和施工单位共同认可。

（2）施工单位编制的建筑装饰工程施工组织设计或施工方案，必须经其主管部门批准。

（3）建设单位和施工单位在材料、构件、配件和半成品等加工、订货和采购方面，都必须明确分工或按合同执行。

（4）参加编制预算的人员，必须具有由有关部门进行资格训练、考核合格后签发的相应证书。

三、建筑装饰工程预算的编制步骤

编制建筑装饰工程施工图预算，在满足编制条件的前提下，一般可按照下列步骤进行：

（一）搜集资料

搜集有关编制装饰工程施工图预算的基础资料。

（1）施工图纸。施工图纸包括装饰施工全套图纸，包括彩色透视效果图、平面部局图、立面图、剖视图、大样等。

（2）经批准的初步设计概算。

（3）《河南省建设工程工程量清单综合单价—B 装饰装修工程》2008。

（4）施工组织设计（其中包括施工方案）或施工技术组织措施等。

（5）工程合同或协议条款中有关预算编制的原则和取费标准。

（二）熟悉定额及有关条件

熟悉并掌握预算定额的使用范围、具体内容、定额特点、各类系数应用法则、工程量计算规则和计算方法应取费用项目、费用标准和运算公式。

（三）熟悉审核施工图纸和施工图预算

熟悉审核施工图纸、识图是编制预算的基本工作。施工图纸是编制预算的重要依据。预算人员在编制预算之前，应充分、全面地熟悉、审核施工图纸和施工图预算，了解设计意图，掌握工程全貌，以求能够准确、迅速地编制装饰工程施工图。只用在对设计图纸进行全面详细的了解，结合预算定额项目划分的原则，正确而全面地分析该工程中各分部分项工程以后，才能准确无误地对工程项目进行划分，以保证工程量的计算和正确地计算出工程造价。熟悉审核施工图纸应重点了解以下几点。

1. 整理施工图纸

装饰工程施工图纸，应把目录上所排列的总说明、平面图、立面图、剖面图和构造详图等按顺序进行整理，将目录放在首页，装订成册，避免使用过程中引起混乱而造成失误。

2. 审核施工图纸

对照图纸目录，检查图纸是否齐全，根据施工图纸的目录，对全套图纸进行核对，发现缺少应及时补全，同时收集有关的标准图集。

3. 检查设计说明和附注

对设计说明或附注要仔细阅读，因为有些分张图纸中，不再表示的项目或设计要求，往往在说明和附注中可以找到，如不注意容易漏项。

4. 熟悉施工图纸

熟悉施工图纸是正确计算工程量的关键。经过对施工图纸进行整理、审核后，就可以进行阅读。其目的是在于了解改装饰材料和做法要求，以及施工中应注意的问题；采用的新材料、新工艺、新构件和新配件等是否需要要编制补充定额或单位估价表；各分部分项的构造、尺寸和规定的材料品种、规格以及它们之间的相互关系是否明确；相应项目的内容与定额规定的内容是否一致等。并做好记录，为准确计算工程量、正确套用定额项目创造条件。

5. 设计中有无特殊的施工质量要求，先区别出需要另编补充定额的项目。

6. 本工程与总图的关系。

7. 确定分部工程项目，列出工程纳目，以备用作编制施工图预算的纲目。

8. 交底会审

施工单位在熟悉和审核图纸的基础上，参加由建设单位主持、设计单位参加的图纸交底会审会议，并妥善解决好图纸交底和会审中发现的问题。

（四）熟悉和注意施工组织设计有关内容

施工组织设计是由施工单位根据工程特点现场情况等各种条件编制的，用来确定施工方案，施工总体而控制，人工动态计划进度，机械进出场计划，材料供应计划等。

施工组织是施工单位给据施工图纸、组织施工的基本原则和上级专管部门的有关规定以及现场的实际情况等资料编制的，用以指导拟建工程施工过程中各项活动的技术、经济、组织的综合性文件。它具体地规定了组成拟建工程各分部分项工程的施工方法、施工进度和技术组织措施等。因此，编制装饰工程预算前，应熟悉并注意施工组织设计中影响工程预算造价的又挂内容，严格按照施工组织设计所确定的施工方法和技术组织措施等要求，准确计算工程量，套取相应的定额项目，使施工图预算能够反映客观实际。

（五）预算定额或单位估价表

预算定额或单位估价表是编制装饰工程施工图预算基础资料的主要依据。因此，在编制预算之前，熟悉和了解装饰工程预算定额或单位估价表的内容、形式和使用方法，是结合施工图纸，迅速准确地确定工程项目、计算工程量的根本保证。

（六）工程量计算

首先需要确定工程量计算项目。在熟悉图纸的基础上，列出全部所需编制的预算工程项目，并根据预算定额或单位估价表，将设计中有关定额上没有的项目单独列出来，以便编制补充定额或采用实物造价法进行计算。

工程量是预算的主要数据，准确与否直接影响到预自的准确性，同时工程量计算的精确度，不仅直接影响到工程造价，而且影响到与之相关联的一系列数据，如计划统计、材料设备、人工、财务等。因此，对于工程量的计算必须严格依据建筑装饰工程施工图纸和定额中的工程量计算规则进行，并按照一定的顺序，避免丢项、漏项等情况的发生。

工程计算要严格按照预算定额和有关的工程量计算规则进行。一般主要分部分项工程量计算有以下基本方法。

（1）计算工程量前，要先看懂图纸，包括施工图、总说明，弄清各页图纸的关系和细部说明，以及设计修改通知书等。认真领会设计意图，要随时深入施工现场搜集设计变更、材料改代等资料。同时，还必须熟悉"图纸会审纪要"，因为设计单位对原设计的遗漏和小的修改，在一般情况下是不给图纸的，常采取"纪要"和"修改通知书"的办法来解决。因此，看图时必须结合以上资料进行对照，才能避免遗漏。在施工中，往往也会不断出现零星的小修小改，应及时补充调整。

（2）严格按照预算定额规定和工程量计算规则，并根据设计图纸所标明的尺寸、数量以及附有的设备及成套用品一览表，计算长度、面积、体积、数量，并根据手册换算成定额相一致的计量单位，在计算过程中，不能随意加大或缩小各部位的尺寸。

（3）为了便于核对，计算工程量时，一定要注明层次、部位、轴线编号、断面符号，通常列算式计算面积时，宽（高）在前，长在后，计算体积时，断面面积在前，长在后，计算式要力求简单明了，按一定次序排列，填入工程量计算表，以便查对。

（4）尽量采用图纸中已经通过的计算注明的数量和附表，必要时查阅图纸，进行核对。

（5）计算时，要防止重复计算和漏算，一般可按施工顺序，由上而下，由内及外，由左面右，或按工序事先草列分部分项名称依次进行计算。在计算中，如发现有新的、细小的和外加项目，要随时补充，防止遗忘。需要另编补充估价的项目，在表中应加以注明。也可采取分页图纸，逐张清算的方法。有条件的尽量分层、分段、分部位、分单位工程来计算，最后将同类项合并，编制并填入工程量汇总表。

（6）数字计算要准确，精度要求达到小数点后二位。汇总时一般采用小数点后两位为准，四舍五入。

（七）套用预算定额或单位估价表

根据所列计算项目和汇总整理后的工程量，就可以进行套用预算定额或单位估价表的工作，汇总后求得直接费。

（八）计算各项费用

定额直接费求出后，按有关的费用定额即可进行利润、施工组织措施费、差价及税金等的计算。

（九）比较分析

各项费用计算结束，即形成了装饰工程造价。此时，还必须与设计总概算中装饰工程概算进行比较，如果前者大于后者，就必须查找原因，纠正错误，保证预算造价在装饰工程概算投资额内。确实因工程需要的改变而突破总投资所规定的百分比，必须向有关部门重新申报。

（十）工料分析

人工、材料消耗量分析是调配劳动力、准备材料、开展班组经济核算的基础，是下达任务和考核人工、材料亏盈情况，进行两算（施工图预算与施工预算）对比的依据。

工料分析就是按照分部分项工程项目计算各工种用工数量和各种材料的消耗量。

工料分析的方法是，首先按照预算书编制的工程项目顺序，从预算定额中查出该工程项目各种工、料的单位定额用工、用料数量，然后再分别乘以相应的工程量进行计算。

计算公式：

人工工日 = $\sum$分项工程量×各工种工日消耗定额

材料量 = $\sum$分项工程量×各种材料消耗定额

计算时应按分部分项工程顺序进行，并按分部工程各自消耗的材料和人工工日分别进行计算和汇总，得到每一分部工程的各种材料和各种的工日消耗总数量。

工料分析的编制方法，一般是采用工料分析表格进行的。具体的填表方法，就是将单位工程施工图预算书中的分部分项工程项目名称、单位、数量及定额编号按顺序填入表格中，然后根据定额编号，查阅各项目的各自单位定额用工、用料消耗数量，并分别填入表格定额数量栏内。再用工程量分别乘以其定额的消耗数量，得到每一分项的工日和各种材料的消耗数量填入相应的用工、用料栏内。最后逐项分别加以汇总。

工料汇总，即各工种人工工日数量和各种材料用量的汇总表。它是根据工料分析得到的人工和各种材料的分部分项用量，将全工程的同工种和同材料数量加以汇总，即得到该工程的各工种和各种材料的总消耗量。便于工程按计划施工备工、备料使用。

（十一）编制装饰工程施工图预算书

四、建筑装饰工程预算的编制方法

建筑装饰工程预算都是由施工单位负责编制的，主要使用的方法如下。

（一）单位估价法

单位估价法是根据各分部分项工程的工程量，按当地人工工资标准、材料预算价格及机械台班费等定额基价或地区单位估价表，计算工程定额直接费、其他直接费，并由此计算间接费、计划利润或法定利润以及其他费用，最后汇总得出整个工程预算造价的方法。

（二）实物造价法

建筑装饰工程多采用新材料、新工艺、新构件和新设备，有些项目现行装饰工程定额中没有包括，编制临时定额时间上又不允许时，通常采用实物造价法编制预算。

实物造价法是根据实际施工中所用的人工、材料和机械等数量，按照现象的劳动定额、地区工人日工资标准、材料预算价格和机械台班价格等计算人工费、材料费、机械费等费用，汇总后在此基础上计算其他直接费用，然后再按照相应的费用定额计算利润、施工组织措施费、差价和税金，最后汇总形成工程预算造价的方法。

（三）套用单价

在编制施工图预算过程中，工程量必须经过核对无误，方可套价，计算直接费。

（1）分项工程的名称、规格、计量单位，必须与预算定额（或单位估价表）所列内容完全一致。即从单位估价表中找出与之相应的子项编号，查出该项工程的单价套用。套用单价，要求准确适合，否则，得出的直接费不准确，直接影响企业的经济效益和管理，甚至影响工程投资，应特别注意。

（2）任何定额或单位估价表的制定都是按照一般施工方法综合考虑的。因此，一般仍有很多缺项和不尽符合设计图纸要求的地方，预算人员应严格根据定额规定进行换算。

（3）单位估价表中缺项又没有相近定额可套用时，可根据施工方案中的技术措施重新估工、估料、估机械台班、估补充定额。

（4）所有项目均应按照单位估价表的分部分项顺序排列。在定额编号栏内要注明单位估价表的子目编号。

（四）费用计算

项目、工程量、单价经复核无误后，即可进行各种费用的计算。首先按费用组成及计算程序求出基本直接费之和，构成直接费，再以直接费为基础，分别求出施工管理费、远地施工增加费、临时设施费、劳保支出，而后合成间接费，仍以直接费为基础，分别求出其他费用，如计划利润、代收税金、施工图预算外包干费、分包服务费、利息支出、特殊培训费，上述各种费与设备价格及设备运杂安装调试费、成套用品总值及成套用品陈设费、设计费之和即为装饰工程总造价。

第二节　建筑装饰工程预算表格内容及应用

施工图预算表格的设计应能反映各种基本的经济指标，要求简单明了，计算方便易于审核。为了适应施工图预算编制的需要，满足施工图预算的要求，按照必要的计算程序，以及经济指标内容等制定下列表格。

（一）预算封面

装 饰 工 程 预 算 书

装饰单位（或用户）：
装饰工程名称：
装饰面积 ：
工程造价 ：
单位面积造价：

审核单位：
审核：
编制单位：
编制：

编制日期：年 月 日

（二）编制说明

装饰工程编制说明

　　主要写明编制的依据、工程范围以及未纳入的施工图预算的诸因素。应写明哪些内容及费用未包括，采用哪个施工方案，哪些设计变更已经列入预算；因技术供应方式影响到哪些费用；编制时难以决定的遗留问题及以后处理办法等。

　　例如：

　　（1）编制按照工程所在地装饰装修定额站所颁布的定额执行。

　　（2）本装饰预算工程量计算的图纸来源。

　　（3）本装饰预算包括内容。

　　（4）人工费调差按当地有关文件执行；材料价格、机械费价格按照工程所在地区当年当季度进行调整。

（三）工程量计算表 （表1-8-2）

　　主要是用以计算分项工程量，是工程量的原始计算表，一般可不进行复制，而由编制人保存或单位存档，留作审查核对之用。

1-8-2 工程量计算表

共 页 第 页

序号	定额号	分部分项工程名称及部位	型号及规格	单位	工程量	计算式

（四）工程量汇总表（表1-8-3）

工程量计算表计算出的工程量，按单位估价表的项目名称、规格及型号、计量单位，以单位工程的分部工程将工程量汇总，以便于套用预算定额。

表1-8-3　工程量汇总表

装饰单位：

工程名称：　　　　　　　　　　　　　　　　　　共　页　第　页

序号	定额号	项目名称及部位	规格及型号	单位	数量	备注

（五）装饰工程预（决）算表（表1-8-4）

装饰工程预（决）算表也称施工图预算明细表，一般应写明单位工程和分部、分项工程名称，以及单位估价表所需各个子项的详细内容。

表1-8-4 装饰工程预（决）算表

装饰单位：

工程项目：

设计编号：　　　　工程编号：　　　　　　　　　　　　　第　页

序号	定额编号	项目名称	单位	数量	定额直接费（元）		管理费（元）		利润（元）	
					单价	合价	单价	合价	单价	合价
合计										

（六）人工费调差表（表1-8-5）

表1-8-5　室内装饰工程人工费调差表

装饰单位：

工程项目：

设计编号：　　工程编号：　　　　　　　　　　　共　页　第　页

序号	定额编号	项目名称	单位	数量	其中人工费（元）		按实调差费（元）	
					单价	合价	定价	合价
合计								

（七）材料费调差表（表1-8-6）

表1-8-6 室内装饰工程材料费调差表

装饰单位：

工程项目：

设计编号：　　　　工程编号：　　　　　　　　　　　　共　页　第　页

序号	定额编号	项目名称	单位	数量	其中材料费（元）		按实调差费（元）	
					单价	合价	定价	合价
合计								

（八）机械费调差表（表1－8－7）

表1－8－7　室内装饰工程机械费调差表

装饰单位：

工程项目：

设计编号：　　　工程编号：　　　　　　　　　　　　共　页　第　页

序号	定额编号	项目名称	单位	数量	机械台班费（元）		按实调差费（元）	
					单价	合价	定价	合价
合计								

（九）装饰施工图预算综合取费表（表1-8-8）

表1-8-8　工程造价费用组成表

序号	费用项目	计算公式	费率%	金额（元）	备注
1	定额直接费：1）定额人工费	综合单价分析			
2	2）定额材料费	综合单价分析			
3	3）定额机械费	综合单价分析			
4	定额直接费小计	「1」+「2」+「3」			
5	综合工日	定额人工费/人工费单价			
6	措施费：1）技术措施费	综合单价分析			
7	2）安全文明措施费	「5」×34×费率	8.88		不可竞争费
8	3）二次搬运费	「5」×费率			按规定执行
9	4）夜间施工措施费	「5」×费率			按规定执行
10	5）冬雨施工措施费	「5」×费率			按规定执行
11	6）其他				按实际发生额计算
12	措施费小计	∑「6」~「11」			
13	调整：1）人工费差价				按合同约定
14	2）材料费差价				按合同约定
15	3）机械费差价				按合同约定
16	4）其他				按实际发生额计算
17	调整小计	∑「13」~「16」			
18	直接费小计	「4」+「12」+「17」			
19	间接费：1）企业管理费	综合单价分析			综合单价内
20	2）规费：①工程排污费				按实际发生额计算
21	②工程定额测定费	「5」×0.27			已取消
22	③社会保障费	「5」×7.48			不可竞争费
23	④住房公积金	「5」×1.70			不可竞争费
24	⑤意外伤害保险	「5」×0.60			不可竞争费
25	间接费小计	∑「19」~「24」			
26	工程成本	「18」+「25」			
27	利润	综合单价分析			
28	其他费用：1）总承包服务费	业主分包专业造价×费率			按实际发生额计算

续表

序号	费用项目	计算公式	费率%	金额（元）	备注
29	2）优质优价奖励费按合同约定				
30	3）检测费按实际发生额计算				
31	4）其他				
32	其他费用小计	∑「28」~「31」			
33	税前造价合计	「26」＋「27」＋「32」			
34	税金	「33」×税率	3.477		
35	工程造价合计	「33」＋「34」			

（十）主要材料汇总表（表1-8-9）

其作用是便于单位向施工单位提供主要材料的指标或实物，以及施工单位控制工程用料。

表1-8-9 主要材料汇总表

共 页 第 页

序号	材料名称	型号及规格	单价	数量	单位	金额
合计						

第三节　建筑装饰工程预算的调整、审核及执行

一、建筑装饰工程预算的调整

调整预算主要有两种情况：

一是通过甲（装饰单位）乙（施工单位）对口的业务部门（设计、工程、供应）的正式文件来处理。在施工未开始之前发生的设计变更，材料代用，施工方法改变等；由甲乙双方对口的工程和供应部门提出原始技术文件，有工程更改证书、设计变更通知书、技术协商会纪要、图纸会审、设计交底记录，材料代用证书等，应及时输预算调整补充。

二是纯属在施工现场活动中发生的，由甲方代表决定的零星小修小改等，以及在施工中难以避免的种种费用，大都临时发生，具体内容不同，没有规律性，都应由乙方代表提出现场签单，并请甲方代表签字，作为书面保证。定期办理费用审核手续，作为结算依据。

总之，调整预算签证、审核、结算是施工企业经营管理工程的不可忽视的一环。不仅是施工活动中的一个重要组成部分，会影响到施工单位的工程成本和开支，而且会影响到工程投资的宏观控制。

二、建筑装饰工程预算的审核及执行

从现有意义上而言，只要按照施工图纸以及计价所需的各种依据在工程实施强所计算的工程价格，均可以成为施工图预算价格，该施工图预算价可以是按照主管部门统一规定的预算单价、取费标准、计价程序计算得到的计划中的价格，也可以是根据企业自身的实力和市场供求及竞争状况计算的反映市场的价格。

施工图预算编制完后，必须经过会审。审查的目的是防止高估低算，纠正偏高偏低现象，尽可能做到符合规定，接近实际。因此，施工图预算必须先经施工企业内部自审后，然后送装饰单位和银行审查。送审的预算，应有必要的文字说明，内容包括采用的预算定额，材料预算价格，取费标准，工程内容，以及完整的工程量计算书等。

（一）施工图预算的审查意义

施工图预算那编制之后，需要认真进行审查。加强施工图预算的审查，对于提高预算的准确性，正确贯彻党和国家的有关方针政策，降低工程造价具有重要的现实意义。

（1）有利于控制工程造价，克服和防止预算超概算。

（2）有利于加强国家资产投资管理，节约管理资金。

（3）有利于施工承包合同价的合理确定和控制。因为施工图预算，对于招标工程，是编制标底的依据，对于不宜招标的工程，它是合同价款结算的基础。

（4）有利于积累和分析各项技术经济指标，不断提高设计水平。通过审查工程预算，核实了预算价值，为积累和分析技术经济指标，提供了准确数据，进而通过有关指标的比较，找出设计中的薄弱环节。以便及时改进，不断提高设计水平。

（二）施工图预算的审查内容

施工图预算审查的重点是工程量是否准确，定额套用、各项取费标准是否符合现行规

定或单价是否合理等方面。审查的具体内容如下。

1. 审查工程量

审查工程量是否按照规定的工程量计算规则计算工程量，编制预算时是否考虑了施工方案对工程量的影响，定额中要求扣除项或合并项是否按规定执行，工程计算单位的规定是否与要求的计量单位一致。

2. 审查单位

套用预算单价时，各分部分项工程的名称、规格、计量单位和所包括的工程内容是否与定额一致，有单价换算时，换算的分项工程是否符合定额规定及换算是否正确。

采用实物法编制预算时，资源单价是否反映了市场供需状况和市场趋势。

3. 审查其他的有关费用

采用预算单价法编制预算时，审查的主要内容是：是否按本项目的性质计取费用，有无高套取费标准；间接费的计取基础是否符合规定；利润和税金的计取基础和费率是否符合规定，有无多算或重算。

以上是施工图预算审查的基本内容，但审查的重点有所指向，这是需要从业者了解和掌握的。施工图预算审查的要点如下：

（1）编制的依据是否齐全、充足；装饰图是否齐全有效，是否有大样做法图。

（2）工程项目与内容是否与设计相符，有无错误和漏项。

（3）单位工程的分部、分项内容是否完整，有无漏项、重项。

（4）工程量计算是否符合计算规则，计算准确程度如何？有无漏算或重复计算，计量单位与单位估价表规定的计量单位是否一致。

（5）采用的定额是否符合规定，套用的定额子项是否正确。

（6）各种费率的计算是否与合同或协议的条款一致，是否符合规定，计算程序是否正确。

（7）补充定额或补充单位估价表的编制是否合理，根据是否充分。

（8）采用的工资单价、材料预算价格、机械台班单价的计取是否合理有据。

（9）各栏数字的运算是否正确。

（10）调整预算的计取凭据看计算是否正确。重点审查工程量计算、单位估价表套用、未计价材料费计算及计取费用、调整预算等五个方面。

（三）施工图预算的审批形式

（1）在实行按施工图预算办理工程结算的情况下，施工图预算由单位编制送装饰单位审查签字盖章后生效，目前较通行。其优点是双方所持角度不同，有一个对立面，因而审查比较细致，能提高其准确性。缺点是容易造成双方互相争执不下，往往使预算长期不能定案。

（2）由施工单位编制，当地银行审查签证。优点是银行下于第三者地位，能正确执行国家的各种规定。一般小型工程常采用这种形式。

（3）由施工单位编制，装饰单位主持召开预算审查会议，即有装饰单位、银行、施工单位及主管部门参加的预算审查会议，并组织预算审查联合组，逐条逐项审查，单审与会审相结合。其优点是对预算中存在的有关重大问题以及时地在会上得到统一解决，一般性问题可以及时协商解决，缩短审批时间。实践证明，这是一种普遍采用的行之有效的方式，目前多用于大中型工程项目中。

（四）施工图预算的审查步骤

1. 审查前准备工作

（1）熟悉施工图纸。施工图纸是编制与审查预算的重要依据，必须全面熟悉。

（2）根据预算编制说明，了解预算包括的工程范围。如配套设施、室外管线、道路，以及会审图纸后的设计变更等。

（3）弄清所用单位估价表的适用范围，搜集并熟悉相应的单价、定额资料。

2. 选择审查方法、审查相应内容

工程规模、繁简程度不同，编制施工图预算的繁简和质量不同，应选择适当的审查方法进行审查。

3. 整理审查资料并调整定案

综合整理审查资源，同编制单位交换意见，定案后编制调整预算。经审查若发现差错，应与编制单位协商，统一意见后进行相应增加或核减的修正。

（五）施工图预算的审查方法

1. 逐项审查法

逐项审查法又称全面审查法，即按定额顺序或施工顺序，对各项工程细目逐项全面详细审查的一种方法。其优点是全面、细致，审查质量高、效果好。缺点是工作量大，时间教长。这种方法适合于一些工程量较小，工艺比较简答的工程。

2. 标准预算审查法

标准预算审查法就是对利用标准图纸或通用图纸施工的工程，先集中编制标准预算，以此为准来审查工程预算的一种方法。按标准设计图纸施工的工程，一般上部结构和做法相同，只是根据现场施工条件或地址情况不同，仅对基础部分做局部改变。凡这样的工程，以标准预算为准，对局部修改部分单独审查即可，不需逐一详细审查。该方法的优点是时间好、效果好、易定案。其缺点是适用范围小，仅适用于标准图纸的工程。

3. 分组计算审核法

分组计算审核法就是把预算中有关项目按类别划分若干组，利用同组中的一组数据审查分项工程量的一种方法。这种方法首先将若干分部分项工程按相邻且有一定内在联系的项目组进行编组，利用同组分项工程间具有相同或相近计算基数的关系，审查一个分项工程数据，由此判断同组中其他几个分项工程间的准确程度。如一般的建筑工程中将底层建筑面积可编为一组。先计算底层建筑面积或楼（地）面面积，从而得知楼面找平层、顶棚抹灰的工程量等，以此类推。该方法特点是审查速度快、工作量小。

4. 对比审查法

对比审查法是当工程条件相同时，用已完成工程的预算或未完成但已经过审查修正的工程预算对比审查拟建工程的同类工程预算的一种方法。采用该方法一般符合下列条件。

（1）拟建工程与已完或在建工程预算采用统一施工图，但基础部分和现场施工条件不同，则相同部分可采用对比审查法。

（2）工程设计相同，但建筑面积不同，两工程的建筑面积之比与两项工程各分部分项工程量之比大体一致。此时可按分项工程量的比例，审查拟建工程各分部分项工程的工程量，或用两工程每平方米建筑面积造价、每平方米建筑面的各分部分项工程量对比进行审查。

（3）两工程相同，但设计图纸不完全相同，则相同的部分，如厂房中的柱子、层架、层面、砖墙等，可进行工程量的对照审查。对不能对比的分部分项工程可按图纸计算。

5. "筛选"审查法

"筛选"是能较快发现问题的一种方法。建筑工程虽面积和高度不同，但其各分部分项工程的单位建筑指标变化却不大。将这样的分部分项工程加以汇集、优选，找出其单位建筑面积工程量、单价、用工的基数数值，归纳为工程量、价格、用工三个单位基本指标，并注明基数指标的使用范围。这些基数指标用来筛选各分部分项工程，对不符合条件的应进行详细审查，若审查对象的预算标准与基本指标的标准不符，就应对其进行调整。

"筛选法"的优点是简单易懂，便于掌握，审查速度快，便于发现问题。但问题法相的原因尚需继续审查。该方法适用于审查住宅过程或不具备审查条件的工程。

6. 重点审查法

重点审查法就是抓住施工图预算中的重点进行审核的方法。审查的重点一般是工程量大或者造价较高的各种工程、补充定额、计取的各项费用（计费基础、取费标准）等。重点审查法的优点是突出重点，审查时间短、效果好。

7. 利用手册审查法

是把工程中常用的构件、配件，事先整理成预算手册，按手册对照审查的方法。如工程常用的预制构配件洗脸池、坐便器等，几乎每个工程都有，把这些按标准图集计算出工程量，套上单价，编制成预算手册使用，可大大简化施工图预算的编审工作。

8. 分解对比审查法

一个单位工程，按直接费与间接费进行分解，然后再把直接费按工种和分部工程进行分解，分别与审定的标准预算进行对比分析的方法，叫作分解对比审查法。分解对比审查法一般有三个步骤：

第一步，全面审查某种室内装饰的定型标准施工图或复用施工图的工程预算，经审定后作为审查其他类似工程预算的对比基础。而且将审定预算按直接费与应取费用分解成两部分，再把直接费分解为各工种工程和分部工程预算，分别计算出他们的每个平方米预算价格。

第二步，把拟审的工程预算与同类型预算单方造价进行对比，若出入在1%～3%以内（根据本地区要求），再按分部分项工程进行分解，边分解边对比，对出入较大者，就进一步审查。

第三步，对比审查。其方法是：

（1）经分析对比，如发现应取费用相差较大，应考虑建设项目的投资。来源和工程类别及取费项目和取费标准是否符合现行规定；材料调价相差较大，则应进一步审查《材料调价统计表》，将各种调价材料的用量、单价差价及其调增数等进行对比。

（2）经过分解对比，如发现建筑装饰工程预算价格出入较大，首先审查基础工程，再对比其余各个分部工程，发现某一分部工程预算价格相差较大时，再进一步对比各分项工程或工程细目。在对比时，先检查所列工程细目是否正确，预算价格是否一致。发现相差较大者，再进一步审查所套预算单价，最后审查该项目工程细目的工程量。

以上对于施工图预算审查方法的划分是以调查方式的不同而进行的，但审查的具体实施一定程度也受到施工图预算编制质量优劣的影响，因此确定审查的方法，还可根据编制人员的思想状况、技术水平和以往编制的预算质量情况，以及审查人员的业务能力、技术水平、基础资料的积累等情况而定。具体情况如下：

（1）预算编制人员业务水平低，在以往审查中证实问题较多的施工图预算需要全面审查。审查人员已具备能够胜任全面审查的能力及条件，可以进行全面审查。

（2）预算编制人员在一定业务水平，以自己所编预算质量一般可以，如果审查人员人数少、工作压力大，可对一些重大价值项目，对工程价值影响较大的项目和内容，做重点审查，对其他次要内容可做一般审查或进行审核，也可免审。这种方法要求审查人员具有一定的实践经验审查鉴别能力，对预算能较准确地选定重点审查的项目的内容，对编制水平能有一个正确的分析和估价，避免无效劳动。

（3）预算编制人员具有一定的实践经验、技术水平较高、以往编制的预算质量较好，为减轻审查工作量，可在保证审查质量的前提下，进行抽查，具体做法是：根据装饰工程项目的特点、预算编制规律和审查工作中的实践经验，把在套用定额项目和计算中最易出错，测算或重算的，抽出有代表性的项目进行仔细审查。

（4）对施工图预算审查后的综合分析和定案。施工图预算审完后，定案之前，应对审查情况做一次综合性的全面分析，可采用个人汇报与集体研究相结合的方式进行。通过一定的形式征求装饰单位和编制单位的意见和看法，使问题的结论更加准确完整。

审查预算就是把审查的情况进行归纳整理，对错计的部分，按照规定进行修正，最后会同编制单位把预算造价确定下来。

总之，定案的方法遵循施工图预算编制的质量而定。对错误较少、需调整的数值不大的预算，可由银行或其他审查单位填写"审查意见"，列明错计的项目名称、金额、调整的依据和调整后的预算价值等内容，通知编制单位和装饰单位据以更正。然后签证盖章生效。

对差错较多，需调整的数值较大的预算，一般不要直接调整，应事先由银行或其他审查单位，将审查情况进行复核、整理，在综合分析的基础上，填写"审查意见"初稿，然后与编制单位共同研究。对有异议的项目，应依据有关规定逐项核对，落实预算价值，并提出今后的要求和改进意见，以促进预算质量不断提高，待预算重新更正调整后，签证盖章生效。

对差错过多，需调整定额在30%以上的预算，一般应责成编制单位重编，并应全面分析其差错的原因，有针对性的帮助编制单位正确解决。对这类预算的定案，最好是由审查单位、编制单位和装饰单位的负责人参加，共同审定。

在定案中，一方面，审查人员与编制人员应互相尊重，互相帮助和支持，而不应有高、低、大、小之分。对审查中发现的问题，应坚持实事求是，一视同仁。那种吹毛求疵，求全责备，甚至采取压制的态度是不对的。不讲原则，随意盖章，代替严肃的审查定案的做法，是一种失职行为，严重者应受到法律追究。另一方面，允许编制人员有不同的看法，当发生争执时，双方要本着重依据、摆事实、讲道理，力争在统一认识的基础上得到妥善解决。确实争议不下的问题，应报告上级主管部门仲裁。对编制单位个别编制人员的无理要求，要敢于坚持原则，敢于维护审查定案的严肃性，切实发挥审查单位的职能作用，坚决修正预算并报上级备案。

第九章　建筑装饰工程预算编制的案例

现对某公司办公间室内进行装饰设计，建筑面积约 74.49m² ，内部主要有大厅、经理办公室、卫生间三个部分，要求计算该项工程各分部分项工程的工程量及报价。

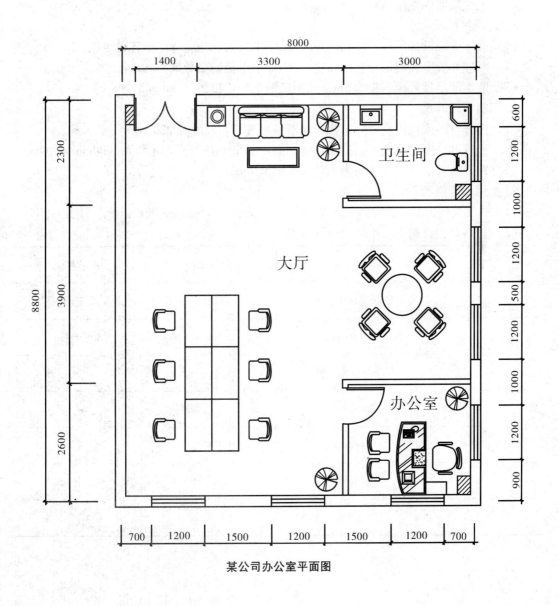

某公司办公室平面图

具体设计条件如下：

1．地面材料及尺寸

（1）办公空间大厅地面设计为 600mm×600mm 地板砖。

（2）经理办公室地面设计为木地板。

（3）卫生间地面设计为 300mm×300mm 防滑地板砖。

（4）各个房间踢脚线使用与地板相同材质。

2．墙面材料及尺寸

（1）大厅墙面设计为乳胶漆饰面。

（2）经理办公室墙面使用壁纸。

（3）卫生间墙面使用 300mm×200mm 瓷砖。

3．天棚材料及尺寸

（1）大厅天棚设计吊顶后净高 3.6m，采用 T 型铝合金龙骨架搁置矿棉板。

（2）经理办公室天棚吊顶后净高度为 3m，采用轻钢龙骨纸面石膏板。

（3）卫生间吊顶后净高度为 3m，采用轻钢龙骨铝扣板。

4．门窗材质及尺寸

（1）办公空间入口门设计为钢化玻璃双扇平开门，尺寸为 2200mm×1400mm。

（2）经理办公室门及洗手间门设计为饰面板单扇平开门，尺寸均为 2000mm×800mm。

（3）窗户共有 7 个，尺寸均为 1200mm×1500mm。

5．费用调差说明

（1）人工费按国家最近有关文件规定将原来定额人工费 43 元/工日调整为 81 元/工日。

（2）材料费主材调差按市场价格计算如下：

序号	项目名称	定额单价	市场单价
1	600mm×600mm 地板砖	15 元/块	20 元/块
2	300mm×300mm 地板砖	2.5 元/块	3.5 元/块
3	企口木地板	45.4 元/m²	100 元/m²
4	墙面乳胶漆	25 元/m²	35 元/m²
5	对花壁纸	9.5 元/m²	15 元/m²
6	卫生间墙砖	2 元/块	3.5 元/块
7	卫生间铝扣板吊顶	90 元/m²	120 元/m²

装饰工程预算书

装饰单位（或用户）： ××装饰设计公司

装饰工程名称： ××公司办公室

装饰面积： 74.49m²

工程造价： 24 770.13 元

单位面积造价： 332.53 元

审核单位： ××单位

审核： ×××（盖签字造价章）

编制单位： ××装饰设计公司

编制： ×××

编制日期：××××年××月××日

装饰工程编制说明

1. 工程是依据《河南省建设工程工程量清单综合单价－B 装饰装修工程》（2008），同时结合《2013 计价规范》等有关文件编制。

2. 人工费、材料费、机械费价格，按工程所在河南省本年本季度的市场价进行调差。

3. 税率按所在地区当年规定以及相关文件进行计取。

4. 本工程量按照甲方认可的设计图纸计算。

工程量计算表

共 2 页 第 1 页

序号	定额号	分部分项工程名称及部位	型号及规格	单位	工程量	计算式
楼地面工程						
1	1－39	大厅地板砖	0.6×0.6	100m²	0.52	$(8-0.24) \times (8.8-0.24) - (3-0.12+0.06) \times (2.3-0.12+0.06) - (3-0.12+0.06) \times (2.6-0.12+0.06)$
2	1－76	大厅釉面砖踢脚线	0.5×0.13	100m²	0.04	$(8-0.24+8.8-0.24) \times 2 \times 0.13$
3	1－53	经理室实木地板	（企口）长条木地板	100m²	0.07	$(3-0.12-0.06) \times (2.6-0.12-0.06)$
4	1－83	经理室沙贝利饰面踢脚线	细木工板踢脚线	100m²	0.01	$(3-0.12-0.06+2.6-0.12-0.06) \times 2 \times 0.13$
5	1－36	卫生间地板砖	0.3×0.3	100m²	0.06	$(3-0.12-0.06) \times (2.3-0.12-0.06)$
天棚工程						
6	3－28	大厅天棚吊顶龙骨	天棚T型铝合金龙骨 600×600 以内（不上人）	100m²	0.52	$(8-0.24) \times (8.8-0.24) - (3-0.12+0.06) \times (2.3-0.12+0.06) - (3-0.12+0.06) \times (2.6-0.12+0.06)$

序号	定额号	分部分项工程名称及部位	型号及规格	单位	工程量	计算式
7	3-87	大厅天棚矿棉板	搁置 T 型龙骨	100m²	0.52	(8-0.24)×(8.8-0.24)-(3-0.12+0.06)×(2.3-0.12+0.06)-(3-0.12+0.06)×(2.6-0.12+0.06)
8	3-20	经理室天棚吊顶龙骨	U 型轻钢龙骨架	100m²	0.07	(3-0.12-0.06)×(2.6-0.12-0.06)
9	3-76	经理室天棚纸面石膏板面层	螺接 U 型龙骨	100m²	0.07	(3-0.12-0.06)×(2.6-0.12-0.06)
10	5-163	经理室天棚刷乳胶漆	满刮腻子两遍	100m²	0.07	(3-0.12-0.06)×(2.6-0.12-0.06)
11	3-48	铝合金条板龙骨架	轻型	100m²	0.06	(3-0.12-0.06)×(2.3-0.12-0.06)
12	3-102	卫生间铝扣板吊顶	104×10×1.3	100m²	0.06	(3-0.12-0.06)×(2.3-0.12-0.06)

墙、柱面工程

序号	定额号	分部分项工程名称及部位	型号及规格	单位	工程量	计算式
13	5-163	大厅墙面乳胶漆	满刮腻子两遍	100m²	1.07	(8-0.24+8.8-0.24)×2×(3.6+0.1)-2.2×1.4-2×0.8×2-1.2×1.5×4
14	5-195	经理室墙面贴壁纸	对花	100m²	0.30	(3-0.12-0.06+2.6-0.12-0.06)×2×(3+0.1)-1.2×1.5-0.8×2+(2×2+0.8+1.5×2+1.2)×0.12
15	2-79	卫生间墙面瓷砖	0.3×0.2	100m²	0.27	(3-0.12-0.06+2.3-0.12-0.06)×2×(3+0.1)-1.2×1.5-0.8×2

门窗工程

序号	定额号	分部分项工程名称及部位	型号及规格	单位	工程量	计算式
16	4-39	钢化玻璃门	无框单层 12mm 厚	100m²	0.03	2.2×1.4
17	4-5	室内装饰木门	无亮单扇	100m²	0.03	2×0.8×2
18	4-92	木门窗套	门框装饰线宽 60mm	100m²	0.45	2.2×2+1.4+(2×2+0.8)×2+(1.5×2+1.2)×7

室内装饰工程预结算表

装饰单位：××装饰设计公司

工程项目：××公司办公室

设计编号：_____　　　　工程编号：_____　　　共 1 页 第 1 页

序号	定额编号	项目名称	单位	数量	定额直接费（元）		其中管理费（元）		其中利润（元）	
					单价	合价	单价	合价	单价	合价
楼地面工程										
1	1-39	大厅地板砖	100m²	0.52	6902.04	3589.06	501.02	260.53	305.50	158.86
2	1-76	大厅釉面砖踢脚线	100m²	0.04	6703.25	268.13	923.32	36.93	743.16	29.73
3	1-53	经理室实木地板	100m²	0.07	8876.52	621.36	414.43	29.01	277.97	19.46
4	1-83	经理室沙贝利饰面踢脚线	100m²	0.01	6119.41	61.19	557.6	5.58	448.8	4.49
5	1-36	卫生间地板砖	100m²	0.06	5735.9	344.15	562.19	33.73	342.8	20.57
天棚工程										
6	3-28	大厅天棚吊顶龙骨	100m²	0.52	4008.75	2084.55	422.92	219.92	349.2	181.58
7	3-87	大厅天棚矿棉板	100m²	0.52	4566.4	2374.53	223.89	116.42	184.86	96.13
8	3-20	经理室天棚吊顶龙骨	100m²	0.07	3627.82	253.95	408.1	28.57	336.96	23.59
9	3-76	经理室天棚纸面石膏板面层	100m²	0.07	2329.57	163.07	260.29	18.22	214.92	15.04
10	5-163	经理室天棚刷乳胶漆	100m²	0.07	1440.93	100.87	143.01	10.01	136.03	9.52
11	3-48	铝合金条板龙骨架	100m²	0.06	3381.01	202.86	441.89	26.51	364.86	21.89
12	3-102	卫生间铝扣板吊顶	100m²	0.06	11280.62	676.84	521.24	31.27	430.38	25.82
墙、柱面工程										
13	5-163	大厅墙面乳胶漆	100m²	1.07	1440.93	1541.80	143.01	153.02	136.03	145.55
14	5-195	经理室墙面贴壁纸	100m²	0.30	2819.86	845.96	312.42	93.73	297.18	89.15
15	2-79	卫生间墙面瓷砖	100m²	0.27	8046.37	2172.52	958.25	258.73	642.73	173.54
门窗工程										
16	4-39	钢化玻璃门	100m²	0.03	23914.83	717.44	2046.72	61.40	1098.24	32.95
17	4-5	室内装饰木门	100m²	0.03	30853.33	925.60	774.57	23.24	415.62	12.47
18	4-92	木门窗套	100m²	0.45	1026.65	461.99	39.2	17.64	21.03	9.46
合计						17395.87		1424.46		1069.80

室内装饰工程人工费调差表

装饰单位：××装饰设计公司
工程项目：××公司办公室
设计编号：＿＿＿＿＿＿＿　　　工程编号：＿＿＿＿＿＿＿　　共 1 页 第 1 页

序号	定额编号	项目名称	单位	数量	其中人工费（元）		按实调差费（元）	
					单价	合价	定价	合价
楼地面工程								
1	1－39	大厅地板砖	100m²	0.52	1297.74	674.82	2444.58	1271.18
2	1－76	大厅釉面砖踢脚线	100m²	0.04	2404.56	96.18	4529.52	181.18
3	1－53	经理室实木地板	100m²	0.07	1086.61	76.06	2046.87	143.28
4	1－83	经理室沙贝利饰面踢脚线	100m²	0.01	1462.00	14.62	2754.00	27.54
5	1－36	卫生间地板砖	100m²	0.06	1458.13	87.49	2746.71	164.80
天棚工程								
6	3－28	大厅天棚吊顶龙骨	100m²	0.52	834.20	433.78	1571.40	817.13
7	3－87	大厅天棚矿棉板	100m²	0.52	441.61	229.64	831.87	432.57
8	3－20	经理室天棚吊顶龙骨	100m²	0.07	804.96	56.35	1516.32	106.14
9	3－76	经理室天棚纸面石膏板面层	100m²	0.07	513.42	35.94	967.14	67.70
10	5－163	经理室天棚刷乳胶漆	100m²	0.07	374.96	26.25	706.32	49.44
11	3－48	铝合金条板龙骨架	100m²	0.06	871.61	52.30	1641.87	98.51
12	3－102	卫生间铝扣板吊顶	100m²	0.06	1028.13	61.69	1936.71	116.20
墙、柱面工程								
13	5－163	大厅墙面乳胶漆	100m²	1.07	374.96	401.21	706.32	755.76
14	5－195	经理室墙面贴壁纸	100m²	0.30	819.15	245.75	1543.05	462.92
15	2－79	卫生间墙面瓷砖	100m²	0.27	2495.72	673.84	2205.52	595.49
门窗工程								
16	4－39	钢化玻璃门	100m²	0.03	5366.40	160.99	10108.80	303.26
17	4－5	室内装饰木门	100m²	0.03	2030.89	60.93	3420.93	102.63
18	4－92	木门窗套	100m²	0.45	102.77	46.25	193.59	87.12
合计						3434.09		5782.85

室内装饰工程材料费调差表

装饰单位：××装饰设计公司

工程项目：××公司办公室

设计编号：＿＿＿＿＿＿＿＿　　　　工程编号：＿＿＿＿＿＿＿＿　　　共1页　第1页

序号	定额编号	项目名称	单位	数量	其中材料费（元）		按实调差费（元）	
					单价	合价	定价	合价
楼地面工程								
1	1－39	大厅地板砖	100m²	0.52	4748.96	2469.46	6168.96	3207.86
2	1－76	大厅釉面砖踢脚线	100m²	0.04	2578.66	103.15	2578.66	103.15
3	1－53	经理室实木地板	100m²	0.07	7075.34	495.27	12 808.34	896.58
4	1－83	经理室沙贝利饰面踢脚线	100m²	0.01	3581.67	35.82	3581.67	35.82
5	1－36	卫生间地板砖	100m²	0.06	3323.96	199.44	4457.96	267.48
天棚工程								
6	3－28	大厅天棚吊顶龙骨	100m²	0.52	2387.43	1241.46	2387.43	1241.46
7	3－87	大厅天棚矿棉板	100m²	0.52	3716.04	1932.34	3716.04	1932.34
8	3－20	经理室天棚吊顶龙骨	100m²	0.07	2077.80	145.45	2077.80	145.45
9	3－76	经理室天棚纸面石膏板面层	100m²	0.07	1340.94	93.87	1340.94	93.87
10	5－163	经理室天棚刷乳胶漆	100m²	0.07	786.93	55.09	1065.03	74.55
11	3－48	铝合金条板龙骨架	100m²	0.06	1702.65	102.16	1702.65	102.16
12	3－102	卫生间铝扣板吊顶	100m²	0.06	9300.87	558.05	12 374.67	742.48
墙、柱面工程								
13	5－163	大厅墙面乳胶漆	100m²	1.07	786.93	842.02	1065.03	1139.58
14	5－195	经理室墙面贴壁纸	100m²	0.30	1391.11	417.33	2033.10	609.93
15	2－79	卫生间墙面瓷砖	100m²	0.27	3925.56	1059.90	6475.56	1748.40
门窗工程								
16	4－39	钢化玻璃门	100m²	0.03	15 114.67	453.44	15 114.67	453.44
17	4－5	室内装饰木门	100m²	0.03	27 463.22	823.90	27 463.22	823.90
18	4－92	木门窗套	100m²	0.45	855.65	385.04	855.65	385.04
合计						11 413.19		14 003.49

室内装饰工程机械费调差表

装饰单位：××装饰设计公司

工程项目：××公司办公室

设计编号：＿＿＿＿＿＿＿＿＿　　工程编号：＿＿＿＿＿＿＿＿＿　　共1页　第1页

序号	定额编号	项目名称	单位	数量	机械台班费（元）		按实调差费（元）	
					单价	合价	定价	合价
楼地面工程								
1	1-39	大厅地板砖	100m²	0.52	48.82	25.39		
2	1-76	大厅釉面砖踢脚线	100m²	0.04	53.55	2.14		
3	1-53	经理室实木地板	100m²	0.07	22.17	1.55		
4	1-83	经理室沙贝利饰面踢脚线	100m²	0.01	69.34	0.69		
5	1-36	卫生间地板砖	100m²	0.06	48.82	2.93		
天棚工程								
6	3-28	大厅天棚吊顶龙骨	100m²	0.52	15.00	7.80		
7	3-87	大厅天棚矿棉板	100m²	0.52	—	—		
8	3-20	经理室天棚吊顶龙骨	100m²	0.07	—	—		
9	3-76	经理室天棚纸面石膏板面层	100m²	0.07	—	—		
10	5-163	经理室天棚刷乳胶漆	100m²	0.07	—	—		
11	3-48	铝合金条板龙骨架	100m²	0.06	—	—		
12	3-102	卫生间铝扣板吊顶	100m²	0.06	—	—		
墙、柱面工程								
13	5-163	大厅墙面乳胶漆	100m²	1.07	—	—		
14	5-195	经理室墙面贴壁纸	100m²	0.30	—	—		
15	2-79	卫生间墙面瓷砖	100m²	0.27	24.11	6.51		
门窗工程								
16	4-39	钢化玻璃门	100m²	0.03	288.80	8.66		
17	4-5	室内装饰木门	100m²	0.03	169.03	5.07		
18	4-92	木门窗套	100m²	0.45	8.00	3.60		
合计						64.34		

工程造价费用组成表

序号	费用项目	计算公式	费率%	金额（元）	备注
1	定额直接费：1）定额人工费	综合单价分析		3434.09	
2	2）定额材料费	综合单价分析		11 413.19	
3	3）定额机械费	综合单价分析		64.34	
4	定额直接费小计	「1」+「2」+「3」		14 911.62	
5	综合工日	定额人工费/人工费单价		80.22	
6	措施费：1）技术措施费	综合单价分析		—	
7	2）安全文明措施费	「5」×34×费率	8.88	245.47	不可竞争费
8	3）二次搬运费	「5」×费率	3.4 元/工日	272.75	
9	4）夜间施工措施费	「5」×费率	1.36 元/工日	109.10	
10	5）冬雨施工措施费	「5」×费率	1.29 元/工日	103.48	冬雨季施工期间
11	6）其他			—	
12	措施费小计	Σ「6」~「11」		730.80	
13	调整：1）人工费差价			2348.76	
14	2）材料费差价			2590.30	按合同约定
15	3）机械费差价			—	
16	4）其他			—	
17	调整小计	Σ「13」~「16」		4939.06	
18	直接费小计	「4」+「12」+「17」		20 581.48	
19	间接费：1）企业管理费	综合单价分析		1424.46	综合单价内
20	2）规费：①工程排污费			—	按实际发生额计算
21	②工程定额测定费			—	已取消
22	③社会保障费	「5」×8.08		648.18	不可竞争费
23	④住房公积金	「5」×1.70		136.37	不可竞争费
24	⑤工伤保险	「5」×1.00		80.22	不可竞争费
25	间接费小计	Σ「19」~「24」		2209.01	
26	工程成本	「18」+「25」		22 790.49	
27	利润	综合单价分析		1069.80	

序号	费用项目	计算公式	费率%	金额（元）	备注
28	其他费用：1）总承包服务费	业主分包专业造价×费率		—	按实际发生额计算
29	2）优质优价奖励费			—	按合同约定
30	3）检测费			—	按实际发生额计算
31	4）其他			—	
32	其他费用小计	Σ「28」~「31」		—	
33	税前造价合计	「26」＋「27」＋「32」		23 860.29	
34	税金	「33」×税率	3.477	829.62	
35	工程造价合计	「33」＋「34」		24 770.13	

第十章 装饰装修工程量清单综合单价

河南省建设工程工程量清单综合单价 B 装饰装修工程
B.1 楼地面装饰工程综合单价
B.1.1 整体面层（020101）

020101001 水泥砂浆楼地面（m²）

定额编号	项目	单位	综合单价（元）	人工费（元）	材料费（元）	机械费（元）	管理费（元）	利润（元）	定额工日（工日）
1-1	水泥砂浆楼地面 厚20mm	100m²	1252.09	448.92	559.91	17.93	140.56	84.77	10.44
1-2	水泥砂浆楼地面 厚25mm	100m²	1459.28	506.11	677.01	21.64	158.77	95.75	11.77
1-3	水泥砂浆楼地面 加浆一次抹光	100m²	597.22	293.69	154.3	4.33	90.39	54.51	6.83
1-4	水泥砂浆楼地面 毛面厚15mm	100m²	911.54	336.69	387.23	17.31	106.24	64.07	7.83
1-5	水泥豆石浆地面 厚20mm+15mm	100m²	2759.47	1106.39	1063.89	36.47	344.79	207.93	25.73
1-6	水泥豆石浆地面 厚度每增减5mm	100m²	270.14	60.63	172.45	5.56	19.65	11.85	1.41
1-7	耐热砂浆楼地面	100m²	2500.14	528.04	1609.75	17.93	206.15	138.27	12.28
1-8	斩假石地面	100m²	7984.35	4485.76	617.91	15.46	1714.95	1150.27	104.32
1-9	无机铝盐防水砂浆楼地面	100m²	2412.31	485.04	1592.32	17.93	189.75	127.27	11.28

020101002 现浇水磨石楼地面（m²）

定额编号	项目	单位	综合单价（元）	人工费（元）	材料费（元）	机械费（元）	管理费（元）	利润（元）	定额工日（工日）
1-10	水磨石楼地面 带嵌条厚18mm+12mm	100m²	5444.03	2384.35	1229.49	302.91	914.14	613.14	55.45
1-11	水磨石楼地面 不带嵌条厚18mm+12mm	100m²	4797.97	2019.28	1181.13	302.91	774.9	519.75	46.96
1-12	水磨石楼地面 艺术形式厚18mm+12mm	100m²	5995.52	2575.7	1467.7	302.91	987.12	662.09	59.9
1-13	彩色镜面水磨石楼地面厚20mm+20mm	100m²	10179.05	4327.52	2475.45	609.23	1656.07	1110.78	100.64
1-14	彩色镜面水磨石楼地面厚度每增减5mm	100m²	397.66	70.95	273.47	5.56	28.54	19.14	1.65
1-15	楼地面整体面层打蜡	100m²	443.37	228.33	69.55	0	87.08	58.41	5.31
1-16	水磨石地面嵌铜条	100m²	710.14	31.39	657.2	1.55	11.97	8.03	0.73

020101003 细石混凝土楼地面 （m²）

定额编号	项目	单位	综合单价（元）	人工费（元）	材料费（元）	机械费（元）	管理费（元）	利润（元）	定额工日（工日）
1–17	细石混凝土楼地面 厚30mm	100m²	1491.81	439.89	762.26	7.71	168.76	113.19	10.23
1–18	细石混凝土 楼地面 每增减10mm	100m²	286.22	56.76	192	1.29	21.65	14.52	1.32
1–19	石屑混凝土 楼地面 厚30mm	100m²	1493.17	479.02	682.14	18.55	187.62	125.84	11.14
1–20	防水混凝土 楼地面 厚40mm	100m²	2071.31	496.22	1248.26	8.99	190.24	127.6	11.54

020101004 菱苦土楼地面 （m²）

定额编号	项目	单位	综合单价（元）	人工费（元）	材料费（元）	机械费（元）	管理费（元）	利润（元）	定额工日（工日）
1–21	菱苦土地面 厚12+8mm	100m²	3118.27	810.55	1791.23	0	309.14	207.35	18.85

B.1.2 块料面层 （020102）

020102001 石材楼地面 （m²）

定额编号	项目	单位	综合单价（元）	人工费（元）	材料费（元）	机械费（元）	管理费（元）	利润（元）	定额工日（工日）
1–22	方整石地面 结合层 砂	100m²	11 554.14	416.67	10 869.29	1.85	159.41	106.92	9.69
1–23	方整石地面 结合层 水泥砂浆	100m²	12 087.18	613.61	11 060.26	15.46	238.13	159.72	14.27
1–24	大理石楼地面	100m²	16 198.38	1361.38	13 895.19	60.35	527.59	353.87	31.66
1–25	花岗岩楼地面	100m²	18 385.08	1374.71	15 926.03	64.47	532.67	487.2	31.97
1–26	花岗岩楼地面 简单图案	100m²	19 785.81	1649.48	16 839.53	77.85	636.65	582.3	38.36
1–27	花岗岩楼地面 成品图案	100m²	18 737.54	1581.11	15 926.03	61.38	610.57	558.45	36.77
1–28	花岗岩楼地面 艺术图案	100m²	19 453.59	1979.72	15 926.03	87.74	762.6	697.5	46.04
1–29	楼地面拼碎块 大理石	100m²	8203.2	3088.69	3100.86	31.53	1186.38	795.74	71.83
1–30	楼地面拼碎块 花岗岩	100m²	10 123.2	3088.69	5020.86	31.53	1186.38	795.74	71.83
1–31	块料面层酸洗打蜡	100m²	377.96	189.2	59.2	9	72.16	48.4	4.4

020102002 块料楼地面 （m²）

定额编号	项目	单位	综合单价（元）	人工费（元）	材料费（元）	机械费（元）	管理费（元）	利润（元）	定额工日（工日）
1–32	水泥花砖 楼地面	100m²	6182.38	1112.41	4325.53	51.7	430.34	262.4	25.87
1–33	混凝土板 楼地面	100m²	4497.06	583.51	3522.66	22.87	228.62	139.4	13.57
1–34	预制水磨石板 楼地面	100m²	5793.7	1159.71	3856.1	54.79	449.2	273.9	26.97
1–35	地板砖楼地面 规格（mm）200×200	100m²	5036.67	1517.47	2528.96	48.82	584.82	356.6	35.29
1–36	地板砖楼地面 规格（mm）300×300	100m²	5735.9	1458.13	3323.96	48.82	562.19	342.8	33.91
1–37	地板砖楼地面 规格（mm）400×400	100m²	4723.99	1401.8	2402.96	48.82	540.71	329.7	32.6

续表

定额编号	项目	单位	综合单价（元）	人工费（元）	材料费（元）	机械费（元）	管理费（元）	利润（元）	定额工日（工日）
1－38	地板砖楼地面 规格（mm）500×500	100m²	4559.93	1348.48	2324.96	48.82	520.37	317.3	31.36
1－39	地板砖楼地面 规格（mm）600×600	100m²	6902.04	1297.74	4748.96	48.82	501.02	305.5	30.18
1－40	地板砖楼地面 规格（mm）800×800	100m²	7759.39	1297.74	5608.96	46.96	500.53	305.2	30.18
1－41	地板砖楼地面 规格（mm）1000×1000	100m²	8668.56	1557.46	6098.96	46.96	599.58	365.6	36.22
1－42	陶瓷锦砖楼地面	100m²	5282.88	2095.82	1870.33	21.02	804.91	490.8	48.74
1－43	广场砖楼地面	100m²	5303.71	1183.79	3323.08	56.85	459.69	280.3	27.53
1－44	缸砖楼地面 勾缝	100m²	4655.62	1480.49	2210.24	46.96	570.23	347.7	34.43
1－45	缸砖楼地面 不勾缝	100m²	4585.09	1341.17	2364.57	46.96	517.09	315.3	31.19

B.1.3　橡塑面层（020103）

020103001 橡胶板楼地面（m²）

定额编号	项目	单位	综合单价（元）	人工费（元）	材料费（元）	机械费（元）	管理费（元）	利润（元）	定额工日（工日）
1－46	橡胶板楼地面	100m²	10293.69	675.1	9188.41	0	257.48	172.7	15.7

020103003 塑料板楼地面（m²）

定额编号	项目	单位	综合单价（元）	人工费（元）	材料费（元）	机械费（元）	管理费（元）	利润（元）	定额工日（工日）
1－47	塑料板楼地面	100m²	5338.53	1151.97	3452.51	0	439.36	294.69	26.79

020103004 塑料卷材楼地面（m²）

定额编号	项目	单位	综合单价（元）	人工费（元）	材料费（元）	机械费（元）	管理费（元）	利润（元）	定额工日（工日）
1－48	塑料卷材楼地面	100m²	4742.03	576.2	3798.67	0	219.76	147.4	13.4

B.1.4　其他材料面层（020104）

020104001 楼地面地毯（m²）

定额编号	项目	单位	综合单价（元）	人工费（元）	材料费（元）	机械费（元）	管理费（元）	利润（元）	定额工日（工日）
1－49	楼地面铺地毯 不固定 单层	100m²	4721.46	645	3665.46	0	246	165	15.00
1－50	楼地面铺地毯 固定 单层	100m²	6584.24	1612.5	3944.24	0	615	412.5	37.50
1－51	楼地面铺地毯 固定 双层	100m²	8789.88	2420.9	4826.36	0	923.32	619.3	56.30

020104002 竹木地板（m²）

定额编号	项目	单位	综合单价（元）	人工费（元）	材料费（元）	机械费（元）	管理费（元）	利润（元）	定额工日（工日）
1－52	木地板铺在木楞上 平口	100m²	8339.64	980.4	6718.34	16.18	373.92	250.8	22.80
1－53	木地板铺在木楞上 企口	100m²	8876.52	1086.61	7075.34	22.17	414.43	277.97	25.27
1－54	硬木地板铺在木楞上 平口	100m²	9832	1671.84	7075.34	19.51	637.63	427.68	38.88
1－55	硬木地板铺在木楞上 企口	100m²	10 165.71	1870.93	7075.34	27.27	713.56	478.61	43.51
1－56	木地板铺在毛地板上 平口	100m²	13 020.98	1350.63	10 788.66	21.06	515.12	345.51	31.41
1－57	木地板铺在毛地板上 企口	100m²	13 565.34	1461.14	11 145.66	27.49	557.27	373.78	33.98
1－58	硬木地板铺在毛地板上 平口	100m²	14 573.2	2073.89	11 145.66	32.15	790.97	530.53	48.23
1－59	硬木地板铺在毛地板上 企口	100m²	14 935.06	2294.91	11 145.66	32.15	875.27	587.07	53.37
1－60	硬木拼花地板 粘在毛地板上	100m²	19 401.29	3409.47	13 766.58	52.69	1300.36	872.19	79.29
1－61	硬木拼花地板 粘在水泥面上	100m²	12 354.73	2557.64	8167.34	0	975.47	654.28	59.48
1－62	木地板 硬木条板 沥青粘贴	100m²	10 635.71	2877.56	5924.54	0	1097.49	736.12	66.92
1－63	木地板 硬木地板砖 胶贴	100m²	7686.4	1447.38	5316.74	0	552.02	370.26	33.66
1－64	复合地板	100m²	14 844.34	1268.93	12 766.84	0	483.96	324.61	29.51

020104003 防静电活动地板（m²）

定额编号	项目	单位	综合单价（元）	人工费（元）	材料费（元）	机械费（元）	管理费（元）	利润（元）	定额工日（工日）
1－65	防静电活动地板 木质	100m²	34 533.39	3017.74	29 592.72	0	1150.95	771.98	70.18
1－66	防静电活动地板 铝质	100m²	55 955.51	3017.74	51 014.84	0	1150.95	771.98	70.18

020104004 金属复合地板（m²）

定额编号	项目	单位	综合单价（元）	人工费（元）	材料费（元）	机械费（元）	管理费（元）	利润（元）	定额工日（工日）
1－67	钛金不锈钢覆面地砖 单层	100m²	31 041.42	898.7	28 937.06	633	342.76	229.9	20.9

Y020104005 玻璃地板（m²）

定额编号	项目	单位	综合单价（元）	人工费（元）	材料费（元）	机械费（元）	管理费（元）	利润（元）	定额工日（工日）
1－68	镭射玻璃地面 玻璃胶结合层	100m²	40 198.03	968.36	38612.62	0	369.33	247.72	22.52
1－69	镭射玻璃地面 水泥砂浆结合层	100m²	40 045.68	1000.61	38377.14	21.02	387.2	259.71	23.27

B.1.5 踢脚线 (020105)

020105001 水泥砂浆踢脚线 (m²)

定额编号	项目	单位	综合单价（元）	人工费（元）	材料费（元）	机械费（元）	管理费（元）	利润（元）	定额工日（工日）
1-70	水泥砂浆踢脚线	100m²	3053.75	1505	554.06	24.73	580.56	389.4	35
1-71	水泥砂浆踢脚线（毛面）	100m²	2187	1129.61	313.5	16.69	435.26	291.94	26.27

020105002 石材踢脚线 (m²)

定额编号	项目	单位	综合单价（元）	人工费（元）	材料费（元）	机械费（元）	管理费（元）	利润（元）	定额工日（工日）
1-72	大理石踢脚线	100m²	14 917.78	1806	11 803.19	53.55	695.36	559.68	42
1-73	花岗岩踢脚线	100m²	15 965.74	1818.9	12 823.19	59.73	700.28	563.64	42.3

020105003 块料踢脚线 (m²)

定额编号	项目	单位	综合单价（元）	人工费（元）	材料费（元）	机械费（元）	管理费（元）	利润（元）	定额工日（工日）
1-74	预制水磨石板 踢脚线	100m²	6896.44	2085.5	3338.77	24.73	801.96	645.48	48.5
1-75	缸砖 踢脚线	100m²	6956	2697.39	2339.08	50.88	1035.33	833.32	62.73
1-76	釉面砖 踢脚线	100m²	6703.25	2404.56	2578.66	53.55	923.32	743.16	55.92
1-77	地板砖 踢脚线	100m²	8141.26	2803.6	3351.42	46.55	1074.69	865	65.2

020105004 现浇水磨石踢脚线 (m²)

定额编号	项目	单位	综合单价（元）	人工费（元）	材料费（元）	机械费（元）	管理费（元）	利润（元）	定额工日（工日）
1-78	现浇水磨石踢脚线	100m²	14 957.73	8270.19	966.23	19.16	3159.3	2542.85	192.33

020105005 塑料板（橡胶板）踢脚线 (m²)

定额编号	项目	单位	综合单价（元）	人工费（元）	材料费（元）	机械费（元）	管理费（元）	利润（元）	定额工日（工日）
1-79	塑料板踢脚线	100m²	5991.43	1462	3523.03	0	557.6	448.8	34
1-80	橡胶板踢脚线	100m²	10 738.81	856.99	9291.89	0	326.85	263.08	19.93

020105006 木质踢脚线 (m²)

定额编号	项目	单位	综合单价（元）	人工费（元）	材料费（元）	机械费（元）	管理费（元）	利润（元）	定额工日（工日）
1-81	硬木踢脚线	100m²	15 347.63	1254.31	13211.49	18.4	478.39	385.04	29.17
1-82	松木踢脚线	100m²	7255.38	1472.75	4693.59	75.24	561.7	452.1	34.25
1-83	细木工板踢脚线	100m²	6119.41	1462	3581.67	69.34	557.6	448.8	34

020105007 金属踢脚线（m²）

定额编号	项目	单位	综合单价（元）	人工费（元）	材料费（元）	机械费（元）	管理费（元）	利润（元）	定额工日（工日）
1-84	金属踢脚板安装	100m²	18 257	1075	16442	0	410	330	25

B.1.6 楼梯装饰（020106）

020106001 石材楼梯面层（m²）

定额编号	项目	单位	综合单价（元）	人工费（元）	材料费（元）	机械费（元）	管理费（元）	利润（元）	定额工日（工日）
1-85	大理石楼梯面层	100m²	24 991.43	4346.44	17 409.51	202.67	1680.34	1352.47	101.08
1-86	花岗岩楼梯面层	100m²	26 537.17	4389.01	18 859.89	226.15	1696.58	1365.54	102.07
1-87	花岗岩楼梯简图（不同色三接板）	100m²	28 047.73	5266.64	18 860.48	254.36	2031.3	1634.95	122.48

020106002 块料楼梯面层（m²）

定额编号	项目	单位	综合单价（元）	人工费（元）	材料费（元）	机械费（元）	管理费（元）	利润（元）	定额工日（工日）
1-88	预制水磨石板楼梯面层	100m²	14 238.03	4125.85	7074.75	156.76	1596.05	1284.62	95.95
1-89	缸砖楼梯面层	100m²	12 255.44	4719.25	4089.52	165.22	1818.1	1463.35	109.75
1-90	地板砖楼梯面层	100m²	13 376.01	4719.25	5444.95	174.25	1818.1	1219.46	109.75

020106003 水泥砂浆楼梯面（m²）

定额编号	项目	单位	综合单价（元）	人工费（元）	材料费（元）	机械费（元）	管理费（元）	利润（元）	定额工日（工日）
1-91	水泥砂浆楼梯面层	100m²	7040.78	3436.13	1345.52	48.22	1323.32	887.59	79.91
1-92	水泥豆石浆楼梯面层	100m²	10 765.88	5292.01	2008.97	64.29	2035.4	1365.21	123.07

020106004 现浇水磨石楼梯面（m²）

定额编号	项目	单位	综合单价（元）	人工费（元）	材料费（元）	机械费（元）	管理费（元）	利润（元）	定额工日（工日）
1-93	现浇水磨石楼梯面层	100m²	21 493.11	11 404.46	2730.61	63.06	4366.34	2928.64	265.22
1-94	楼梯整体面层打蜡	100m²	638.9	311.75	128.5	0	118.9	79.75	7.25
1-95	楼梯防滑条金刚砂	100m	245.9	102.34	78.35	0	39.03	26.18	2.38
1-96	楼梯防滑条缸砖	100m	586.07	182.32	287.57	0	69.54	46.64	4.24
1-97	楼梯防滑条铜条	100m	8018.96	295.84	7518.4	16.21	112.83	75.68	6.88

020106005 地毯楼梯面（m²）

定额编号	项目	单位	综合单价（元）	人工费（元）	材料费（元）	机械费（元）	管理费（元）	利润（元）	定额工日（工日）
1－98	楼梯铺地毯满铺	100m²	9945.66	2641.49	5620.99	0	1007.45	675.73	61.43
1－99	楼梯铺地毯不满铺	100m²	5282.93	928.8	3762.29	0	354.24	237.6	21.6
1－100	踏步地毯配件安装压棍	10套	361.76	53.75	273.76	0	20.5	13.75	1.25
1－101	踏步地毯配件安装压板	10m	209.94	27.09	165.59	0	10.33	6.93	0.63

B.1.7　扶手、栏杆、栏板装饰（020107）

020107001 金属扶手带栏杆、栏板（m）

定额编号	项目	单位	综合单价（元）	人工费（元）	材料费（元）	机械费（元）	管理费（元）	利润（元）	定额工日（工日）
1－102	钢管扶手铁栏杆	10m	1224.9	282.51	698.61	51.71	114.96	77.11	6.57
1－103	铝合金管扶手钢化玻璃栏板半玻	10m	2254.5	486.33	1394.66	63.62	185.48	124.41	11.31
1－104	铝合金管扶手钢化玻璃栏板全玻	10m	5137.24	548.68	4175.32	63.62	209.26	140.36	12.76
1－105	铝合金管扶手铝合金栏杆	10m	2766.86	314.33	2178.3	73.94	119.88	80.41	7.31
1－106	不锈钢管扶手钢化玻璃栏板半玻	10m	3153.85	483.32	2146.4	186.56	202.05	135.52	11.24
1－107	不锈钢管扶手钢化玻璃栏板全玻	10m	5811.71	550.4	4694.44	186.56	227.63	152.68	12.8
1－108	不锈钢管扶手不锈钢栏杆	10m	4100.45	311.32	3426.52	145.33	130.05	87.23	7.24

020107002 硬木扶手带栏杆、栏板（m）

定额编号	项目	单位	综合单价（元）	人工费（元）	材料费（元）	机械费（元）	管理费（元）	利润（元）	定额工日（工日）
1－109	硬木扶手铁栏杆	10m	1599.45	282.51	1073.16	51.71	114.96	77.11	6.57
1－110	硬木扶手木栏杆	10m	1346.91	433.87	636.57	0	165.48	110.99	10.09
1－111	硬木扶手成品硬木栏杆	10m	1983.2	193.5	1666.4	0	73.8	49.5	4.5
1－112	硬木扶手铸铁花饰栏杆	10m	2724.66	236.5	2115.72	179.82	115.29	77.33	5.5

020107003 塑料扶手带栏杆、栏板（m）

定额编号	项目	单位	综合单价（元）	人工费（元）	材料费（元）	机械费（元）	管理费（元）	利润（元）	定额工日（工日）
1－113	塑料扶手铁栏杆	10m	1067.2	121.69	804.2	51.71	53.63	35.97	2.83

020107004 金属靠墙扶手（m）

定额编号	项目	单位	综合单价（元）	人工费（元）	材料费（元）	机械费（元）	管理费（元）	利润（元）	定额工日（工日）
1－114	靠墙扶手钢管	10m	315.79	44.72	213.58	23.51	20.34	13.64	1.04
1－115	靠墙扶手不锈钢管	10m	1179.46	312.18	632.76	30.12	122.34	82.06	7.26
1－116	靠墙扶手铝合金	10m	808.89	157.81	543.91	6.61	60.19	40.37	3.67

020107005 硬木靠墙扶手（m）

定额编号	项目	单位	综合单价（元）	人工费（元）	材料费（元）	机械费（元）	管理费（元）	利润（元）	定额工日（工日）
1-117	靠墙扶手硬木	10m	717.77	89.01	572.04	0	33.95	22.77	2.07

020107006 塑料靠墙扶手（m）

定额编号	项目	单位	综合单价（元）	人工费（元）	材料费（元）	机械费（元）	管理费（元）	利润（元）	定额工日（工日）
1-118	靠墙扶手塑料	10m	760.65	137.6	492.78	23.51	55.76	51	3.2

B.1.8　台阶装饰（020108）

020108001 石材台阶面（m²）

定额编号	项目	单位	综合单价（元）	人工费（元）	材料费（元）	机械费（元）	管理费（元）	利润（元）	定额工日（工日）
1-119	台阶面层大理石	100m²	23 951.86	2352.53	19709.27	153.01	907.25	829.8	54.71
1-120	台阶面层花岗岩	100m²	24 016.88	2375.32	19711.79	176.08	915.94	837.75	55.24
1-121	台阶面层花岗岩（简单图案）	100m²	24 867.22	2850.47	19712.42	203.67	1097.16	1003.5	66.29
1-122	台阶面层毛花岗岩	100m²	10 508.87	694.02	9301.99	64.6	268.3	179.96	16.14
1-123	台阶面层整体打蜡	100m²	617.54	311.75	107.14	0	118.9	79.75	7.25

020108002 块料台阶面（m²）

定额编号	项目	单位	综合单价（元）	人工费（元）	材料费（元）	机械费（元）	管理费（元）	利润（元）	定额工日（工日）
1-124	台阶面层水泥花砖	100m²	9830.84	1925.54	6527.34	140.03	740.95	496.98	44.78
1-125	台阶面层预制水磨石板	100m²	10 784.01	2263.95	6907.73	153.01	873.46	585.86	52.65
1-126	台阶面层缸砖面层	100m²	8021.12	2584.73	3644.51	129.52	994.99	667.37	60.11
1-127	台阶面层地板砖	100m²	9400.56	2584.73	5023.11	132.83	993.51	666.38	60.11

020108003 水泥砂浆台阶面（m²）

定额编号	项目	单位	综合单价（元）	人工费（元）	材料费（元）	机械费（元）	管理费（元）	利润（元）	定额工日（工日）
1-128	台阶面层水泥砂浆砖面	100m²	3020.23	1388.04	718.28	20.4	534.8	358.71	32.28
1-129	台阶面层水泥砂浆混凝土面	100m²	3296.11	1515.32	785.77	20.4	583.35	391.27	35.24

020108004 现浇水磨石台阶面（m²）

定额编号	项目	单位	综合单价（元）	人工费（元）	材料费（元）	机械费（元）	管理费（元）	利润（元）	定额工日（工日）
1-130	台阶面层现浇水磨石	100m²	17 125.38	9414.42	1670.07	29.06	3598.32	2413.51	218.94

020108005 剁假石台阶面（m²）

定额编号	项目	单位	综合单价（元）	人工费（元）	材料费（元）	机械费（元）	管理费（元）	利润（元）	定额工日（工日）
1－131	台阶面层斩假石	100m²	11 012.65	6190.28	854.67	16.07	2365.21	1586.42	143.96

B.1.9 零星装饰项目（020109）

020109001 石材零星项目（m²）

定额编号	项目	单位	综合单价（元）	人工费（元）	材料费（元）	机械费（元）	管理费（元）	利润（元）	定额工日（工日）
1－132	石材零星项目大理石	100m²	18 674.9	2743.4	13 698.97	148.89	1054.68	1028.96	63.8
1－133	石材零星项目花岗岩	100m²	19 984.37	2803.6	14 879.41	172.36	1077.64	1051.36	65.2

020109002 碎拼石材零星项目（m²）

定额编号	项目	单位	综合单价（元）	人工费（元）	材料费（元）	机械费（元）	管理费（元）	利润（元）	定额工日（工日）
1－134	碎拼石材零星项目大理石	100m²	11 599.7	4307.31	4005.43	27.2	1650	1609.76	100.17
1－135	碎拼石材零星项目花岗岩	100m²	13 361.26	4307.31	6270.04	27.2	1650	1106.71	100.17

B.1.10 地面垫层（020109）

Y020110001 土垫层（m³）

定额编号	项目	单位	综合单价（元）	人工费（元）	材料费（元）	机械费（元）	管理费（元）	利润（元）	定额工日（工日）
1－136	地面垫层3:7灰土	10m³	1098.17	319.06	550.55	25.25	121.69	81.62	7.42
1－137	地面垫层碎砖三合土	10m³	1777.96	547.82	862.24	18.82	208.94	140.14	12.74

Y020110002 砂石垫层（m³）

定额编号	项目	单位	综合单价（元）	人工费（元）	材料费（元）	机械费（元）	管理费（元）	利润（元）	定额工日（工日）
1－138	地面垫层中粗砂	10m³	1185.88	153.51	934.55	0	58.55	39.27	3.57
1－139	地面垫层级配砂石天然级配	10m³	611.66	208.12	257.15	13.77	79.38	53.24	4.84
1－140	地面垫层级配砂石人工级配	10m³	1226.12	258.43	789.25	13.77	98.56	66.11	6.01
1－141	地面垫层毛石干铺	10m³	1333.1	228.76	944.8	13.77	87.25	58.52	5.32
1－142	地面垫层毛石灌浆	10m³	1810.36	404.63	1103.79	34.79	159.9	107.25	9.41
1－143	地面垫层原土夯碎石人工级配	10m³	656.38	237.36	254	13.77	90.53	60.72	5.52
1－144	地面垫层碎（砾）石干铺	10m³	1130.59	205.97	779.6	13.77	78.56	52.69	4.79

续表

定额编号	项目	单位	综合单价（元）	人工费（元）	材料费（元）	机械费（元）	管理费（元）	利润（元）	定额工日（工日）
1-145	地面垫层碎（砾）石灌浆	10m³	1573.52	350.02	955.46	35.41	139.24	93.39	8.14
1-146	地面垫层碎（砾）石灌沥青	10m³	4455.7	583.08	3487.31	13.77	222.38	149.16	13.56

Y020110003 碎砖、楼渣垫层（m³）

定额编号	项目	单位	综合单价（元）	人工费（元）	材料费（元）	机械费（元）	管理费（元）	利润（元）	定额工日（工日）
1-147	地面垫层碎砖干铺	10m³	947.1	207.26	594	13.77	79.05	53.02	4.82
1-148	地面垫层碎砖灌浆	10m³	1500.63	351.31	887.6	30.46	138.42	92.84	8.17
1-149	地面垫层炉（矿）渣干铺	10m³	670.94	112.23	487.2	0	42.8	28.71	2.61
1-150	地面垫层炉（矿）渣水泥石灰拌合	10m³	1819.91	416.67	1137.73	0	158.92	106.59	9.69
1-151	地面垫层炉（矿）渣石灰拌合	10m³	1340.67	357.76	754.94	0	136.45	91.52	8.32

Y020110004 混凝土垫层（m³）

定额编号	项目	单位	综合单价（元）	人工费（元）	材料费（元）	机械费（元）	管理费（元）	利润（元）	定额工日（工日）
1-152	地面垫层混凝土	10m³	2280.3	408.5	1603.12	8.38	155.8	104.5	9.5
1-153	地面垫层炉渣混凝土	10m³	1928.37	365.07	1330.67	0	139.24	93.39	8.49

B.1.11　散水、坡道（020109）

Y020111001 散水（m³/m²）

定额编号	项目	单位	综合单价（元）	人工费（元）	材料费（元）	机械费（元）	管理费（元）	利润（元）	定额工日（工日）
1-154	散水、坡道混凝土垫层	10m³	2857.86	574.48	1899.85	17.47	219.1	146.96	13.36
1-155	散水混凝土面一次抹光	100m²	582.24	257.57	154.3	4.33	99.38	66.66	5.99
1-156	散水水泥砂浆抹面	100m²	1357.37	471.28	559.91	17.93	184.5	123.75	10.96

Y020111002 坡道（m²）

定额编号	项目	单位	综合单价（元）	人工费（元）	材料费（元）	机械费（元）	管理费（元）	利润（元）	定额工日（工日）
1-157	防滑坡道水泥砂浆面	100m²	3691.43	1809.01	702.05	19.16	695.03	466.18	42.07
1-158	防滑坡道水刷豆石面	100m²	3513.47	1646.04	794.47	16.69	632.22	424.05	38.28
1-159	防滑坡道斩假石面	100m²	8394.02	4710.22	660.09	15.46	1800.56	1207.69	109.54

B.2　墙、柱面装饰工程综合单价
B.2.1　墙面抹灰（020201）

020201001 墙面一般抹灰（m²）

定额编号	项目	单位	综合单价（元）	人工费（元）	材料费（元）	机械费（元）	管理费（元）	利润（元）	定额工日（工日）
2-1	石灰砂浆砖墙厚 18+2mm	100m²	1136.55	639.41	161.52	17.43	198.49	119.7	14.87
2-2	石灰砂浆毛石墙厚 35+2mm	100m²	1753.97	942.13	307.84	32.76	293.96	177.28	21.91
2-3	石灰砂浆抹灰层厚度每增减 1mm	100m²	30.89	15.05	6.83	1.24	4.85	2.92	0.35
2-4	混合砂浆毛石墙面厚 20+10mm	100m²	1995.74	920.2	580.01	34.43	287.64	173.46	21.4
2-5	混合砂浆混凝土墙厚 18+2mm	100m²	1264.52	625.22	310.61	17.43	194.17	117.09	14.54
2-6	混合砂浆砖、混凝土墙厚 15+5mm	100m²	1395.83	669.94	375.52	17.31	207.77	125.29	15.58
2-7	混合砂浆砖、混凝土墙厚 12+8mm	100m²	1391.55	669.94	371.24	17.31	207.77	125.29	15.58
2-8	混合砂浆混凝土墙一次抹光	100m²	747.03	429.14	102.18	4.57	131.71	79.43	9.98
2-9	混合砂浆加气混凝土墙厚 18+2mm	100m²	1421.35	651.02	330.34	17.43	252.92	169.64	15.14
2-10	混合砂浆加气混凝土墙厚 15+5mm	100m²	1558.2	690.15	401.06	18.86	268.22	179.91	16.05
2-11	混合砂浆钢板网墙厚 12+8+2mm	100m²	1483.31	672.52	351.92	21.02	262.07	175.78	15.64
2-12	混合砂浆钢板网墙厚 13+5mm	100m²	1722.49	763.25	438.99	23.49	297.33	199.43	17.75
2-13	混合砂浆墙面拉毛厚 15+5mm	100m²	1848.36	866.45	394.2	24.67	337	226.04	20.15
2-14	混合砂浆假面砖厚 3+3+14mm	100m²	2045.98	878.06	571.83	25.35	341.61	229.13	20.42
2-15	混合砂浆抹灰层厚度每增减 1mm	100m²	50.84	22.36	15.9	1.24	7.07	4.27	0.52
2-16	水泥砂浆砖、混凝土墙厚 15+5mm	100m²	1470.93	663.49	461.22	16.57	205.64	124.01	15.43
2-17	水泥砂浆砖、混凝土墙厚 15+10mm	100m²	1714.91	745.19	577.38	21.2	231.52	139.62	17.33
2-18	水泥砂浆砖、混凝土墙厚 12+8mm	100m²	1482.14	663.49	471.43	17.31	205.8	124.11	15.43
2-19	水泥砂浆砖、混凝土墙厚 15+8mm	100m²	1608.43	712.51	521.69	19.6	221.22	133.41	16.57
2-20	水泥砂浆砖、混凝土墙毛面 15mm	100m²	1143.86	529.76	337.99	12.98	164.14	98.99	12.32
2-21	防水砂浆砖、混凝土墙厚 25+5mm	100m²	2203.73	823.02	945.56	24.79	255.99	154.37	19.14
2-22	水泥砂浆加气混凝土墙厚 15+5mm	100m²	1623.49	686.28	474.57	17.56	266.4	178.68	15.96
2-23	水泥砂浆加气混凝土墙厚 15+10mm	100m²	1879.45	767.98	590.53	21.88	298.71	200.35	17.86
2-24	水泥砂浆加气混凝土墙厚 15+8mm	100m²	1764.19	735.3	534.47	17.93	285.2	191.29	17.1
2-25	水泥砂浆加气混凝土墙毛面 15mm	100m²	1281.08	552.55	357.71	12.98	214.18	143.66	12.85
2-26	水泥砂浆钢板网墙厚 15+5mm	100m²	1786.36	751.64	521.87	23.49	292.9	196.46	17.48
2-27	水泥砂浆毛石墙厚 20+10mm	100m²	2106.12	890.53	734.55	34.43	278.6	168.01	20.71
2-28	水泥砂浆抹灰层厚度每增减 1mm	100m²	45.81	16.34	19.83	1.24	5.24	3.16	0.38
2-29	墙面刷素水泥浆一遍	100m²	117.02	49.45	43.41	0	15.07	9.09	1.15

续表

定额编号	项目	单位	综合单价（元）	人工费（元）	材料费（元）	机械费（元）	管理费（元）	利润（元）	定额工日（工日）
2－30	保温砂浆水泥珍珠岩厚20＋5mm	100m²	1847.98	846.24	420.57	29.06	330.46	221.65	19.68
2－31	保温砂浆水泥珍珠岩每增减1mm	100m²	50.29	20.64	14.71	1.24	8.2	5.5	0.48
2－32	保温砂浆粉刷石膏珍珠岩厚5＋30＋3mm	100m²	3525.29	1078.01	1701.04	42.33	421.32	282.59	25.07
2－33	保温砂浆粉刷石膏珍珠岩每增减1mm	100m²	74.66	20.64	39.08	1.24	8.2	5.5	0.48
2－34	保温砂浆粉刷石膏砂浆厚18＋2mm	100m²	2595.17	875.91	1132.57	19.78	339.32	227.59	20.37
2－35	保温砂浆粉刷石膏砂浆每增减1mm	100m²	73.07	18.49	41.01	1.24	7.38	4.95	0.43
2－36	TG砂浆加气混凝土条板墙厚8＋2mm	100m²	1537.56	659.19	440.49	12.36	254.69	170.83	15.33
2－37	TG砂浆加气混凝土砌块墙厚6＋8＋2mm	100m²	1589.61	698.75	416.52	20.15	271.85	182.34	16.25
2－38	TG砂浆抹灰层每增减1mm	100m²	65.82	16.34	37.28	1.24	6.56	4.4	0.38
2－39	石英砂浆搓砂墙面分格嵌木条厚14＋8mm	100m²	1792	685.85	629.78	27.26	268.81	180.3	15.95

020201002 墙面装饰抹灰（m²）

定额编号	项目	单位	综合单价（元）	人工费（元）	材料费（元）	机械费（元）	管理费（元）	利润（元）	定额工日（工日）
2－40	石英砂浆搓砂墙面不分格厚14＋8mm	100m²	1598.92	606.73	566.23	27.26	238.64	160.06	14.11
2－41	石英砂浆搓砂墙抹灰层厚度每增减1mm	100m²	63.44	21.93	25.75	1.24	8.69	5.83	0.51
2－42	水刷豆石墙裙砖、混凝土墙15＋10mm	100m²	4283.89	2085.07	849.59	14.28	799.02	535.93	48.49
2－43	水磨石墙面分格厚15＋10mm	100m²	10 534.16	5803.71	1011.66	14.28	2217.3	1487.21	134.97
2－44	水磨石墙面不分格厚15＋10mm	100m²	9550.08	5247.72	937.86	14.28	2005.24	1344.98	122.04
2－45	斩假石墙面砖、混凝土墙厚15＋10mm	100m²	6994.07	3764.22	792	27.2	1442.87	967.78	87.54
2－46	斩假石墙面毛石墙厚18＋10mm	100m²	7080.05	3767.66	861.28	34.87	1446.22	970.02	87.62

B.2.2 柱面抹灰（020202）

020202001 柱面一般抹灰（m²）

定额编号	项目	单位	综合单价（元）	人工费（元）	材料费（元）	机械费（元）	管理费（元）	利润（元）	定额工日（工日）
2－47	石灰砂浆方砖柱面	100m²	1635.02	843.66	224.33	20.4	327.18	219.45	19.62
2－48	水泥砂浆柱（梁）面	100m²	2000.71	939.98	438.57	16.07	362.77	243.32	21.86
2－49	混合砂浆柱（梁）面	100m²	1899.92	952.02	318.07	16.07	367.36	246.4	22.14
2－50	水泥砂浆柱（梁）毛面	100m²	1485.12	746.05	250.3	9.27	287	192.5	17.35
2－51	水泥砂浆假面砖柱面	100m²	2381.95	1097.79	548.05	25.35	425.42	285.34	25.53

020202002 柱面装饰抹灰（m²）

定额编号	项目	单位	综合单价（元）	人工费（元）	材料费（元）	机械费（元）	管理费（元）	利润（元）	定额工日（工日）
2－52	水磨石方柱面	100m²	10 512.58	5858.32	902.55	12.98	2237.78	1500.95	136.24
2－53	斩假石方柱面	100m²	8571.04	4812.13	655.99	25.35	1842.05	1235.52	111.91

B.2.3　零星抹灰（020203）

020203001 零星项目一般抹灰（m²）

定额编号	项目	单位	综合单价（元）	人工费（元）	材料费（元）	机械费（元）	管理费（元）	利润（元）	定额工日（工日）
2－54	水泥砂浆零星项目	100m²	4438.14	2412.73	454.99	22.87	926.27	621.28	56.11
2－55	混合砂浆零星项目	100m²	4560.83	2539.58	370	22.87	974.65	653.73	59.06
2－56	石膏砂浆零星项目	100m²	4862.49	2626.87	555.75	6	1001.88	671.99	61.09

020203002 零星项目装饰抹灰（m²）

定额编号	项目	单位	综合单价（元）	人工费（元）	材料费（元）	机械费（元）	管理费（元）	利润（元）	定额工日（工日）
2－57	水磨石零星项目	100m²	11 227.79	6284.88	918.5	13.6	2400.63	1610.18	146.16
2－58	斩假石零星项目	100m²	16 609.44	9720.58	658.23	25.35	3714.11	2491.17	226.06

Y020203003 装饰线条（m）

定额编号	项目	单位	综合单价（元）	人工费（元）	材料费（元）	机械费（元）	管理费（元）	利润（元）	定额工日（工日）
2－59	水泥砂浆装饰线条	100m	1213.68	675.53	100.55	4.95	258.96	173.69	15.71
2－60	混合砂浆装饰线条	100m	1198.45	677.68	81.8	4.95	259.78	174.24	15.76
2－61	石膏砂浆装饰线条	100m	977.95	516.86	129.74	2	197.13	132.22	12.02

B.2.4　墙面镶贴块料（020204）

020204001 石材墙面（m²）

定额编号	项目	单位	综合单价（元）	人工费（元）	材料费（元）	机械费（元）	管理费（元）	利润（元）	定额工日（工日）
2－62	挂贴大理石（灌缝砂浆厚30mm）砖墙	100m²	21 000.13	2896.05	15 332.77	130.77	1337.24	1303.3	67.35
2－63	挂大理（灌缝砂浆厚30mm）混凝土墙	100m²	21 396.86	2963.13	15 541.74	190.77	1367.97	1333.25	68.91
2－64	粘贴大理石砖墙厚15＋5mm	100m²	19 441.92	2455.3	14 648.18	104.41	1131.37	1102.66	57.1

续表

定额编号	项目	单位	综合单价（元）	人工费（元）	材料费（元）	机械费（元）	管理费（元）	利润（元）	定额工日（工日）
2-65	粘贴大理石混凝土墙厚15+5mm	100m²	20 002.73	2624.72	14 886.31	104.41	1208.99	1178.3	61.04
2-66	干挂大理石密缝	100m²	23 135.17	3595.23	16 128.5	159.01	1647.12	1605.31	83.61
2-67	干挂大理石勾缝	100m²	25 999.88	4539.51	17 199.16	154.54	2079.73	2026.94	105.57
2-68	挂贴花岗岩（灌缝砂浆厚30mm）砖墙	100m²	23 341.45	3033.65	17 391.01	151.77	1400.28	1364.74	70.55
2-69	挂花岩（灌缝砂浆厚30mm）混凝土墙	100m²	23 738.18	3100.73	17 599.98	211.77	1431.01	1394.69	72.11
2-70	粘贴花岗岩砖墙面厚15+5mm	100m²	21 755.39	2578.28	16 706.42	125.41	1187.71	1157.57	59.96
2-71	粘贴花岗岩混凝土墙厚15+5mm	100m²	22 331.76	2755.87	16 944.55	125.41	1269.07	1236.86	64.09
2-72	干挂花岗岩密缝	100m²	25 311.05	3645.97	18 186.74	180.01	1670.36	1627.97	84.79
2-73	干挂花岗岩勾缝	100m²	28 090.25	4588.1	19 196.98	154.54	2101.99	2048.64	106.7
2-74	钢架上干挂花岗岩密缝	100m²	24 048.98	3281.33	17 694.18	105.01	1503.31	1465.15	76.31
2-75	钢架上干挂花岗岩勾缝	100m²	26 664.02	4129.29	18 717.62	81.54	1891.79	1843.78	96.03

020204002 碎拼石材墙面（m²）

定额编号	项目	单位	综合单价（元）	人工费（元）	材料费（元）	机械费（元）	管理费（元）	利润（元）	定额工日（工日）
2-76	拼碎石材墙面大理石	100m²	12 443.85	4607.02	3628.79	24.73	2118.54	2064.77	107.14
2-77	拼碎石材墙面花岗岩	100m²	14 488.2	4606.59	5668.92	27.82	2119.33	2065.54	107.13

020204003 块料墙面（m²）

定额编号	项目	单位	综合单价（元）	人工费（元）	材料费（元）	机械费（元）	管理费（元）	利润（元）	定额工日（工日）
2-78	贴瓷砖砖、混凝土墙150×150	100m²	7258.2	2773.07	2685.1	22.87	1063.7	713.46	64.49
2-79	贴瓷砖砖、混凝土墙300×200	100m²	8046.37	2495.72	3925.56	24.11	958.25	642.73	58.04
2-80	贴瓷砖加气混凝土墙150×150	100m²	7335.33	2822.52	2681.27	22.87	1082.56	726.11	65.64
2-81	贴瓷砖加气混凝土墙300×200	100m²	8123.5	2545.17	3921.73	24.11	977.11	655.38	59.19
2-82	贴面砖（周长700mm内）砖、混凝土墙密贴	100m²	6520.49	2641.06	2163.51	22.87	1013.36	679.69	61.42
2-83	贴面砖（周长700mm内）砖、混凝土墙勾缝	100m²	6757.45	2914.97	1951.13	23.49	1117.99	749.87	67.79
2-84	贴面砖（周长700mm内）加气混凝土墙密贴	100m²	6597.63	2690.51	2159.69	22.87	1032.22	692.34	62.57
2-85	贴面砖（周长700mm内）加气混凝土墙勾缝	100m²	6834.58	2964.42	1947.3	23.49	1136.85	762.52	68.94
2-86	贴釉面砖400×400	100m²	7183.83	2443.69	3149.99	22.87	938.08	629.2	56.83
2-87	贴波形面砖150×150	100m²	5724.88	1996.49	2424.98	21.64	767.19	514.58	46.43

续表

定额编号	项目	单位	综合单价（元）	人工费（元）	材料费（元）	机械费（元）	管理费（元）	利润（元）	定额工日（工日）
2-88	铺波形板 PVC 彩色	100m²	2949.32	249.4	2541	0	95.12	63.8	5.8
2-89	贴陶瓷锦砖砖、混凝土墙	100m²	6701.12	2905.51	1914.75	20.4	1113.56	746.9	67.57
2-90	贴陶瓷锦砖加气混凝土墙	100m²	6778.25	2954.96	1910.92	20.4	1132.42	759.55	68.72

020204004 干挂石材钢骨架 （t）

定额编号	项目	单位	综合单价（元）	人工费（元）	材料费（元）	机械费（元）	管理费（元）	利润（元）	定额工日（工日）
2-91	干挂石材钢骨架	t	6432.31	1363.53	3723.16	236.24	664.28	445.1	31.71

B.2.5　柱面镶贴块料 （020205）

020205001/4 石材柱（梁）面 （m²）

定额编号	项目	单位	综合单价（元）	人工费（元）	材料费（元）	机械费（元）	管理费（元）	利润（元）	定额工日（工日）
2-92	柱（梁）面大理石挂贴	100m²	24 312.66	4167.99	16 074.93	275.04	1921.74	1872.96	96.93
2-93	柱（梁）面大理石干挂	100m²	24 702.03	4890.82	15 087	299.72	2240.68	2183.81	113.74
2-94	柱（梁）面大理石粘贴	100m²	22 370.95	3674.78	15 229.82	129.12	1690.06	1647.17	85.46
2-95	柱（梁）面花岗岩挂贴	100m²	26 809.58	4381.27	18 138.45	302.22	2019.45	1968.19	101.89
2-96	柱（梁）面花岗岩干挂	100m²	26 909.17	4953.6	17 148.4	325.89	2269.44	2211.84	115.2
2-97	柱（梁）面花岗岩粘贴	100m²	24 608.39	3858.39	17 090.38	156.29	1774.18	1729.15	89.73
2-98	柱（梁）面花岗岩钢架上干挂	100m²	27 316.65	4458.24	18 689.36	135.89	2042.5	1990.66	103.68

020205003/5 块料柱（梁）面 （m²）

定额编号	项目	单位	综合单价（元）	人工费（元）	材料费（元）	机械费（元）	管理费（元）	利润（元）	定额工日（工日）
2-99	柱（梁）面贴陶瓷锦砖（马赛克）	100m²	7779.44	3508.8	2003.57	21.64	1343.98	901.45	81.6
2-100	柱（梁）面贴瓷砖 150×150	100m²	7597.03	2904.22	2808.31	23.49	1113.89	747.12	67.54
2-101	柱（梁）面贴瓷砖 200×300	100m²	8423.95	2613.97	4109.54	24.11	1003.35	672.98	60.79
2-102	柱（梁）面贴釉面砖 400×400	100m²	7518.33	2565.81	3283.66	23.49	984.82	660.55	59.67

B.2.6　零星镶贴块料 （020206）

020206001 石材零星项目 （m²）

定额编号	项目	单位	综合单价（元）	人工费（元）	材料费（元）	机械费（元）	管理费（元）	利润（元）	定额工日（工日）
2-103	石材零星项目挂贴大理石	100m²	23 233.99	3208.66	16 954.74	144.92	1481.64	1444.03	74.62

续表

定额编号	项目	单位	综合单价（元）	人工费（元）	材料费（元）	机械费（元）	管理费（元）	利润（元）	定额工日（工日）
2－104	石材零星项目粘贴大理石	100m²	21 446.66	2721.04	16 138.34	112.85	1253.12	1221.31	63.28
2－105	石材零星项目挂贴花岗岩	100m²	25 832.35	3361.31	19 239.3	167.98	1551.57	1512.19	78.17
2－106	石材零星项目粘贴花岗岩	100m²	24 015.4	2856.92	18 425.22	135.91	1315.37	1281.98	66.44
2－107	石零项圆柱挂贴腰线宽180mm以内	10m	2435.86	119.54	2201.5	6.29	54.96	53.57	2.78

020206002 拼碎石材零星项目（m²）

定额编号	项目	单位	综合单价（元）	人工费（元）	材料费（元）	机械费（元）	管理费（元）	利润（元）	定额工日（工日）
2－108	石材零星项目拼碎大理石	100m²	13 655.27	5067.55	3959.04	27.2	2330.31	2271.17	117.85
2－109	石材零星项目拼碎花岗岩	100m²	15 966.27	5067.55	6270.04	27.2	2330.31	2271.17	117.85

020206003 块料零星项目（m²）

定额编号	项目	单位	综合单价（元）	人工费（元）	材料费（元）	机械费（元）	管理费（元）	利润（元）	定额工日（工日）
2－110	块料零星项目陶瓷锦砖	100m²	9868.49	4738.17	2081.67	20.4	1812.53	1215.72	110.19
2－111	块料零星项目瓷砖150×150	100m²	7864.12	3144.59	2682.76	22.87	1205.4	808.5	73.13
2－112	块料零星项目瓷砖200×300	100m²	8591.74	2830.26	3923.22	24.11	1085.84	728.31	65.82
2－113	块料零星项面砖（周长70cm以内）密缝	100m²	7612.29	3307.13	2164.82	22.87	1267.39	850.08	76.91
2－114	块料零星项面砖（周长70cm以内）勾缝	100m²	8315.13	3863.98	1955.08	23.49	1479.94	992.64	89.86
2－115	块料零星项目贴釉面砖密贴	100m²	8246.07	3091.7	3151.3	22.87	1185.23	794.97	71.9
2－116	块料零星项目波形面砖密贴	100m²	6171.72	2196.01	2543.38	22.87	843.62	565.84	51.07

B.2.7 墙饰面（020207）

020207001 装饰板墙面（m²）

定额编号	项目	单位	综合单价（元）	人工费（元）	材料费（元）	机械费（元）	管理费（元）	利润（元）	定额工日（工日）
2－117	装饰板墙面砂浆基层上镶贴镜面玻璃	100m²	11 378.35	1944.03	7946.91	0	890.64	596.77	45.21
2－118	装饰板墙面砂浆基层上镶贴镭射玻璃	100m²	44 928.35	1944.03	41 496.91	0	890.64	596.77	45.21
2－119	装饰板墙面砂浆基层石膏板	100m²	5311.5	1670.55	2340.05	14.84	770.07	515.99	38.85
2－120	装饰板墙面砂浆基层铝塑板	100m²	7161.7	1837.82	3894.05	15.46	846.9	567.47	42.74
2－121	装饰板墙面木龙骨无夹板基层五合板	100m²	6758.74	1452.97	4108.99	4	665.66	527.12	33.79
2－122	装饰板墙木龙骨无夹板基装饰三合板	100m²	7331.25	1421.58	4738.65	4	651.28	515.74	33.06

续表

定额编号	项目	单位	综合单价（元）	人工费（元）	材料费（元）	机械费（元）	管理费（元）	利润（元）	定额工日（工日）
2－123	装饰板墙龙骨无夹板基层铝合金扣板	100m²	16 533.45	2162.47	12 556.42	39.33	990.71	784.52	50.29
2－124	装饰板墙木龙骨无夹板基层塑料扣板	100m²	8352.75	1664.96	5281.65	39.33	762.78	604.03	38.72
2－125	装饰板墙面木龙骨无夹板基层吸音板	100m²	7681.61	1577.67	4804.79	4	722.79	572.36	36.69
2－126	装饰板墙木龙骨无夹板基层硬木条板	100m²	10 103.33	2248.9	5927.12	81.12	1030.31	815.88	52.3
2－127	装饰板墙面木龙骨无夹板基层塑料板	100m²	8954.13	2131.94	5068.01	4	976.73	773.45	49.58
2－128	装饰板墙面木龙骨无夹板基层彩钢板	100m²	10 303.54	1256.89	8010.83	4	575.83	455.99	29.23
2－129	装饰板墙龙骨无夹板基层镀锌薄钢板	100m²	7964.21	1630.56	4968.6	26.48	747.02	591.55	37.92
2－130	装饰板墙木龙骨夹板基层装饰三合板	100m²	10 464.7	2174.94	6500.28	4	996.43	789.05	50.58
2－131	装饰板墙面木龙骨夹板基层防火板	100m²	9336.47	2074.32	5555.28	4	950.33	752.54	48.24
2－132	装饰板墙龙骨夹板基层织锦缎无海绵	100m²	10 111.81	2060.56	6355.68	4	944.02	747.55	47.92
2－133	装饰板墙龙骨夹板基层织锦缎有海绵	100m²	12 848.76	2421.33	8435.68	4	1109.31	878.44	56.31
2－134	装饰板墙龙骨夹板基层人造革无海绵	100m²	9269.08	2134.52	5378.27	4	977.91	774.38	49.64
2－135	装饰板墙龙骨夹板基层人造革有海绵	100m²	12 006.02	2495.29	7458.27	4	1143.19	905.27	58.03
2－136	装饰板墙面木龙骨夹板基层化纤地毯	100m²	11 548.25	2134.52	7657.44	4	977.91	774.38	49.64
2－137	装饰板墙面木龙骨夹板基层塑料板	100m²	9837.95	2117.32	5978.46	4	970.03	768.14	49.24
2－138	装饰板墙龙骨夹板基层镜面不锈钢板	100m²	24 590.98	2006.38	20 933.5	4	919.2	727.9	46.66
2－139	装饰板墙面木龙骨夹板基层镜面玻璃	100m²	14 684.32	2521.52	10 088.81	4	1155.21	914.78	58.64
2－140	装饰板墙龙骨夹板基层车边镜面玻璃	100m²	19 396.47	2115.6	15 540.11	4	969.24	767.52	49.2
2－141	装饰板墙面龙骨夹板基层镭射玻璃	100m²	48 360.39	2590.75	43 638.81	4	1186.93	939.9	60.25
2－142	装饰板墙面龙骨夹板基层有机玻璃	100m²	25 108.55	2100.98	21 278.81	4	962.54	762.22	48.86
2－143	装饰板墙面龙骨夹板基层竹片	100m²	10 491.78	2311.68	6278.37	4	1059.07	838.66	53.76
2－144	装饰板墙龙骨夹板基层镜面玲珑胶板	100m²	22 669.26	2067.87	18 899.82	4	947.37	750.2	48.09
2－145	装饰板墙面木龙骨夹板基层铝塑板	100m²	11 015.63	2213.64	6980.74	4	1014.16	803.09	51.48
2－146	装饰板墙面木龙骨夹板基层柚木皮	100m²	9232.52	2219.66	5186.68	4	1016.91	805.27	51.62
2－147	装饰板墙木龙骨上钉基层胶合板	100m²	1850.47	256.71	1383.02	0	117.61	93.13	5.97
2－148	吸音内墙面龙骨钢板网基层硬木条	100m²	11 357	2258.36	7181.53	63.16	1034.64	819.31	52.52

B.2.8　柱（梁）面饰面（020208）

020208001 柱（梁）面饰面（m²）

定额编号	项目	单位	综合单价（元）	人工费（元）	材料费（元）	机械费（元）	管理费（元）	利润（元）	定额工日（工日）
2－149	装饰板柱（梁）面砂浆基层上镶贴镜面玻璃	100m²	11 358.2	2027.02	7667.14	0	928.66	735.38	47.14
2－150	装饰板柱（梁）面砂浆基层上镶贴镭射玻璃	100m²	44 832.2	2027.02	41 141.14	0	928.66	735.38	47.14

定额编号	项目	单位	综合单价（元）	人工费（元）	材料费（元）	机械费（元）	管理费（元）	利润（元）	定额工日（工日）
2－151	装饰板柱（梁）面砂浆基层石膏板	100m²	5480.3	1703.66	2353.77	15.46	785.44	621.97	39.62
2－152	装饰板柱（梁）面砂浆基层铝塑板	100m²	7344.37	1873.94	3907.77	15.46	863.45	683.75	43.58
2－153	装饰板柱（梁）面木龙骨无夹板基层胶合板	100m²	6139	1489.52	3422.69	4	682.41	540.38	34.64
2－154	装饰板柱（梁）面龙骨无夹板基层装饰三合板	100m²	7545.62	1563.05	4695.41	4	716.1	567.06	36.35
2－155	装饰板柱（梁）面木龙骨无夹板基层铝塑板	100m²	7975.45	1474.47	5286.55	4	675.51	534.92	34.29
2－156	装饰板柱（梁）面木龙骨无夹板基层铝合金扣板	100m²	16 955.9	2415.31	12 513.18	44.61	1106.55	876.25	56.17
2－157	装饰板柱（梁）面木龙骨无夹板基层塑料扣板	100m²	8638.96	1842.98	5238.41	44.61	844.34	668.62	42.86
2－158	装饰板柱（梁）面木龙骨无夹板基层吸音板	100m²	7939.05	1742.79	4761.55	4	798.44	632.27	40.53
2－159	装饰板柱（梁）面木龙骨无夹板基层硬木条板	100m²	10 555.62	2514.64	5883.88	92.75	1152.06	912.29	58.48
2－160	装饰板柱（梁）面木龙骨无夹板基层塑料板	100m²	9362.68	2380.05	5024.77	4	1090.4	863.46	55.35
2－161	装饰板柱（梁）面木龙骨无夹板基层彩色钢板	100m²	10 473.28	1373.85	7967.59	4	629.42	498.42	31.95
2－162	装饰板柱（梁）面木龙骨无夹板基层镀锌薄钢板	100m²	8239.11	1803.42	4925.36	29.85	826.22	654.26	41.94
2－163	装饰板柱（梁）面木龙骨夹板基层装饰三合板	100m²	10 884.99	2429.5	6457.04	4	1113.05	881.4	56.5
2－164	装饰板柱（梁）面木龙骨夹板基层防火板	100m²	9729.37	2313.83	5512.04	4	1060.06	839.44	53.81
2－165	装饰板柱（梁）面木龙骨夹板基层织锦缎无海绵	100m²	10 500.79	2297.92	6312.44	4	1052.77	833.66	53.44
2－166	装饰板柱（梁）面木龙骨夹板基层织锦缎有海绵	100m²	13 336.38	2712.87	8392.44	4	1242.87	984.2	63.09
2－167	装饰板柱（梁）面木龙骨夹板基层人造革无海绵	100m²	9678.41	2383.06	5335.03	4	1091.77	864.55	55.42
2－168	装饰板柱（梁）面木龙骨夹板基层人造革有海绵	100m²	12 514.01	2798.01	7415.03	4	1281.88	1015.09	65.07
2－169	装饰板柱（梁）面木龙骨夹板基层化纤地毯	100m²	11 957.58	2383.06	7614.2	4	1091.77	864.55	55.42
2－170	装饰板柱（梁）面木龙骨夹板基层塑料板	100m²	10 242.59	2363.28	5935.22	4	1082.71	857.38	54.96

续表

定额编号	项目	单位	综合单价（元）	人工费（元）	材料费（元）	机械费（元）	管理费（元）	利润（元）	定额工日（工日）
2－171	装饰板柱（梁）面木龙骨夹板基层镜面不锈钢板	100m²	24 965.07	2235.57	20 890.26	4	1024.2	811.04	51.99
2－172	装饰板柱（梁）面木龙骨夹板基层镜面玻璃	100m²	14 313.93	2828.11	9160.14	4	1295.67	1026.01	65.77
2－173	装饰板柱（梁）面木龙骨夹板基层车边镜面玻璃	100m²	19 008.9	2361.13	14 705.44	4	1081.73	856.6	54.91
2－174	装饰板柱（梁）面木龙骨夹板基层镭射玻璃	100m²	47 932.78	2907.66	42 634.14	4	1332.11	1054.87	67.62
2－175	装饰板柱（梁）面木龙骨夹板基层有机玻璃	100m²	25 508.48	2344.36	21 235.57	4	1074.04	850.51	54.52
2－176	装饰板柱（梁）面木龙骨夹板基层竹片	100m²	10 949.66	2586.88	6235.13	4	1185.15	938.5	60.16
2－177	装饰板柱（梁）面木龙骨夹板基层镜面玲珑胶板	100m²	23 060.59	2306.52	18 856.58	4	1056.71	836.78	53.64
2－178	装饰板柱（梁）面木龙骨夹板基层铝塑板	100m²	11 446.1	2473.79	6937.5	4	1133.34	897.47	57.53
2－179	装饰板柱（梁）面木龙骨夹板基层柚木皮	100m²	9665.35	2481.1	5143.44	4	1136.69	900.12	57.7
2－180	不锈钢板柱面圆柱木龙骨	100m²	31 576.25	3099.44	26 042.37	63	1419.98	951.46	72.08
2－181	不锈钢板柱面圆柱钢龙骨	100m²	46 248.8	3992.55	38 888.81	296.22	1839	1232.22	92.85
2－182	柱面饰不锈钢板方柱包圆形面Φ800 以内	100m²	37 911.97	5123.02	28 845.24	24	2347.06	1572.65	119.14
2－183	柱面饰不锈钢板方柱包圆形面Φ800 以上	100m²	38 097.45	5129.9	29 018.58	24	2350.21	1574.76	119.3
2－184	成品装饰柱安装石膏柱	根	540.32	79.55	399.9	0	36.45	24.42	1.85
2－185	成品装饰柱安装 GRC 柱高4m 以内	根	712.44	113.95	511.3	0	52.21	34.98	2.65
2－186	成品装饰柱安装 GRC 柱高4m 以上	根	1267.04	147.49	1006.7	0	67.57	45.28	3.43

B. 2. 9　隔断（020209）

020209001 隔断（m²）

定额编号	项目	单位	综合单价（元）	人工费（元）	材料费（元）	机械费（元）	管理费（元）	利润（元）	定额工日（工日）
2－187	钢板网间壁方木筋（mm）双面50×100	100m²	7322.88	804.53	5901.9	0.89	368.59	246.97	18.71
2－188	胶合板间壁方木筋（mm）单面50×70	100m²	5325.88	563.73	4329.94	0.89	258.27	173.05	13.11

续表

定额编号	项目	单位	综合单价（元）	人工费（元）	材料费（元）	机械费（元）	管理费（元）	利润（元）	定额工日（工日）
2-189	胶合板间壁方木筋（mm）双面50×100	100m²	8226.75	809.69	6796.66	0.89	370.95	248.56	18.83
2-190	TK板间壁方木筋（mm）单面50×70	100m²	5576.78	881.5	4015.26	5.57	403.85	270.6	20.5
2-191	TK板间壁方木筋（mm）双面50×100	100m²	8687.8	1367.4	6268.17	6.01	626.46	419.76	31.8
2-192	玻璃间壁木骨架间距800×500 半玻	100m²	8143.89	1642.6	5244.51	0	752.54	504.24	38.2
2-193	玻璃间壁木骨架间距800×500 全玻	100m²	7651.24	1612.93	4804.23	0	738.95	495.13	37.51
2-194	玻璃间壁硬木骨架半玻	100m²	9618.42	1798.26	6339.71	104.58	823.85	552.02	41.82
2-195	玻璃间壁硬木骨架全玻	100m²	9235.78	1760.42	5937.84	190.59	806.52	540.41	40.94
2-196	玻璃砖隔断全砖	100m²	59 824.01	1354.5	57 369.99	49.36	628.82	421.34	31.5
2-197	玻璃砖隔断木格式嵌砖	100m²	63 397.4	7028.78	50 806.27	184.52	3220.16	2157.67	163.46
2-198	镜面玻璃格式隔断夹花式	100m²	20 052.01	6093.1	9112.46	184.52	2791.49	1870.44	141.7
2-199	镜面玻璃格式隔断全镜面玻璃	100m²	21 875.11	6569.54	10 094.58	184.52	3009.77	2016.7	152.78
2-200	全钢化玻璃隔断无骨架	100m²	17 519.77	547.82	16 552.04	0.76	250.98	168.17	12.74
2-201	花式木隔断直栅漏空	100m²	6567.49	2369.3	2302.42	82.98	1085.47	727.32	55.1
2-202	花式木隔断网眼木格100×100	100m²	17 227.51	7077.8	4549.85	184.52	3242.62	2172.72	164.6
2-203	花式木隔断网眼木格150×150	100m²	14 295.18	6247.9	3100.95	165.96	2862.41	1917.96	145.3
2-204	花式木隔断网眼木格200×200	100m²	11 995.7	5414.13	2357.67	81.46	2480.43	1662.01	125.91
2-205	成品浴厕隔断安装	100m²	1242.71	239.94	819.18	0	109.93	73.66	5.58
2-206	轻质隔热彩钢夹芯板墙厚50mm	100m²	18 261.13	2523.67	13 806.56	0	1156.19	774.71	58.69
2-207	轻质隔热彩钢夹芯板墙厚75mm	100m²	20 082.31	2775.65	15 182.96	0	1271.64	852.06	64.55
2-208	轻质隔热彩钢夹芯板墙厚100mm	100m²	22 799.36	3053	17 410.46	0	1398.7	937.2	71
2-209	铝合金玻璃隔断	100m²	35 438	5384.46	25 662.07	271.74	2466.83	1652.9	125.22
2-210	铝合金装饰隔断	100m²	24 564.08	1271.08	22 184.51	135.97	582.33	390.19	29.56
2-211	不锈钢管隔断立柱	10 根	1507.46	346.15	888.46	8	158.59	106.26	8.05
2-212	玻璃嵌装	100m²	15 238.74	369.8	14 586	0	169.42	113.52	8.6
2-213	轻质隔墙GRC板	100m²	6660.46	286.81	6114.83	39.38	131.4	88.04	6.67
2-214	轻质隔墙网塑板	100m²	6955.57	641.99	5822.38	0	294.12	197.08	14.93
2-215	轻质隔墙石膏板轻钢龙骨单面	100m²	5849.44	1110.69	3888.94	0	508.85	340.96	25.83
2-216	轻质隔墙石膏板轻钢龙骨双面	100m²	8887.07	1841.26	5637.04	0	843.55	565.22	42.82

B.2.10　幕墙（020210）

020210001 带骨架幕墙（m²）

定额编号	项目	单位	综合单价（元）	人工费（元）	材料费（元）	机械费（元）	管理费（元）	利润（元）	定额工日（工日）
2-217	铝合金玻璃幕墙明框	100m²	58 010.6	6794	45 984.32	81.48	2591.2	2559.6	158
2-218	铝合金玻璃幕墙隐框	100m²	70 354.8	8170	55 909.32	81.48	3116	3078	190
2-219	铝合金玻璃幕墙半隐框	100m²	63 127.8	7310	50 194.32	81.48	2788	2754	170
2-220	钢骨架铝板幕墙	100m²	67 109.05	5375	55 307.4	1862.65	2296	2268	125

020210002 全玻璃幕墙（m²）

定额编号	项目	单位	综合单价（元）	人工费（元）	材料费（元）	机械费（元）	管理费（元）	利润（元）	定额工日（工日）
2-221	点连接式玻璃幕墙钢构式	100m²	55 595.66	5160	45 922.4	536.06	2000.8	1976.4	120
2-222	点连接式玻璃幕墙拉索式	100m²	68 265.02	7740	54 323.6	268.22	2984.8	2948.4	180
2-223	吊挂式玻璃幕墙	100m²	59 964.16	5031	48 482.4	2408.36	2033.6	2008.8	117
2-224	座式玻璃幕墙	100m²	39 686.48	4300	31 335	661.08	1705.6	1684.8	100
2-225	幕墙与建筑物的封边顶端、侧边及底不锈钢	100m²	17 562	645	16398	30	246	243	15
2-226	幕墙与建筑物的封边顶端、侧边及底镀锌薄钢板	100m²	4584	430	3798	30	164	162	10
2-227	幕墙与建筑物的封边自然层连接	100m	6584.8	860	5042.8	30	328	324	20

B.3　天棚装饰工程综合单价
B.3.1　天棚抹灰（020301）

020301001 天棚抹灰（m²）

定额编号	项目	单位	综合单价（元）	人工费（元）	材料费（元）	机械费（元）	管理费（元）	利润（元）	定额工日（工日）
3-1	天棚抹石灰砂浆钢板网面	100m²	1337.38	674.67	257.83	20.4	233.89	150.59	15.69
3-2	天棚抹石灰砂浆板条及其他木质面	100m²	1164.36	613.61	191.11	12.36	211.26	136.02	14.27
3-3	天棚抹石灰砂浆天棚装饰线三道以内	100m²	717.81	438.6	30.98	2.47	149.5	96.26	10.2
3-4	天棚抹石灰砂浆天棚装饰线五道以内	100m²	1345.94	798.51	91.45	7.42	272.87	175.69	18.57
3-5	天棚抹混合砂浆混凝土面厚10+2mm	100m²	1236.57	625.65	247.99	9.89	214.77	138.27	14.55
3-6	天棚抹混合砂浆混凝土面厚7+5mm	100m²	1432.76	757.23	234.87	12.98	260.17	167.51	17.61
3-7	天棚抹混合砂浆混凝土面一次抹灰	100m²	1109.74	587.81	186.13	5.56	200.9	129.34	13.67

定额编号	项目	单位	综合单价（元）	人工费（元）	材料费（元）	机械费（元）	管理费（元）	利润（元）	定额工日（工日）
3－8	天棚抹混合砂浆钢板网面厚10＋5mm	100m²	1198.13	535.35	337.38	19.16	186.3	119.94	12.45
3－9	天棚混合砂浆（勾缝）预制板底面	100m²	201.68	114.38	22.6	0.62	38.98	25.1	2.66
3－10	天棚混合砂浆（勾缝）预制大型屋面板底面	100m²	275.39	148.78	41.85	1.24	50.81	32.71	3.46
3－11	天棚混凝土面水泥砂浆厚7＋5mm	100m²	1451.01	747.34	268.53	12.98	256.81	165.35	17.38
3－12	天棚混凝土面石膏砂浆厚10＋2mm	100m²	2135.67	847.53	807.1	8	287.77	185.27	19.71
3－13	天棚贴石膏浮雕艺术角花280×280	10个	230.69	53.75	146.94	0	18.25	11.75	1.25
3－14	天棚贴石膏浮雕灯盘Φ1000以内	10个	958.36	172	690.36	0	58.4	37.6	4
3－15	天棚贴石膏浮雕灯盘Φ1000以上	10个	1935.4	258	1438.6	0	130.8	108	6

Y020301002 雨篷、挑檐抹灰（m²）

定额编号	项目	单位	综合单价（元）	人工费（元）	材料费（元）	机械费（元）	管理费（元）	利润（元）	定额工日（工日）
3－16	雨篷、挑檐抹灰混合砂浆厚15＋5mm	100m²	5870.61	2821.66	399.68	22.87	1438.58	1187.82	65.62
3－17	雨篷、挑檐抹灰水泥砂浆厚15＋5mm	100m²	5654.34	2680.62	454.99	22.87	1367.08	1128.78	62.34

B.3.2 天棚吊顶（020302）

020302001 天棚吊顶（m²）
一、天棚龙骨架

定额编号	项目	单位	综合单价（元）	人工费（元）	材料费（元）	机械费（元）	管理费（元）	利润（元）	定额工日（工日）
3－18	天棚方木龙骨架吊在混凝土板下或梁下（双层楞）平面	100m²	3688.87	596.41	2528.78	9.27	303.67	250.74	13.87
3－19	天棚方木龙骨架吊在混凝土板下或梁下（双层楞）跌级式	100m²	4147.96	745.62	2699.38	10.2	379.45	313.31	17.34
3－20	天棚U型轻钢龙骨架（不上人）面层规格（mm）600×600以内平面	100m²	3627.82	804.96	2077.8	0	408.1	336.96	18.72
3－21	天棚U型轻钢龙骨架（不上人）面层规格（mm）600×600以上平面	100m²	3525.37	761.96	2058.15	0	386.3	318.96	17.72
3－22	天棚U型轻钢龙骨架（不上人）面层规格（mm）600×600以内跌级式	100m²	4296.01	910.74	2542.31	0	461.72	381.24	21.18
3－23	天棚U型轻钢龙骨架（不上人）面层规格（mm）600×600以上跌级式	100m²	4398.36	867.31	2728.28	0	439.71	363.06	20.17
3－24	天棚U型轻钢龙骨架（上人）面层规格（mm）600×600以内平面	100m²	4955.17	855.7	3293.29	10.58	435.78	359.82	19.9
3－25	天棚U型轻钢龙骨架（上人）面层规格（mm）600×600以上平面	100m²	4851.17	812.7	3272.09	10.58	413.98	341.82	18.9

定额编号	项目	单位	综合单价（元）	人工费（元）	材料费（元）	机械费（元）	管理费（元）	利润（元）	定额工日（工日）
3-26	天棚 U 型轻钢龙骨架（上人）面层规格（mm）600×600 以内跌级式	100m²	5713.51	961.48	3847.94	10.58	489.41	404.1	22.36
3-27	天棚 U 型轻钢龙骨架（上人）面层规格（mm）600×600 以上跌级式	100m²	5825.1	918.05	4043.16	10.58	467.39	385.92	21.35
3-28	天棚 T 型铝合金龙骨架（不上人）面层规格（mm）600×600 以内平面	100m²	4008.75	834.2	2387.43	15	422.92	349.2	19.4
3-29	天棚 T 型铝合金龙骨架（不上人）面层规格（mm）600×600 以内跌级	100m²	4910.42	910.74	3141.72	15	461.72	381.24	21.18
3-30	天棚嵌入式铝合金方板龙骨架（不上人）面层规格（mm）500×500 以	100m²	5633.55	990.72	3725.84	0	502.27	414.72	23.04
3-31	天棚嵌入式铝合金方板龙骨架（不上人）面层规格（mm）600×600 以	100m²	5091.62	897.41	3363.58	0	454.97	375.66	20.87
3-32	天棚嵌入式铝合金方板龙骨架（不上人）面层规格（mm）600×600 以	100m²	4711.52	849.68	3075.39	0	430.77	355.68	19.76
3-33	天棚嵌入式铝合金方板龙骨架（上人）面层规格（mm）500×500 以内	100m²	6858.71	1037.59	4846.58	10.58	528	435.96	24.13
3-34	天棚嵌入式铝合金方板龙骨架（上人）面层规格（mm）600×600 以内	100m²	5513.43	940.84	3687.6	10.58	478.95	395.46	21.88
3-35	天棚嵌入式铝合金方板龙骨架（上人）面层规格（mm）600×600 以上	100m²	6053.5	893.11	4319.58	10.58	454.75	375.48	20.77
3-36	天棚浮搁式铝合金方板龙骨架（不上人）面层规格（mm）500×500 以	100m²	5064.61	897.41	3321.57	15	454.97	375.66	20.87
3-37	天棚浮搁式铝合金方板龙骨架（不上人）面层规格（mm）600×600 以	100m²	4697.61	834.2	3076.29	15	422.92	349.2	19.4
3-38	天棚浮搁式铝合金方板龙骨架（不上人）面层规格（mm）600×600 以	100m²	4188.3	634.25	2952	15	321.55	265.5	14.75
3-39	天棚浮搁式铝合金方板龙骨架（上人）面层规格（mm）500×500 以内	100m²	6556.89	940.84	4716.06	25.58	478.95	395.46	21.88
3-40	天棚浮搁式铝合金方板龙骨架（上人）面层规格（mm）600×600 以内	100m²	6188.29	877.63	4469.18	25.58	446.9	369	20.41
3-41	天棚浮搁式铝合金方板龙骨架（上人）面层规格（mm）600×600 以上	100m²	5581.92	679.83	4243.69	25.58	346.62	286.2	15.81
3-42	天棚铝合金轻型方板龙骨架中龙骨直接吊挂骨架面层规格（mm）50	100m²	3770.79	813.56	2175.89	21.16	416.38	343.8	18.92
3-43	天棚铝合金轻型方板龙骨架中龙骨直接吊挂骨架面层规格（mm）600×600 以内	100m²	3188.59	677.68	1855.34	21.16	347.49	286.92	15.76
3-44	天棚铝合金轻型方板龙骨架中龙骨直接吊挂骨架面层规格（mm）60	100m²	2312.61	557.28	1211.2	21.16	286.45	236.52	12.96
3-45	天棚铝合金格片式龙骨架间距（mm）100	100m²	1724.72	554.27	657.43	0	281	232.02	12.89

定额编号	项目	单位	综合单价（元）	人工费（元）	材料费（元）	机械费（元）	管理费（元）	利润（元）	定额工日（工日）
3－46	天棚铝合金格片式龙骨架间距（mm）150	100m²	1611.68	497.51	653.68	0	252.23	208.26	11.57
3－47	天棚铝合金格片式龙骨架间距（mm）200	100m²	1515.63	447.63	653.68	0	226.94	187.38	10.41
3－48	天棚铝合金条板龙骨架轻型	100m²	3381.01	871.61	1702.65	0	441.89	364.86	20.27

二、天棚面层

定额编号	项目	单位	综合单价（元）	人工费（元）	材料费（元）	机械费（元）	管理费（元）	利润（元）	定额工日（工日）
3－49	天棚面层板条	100m²	985.37	264.88	475.32	0	134.29	110.88	6.16
3－50	天棚面层清水板条（单层）	100m²	2791.37	494.07	1840	0	250.48	206.82	11.49
3－51	天棚面层清水板条（双层）	100m²	5204.08	924.07	3424.71	0	468.48	386.82	21.49
3－52	天棚面层钢板网钉在龙骨上	100m²	2025.77	537.93	989.94	0	272.72	225.18	12.51
3－53	天棚面层铝板网搁在龙骨上	100m²	2471.83	457.52	1590.84	0	231.95	191.52	10.64
3－54	天棚面层铝板网钉在龙骨上	100m²	2585.07	503.53	1615.48	0	255.28	210.78	11.71
3－55	天棚面层胶合板一般平面	100m²	2043.17	342.28	1384.08	0	173.53	143.28	7.96
3－56	天棚面层胶合板格式分缝	100m²	2372.71	513.42	1384.08	0	260.29	214.92	11.94
3－57	天棚面层胶合板花式平面	100m²	2360.48	492.78	1411.59	0	249.83	206.28	11.46
3－58	天棚面层胶合板花式凸凹	100m²	2729.77	684.56	1411.59	0	347.06	286.56	15.92
3－59	天棚面层穿孔水泥加压板	100m²	2651.87	504.82	1679.8	0	255.93	211.32	11.74
3－60	天棚面层胶压刨花木屑板	100m²	2778.06	342.28	2118.97	0	173.53	143.28	7.96
3－61	天棚面层埃特板	100m²	4436.87	504.82	3464.8	0	255.93	211.32	11.74
3－62	天棚面层玻璃纤维板（搁放型）	100m²	5735.7	847.1	4104.54	0	429.46	354.6	19.7
3－63	天棚面层塑料板	100m²	4025.11	536.21	2992.59	0	271.85	224.46	12.47
3－64	天棚面层塑料扣板	100m²	4450.8	770.99	2966.2	0	390.87	322.74	17.93
3－65	天棚面层钉压条	100m²	906.82	163.83	591.35	0	83.06	68.58	3.81
3－66	天棚面层铝塑板贴在基面上	100m²	4992.1	711.22	3622.59	0	360.57	297.72	16.54
3－67	天棚面层铝塑板贴在龙骨底	100m²	4599.32	660.05	3328.34	0	334.63	276.3	15.35
3－68	天棚面层铝塑板钉在龙骨底	100m²	3946.97	347.44	3277.95	0	176.14	145.44	8.08
3－69	天棚面层矿棉板贴在基面上	100m²	4495.77	711.22	3126.26	0	360.57	297.72	16.54
3－70	天棚面层矿棉板搁在龙骨上	100m²	3589.9	441.61	2739.54	0	223.89	184.86	10.27
3－71	天棚面层矿棉板钉在龙骨上	100m²	3447.5	360.34	2753.64	0	182.68	150.84	8.38
3－72	天棚面层钙塑板螺接 U 型	100m²	4457.02	598.56	3304.44	0	303.46	250.56	13.92
3－73	天棚面层钙塑板搁置 T 型	100m²	3573.54	215	3159.54	0	109	90	5
3－74	天棚面层钙塑板钉在木龙骨底	100m²	3847.63	350.02	3173.64	0	177.45	146.52	8.14

续表

定额编号	项目	单位	综合单价（元）	人工费（元）	材料费（元）	机械费（元）	管理费（元）	利润（元）	定额工日（工日）
3－75	天棚面层钙塑板贴在基面上	100m²	4887.1	711.22	3517.59	0	360.57	297.72	16.54
3－76	天棚面层石膏板螺接 U 型龙骨	100m²	2329.57	513.42	1340.94	0	260.29	214.92	11.94
3－77	天棚面层石膏板搁置 T 型龙骨	100m²	1615.01	217.58	1196.04	0	110.31	91.08	5.06
3－78	天棚面层石膏板钉在木龙骨底	100m²	2096.93	460.53	1210.14	0	233.48	192.78	10.71
3－79	天棚面层石膏板贴在基面上	100m²	2923.6	711.22	1554.09	0	360.57	297.72	16.54
3－80	天棚面层防火胶板贴在木龙骨上	100m²	2988.49	504.82	2016.42	0	255.93	211.32	11.74
3－81	天棚面层防火胶板钉在木龙骨上	100m²	2735.83	372.81	2017.95	0	189.01	156.06	8.67
3－82	天棚面层防火胶板贴在基面上	100m²	3732.1	711.22	2362.59	0	360.57	297.72	16.54
3－83	天棚面层石棉板钉在木楞上	100m²	3874.89	270.47	3354.08	0	137.12	113.22	6.29
3－84	天棚面层石棉板钉在钢龙骨上	100m²	3918.3	354.32	3236.03	0	179.63	148.32	8.24
3－85	天棚面层石膏装饰板螺在 U 型龙骨上	100m²	3008.02	598.56	1855.44	0	303.46	250.56	13.92
3－86	天棚面层矿棉装饰板贴在基面板上	100m²	5443.6	711.22	4074.09	0	360.57	297.72	16.54
3－87	天棚面层矿棉装饰板搁在铝合金龙骨	100m²	4566.4	441.61	3716.04	0	223.89	184.86	10.27
3－88	天棚面层玻璃棉装饰吸音板搁在铝合金龙骨上	100m²	3589.9	441.61	2739.54	0	223.89	184.86	10.27
3－89	天棚面层矿棉装饰板砂浆粘贴（含水泥砂浆基层）	100m²	7146.18	1472.75	4293	10.51	750.36	619.56	34.25
3－90	天棚面层铝塑板砂浆粘贴（含水泥砂浆基层）	100m²	6603.36	1425.88	3840.44	10.51	726.59	599.94	33.16
3－91	天棚面层竹片含三合板基面	100m²	6690.65	1256.89	4270.41	0	637.21	526.14	29.23
3－92	天棚面层不锈钢板含三合板基面	100m²	20 181.55	1275.38	17725.7	0	646.59	533.88	29.66
3－93	天棚面层镜面玲珑胶板含三合板基面	100m²	21 180.38	2175.8	16 990.7	0	1103.08	910.8	50.6
3－94	天棚面层装饰三合板含三合板基面	100m²	6563.14	1022.11	4594.98	0	518.19	427.86	23.77
3－95	天棚面层隔音板含三合板基面	100m²	5662.65	823.45	4077.03	0	417.47	344.7	19.15
3－96	天棚面层铝塑板含三合板基面	100m²	7193.14	1022.11	5224.98	0	518.19	427.86	23.77
3－97	天棚面层铝合金条板闭缝	100m²	11 910.02	1373.85	9264.56	0	696.51	575.1	31.95
3－98	天棚面层铝合金条板开缝	100m²	8411.98	930.95	6619.36	0	471.97	389.7	21.65
3－99	天棚面层铝合金格片 GD2 型	100m²	8066.68	930.95	6274.06	0	471.97	389.7	21.65
3－100	天棚面层铝合金方板嵌入式	100m²	9112.06	1113.7	6967.54	0	564.62	466.2	25.9
3－101	天棚面层铝合金方板浮搁式	100m²	8530.37	1115.42	6382.54	0	565.49	466.92	25.94
3－102	天棚面层铝合金扣板 104×10×1.3	100m²	11 280.62	1028.13	9300.87	0	521.24	430.38	23.91
3－103	天棚面层磨砂玻璃搁在龙骨上	100m²	3459.08	441.61	2608.72	0	223.89	184.86	10.27
3－104	天棚面层镜面玻璃含胶合板基面	100m²	20 153.95	2521.52	15 298.56	0	1278.35	1055.52	58.64
3－105	天棚面层尼龙装饰布钉在基面上（含三合板基面）	100m²	9524.75	2232.13	5167.6	59	1131.64	934.38	51.91

续表

定额编号	项目	单位	综合单价（元）	人工费（元）	材料费（元）	机械费（元）	管理费（元）	利润（元）	定额工日（工日）
3－106	天棚面层人造革钉在基面上（含三合板基面）	100m²	10 356.75	2232.13	5999.6	59	1131.64	934.38	51.91
3－107	采光天棚铝结构中空玻璃	100m²	31 136.75	4300	22 856.75	0	2180	1800	100
3－108	采光天棚钢结构中空玻璃	100m²	30 732.66	5335.44	20 458.84	0	2704.94	2233.44	124.08
3－109	采光天棚钢结构钢化玻璃	100m²	15 859.43	3833.02	8478.64	0	1943.25	1604.52	89.14
3－110	轻质隔热彩钢夹芯板天棚厚40mm	100m²	14 460.13	1689.47	11 206.92		856.52	707.22	39.29
3－111	轻质隔热彩钢夹芯板天棚厚50mm	100m²	15 837.58	1828.36	12 316.92		926.94	765.36	42.52
3－112	轻质隔热彩钢夹芯板天棚厚75mm	100m²	17 242.34	1981.44	13 426.92		1004.54	829.44	46.08
3－113	轻质隔热彩钢夹芯板天棚厚100mm	100m²	19 231.92	2150	15 091.92	0	1090	900	50

020302002 格栅吊顶 （m²）

定额编号	项目	单位	综合单价（元）	人工费（元）	材料费（元）	机械费（元）	管理费（元）	利润（元）	定额工日（工日）
3－114	装饰假天棚铝栅	100m²	15 821.16	344	15 158.76	0	174.4	144	8
3－115	方格吊顶天棚不锈钢	100m²	22 916.93	929.66	20 869.79	257	471.32	389.16	21.62
3－116	方格吊顶天棚木格栅	100m²	7589.22	666.5	6124.33	181.49	337.9	279	15.5
3－117	方格吊顶天棚铝合金	100m²	17 742.3	863.01	15 842.11	238.39	437.53	361.26	20.07

B.3.3　天棚其他装饰 （020303）

020303001 灯带 （m²/个）

定额编号	项目	单位	综合单价（元）	人工费（元）	材料费（元）	机械费（元）	管理费（元）	利润（元）	定额工日（工日）
3－118	格式灯孔	10个	88.9	34.4	22.66	0	17.44	14.4	0.8
3－119	筒灯孔	10个	39.22	8.6	22.66	0	4.36	3.6	0.2

020303002 送风口、回风口 （个）

定额编号	项目	单位	综合单价（元）	人工费（元）	材料费（元）	机械费（元）	管理费（元）	利润（元）	定额工日（工日）
3－120	柚木送风口	10个	183.65	64.5	59.45	0	32.7	27	1.5
3－121	柚木回风口	10个	746.44	73.1	605.68	0	37.06	30.6	1.7
3－122	铝合金送风口	10个	429.05	64.5	304.85	0	32.7	27	1.5
3－123	铝合金回风口	10个	769.61	73.1	628.85	0	37.06	30.6	1.7
3－124	镀锌钢板送风口	10个	417.93	83.85	256.47	0	42.51	35.1	1.95
3－125	镀锌钢板回风口	10个	763.46	95.03	580.47	0	48.18	39.78	2.21

定额编号	项目	单位	综合单价（元）	人工费（元）	材料费（元）	机械费（元）	管理费（元）	利润（元）	定额工日（工日）
3 – 126	不锈钢送风口	10 个	575.7	90.3	401.82	0	45.78	37.8	2.1
3 – 127	不锈钢回风口	10 个	922.88	102.34	725.82	0	51.88	42.84	2.38
3 – 128	木制送风口	10 个	156.97	64.5	32.77	0	32.7	27	1.5
3 – 129	木制回风口	10 个	719.76	73.1	579	0	37.06	30.6	1.7

Y020303003 天棚检查孔及走到板铺设（个/m²）

定额编号	项目	单位	综合单价（元）	人工费（元）	材料费（元）	机械费（元）	管理费（元）	利润（元）	定额工日（工日）
3 – 130	天棚检查孔 300×300	10 个	359.14	150.5	69.34	0	76.3	63	3.5
3 – 131	天棚检查孔 600×600	10 个	498.35	215	84.35	0	109	90	5
3 – 132	天棚走道板固定有吊杆	100m²	844.56	150.5	540.76	14	76.3	63	3.5
3 – 133	天棚走道板固定无吊杆	100m²	330.25	38.7	252.73	3	19.62	16.2	0.9
3 – 134	天棚走道板活动走道板	100m²	143.62	8.6	125.06	2	4.36	3.6	0.2

B.4 门窗工程综合单价
B.4.1 木门（020401）

020401001/4 镶板木门、胶合板门（樘/m²）

定额编号	项目	单位	综合单价（元）	人工费（元）	材料费（元）	机械费（元）	管理费（元）	利润（元）	定额工日（工日）
4 – 1	普通木门无亮单扇	100m²	17 504.81	1409.97	15 171.76	96.77	537.76	288.55	9.12
4 – 2	普通木门无亮双扇及以上	100m²	15 742.08	981.26	14 131.72	54.03	374.25	200.82	5.12
4 – 3	普通木门有亮单扇	100m²	16 741.51	1806.43	13 728.77	147.66	688.96	369.69	9.48
4 – 4	普通木门有亮双扇及以上	100m²	15 354.05	1443.51	12 958.14	106.43	550.55	295.42	6.11

020401003/5 实木装饰门、夹板装饰门（樘/m²）

定额编号	项目	单位	综合单价（元）	人工费（元）	材料费（元）	机械费（元）	管理费（元）	利润（元）	定额工日（工日）
4 – 5	装饰木门无亮单扇 05YJ4 – 1，1PM	100m²	30 853.33	2030.89	27 463.22	169.03	774.57	415.62	36.58
4 – 6	装饰木门无亮双扇及以上 05YJ4 – 1	100m²	26 292.6	1399.65	23 959.82	112.87	533.82	286.44	24.58
4 – 7	装饰木门有亮单扇 05YJ4 – 1，1PM	100m²	29 437.51	2239.44	25 679.39	206.27	854.11	458.3	35.04
4 – 8	装饰木门有亮双扇及以上 05YJ4 – 1	100m²	25 229.94	1624.97	22 497.46	155.2	619.76	332.55	23.32
4 – 9	成品豪华装饰木门（带框）安装	100m²	32 148.25	1773.75	29 330	5	676.5	363	41.25

020401006 木质防火门（樘/m²）

定额编号	项目	单位	综合单价（元）	人工费（元）	材料费（元）	机械费（元）	管理费（元）	利润（元）	定额工日（工日）
4－10	成品木质防火门安装	100m²	35 450.24	1017.81	33 815.94	20	388.19	208.3	23.67

B.4.2　金属门（020402）

020402001/2 金属平开门、金属推拉门（樘/m²）

定额编号	项目	单位	综合单价（元）	人工费（元）	材料费（元）	机械费（元）	管理费（元）	利润（元）	定额工日（工日）
4－11	成品门安装铝合金平开门	100m²	23 705.08	1209.59	21 723.67	62.95	461.33	247.54	28.13
4－12	成品门安装铝合金推拉门	100m²	20 516.84	967.5	18 919.39	62.95	369	198	22.5
4－13	成品门安装钢质简易门	100m²	14 644.8	1186.8	12 625.46	112.83	468.38	251.33	27.6

020402003 金属地弹门（樘/m²）

定额编号	项目	单位	综合单价（元）	人工费（元）	材料费（元）	机械费（元）	管理费（元）	利润（元）	定额工日（工日）
4－14	成品地弹门安装铝合金全玻单扇	100m²	28 879.09	1411.26	26 577.81	62.95	538.25	288.82	32.82
4－15	成品地弹门安装铝合金全玻双扇	100m²	28 879.09	1411.26	26 577.81	62.95	538.25	288.82	32.82

020402004/5 彩板门、塑钢门（樘/m²）

定额编号	项目	单位	综合单价（元）	人工费（元）	材料费（元）	机械费（元）	管理费（元）	利润（元）	定额工日（工日）
4－16	成品彩板门安装门扇	100m²	16 662.67	1485.65	14 301.36	5	566.62	304.04	34.55
4－17	成品彩板门安装附框	100m	5584.76	203.39	5202.94	49.66	83.8	44.97	4.73
4－18	成品塑钢门安装推拉门	100m²	20 755.59	1182.5	18 875.09	5	451	242	27.5
4－19	成品塑钢门安装平开门	100m²	22 170.9	1478.34	19 821.19	5	563.83	302.54	34.38

020402006/7 防盗门、钢质防火门（樘/m²）

定额编号	项目	单位	综合单价（元）	人工费（元）	材料费（元）	机械费（元）	管理费（元）	利润（元）	定额工日（工日）
4－20	成品门安装钢防盗门	100m²	15 197.72	1186.8	13 271.96	43.44	452.64	242.88	27.6
4－21	成品门安装钢防火门	100m²	41 288.3	1361.81	39 084.96	43.44	519.39	278.7	31.67

B.4.3 金属卷帘门（020403）

020403001 金属卷闸门（樘/m²）

定额编号	项目	单位	综合单价（元）	人工费（元）	材料费（元）	机械费（元）	管理费（元）	利润（元）	定额工日（工日）
4-22	成品卷闸门安装铝合金	100m²	33 920.18	3722.94	27 879.84	111.65	1435.49	770.26	86.58
4-23	成品卷闸门安装不锈钢	100m²	31 200.18	3722.94	25 159.84	111.65	1435.49	770.26	86.58
4-24	成品卷闸门安装电动装置	套	1368.2	43	1300	0	16.4	8.8	1
4-25	成品卷闸门安装活动小门	个	348.2	43	280	0	16.4	8.8	1

020403002 金属格栅门（樘/t）

定额编号	项目	单位	综合单价（元）	人工费（元）	材料费（元）	机械费（元）	管理费（元）	利润（元）	定额工日（工日）
4-26	铁栅门制作安装	t	8929.55	2395.96	4528.32	501.34	978.75	525.18	36.23

020403003 防火卷帘门（樘/m²）

定额编号	项目	单位	综合单价（元）	人工费（元）	材料费（元）	机械费（元）	管理费（元）	利润（元）	定额工日（工日）
4-27	成品防火卷帘门安装防火门	100m²	62 594.8	4738.17	55 079.84	0	1807.12	969.67	110.19
4-28	成品防火卷帘门安装电动装置	套	1895.48	60.2	1800	0	22.96	12.32	1.4
4-29	成品防火卷帘门安装活动小门	个	367.29	55.04	280	0	20.99	11.26	1.28

B.4.4 其他门（020404）

020404001 电子感应门（樘/m²）

定额编号	项目	单位	综合单价（元）	人工费（元）	材料费（元）	机械费（元）	管理费（元）	利润（元）	定额工日（工日）
4-30	电子感应自动门制作安装双扇无	100m²	30 577.36	8055.19	17 738.94	62.52	3072.21	1648.5	187.33
4-31	电子感应自动门制作安装双扇无	100m²	29 367.04	8055.19	16 529.75	61.39	3072.21	1648.5	187.33
4-32	电子感应自动门制作安装电磁感	套	7606.08	60.2	7510.6	0	22.96	12.32	1.4

020404002 转门（樘）

定额编号	项目	单位	综合单价（元）	人工费（元）	材料费（元）	机械费（元）	管理费（元）	利润（元）	定额工日（工日）
4-33	成品手动旋转门安装铝合金	樘	4900.88	362.49	4295.96	30	138.25	74.18	8.43
4-34	成品手动旋转门安装全玻门	樘	10 658	645	9605	30	246	132	15

020404003 电子对讲门（樘/m²）

定额编号	项目	单位	综合单价（元）	人工费（元）	材料费（元）	机械费（元）	管理费（元）	利润（元）	定额工日（工日）
4-35	成品电子对讲门门安装	m²	373.02	150.07	135	0	57.24	30.71	3.49
4-36	成品电子对讲门对讲系统24户以	套	2113.72	197.8	1800	0	75.44	40.48	4.6
4-37	成品电子对讲门对讲系统24户以	套	2713.72	197.8	2400	0	75.44	40.48	4.6

020404004 电动伸缩门（樘）

定额编号	项目	单位	综合单价（元）	人工费（元）	材料费（元）	机械费（元）	管理费（元）	利润（元）	定额工日（工日）
4-38	成品电动伸缩门安装	樘	12 136.9	220.59	11 787.04	0	84.13	45.14	5.13

020404006 全玻自由门（无扇门）（樘/m²）

定额编号	项目	单位	综合单价（元）	人工费（元）	材料费（元）	机械费（元）	管理费（元）	利润（元）	定额工日（工日）
4-39	无框玻璃门制作安装单层12mm	100m²	23 914.83	5366.4	15 114.67	288.8	2046.72	1098.24	124.8
4-40	无框玻璃门制作安装上亮侧亮	100m²	6316.72	1866.2	3068.04	288.8	711.76	381.92	43.4

B.4.5　木窗（020405）

020405001 木质平开窗（樘/m²）

定额编号	项目	单位	综合单价（元）	人工费（元）	材料费（元）	机械费（元）	管理费（元）	利润（元）	定额工日（工日）
4-41	木平开窗单扇无亮子05YJ4-1，1/2	100m²	18 194.76	4553.7	10 500.69	471.69	1736.76	931.92	33.1
4-42	木平开窗单扇有亮子05YJ4-1，1/2	100m²	17 140.16	3886.34	10 533.81	442.44	1482.23	795.34	26.38
4-43	木平开窗双扇无亮05YJ4-1，1/2PC	100m²	13 829.12	3049.56	8678.03	314.34	1163.09	624.1	17.44
4-44	木平开窗双扇有亮子05YJ4-1，1/2	100m²	14 318.32	3178.56	8912.77	364.2	1212.29	650.5	16.17
4-45	纱窗扇	100m²	6472.53	2148.28	2821.25	244.01	819.34	439.65	17.83
4-46	纱亮扇	100m²	9238.83	3506.22	3391.92	285.88	1337.26	717.55	25.96
4-47	硬木窗框制作安装框断面50×100	100m²	10 881.08	3701.87	4942.49	67.25	1411.88	757.59	86.09
4-48	硬木窗扇制作安装平开窗扇框断	100m²	15 160.77	4958.33	7195.46	101.17	1891.08	1014.73	115.31
4-49	硬木窗扇制作安装固定窗扇框断	100m²	10 399.04	2243.74	6754.36	86.01	855.75	459.18	52.18

020405003/4 木百叶窗（矩形、异形）（樘/m²）

定额编号	项目	单位	综合单价（元）	人工费（元）	材料费（元）	机械费（元）	管理费（元）	利润（元）	定额工日（工日）
4-50	木百叶窗矩形开扇	100m²	20 874.91	5543.99	11 275.02	806.87	2114.45	1134.58	83.11
4-51	木百叶窗硬木	100m²	46 310.78	21 684.9	11 384.41	533.11	8270.52	4437.84	468.88
4-52	木百叶窗圆形	100m²	46 429.54	21 684.9	11 503.17	533.11	8270.52	4437.84	468.88

B.4.6　金属窗（020406）

020406001/2 金属推拉窗、金属平开窗（樘/m²）

定额编号	项目	单位	综合单价（元）	人工费（元）	材料费（元）	机械费（元）	管理费（元）	利润（元）	定额工日（工日）
4-53	成品铝合金窗安装推拉窗	100m²	20 068.44	967.5	18 470.99	62.95	369	198	22.5
4-54	成品铝合金窗安装平开窗	100m²	22 451.35	1209.59	20 469.94	62.95	461.33	247.54	28.13
4-55	成品铝合金窗安装纱扇（扇面积）	100m²	6000	0	6000	0	0	0	0
4-56	成品钢窗安装	100m²	12 629.91	1206.15	10 565.61	124.58	477.4	256.17	28.05
4-57	成品钢天窗安装	100m²	23 762.53	2748.13	18 905.74	410.18	1105.36	593.12	63.91
4-58	钢侧窗开关机安装手摇	100m²	682	430	0	0	164	88	10
4-59	钢侧窗开关机安装电动	组	925.91	528.04	8.18	80.24	201.39	108.06	12.28

020406003 金属固定窗（樘/m²）

定额编号	项目	单位	综合单价（元）	人工费（元）	材料费（元）	机械费（元）	管理费（元）	利润（元）	定额工日（工日）
4-60	成品铝合金固定窗安装	100m²	15 783.85	645	14 697.9	62.95	246	132	15
4-61	玻璃橱窗制作安装	100m²	22 863.09	5127.75	14 647.26	82.98	1955.7	1049.4	119.25

020406004 金属百叶窗（樘/m²）

定额编号	项目	单位	综合单价（元）	人工费（元）	材料费（元）	机械费（元）	管理费（元）	利润（元）	定额工日（工日）
4-62	成品百叶窗安装铝合金百叶窗	100m²	25 575.3	430	24 888.3	5	164	88	10
4-63	成品百叶窗安装钢百叶窗（有网）	100m²	22 333.06	2061.42	19 063.55	0	786.22	421.87	47.94
4-64	成品百叶窗安装钢百叶窗（无网）	100m²	21 363.06	2061.42	18 093.55	0	786.22	421.87	47.94

020406005 金属组合窗（樘/m²）

定额编号	项目	单位	综合单价（元）	人工费（元）	材料费（元）	机械费（元）	管理费（元）	利润（元）	定额工日（工日）
4-65	成品组合钢窗安装	100m²	13 886.19	999.32	12 149.93	124.58	398.52	213.84	23.24

020406006 彩板窗（樘/m²）

定额编号	项目	单位	综合单价（元）	人工费（元）	材料费（元）	机械费（元）	管理费（元）	利润（元）	定额工日（工日）
4-66	成品彩板窗安装	100m²	16 735.47	1501.56	14 348.92	5	572.69	307.3	34.92

020406007 塑钢窗 （樘/m²）

定额编号	项目	单位	综合单价（元）	人工费（元）	材料费（元）	机械费（元）	管理费（元）	利润（元）	定额工日（工日）
4-67	成品窗安装塑钢推拉窗	100m²	19 885.41	1182.5	18 004.91	5	451	242	27.5
4-68	成品窗安装塑钢平开窗	100m²	22 060.86	1537.25	19 617.71	5	586.3	314.6	35.75
4-69	成品窗安装塑钢纱窗扇	100m²	7000	0	7000	0	0	0	0

020406008 金属防盗窗 （樘/m²）

定额编号	项目	单位	综合单价（元）	人工费（元）	材料费（元）	机械费（元）	管理费（元）	利润（元）	定额工日（工日）
4-70	铝合金防盗窗安装	100m²	18 164.1	430	17 477.1	5	164	88	10
4-71	铝合金防护网制作安装	100m²	9072.2	223.6	8712.56	5	85.28	45.76	5.2

020406010 特殊五金 （个/副）

定额编号	项目	单位	综合单价（元）	人工费（元）	材料费（元）	机械费（元）	管理费（元）	利润（元）	定额工日（工日）
4-72	猫眼门视镜安装	10个	48.19	14.62	25	0	5.58	2.99	0.34
4-73	门上保险链安装	10个	103.19	14.62	80	0	5.58	2.99	0.34
4-74	不锈钢合页安装	10个	260.7	46.87	186.36	0	17.88	9.59	1.09
4-75	执手锁安装	10个	432.08	67.51	325	0	25.75	13.82	1.57
4-76	厕所锁安装	10个	177.08	67.51	70	0	25.75	13.82	1.57
4-77	弹子锁安装	10个	193.88	33.97	140	0	12.96	6.95	0.79
4-78	门碰珠安装	10个	42.51	23.65	5	0	9.02	4.84	0.55
4-79	上下暗插销安装	10个	77.51	23.65	40	0	9.02	4.84	0.55
4-80	门窗扇铁角安装	10个	13.68	6.45	3.45	0	2.46	1.32	0.15
4-81	拉手安装太阳型	10副	3606.08	60.2	3510.6	0	22.96	12.32	1.4
4-82	拉手安装不锈钢管	10副	2781.1	107.5	2610.6	0	41	22	2.5
4-83	拉手安装镀铬管子	10个	384.1	21.5	350	0	8.2	4.4	0.5
4-84	底板拉手及推手板安装	10个	124.1	21.5	90	0	8.2	4.4	0.5
4-85	液压门顶弹簧安装	10个	1297.1	124.27	1100	0	47.4	25.43	2.89
4-86	门碰头安装安装在墙上	10个	38.51	23.65	1	0	9.02	4.84	0.55
4-87	门碰头安装安装在木材面上	10个	16.01	9.46	1	0	3.61	1.94	0.22
4-88	单管弹簧安装	10个	204.25	49.02	126.5	0	18.7	10.03	1.14
4-89	双管弹簧安装	10个	339.6	124.27	142.5	0	47.4	25.43	2.89
4-90	门底弹簧安装	10个	997.1	124.27	800	0	47.4	25.43	2.89
4-91	地弹簧安装	10个	2207.83	257.14	1800	0	98.07	52.62	5.98

B. 4. 7　门窗套（020407）

020407001 木门窗套（m²/m）

定额编号	项目	单位	综合单价（元）	人工费（元）	材料费（元）	机械费（元）	管理费（元）	利润（元）	定额工日（工日）
4-92	木门窗套	100m	1026.65	102.77	855.65	8	39.2	21.03	2.39

020407004 门窗木贴脸

定额编号	项目	单位	综合单价（元）	人工费（元）	材料费（元）	机械费（元）	管理费（元）	利润（元）	定额工日（工日）
4-93	门窗贴脸	100m	290.35	52.89	197.91	8.56	20.17	10.82	1.23
4-94	普通筒子板	100m²	7128.4	595.98	6083.01	100.14	227.3	121.97	13.86

020407005 硬木筒子板（m²）

定额编号	项目	单位	综合单价（元）	人工费（元）	材料费（元）	机械费（元）	管理费（元）	利润（元）	定额工日（工日）
4-95	硬木筒子板带木筋	100m²	9869.88	1033.72	8100.39	129.96	394.26	211.55	24.04
4-96	硬木筒子板不带木筋	100m²	7153.16	707.35	5963.45	67.82	269.78	144.76	16.45

020407006 饰面夹板筒子板（m²）

定额编号	项目	单位	综合单价（元）	人工费（元）	材料费（元）	机械费（元）	管理费（元）	利润（元）	定额工日（工日）
4-97	胶合板面筒子板带木筋	100m²	4503.01	595.98	3457.62	100.14	227.3	121.97	13.86
4-98	胶合板面筒子板九厘板基层	100m²	5428.01	595.98	4382.62	100.14	227.3	121.97	13.86

B. 4. 8　窗帘盒、窗帘轨（020408）

020408001 木窗帘盒（m）

定额编号	项目	单位	综合单价（元）	人工费（元）	材料费（元）	机械费（元）	管理费（元）	利润（元）	定额工日（工日）
4-99	普通窗帘盒单轨	100m	5629.75	621.35	4644.26	0	236.98	127.16	14.45
4-100	硬木窗帘盒单轨	100m	4195.22	875.48	2788.1	18.57	333.9	179.17	20.36
4-101	硬木窗帘盒双轨	100m	5798.53	971.37	4233.26	24.63	370.48	198.79	22.59

020408002 饰面夹板、塑料窗帘盒（m）

定额编号	项目	单位	综合单价（元）	人工费（元）	材料费（元）	机械费（元）	管理费（元）	利润（元）	定额工日（工日）
4-102	胶合板窗帘盒单轨	100m	4037.92	875.48	2630.8	18.57	333.9	179.17	20.36
4-103	胶合板窗帘盒双轨	100m	5320.97	971.37	3755.7	24.63	370.48	198.79	22.59
4-104	塑料窗帘盒不带轨	100m	5758.87	765.4	4544.91	0	291.92	156.64	17.8

020408003 金属窗帘盒（m）

定额编号	项目	单位	综合单价（元）	人工费（元）	材料费（元）	机械费（元）	管理费（元）	利润（元）	定额工日（工日）
4-105	铝合金窗帘盒不带轨	100m	4571.59	765.4	3357.63	0	291.92	156.64	17.8

020408004 金属窗帘轨（m）

定额编号	项目	单位	综合单价（元）	人工费（元）	材料费（元）	机械费（元）	管理费（元）	利润（元）	定额工日（工日）
4-106	明装式铝窗帘轨单轨	100m	1559.03	170.28	1281.24	7.72	64.94	34.85	3.96
4-107	明装式铝窗帘轨双轨	100m	3025.48	272.19	2581.5	12.28	103.81	55.7	6.33
4-108	不锈钢窗帘杆单杆	100m	3006.97	170.28	2729.18	7.72	64.94	34.85	3.96
4-109	不锈钢窗帘杆双杆	100m	5905.4	272.19	5461.42	12.28	103.81	55.7	6.33

B.4.9　窗台板（020409）

020409001 木窗台板（m/m²）

定额编号	项目	单位	综合单价（元）	人工费（元）	材料费（元）	机械费（元）	管理费（元）	利润（元）	定额工日（工日）
4-110	木窗台板板厚（mm）22 以内	100m²	7218.62	842.8	5715.45	166.45	321.44	172.48	19.6
4-111	木窗台板板厚（mm）30 以内	100m²	9054.97	857.85	7527.93	166.45	327.18	175.56	19.95
4-112	木窗台板板厚（mm）40 以内	100m²	10 993.38	873.33	9441.79	166.45	333.08	178.73	20.31
4-113	硬木窗台板板厚（mm）25mm	100m²	8239.29	898.7	6720.32	93.59	342.76	183.92	20.9

B.4.10　其他（Y020410）

Y020410001 包门框、扇（m²）

定额编号	项目	单位	综合单价（元）	人工费（元）	材料费（元）	机械费（元）	管理费（元）	利润（元）	定额工日（工日）
4-114	镜面不锈钢包门框木龙骨	100m²	27 687.82	2985.92	22 952.01	0	1138.82	611.07	69.44
4-115	镜面不锈钢包门框钢龙骨	100m²	31 993.37	2860.79	26 809.46	532.41	1165.38	625.33	66.53

续表

定额编号	项目	单位	综合单价（元）	人工费（元）	材料费（元）	机械费（元）	管理费（元）	利润（元）	定额工日（工日）
4－116	镀锌薄钢板包门框	100m²	6057.97	2067.87	2778.23	0	788.68	423.19	48.09
4－117	镜面玻璃包门框木龙骨	100m²	12 443.61	3897.09	6262.65	0	1486.33	797.54	90.63
4－118	镜面玻璃包门框钢龙骨	100m²	17 275.54	3426.24	11 194.8	532.41	1381.04	741.05	79.68
4－119	镀锌薄钢板包门窗扇不带衬	100m²	10 421.87	2856.92	5890.66	0	1089.62	584.67	66.44
4－120	镀锌薄钢板包门窗扇衬毛毡	100m²	15 796.2	3044.4	10 967.64	0	1161.12	623.04	70.8
4－121	镀锌薄钢板包门窗扇衬石棉板	100m²	17 412.34	3612.43	11 682.86	0	1377.76	739.29	84.01
4－122	镀锌薄钢板包木材面	100m²	3777.78	689.29	2684.54	0	262.89	141.06	16.03
4－123	镜面不锈钢板包门窗扇	100m²	42 923.48	3252.09	37 765.52	0	1240.33	665.54	75.63
4－124	人造革包木门扇	100m²	24 973.8	6648.23	14 413.49	15.91	2535.6	1360.57	154.61
4－125	切片皮贴木门扇	100m²	8431.7	2384.78	4649.33	0	909.54	488.05	55.46
4－126	塑料装饰面贴木门扇	100m²	13 184.4	1907.48	10 159.05	0	727.5	390.37	44.36
4－127	装饰三合板贴木门扇	100m²	10 252.94	1907.48	7222.66	4.93	727.5	390.37	44.36

Y020410002 挂镜线（m）

定额编号	项目	单位	综合单价（元）	人工费（元）	材料费（元）	机械费（元）	管理费（元）	利润（元）	定额工日（工日）
4－128	普通挂镜线	100m	497.39	58.05	389.18	16.14	22.14	11.88	1.35
4－129	硬木挂镜线	100m	883.1	258	428.71	45.19	98.4	52.8	6
4－130	硬木挂镜点	100 个	448.44	205.54	99.1	23.35	78.39	42.06	4.78
4－131	金属挂镜线	100m	3413.47	133.3	3169.66	32.39	50.84	27.28	3.1
4－132	塑料挂镜线	100m	933.05	133.3	688.87	32.76	50.84	27.28	3.1
4－133	塑料挂镜线	100m	933.05	133.3	688.87	32.76	50.84	27.28	3.1

B.5 油漆、裱糊工程综合单价
B.5.1 门油漆（020501）

020501001 门油漆（樘/m²）

定额编号	项目	单位	综合单价（元）	人工费（元）	材料费（元）	机械费（元）	管理费（元）	利润（元）	定额工日（工日）
5－1	单层木门油调和漆一底油二调和漆	100m²	2345.86	875.05	819.61	0	333.74	317.46	20.35
5－2	单层木门油调和漆一油粉三调和漆	100m²	4042.12	1556.17	1327.87	0	593.52	564.56	36.19
5－3	单层木门油调和漆一底油二调和漆一磁漆	100m²	2965.35	938.26	1328.85	0	357.85	340.39	21.82
5－4	单层木门油调和漆一油粉二调和漆一磁漆	100m²	4256.66	1614.65	1440.41	0	615.82	585.78	37.55

定额编号	项目	单位	综合单价（元）	人工费（元）	材料费（元）	机械费（元）	管理费（元）	利润（元）	定额工日（工日）
5－5	单层木门油聚氨酯漆一油粉二聚氨酯漆	100m²	3639.53	1458.56	1095.53	0	556.29	529.15	33.92
5－6	单层木门油醇酸清漆一油粉一色四清漆	100m²	6661.5	2958.83	1500.75	0	1128.48	1073.44	68.81
5－7	单层木门油丙烯酸清漆一油粉一醇酸清漆三丙烯酸	100m²	6623.85	2655.25	1992.6	0	1012.7	963.3	61.75
5－8	单层木门油硝基清漆一油粉八硝基清漆	100m²	14 078.49	5110.12	5165.49	0	1948.98	1853.9	118.84
5－9	单层木门油硝基清漆一油粉三漆片四硝基清	100m²	8969.71	3550.94	2776.21	0	1354.31	1288.25	82.58
5－10	单层木门油硝基清漆二油粉三漆片四硝基清	100m²	9297.06	3550.94	3103.56	0	1354.31	1288.25	82.58
5－11	单层木门油聚酯清漆一油粉五聚酯清漆	100m²	8488.14	3123.95	3039.39	0	1191.46	1133.34	72.65
5－12	单层木门油漆每增加一遍调和漆	100m²	768.08	220.16	384.08	0	83.97	79.87	5.12
5－13	单层木门油漆每增加一遍醇酸磁漆	100m²	902.34	293.26	390.84	0	111.85	106.39	6.82
5－14	单层木门油漆每增加一遍聚氨酯漆	100m²	863.82	266.17	399.57	0	101.52	96.56	6.19
5－15	单层木门油漆每增加一遍醇酸清漆	100m²	497	128.14	273.5	0	48.87	46.49	2.98
5－16	单层木门油漆每增加一遍硝基清漆	100m²	1263.71	430	513.71	0	164	156	10
5－17	单层木门油漆每增加一遍聚酯清漆	100m²	1001.25	287.67	499.5	0	109.72	104.36	6.69
5－18	单层木门油过氯乙烯漆一底二磁二清漆	100m²	7138.88	1839.54	3930.38	0	701.59	667.37	42.78
5－19	单层木门油过氯乙烯漆每增加一遍底漆	100m²	1101.74	266.6	636.74	0	101.68	96.72	6.2
5－20	单层木门油过氯乙烯漆每增加一遍磁漆	100m²	1127.19	266.17	662.94	0	101.52	96.56	6.19
5－21	单层木门油过氯乙烯漆每增加一遍清漆	100m²	1435.04	266.17	970.79	0	101.52	96.56	6.19
5－22	单层木门油广（生）漆一桐一底二广（生）漆	100m²	5361.84	2655.25	730.59	0	1012.7	963.3	61.75

B.5.2 窗油漆（020502）

020502001 窗油漆（樘/m²）

定额编号	项目	单位	综合单价（元）	人工费（元）	材料费（元）	机械费（元）	管理费（元）	利润（元）	定额工日（工日）
5－23	单层木窗油调和漆一底油二调和漆	100m²	2209.59	875.05	683.34	0	333.74	317.46	20.35

续表

定额编号	项目	单位	综合单价（元）	人工费（元）	材料费（元）	机械费（元）	管理费（元）	利润（元）	定额工日（工日）
5-24	单层木窗油调和漆一油粉三调和漆	100m²	3821.19	1556.17	1106.94	0	593.52	564.56	36.19
5-25	单层木窗油调和漆一底油二调和漆一磁漆	100m²	2744.17	938.26	1107.67	0	357.85	340.39	21.82
5-26	单层木窗油调和漆一油粉二调和漆一磁漆	100m²	4017.05	1614.65	1200.8	0	615.82	585.78	37.55
5-27	单层木窗油聚氨酯漆一油粉二聚氨酯漆	100m²	3458.03	1458.56	914.03	0	556.29	529.15	33.92
5-28	单层木窗油醇酸清漆一油粉一色四醇酸清漆	100m²	6411.84	2958.83	1251.09	0	1128.48	1073.44	68.81
5-29	单层木窗油丙烯酸清漆一油粉一醇酸清漆三丙烯酸	100m²	6292.14	2655.25	1660.89	0	1012.7	963.3	61.75
5-30	单层木窗油硝基清漆一油粉八硝基清漆	100m²	13 220.9	5110.12	4307.88	0	1948.98	1853.9	118.84
5-31	单层木窗油硝基清漆一油粉三漆片四硝基清漆	100m²	8506.51	3550.94	2313.01	0	1354.31	1288.25	82.58
5-32	单层木窗油硝基清漆二油粉三漆片四硝基清	100m²	8780.19	3550.94	2586.69	0	1354.31	1288.25	82.58
5-33	单层木窗油聚酯清漆一油粉五聚酯清漆	100m²	6015.48	2343.07	1928.73	0	893.64	850.04	54.49
5-34	单层木窗油漆每增加一遍调和漆	100m²	704.78	220.16	320.78	0	83.97	79.87	5.12
5-35	单层木窗油漆每增加一遍醇酸磁漆	100m²	837.54	293.26	326.04	0	111.85	106.39	6.82
5-36	单层木窗油漆每增加一遍聚氨酯漆	100m²	797.97	266.17	333.72	0	101.52	96.56	6.19
5-37	单层木窗油漆每增加一遍醇酸清漆	100m²	451.7	128.14	228.2	0	48.87	46.49	2.98
5-38	单层木窗油漆每增加一遍硝基清漆	100m²	1178.63	430	428.63	0	164	156	10
5-39	单层木窗油漆每增加一遍聚酯清漆	100m²	691.84	215.86	315.34	0	82.33	78.31	5.02
5-40	单层木窗油过氯乙烯漆一底二磁二清漆	100m²	6484.76	1839.54	3276.26	0	701.59	667.37	42.78
5-41	单层木窗油过氯乙烯漆每增加一遍底漆	100m²	995.92	266.6	530.92	0	101.68	96.72	6.2
5-42	单层木窗油过氯乙烯漆每增加一遍磁漆	100m²	1017.07	266.17	552.82	0	101.52	96.56	6.19
5-43	单层木窗油过氯乙烯漆每增加一遍清漆	100m²	1275.09	266.17	810.84	0	101.52	96.56	6.19
5-44	单层木窗油广（生）漆一桐一底二广（生）漆	100m²	8707.89	4643.57	608.64	0	1771.04	1684.64	107.99

B.5.3　木扶手及其他板条线条油漆（020503）

020503001　木扶手油漆（m）

定额编号	项目	单位	综合单价（元）	人工费（元）	材料费（元）	机械费（元）	管理费（元）	利润（元）	定额工日（工日）
5-45	木扶手（无托板）油调和漆一底油二调和漆	100m	462.26	215	87.26	0	82	78	5
5-46	木扶手（无托板）油调和漆一油粉三调和漆	100m	863.89	422.26	127.39	0	161.05	153.19	9.82

续表

定额编号	项目	单位	综合单价（元）	人工费（元）	材料费（元）	机械费（元）	管理费（元）	利润（元）	定额工日（工日）
5－47	木扶手（无托板）油调和漆一底油二调和漆一磁漆	100m	553.4	243.81	128.15	0	92.99	88.45	5.67
5－48	木扶手（无托板）油调和漆一油粉二调和漆一磁漆	100m	902.95	438.17	138.7	0	167.12	158.96	10.19
5－49	木扶手（无托板）油调和漆一油粉三调和漆一磁漆	100m	1263.63	631.67	161.88	0	240.92	229.16	14.69
5－50	木扶手（无托板）油聚氨酯漆一油粉二聚氨酯漆	100m	654.78	315.19	105.03	0	120.21	114.35	7.33
5－51	木扶手（无托板）油醇酸清漆一油粉一色四醇酸清漆	100m	1561.46	812.7	143.96	0	309.96	294.84	18.9
5－52	木扶手（无托板）油丙烯酸清漆一油粉一醇酸清漆三	100m	1478.23	737.88	191.23	0	281.42	267.7	17.16
5－53	木扶手（无托板）油硝基清漆一油粉八硝基清漆	100m	2953.97	1406.53	500.72	0	536.44	510.28	32.71
5－54	木扶手（无托板）油硝基清漆一油粉三漆片四硝基清	100m	1986.97	983.84	270.97	0	375.23	356.93	22.88
5－55	木扶手（无托板）油硝基清漆二油粉三漆片四硝基清	100m	2017.9	983.84	301.9	0	375.23	356.93	22.88
5－56	木扶手（无托板）油聚酯清漆一油粉五聚酯清漆	100m	2020.18	979.54	311.68	0	373.59	355.37	22.78
5－57	木扶手（无托板）油漆每增加一遍调和漆	100m	137.83	57.62	37.33	0	21.98	20.9	1.34
5－58	木扶手（无托板）油漆每增加一遍醇酸磁漆	100m	170.99	76.11	38.24	0	29.03	27.61	1.77
5－59	木扶手（无托板）油漆每增加一遍聚氨酯漆	100m	163.74	71.38	39.24	0	27.22	25.9	1.66
5－60	木扶手（无托板）油漆每增加一遍醇酸清漆	100m	87.04	34.4	27.04	0	13.12	12.48	0.8
5－61	木扶手（无托板）油漆每增加一遍硝基清漆	100m	257.42	118.25	51.17	0	45.1	42.9	2.75
5－62	木扶手（无托板）油漆每增加一遍聚酯清漆	100m	182.79	76.97	48.54	0	29.36	27.92	1.79
5－63	木扶手（无托板）油过氯乙烯漆一底二磁二清漆	100m	1245.75	498.37	376.5	0	190.08	180.8	11.59
5－64	木扶手（无托板）油过氯乙烯漆每增加一遍底漆	100m	186.38	71.38	61.88	0	27.22	25.9	1.66
5－65	木扶手（无托板）油过氯乙烯漆每增加一遍磁漆	100m	242.32	71.38	117.82	0	27.22	25.9	1.66
5－66	木扶手（无托板）油过氯乙烯漆每增加一遍清漆	100m	218.57	71.38	94.07	0	27.22	25.9	1.66
5－67	木扶手（无托板）油广（生）漆一桐一底二广（生）漆	100m	1355.66	737.88	68.66	0	281.42	267.7	17.16

B.5.4 木材面油漆（020504）

020504001 木板、纤维板、胶合板油漆（m²）

定额编号	项目	单位	综合单价（元）	人工费（元）	材料费（元）	机械费（元）	管理费（元）	利润（元）	定额工日（工日）
5-68	其他木材面油调和漆一底油二调和漆	100m²	1466.31	603.29	414.06	0	230.09	218.87	14.03
5-69	其他木材面油调和漆一油粉三调和漆	100m²	2573.83	1091.34	670.33	0	416.23	395.93	25.38
5-70	其他木材面油调和漆一底油二调和漆一磁漆	100m²	1821.7	660.05	670.45	0	251.74	239.46	15.35
5-71	其他木材面油调和漆一油粉二调和漆一磁漆	100m²	2700.67	1132.19	725.92	0	431.81	410.75	26.33
5-72	其他木材面油聚氨酯漆一油粉二聚氨酯漆	100m²	2378.12	1046.19	553.37	0	399.01	379.55	24.33
5-73	其他木材面油醇酸磁漆一油粉一色四醇酸清漆	100m²	4490.68	2137.1	763.18	0	815.08	775.32	49.7
5-74	其他木材面油丙烯酸清漆一油粉一色二清漆二丙烯	100m²	4423.43	2033.47	876.68	0	775.56	737.72	47.29
5-75	其他木材面油硝基清漆一油粉八硝基清漆	100m²	9040.65	3690.26	2604.15	0	1407.45	1338.79	85.82
5-76	其他木材面油硝基清漆一润粉三漆片四硝基清漆	100m²	6033.09	2563.66	1561.59	0	977.77	930.07	59.62
5-77	其他木材面油聚酯清漆一油粉五聚酯清漆	100m²	5498.35	2274.27	1531.6	0	867.4	825.08	52.89
5-78	其他木材面油漆每增加一遍调和漆	100m²	463.03	154.8	193.03	0	59.04	56.16	3.6
5-79	其他木材面油漆每增加一遍醇酸磁漆	100m²	556.14	205.97	196.89	0	78.56	74.72	4.79
5-80	其他木材面油漆每增加一遍聚氨酯漆	100m²	538.42	193.07	201.67	0	73.64	70.04	4.49
5-81	其他木材面油漆每增加一遍醇酸清漆	100m²	340.36	116.1	137.86	0	44.28	42.12	2.7
5-82	其他木材面油漆每增加一遍硝基清漆	100m²	707.38	258	257.38	0	98.4	93.6	6
5-83	其他木材面油漆每增加一遍聚酯清漆	100m²	615.6	208.55	251.85	0	79.54	75.66	4.85
5-84	其他木材面油过氯乙烯漆一底二磁漆二清漆	100m²	3955.23	1131.33	1981.98	0	431.48	410.44	26.31
5-85	其他木材面油过氯乙烯漆每增加一遍底漆	100m²	657.81	193.07	321.06	0	73.64	70.04	4.49
5-86	其他木材面油过氯乙烯漆每增加一遍磁漆	100m²	671.05	193.07	334.3	0	73.64	70.04	4.49
5-87	其他木材面油过氯乙烯漆每增加一遍清漆	100m²	827.09	193.07	490.34	0	73.64	70.04	4.49
5-88	其他木材面熟桐油、色底油、广（生）漆	100m²	3701.94	1917.37	357.69	0	731.28	695.6	44.59

定额编号	项目	单位	综合单价（元）	人工费（元）	材料费（元）	机械费（元）	管理费（元）	利润（元）	定额工日（工日）
5－89	其他木材面润粉、虫胶清漆二遍、水晶地板漆二遍	100m²	2056.07	492.78	1196.57	0	187.94	178.78	11.46
5－90	木材面做花纹木纹	100m²	695.18	270.9	222.68	0	103.32	98.28	6.3
5－91	木材面做花纹石纹	100m²	776.8	270.9	304.3	0	103.32	98.28	6.3
5－92	木材面做花纹仿红木	100m²	914.3	430	164.3	0	164	156	10

020504014 木地板油漆 （m²）

定额编号	项目	单位	综合单价（元）	人工费（元）	材料费（元）	机械费（元）	管理费（元）	利润（元）	定额工日（工日）
5－93	木地板油漆地板漆二遍	100m²	641.14	205.11	295.79	0	78.23	62.01	4.77
5－94	木地板油漆一底油二地板漆	100m²	680.8	205.11	335.45	0	78.23	62.01	4.77
5－95	木地板油漆一油粉一漆片二硬蜡	100m²	747.59	358.62	143.77	0	136.78	108.42	8.34
5－96	木地板油漆一油粉一色漆片一软蜡	100m²	1041.38	481.6	230.5	0	183.68	145.6	11.2
5－97	木地板油漆一油粉二色清漆	100m²	885.74	370.66	261.65	0	141.37	112.06	8.62
5－98	木地板油漆一底油二色清漆	100m²	693.34	284.23	214.78	0	108.4	85.93	6.61
5－99	木地板油漆一油粉（色）二聚氨酯漆	100m²	2365.91	1141.22	444.41	0	435.26	345.02	26.54
5－100	木地板油漆每增加一遍聚氨酯漆	100m²	482.29	188.77	164.45	0	72	57.07	4.39
5－101	木地板油漆一油粉二泡立水二水晶地板漆	100m²	1928.7	447.63	1175.02	0	170.72	135.33	10.41

020504015 木地板烫硬蜡 （m²）

定额编号	项目	单位	综合单价（元）	人工费（元）	材料费（元）	机械费（元）	管理费（元）	利润（元）	定额工日（工日）
5－102	木地板烫蜡润粉烫硬蜡	100m²	1166.99	614.9	131.67	0	234.52	185.9	14.3
5－103	木地板烫蜡本色烫硬蜡	100m²	1303.09	614.9	267.77	0	234.52	185.9	14.3
5－104	木地板烫蜡一遍硬蜡	100m²	399.27	178.88	98.09	0	68.22	54.08	4.16

Y020504016 木材面刷防火涂料 （m²）

定额编号	项目	单位	综合单价（元）	人工费（元）	材料费（元）	机械费（元）	管理费（元）	利润（元）	定额工日（工日）
5－105	木材面刷防火涂料天棚圆木骨架二遍	100m²	1013.61	501.38	169.43	0	191.22	151.58	11.66
5－106	木材面刷防火涂料天棚圆木骨架每增加一遍	100m²	485.48	238.65	83.66	0	91.02	72.15	5.55
5－107	木材面刷防火涂料天棚方木骨架二遍	100m²	1051.56	523.74	169.73	0	199.75	158.34	12.18
5－108	木材面刷防火涂料天棚方木骨架每增加一遍	100m²	508.78	251.12	85.96	0	95.78	75.92	5.84
5－109	木材面刷防火涂料墙、柱面木龙骨二遍	100m²	681.8	346.15	98.98	0	132.02	104.65	8.05

续表

定额编号	项目	单位	综合单价（元）	人工费（元）	材料费（元）	机械费（元）	管理费（元）	利润（元）	定额工日（工日）
5–110	木材面刷防火涂料墙、柱面木龙骨每增加一遍	100m²	301.8	148.78	51.3	0	56.74	44.98	3.46
5–111	木材面刷防火涂料地板木龙骨二遍	100m²	632.77	294.55	136.83	0	112.34	89.05	6.85
5–112	木材面刷防火涂料地板木龙骨每增加一遍	100m²	293.22	129.43	75.3	0	49.36	39.13	3.01
5–113	木材面刷防火涂料地板木龙骨（带毛地板）2遍	100m²	1095.26	504.82	245.28	0	192.54	152.62	11.74
5–114	木材面刷防火涂料地板木龙骨（带毛地板）每增加一遍	100m²	498.02	221.88	124.44	0	84.62	67.08	5.16
5–115	木材面刷防火涂料其他木材面二遍	100m²	438.24	188.77	120.4	0	72	57.07	4.39
5–116	木材面刷防火涂料其他木材面每增加一遍	100m²	186.49	77.83	55.45	0	29.68	23.53	1.81

B.5.5　金属面油漆（020505）

020505001 金属面油漆（m²）

定额编号	项目	单位	综合单价（元）	人工费（元）	材料费（元）	机械费（元）	管理费（元）	利润（元）	定额工日（工日）
5–117	单层钢门窗油漆调和漆二遍	100m²	1137.13	477.3	304.63	0	182.04	173.16	11.1
5–118	单层钢门窗油漆调和漆每增加一遍	100m²	585.05	248.11	152.3	0	94.63	90.01	5.77
5–119	单层钢门窗油漆红丹防锈漆一遍	100m²	580.76	191.35	247.01	0	72.98	69.42	4.45
5–120	单层钢门窗油漆红丹防锈漆每增加一遍	100m²	553.67	191.35	219.92	0	72.98	69.42	4.45
5–121	单层钢门窗油漆醇酸磁漆二遍	100m²	1531.51	635.11	423.76	0	242.23	230.41	14.77
5–122	单层钢门窗油漆醇酸磁漆每增加一遍	100m²	723.66	287.24	222.66	0	109.55	104.21	6.68
5–123	单层钢门窗油漆银粉漆二遍	100m²	1352.7	564.59	367.95	0	215.33	204.83	13.13
5–124	单层钢门窗油漆银粉漆每增加一遍	100m²	630.71	270.9	158.21	0	103.32	98.28	6.3
5–125	单层钢门窗油漆过氯乙烯漆五遍成活	100m²	5360.26	1525.21	2700.01	0	581.71	553.33	35.47
5–126	单层钢门窗油漆过氯乙烯漆每增一遍底漆	100m²	952.11	293.69	439.86	0	112.01	106.55	6.83
5–127	单层钢门窗油漆过氯乙烯漆每增一遍磁漆	100m²	970.81	293.69	458.56	0	112.01	106.55	6.83
5–128	单层钢门窗油漆过氯乙烯漆每增一遍清漆	100m²	1148.69	273.48	671.69	0	104.3	99.22	6.36
5–129	单层钢门窗油漆冷固环氧树脂漆三遍成活	100m²	3748.01	1113.27	1806.26	0	424.6	403.88	25.89
5–130	单层钢门窗油漆冷固环氧树脂漆每增一遍底漆	100m²	1159.48	372.81	509.23	0	142.19	135.25	8.67

定额编号	项目	单位	综合单价（元）	人工费（元）	材料费（元）	机械费（元）	管理费（元）	利润（元）	定额工日（工日）
5-131	单层钢门窗油漆冷固环氧树脂漆每增一遍面漆	100m²	1177.62	355.61	557.37	0	135.63	129.01	8.27
5-132	其他金属面油漆调和漆二遍	t	240.69	89.01	85.44	0	33.95	32.29	2.07
5-133	其他金属面油漆调和漆每增减一遍	t	116.99	42.57	42.74	0	16.24	15.44	0.99
5-134	其他金属面油漆红丹防锈漆一遍	t	155.99	48.59	71.24	0	18.53	17.63	1.13
5-135	其他金属面油漆红丹防锈漆每增加一遍	t	148.33	48.59	63.58	0	18.53	17.63	1.13
5-136	其他金属面油漆醇酸磁漆二遍	t	325.76	117.82	120.26	0	44.94	42.74	2.74
5-137	其他金属面油漆醇酸磁漆每增加一遍	t	146.99	47.73	63.74	0	18.2	17.32	1.11
5-138	其他金属面油漆银粉漆二遍	t	298.21	111.8	103.21	0	42.64	40.56	2.6
5-139	其他金属面油漆银粉漆每增加一遍	t	147.85	58.91	45.1	0	22.47	21.37	1.37
5-140	其他金属面油漆过氯乙烯漆五遍成活	t	1271.99	293.69	759.74	0	112.01	106.55	6.83
5-141	其他金属面油漆过氯乙烯漆增减一遍底漆	t	215.65	52.89	123.4	0	20.17	19.19	1.23
5-142	其他金属面油漆过氯乙烯漆增减一遍磁漆	t	220.87	52.89	128.62	0	20.17	19.19	1.23
5-143	其他金属面油漆过氯乙烯漆增减一遍清漆	t	292.2	58.91	189.45	0	22.47	21.37	1.37
5-144	其他金属面油漆沥青漆三遍	t	395.76	182.32	77.76	0	69.54	66.14	4.24
5-145	金属平板屋面油漆沥青漆三遍	100m²	702.48	285.95	203.73	0	109.06	103.74	6.65
5-146	金属平板屋面油漆磷化底漆及锌黄底漆各一遍	100m²	677.51	172.86	376.01	0	65.93	62.71	4.02
5-147	钢结构刷防火涂料（厚型）钢柱、梁厚15mm	100m²	35 361.18	860	32 734.18	1127	328	312	20
5-148	钢结构刷防火涂料（厚型）钢柱、梁每增5mm	100m²	11 709.52	253.7	10 893.02	374	96.76	92.04	5.9
5-149	钢结构刷防火涂料（厚型）其他钢构件厚15mm	100m²	35 597.74	993.3	32 735.24	1130	378.84	360.36	23.1
5-150	钢结构刷防火涂料（厚型）其他钢构件每增减5mm	100m²	11 786.58	296.7	10 894.08	375	113.16	107.64	6.9
5-151	钢结构刷防火涂料（薄型）屋架、网架厚3mm	100m²	14 686.52	662.2	12 997.52	534	252.56	240.24	15.4
5-152	钢结构刷防火涂料（薄型）屋架、网架每增1mm	100m²	4739.34	141.9	4314.84	177	54.12	51.48	3.3
5-153	钢结构刷防火涂料（薄型）柱、梁厚3mm	100m²	12 504.22	507.4	11 342.22	277	193.52	184.08	11.8

续表

定额编号	项目	单位	综合单价（元）	人工费（元）	材料费（元）	机械费（元）	管理费（元）	利润（元）	定额工日（工日）
5-154	钢结构刷防火涂料（薄型）柱、梁每增1mm	100m²	4071.22	124.7	3762.72	91	47.56	45.24	2.9
5-155	钢结构刷防火涂料（薄型）其他构件厚3mm	100m²	12 839.28	696.6	11 343.28	281	265.68	252.72	16.2
5-156	钢结构刷防火涂料（薄型）其他构件每增加1mm	100m²	4116.22	150.5	3762.72	91	57.4	54.6	3.5
5-157	钢结构刷防火涂料（薄型）织物面喷阻燃剂一遍	100m²	268.06	17.2	214.06	24	6.56	6.24	0.4

B.5.6　抹灰面油漆（020505）

020506001 抹灰面油漆（m²）

定额编号	项目	单位	综合单价（元）	人工费（元）	材料费（元）	机械费（元）	管理费（元）	利润（元）	定额工日（工日）
5-158	抹灰面刷调和漆墙、柱、天棚一底油二调和漆	100m²	896.15	296.7	378.65	0	113.16	107.64	6.9
5-159	抹灰面刷调和漆墙、柱、天棚一底油三调和漆	100m²	1138.85	368.51	496.1	0	140.55	133.69	8.57
5-160	抹灰面刷调和漆拉毛面一底油二调和漆	100m²	1063.36	291.11	555.61	0	111.03	105.61	6.77
5-161	抹灰面刷乳胶漆局部刮石膏腻子二遍	100m²	1091.4	210.7	723.9	0	80.36	76.44	4.9
5-162	抹灰面刷乳胶漆局部刮石膏腻子三遍	100m²	1593.15	276.92	1110.15	0	105.62	100.46	6.44
5-163	抹灰面刷乳胶漆满刮石膏腻子二遍	100m²	1440.93	374.96	786.93	0	143.01	136.03	8.72
5-164	抹灰面刷乳胶漆满刮石膏腻子三遍	100m²	1942.69	441.18	1173.19	0	168.26	160.06	10.26
5-165	抹灰面刷乳胶漆满刮白水泥腻子二遍	100m²	1380.43	374.96	726.43	0	143.01	136.03	8.72
5-166	抹灰面刷乳胶漆满刮成品腻子一底漆二面漆	100m²	2058.28	325.08	1491.28	0	123.98	117.94	7.56
5-167	抹灰面刷乳胶漆满刮成品腻子每增一遍底漆	100m²	427.81	64.07	316.06	0	24.44	23.24	1.49
5-168	抹灰面刷乳胶漆满刮成品腻子每增一遍面漆	100m²	536.56	66.22	421.06	0	25.26	24.02	1.54
5-169	刷乳胶漆混凝土空花构件二遍	100m²	3719.7	606.3	2662.2	0	231.24	219.96	14.1
5-170	刷乳胶漆腰线及其他二遍	100m²	1636.25	408.5	923.75	0	155.8	148.2	9.5
5-171	抹灰面刷氟碳漆二遍	100m²	2708.92	928.8	1088.92	0	354.24	336.96	21.6
5-172	抹灰面刷过氯乙烯漆五遍成活	100m²	3174.99	572.33	2176.74	0	218.28	207.64	13.31
5-173	抹灰面刷过氯乙烯漆每增加一遍底漆	100m²	643.04	88.58	488.54	0	33.78	32.14	2.06
5-174	抹灰面刷过氯乙烯漆每增加一遍中间漆	100m²	485.24	83.42	339.74	0	31.82	30.26	1.94

续表

定额编号	项目	单位	综合单价（元）	人工费（元）	材料费（元）	机械费（元）	管理费（元）	利润（元）	定额工日（工日）
5-175	抹灰面刷过氯乙烯漆每增加一遍面漆	100m²	643.53	83.42	498.03	0	31.82	30.26	1.94
5-176	抹灰面刷水性水泥漆二遍	100m²	491.15	163.4	206.15	0	62.32	59.28	3.8
5-177	烟囱刷航标漆二遍	100m²	3130.37	572.33	2132.12	0	218.28	207.64	13.31
5-178	喷真石漆二遍	100m²	5615.03	1324.4	3305.03	0	505.12	480.48	30.8

B.5.7 喷、刷涂料（020507）

020507001 刷喷涂料（m²）

定额编号	项目	单位	综合单价（元）	人工费（元）	材料费（元）	机械费（元）	管理费（元）	利润（元）	定额工日（工日）
5-179	丙烯酸彩砂喷涂抹灰面	100m²	10013.07	494.5	8961.13	166.72	200.24	190.48	11.5
5-180	丙烯酸彩砂喷涂混凝土墙	100m²	13336.2	543.95	12131.31	225.42	223.2	212.32	12.65
5-181	氯乙烯偏氯乙烯共聚物防霉涂料三遍	100m²	766.85	152.22	443.15	40.6	67.08	63.8	3.54
5-182	氯乙烯偏氯乙烯共聚物防霉涂料每增遍	100m²	280.28	38.27	154.28	41.33	23.78	22.62	0.89
5-183	内墙面888仿瓷涂料	100m²	397.4	165.55	126.36	0	63.14	42.35	3.85
5-184	天棚面888仿瓷涂料	100m²	417.12	176.3	128.48	0	67.24	45.1	4.1
5-185	大白浆二遍	100m²	133.17	71.38	16.31	0	27.22	18.26	1.66
5-186	石灰大白浆二遍	100m²	136.53	71.38	12.03	0	27.22	25.9	1.66
5-187	喷刷石灰浆三遍	100m²	99.23	55.9	1.73	0	21.32	20.28	1.3
5-188	可赛银浆二遍	100m²	201.07	105.35	17.32	0	40.18	38.22	2.45
5-189	白水泥浆二遍光面	100m²	200.17	95.46	33.67	0	36.41	34.63	2.22
5-190	白水泥浆二遍毛面	100m²	673.33	362.06	41.83	0	138.09	131.35	8.42
5-191	刷红土子浆二遍	100m²	140.11	55.9	42.61	0	21.32	20.28	1.3

B.5.8 花饰、线条刷涂料（020508）

020508001/2 空花格、栏杆、线条刷涂料（m²/m）

定额编号	项目	单位	综合单价（元）	人工费（元）	材料费（元）	机械费（元）	管理费（元）	利润（元）	定额工日（工日）
5-192	混凝土栏杆花饰白水泥浆二遍	100m²	701.02	362.06	69.52	0	138.09	131.35	8.42
5-193	腰线及其他白水泥浆二遍	100m²	598.95	320.35	40.2	0	122.18	116.22	7.45

B.5.9 裱糊（020509）

020509001 墙纸裱糊（m²）

定额编号	项目	单位	综合单价（元）	人工费（元）	材料费（元）	机械费（元）	管理费（元）	利润（元）	定额工日（工日）
5-194	墙面贴装饰纸墙纸不对花	100m²	2672.61	766.26	1336.11	0	292.25	277.99	17.82
5-195	墙面贴装饰纸墙纸对花	100m²	2819.86	819.15	1391.11	0	312.42	297.18	19.05
5-196	柱面贴装饰纸墙纸不对花	100m²	2872.25	842.8	1396.25	6	321.44	305.76	19.6
5-197	柱面贴装饰纸墙纸对花	100m²	3002.82	885.8	1451.82	6	337.84	321.36	20.6
5-198	墙面贴装饰纸金属墙纸	100m²	4267.24	819.15	2838.49	0	312.42	297.18	19.05
5-199	柱面贴装饰纸金属墙纸	100m²	4538.45	885.8	2987.45	6	337.84	321.36	20.6
5-200	天棚面贴装饰纸墙纸不对花	100m²	3034.86	973.95	1336.11	0	371.46	353.34	22.65
5-201	天棚面贴装饰纸墙纸对花	100m²	3221.86	1049.63	1391.11	0	400.32	380.8	24.41
5-202	天棚面贴装饰纸金属墙纸	100m²	4669.24	1049.63	2838.49	0	400.32	380.8	24.41

020509002 织锦缎裱糊（m²）

定额编号	项目	单位	综合单价（元）	人工费（元）	材料费（元）	机械费（元）	管理费（元）	利润（元）	定额工日（工日）
5-203	织锦缎裱糊墙面	100m²	4829.11	942.13	3185.86	0	359.32	341.8	21.91
5-204	织锦缎裱糊柱面	100m²	5169.5	1036.3	3356	6	395.24	375.96	24.1
5-205	织锦缎裱糊天棚面	100m²	5291.11	1207.01	3185.86	0	460.35	437.89	28.07

B.6 其他工程综合单价
B.6.2 暖气罩（020602）

020602001 饰面板暖气罩（m²）

定额编号	项目	单位	综合单价（元）	人工费（元）	材料费（元）	机械费（元）	管理费（元）	利润（元）	定额工日（工日）
6-1	暖气罩靠墙式	100m²	1133.21	177.16	843.16	0	67.57	45.32	4.12
6-2	暖气罩明式	100m²	1253.34	215.43	900.64	0	82.16	55.11	5.01
6-3	暖气罩（挂板式）柚木板	100m²	2254.73	267.89	1795.14	21	102.17	68.53	6.23

020602002 塑料板暖气罩（m²）

定额编号	项目	单位	综合单价（元）	人工费（元）	材料费（元）	机械费（元）	管理费（元）	利润（元）	定额工日（工日）
6-4	暖气罩（挂板式）塑料板	10m²	1260.97	213.71	899.08	12	81.51	54.67	4.97

020602003 金属暖气罩（m²）

定额编号	项目	单位	综合单价（元）	人工费（元）	材料费（元）	机械费（元）	管理费（元）	利润（元）	定额工日（工日）
6－5	铝合金暖气罩平墙式	10m²	1804.27	211.56	1444.9	13	80.69	54.12	4.92
6－6	铝合金暖气罩明式	10m²	2916.72	330.24	2350.05	26	125.95	84.48	7.68
6－7	钢板暖气罩平墙式	10m²	1168.87	136.74	906	39	52.15	34.98	3.18
6－8	钢板暖气罩明式	10m²	2046.03	219.3	1614.99	72	83.64	56.1	5.1

B.6.3　浴厕配件（020603）

020603001 洗漱台（m²/个）

定额编号	项目	单位	综合单价（元）	人工费（元）	材料费（元）	机械费（元）	管理费（元）	利润（元）	定额工日（工日）
6－9	大理石洗漱台单孔	个	563.75	175.44	276.52	0	66.91	44.88	4.08
6－10	大理石洗漱台双孔	个	599.35	175.44	312.12	0	66.91	44.88	4.08

020603003/5 帘子杆、毛巾杆（根/套）

定额编号	项目	单位	综合单价（元）	人工费（元）	材料费（元）	机械费（元）	管理费（元）	利润（元）	定额工日（工日）
6－11	浴室镀铬帘子杆	10套	338.97	9.46	322.48	1	3.61	2.42	0.22
6－12	浴室镀铬毛巾杆	10套	246.16	9.46	229.67	1	3.61	2.42	0.22
6－13	浴室塑料毛巾杆	10套	183.75	7.44	169.07	2.5	2.84	1.9	0.173
6－14	浴室不锈钢毛巾架	10套	625.2	10.32	605.3	3	3.94	2.64	0.24

020603004/6 浴缸拉手、毛巾环（根/套）

定额编号	项目	单位	综合单价（元）	人工费（元）	材料费（元）	机械费（元）	管理费（元）	利润（元）	定额工日（工日）
6－15	浴室（浴缸）不锈钢拉手	10套	602.37	9.29	584.06	3.1	3.54	2.38	0.216
6－16	浴室不锈钢毛巾环	10套	301.02	10.32	282.12	2	3.94	2.64	0.24

020603009 镜面玻璃（m²）

定额编号	项目	单位	综合单价（元）	人工费（元）	材料费（元）	机械费（元）	管理费（元）	利润（元）	定额工日（工日）
6－17	镜面玻璃1m²以内带框	10m²	1660.85	245.96	1214.16	44	93.81	62.92	5.72
6－18	镜面玻璃1m²以内不带框	10m²	1797.23	135.02	1564.17	12	51.5	34.54	3.14
6－19	镜面玻璃1m²以外带框	10m²	1351.82	188.34	1033.47	10	71.83	48.18	4.38
6－20	镜面玻璃1m²以外不带框	10m²	1670.8	122.12	1460.86	10	46.58	31.24	2.84

B.6.4　压条、装饰线（020604）

020604001 金属装饰线（m）

定额编号	项目	单位	综合单价（元）	人工费（元）	材料费（元）	机械费（元）	管理费（元）	利润（元）	定额工日（工日）
6－21	金属装饰条铝合金角线	100m	819.9	153.08	557.28	12	58.38	39.16	3.56
6－22	金属装饰条铝合金槽线	100m	770.38	153.08	507.76	12	58.38	39.16	3.56
6－23	金属装饰条铝合金压条	100m	535.08	85.57	387.98	7	32.64	21.89	1.99
6－24	金属装饰条镜面不锈钢条（宽）	100m	1461.69	358.19	875.26	0	136.61	91.63	8.33
6－25	金属装饰条镜面不锈钢条（宽）	100m	1807.79	358.19	1221.36	0	136.61	91.63	8.33
6－26	金属装饰条镜面不锈钢条（宽）100m以上	100m	2522.99	358.19	1936.56	0	136.61	91.63	8.33
6－27	金属装饰条墙柱面嵌铜条	100m	1229.82	313.47	696.6	20	119.56	80.19	7.29

020604002 木质装饰线（m）

定额编号	项目	单位	综合单价（元）	人工费（元）	材料费（元）	机械费（元）	管理费（元）	利润（元）	定额工日（工日）
6－28	木装饰条半圆线（平板线）宽15	100m	218.9	102.77	50.64	0	39.2	26.29	2.39
6－29	木装饰条半圆线（平板线）宽15	100m	304.59	102.77	128.33	8	39.2	26.29	2.39
6－30	木装饰条三道线内宽16～25mm	100m	245.15	102.77	76.89	0	39.2	26.29	2.39
6－31	木装饰条三道线内宽25mm以上	100m	354.99	102.77	178.73	8	39.2	26.29	2.39
6－32	木装饰条三道线外宽16～25mm	100m	308.74	102.77	140.48	0	39.2	26.29	2.39
6－33	木装饰条三道线外宽25mm以上	100m	460.26	102.77	284	8	39.2	26.29	2.39
6－34	木装饰条小压角线宽30mm以内	100m	449.76	104.06	271.39	8	39.69	26.62	2.42
6－35	木装饰条小压角线宽30mm以上	100m	627.31	104.06	448.94	8	39.69	26.62	2.42
6－36	木装饰条大压角线宽60mm以内	100m	840.04	104.06	661.67	8	39.69	26.62	2.42
6－37	木装饰条大压角线宽60mm以上	100m	904.75	104.06	726.38	8	39.69	26.62	2.42

020604003 石材装饰线（m）

定额编号	项目	单位	综合单价（元）	人工费（元）	材料费（元）	机械费（元）	管理费（元）	利润（元）	定额工日（工日）
6－38	石材装饰条圆边线	100m	5217.26	153.08	4948.64	18	58.38	39.16	3.56
6－39	石材装饰条角线	100m	3127.76	153.08	2859.14	18	58.38	39.16	3.56
6－40	石材装饰条异形线	100m	7138.76	153.08	6870.14	18	58.38	39.16	3.56
6－41	石材装饰条镜框线	100m	4933.76	153.08	4665.14	18	58.38	39.16	3.56
6－42	石材边加工磨倒角边	100m	3657.5	1720	175.8	665.7	656	440	40
6－43	石材边加工磨弧形边	100m	563.05	258	27.4	113.25	98.4	66	6
6－44	面砖边加工磨45度角	100m	456.4	236.5	21.2	48	90.2	60.5	5.5

定额编号	项目	单位	综合单价（元）	人工费（元）	材料费（元）	机械费（元）	管理费（元）	利润（元）	定额工日（工日）
6-45	石材板缝嵌云石胶	100m	238.14	86	97.34	0	32.8	22	2
6-46	石材面开洞	10个	52.4	30.1	2.12	1	11.48	7.7	0.7
6-47	瓷砖面开洞	10个	23.18	12.9	1.06	1	4.92	3.3	0.3
6-48	石膏装饰条	100m	312.05	92.02	161.39	0	35.1	23.54	2.14
6-49	镜面玻璃装饰条	100m	296.48	102.77	128.22	0	39.2	26.29	2.39
6-50	硬塑料装饰条	100m	385.55	92.02	234.89	0	35.1	23.54	2.14

B.6.5 雨篷（020605）

020605001 雨篷吊挂饰面（m²）

定额编号	项目	单位	综合单价（元）	人工费（元）	材料费（元）	机械费（元）	管理费（元）	利润（元）	定额工日（工日）
6-51	雨篷底吊铝骨架铝条天棚	100m²	11 337.98	860	9882.98	47	328	220	20
6-52	铝合金扣板雨篷	100m²	24 171.73	4300	17 084.73	47	1640	1100	100

B.6.6 招牌、灯箱（020606）

020606001 平面、箱式招牌（m²）

定额编号	项目	单位	综合单价（元）	人工费（元）	材料费（元）	机械费（元）	管理费（元）	利润（元）	定额工日（工日）
6-53	平面招牌基层木结构一般	10m²	872.55	177.16	572.11	10.39	67.57	45.32	4.12
6-54	平面招牌基层木结构复杂	10m²	1049.35	215.43	684.98	11.67	82.16	55.11	5.01
6-55	平面招牌基层钢结构一般	10m²	1357.75	315.19	735.76	84.04	133.33	89.43	7.33
6-56	平面招牌基层钢结构复杂	10m²	1604.93	367.22	887.58	92.02	154.49	103.62	8.54
6-57	箱式招牌基层钢结构厚500mm以	10m³	6792.2	1615.08	3642.77	396.98	680.76	456.61	37.56
6-58	箱式招牌基层钢结构厚500mm以	10m³	7392.45	1772.46	3937.6	434.05	747.18	501.16	41.22
6-59	箱式招牌基层钢结构厚500mm以	10m³	4631.53	1158.42	2368.25	288.61	488.56	327.69	26.94
6-60	箱式招牌基层钢结构厚500mm以	10m³	5068.47	1271.51	2585.37	315.61	536.28	359.7	29.57
6-61	金属牌面板无框式0.5m²以内	10块	3629.23	80.84	3492.32	4.56	30.83	20.68	1.88

续表

定额编号	项目	单位	综合单价（元）	人工费（元）	材料费（元）	机械费（元）	管理费（元）	利润（元）	定额工日（工日）
6-62	金属牌面板无框式 0.5m² 以上	10 块	2027.3	107.5	1843.32	7.98	41	27.5	2.5
6-63	金属牌面板有框式 0.5m² 以内	10 块	3837.86	139.75	3604.5	4.56	53.3	35.75	3.25
6-64	金属牌面板有框式 0.5m² 以上	10 块	2255.52	157.38	1989.88	7.98	60.02	40.26	3.66
6-65	店牌大理石牌面板 0.5m² 以内	10 块	1397.48	161.25	1128.92	4.56	61.5	41.25	3.75
6-66	店牌大理石牌面板 0.5m² 以上	10 块	2067.1	193.5	1742.32	7.98	73.8	49.5	4.5
6-67	店牌木质牌面板 0.5m² 以内	10 块	665.98	53.75	573.42	4.56	20.5	13.75	1.25
6-68	店牌木质牌面板 0.5m² 以上	10 块	852.45	80.84	712.12	7.98	30.83	20.68	1.88
6-69	店牌透光彩	10m²	3003.19	890.1	1466.62	65.59	347.68	233.2	20.7

020606002 竖式标箱（个/m³）

定额编号	项目	单位	综合单价（元）	人工费（元）	材料费（元）	机械费（元）	管理费（元）	利润（元）	定额工日（工日）
6-70	竖式标箱基层钢结构厚 500mm 以	10m³	6844.05	2093.67	2754.18	516.05	885.93	594.22	48.69
6-71	竖式标箱基层钢结构厚 500mm 以	10m³	7525.64	2303.08	3026.8	567.38	974.65	653.73	53.56
6-72	竖式标箱基层钢结构厚 500mm 以	10m³	4913.43	1503.28	1973.86	373.44	636.16	426.69	34.96
6-73	竖式标箱基层钢结构厚 500mm 以上异形	10m³	5406.29	1655.5	2170.97	409.57	700.44	469.81	38.5

B.6.8　窗帘（Y020608）

Y020608001 成品窗帘安装（m²）

定额编号	项目	单位	综合单价（元）	人工费（元）	材料费（元）	机械费（元）	管理费（元）	利润（元）	定额工日（工日）
6-74	布窗帘安装	100m²	1363.4	83.85	1226.12	0	31.98	21.45	1.95
6-75	丝窗帘安装	100m²	1689.8	83.85	1552.52	0	31.98	21.45	1.95
6-76	塑料窗帘安装	100m²	2972.17	69.66	2858.12	0	26.57	17.82	1.62
6-77	豪华窗帘安装	100m²	11397.08	224.03	11030.3	0	85.44	57.31	5.21

YB.7　单独承包装饰工程超高费

Y020700 单独承包装饰工程超高费（工日）

定额编号	项目	单位	综合单价（元）	人工费（元）	材料费（元）	机械费（元）	管理费（元）	利润（元）	定额工日（工日）
7-1	建筑物层数（层）7~9 檐高（m 以内）30	工日	2.15	0	0	2.15	0	0	0

续表

定额编号	项目	单位	综合单价（元）	人工费（元）	材料费（元）	机械费（元）	管理费（元）	利润（元）	定额工日（工日）
7－2	建筑物层数（层）10～12 檐高（m以内）40	工日	3.01	0	0	3.01	0	0	0
7－3	建筑物层数（层）13～15 檐高（m以内）50	工日	3.88	0	0	3.88	0	0	0
7－4	建筑物层数（层）16～18 檐高（m以内）60	工日	4.74	0	0	4.74	0	0	0
7－5	建筑物层数（层）19～21 檐高（m以内）70	工日	5.6	0	0	5.6	0	0	0
7－6	建筑物层数（层）22～24 檐高（m以内）80	工日	6.46	0	0	6.46	0	0	0
7－7	建筑物层数（层）25～27 檐高（m以内）90	工日	7.32	0	0	7.32	0	0	0
7－8	建筑物层数（层）28～30 檐高（m以内）100	工日	8.18	0	0	8.18	0	0	0
7－9	建筑物层数（层）31～33 檐高（m以内）110	工日	9.04	0	0	9.04	0	0	0
7－10	建筑物层数（层）34～36 檐高（m以内）120	工日	9.9	0	0	9.9	0	0	0
7－11	建筑物层数（层）37～39 檐高（m以内）130	工日	10.77	0	0	10.77	0	0	0
7－12	建筑物层数（层）40～42 檐高（m以内）140	工日	11.63	0	0	11.63	0	0	0
7－13	建筑物层数（层）43～45 檐高（m以内）150	工日	12.49	0	0	12.49	0	0	0

YB.8 措施项目费

Y020801 单独承包装饰工程垂直运输费（工日）

定额编号	项目	单位	综合单价（元）	人工费（元）	材料费（元）	机械费（元）	管理费（元）	利润（元）	定额工日（工日）
8－1	建筑物檐高（m以内）20	工日	2.15	0	0	2.15	0	0	0
8－2	建筑物檐高（m以内）30	工日	2.48	0	0	2.48	0	0	0
8－3	建筑物檐高（m以内）40	工日	2.8	0	0	2.8	0	0	0
8－4	建筑物檐高（m以内）50	工日	3.23	0	0	3.23	0	0	0
8－5	建筑物檐高（m以内）60	工日	3.88	0	0	3.88	0	0	0
8－6	建筑物檐高（m以内）70	工日	4.31	0	0	4.31	0	0	0
8－7	建筑物檐高（m以内）80	工日	4.95	0	0	4.95	0	0	0

续表

定额编号	项目	单位	综合单价（元）	人工费（元）	材料费（元）	机械费（元）	管理费（元）	利润（元）	定额工日（工日）
8-8	建筑物檐高（m以内）90	工日	5.81	0	0	5.81	0	0	0
8-9	建筑物檐高（m以内）100	工日	6.67	0	0	6.67	0	0	0
8-10	建筑物檐高（m以内）110	工日	7.32	0	0	7.32	0	0	0
8-11	建筑物檐高（m以内）120	工日	8.4	0	0	8.4	0	0	0
8-12	建筑物檐高（m以内）130	工日	9.47	0	0	9.47	0	0	0
8-13	建筑物檐高（m以内）140	工日	11.63	0	0	11.63	0	0	0
8-14	建筑物檐高（m以内）150	工日	12.7	0	0	12.7	0	0	0

Y020802 装饰工程成品保护费（m²）

定额编号	项目	单位	综合单价（元）	人工费（元）	材料费（元）	机械费（元）	管理费（元）	利润（元）	定额工日（工日）
8-15	塑料薄膜保护地面	100m²	208.96	55.9	118.48	0	18.98	15.6	1.3
8-16	塑料薄膜保护楼梯	100m²	259.16	69.23	147.1	0	23.51	19.32	1.61
8-17	塑料薄膜保护台阶	100m²	281.46	75.25	159.66	0	25.55	21	1.75
8-18	塑料薄膜保护墙面	100m²	258.17	82.56	124.54	0	28.03	23.04	1.92
8-19	麻袋保护地面	100m²	197.08	83.85	61.36	0	28.47	23.4	1.95
8-20	麻袋保护楼梯	100m²	253.05	104.06	84.62	0	35.33	29.04	2.42
8-21	麻袋保护台阶	100m²	275.05	113.09	92	0	38.4	31.56	2.63
8-22	纤维板保护平面	100m²	406.08	83.85	270.36	0	28.47	23.4	1.95

Y020803 外墙装饰脚手架费（m²/m）

定额编号	项目	单位	综合单价（元）	人工费（元）	材料费（元）	机械费（元）	管理费（元）	利润（元）	定额工日（工日）
8-23	外墙装饰钢管脚手架墙高（m以内）10	100m²	343.39	101.52	155.73	21.42	35.52	29.2	2.433
8-24	外墙装饰钢管脚手架墙高（m以内）15	100m²	503.27	126.16	274.76	22.31	43.93	36.11	3.009
8-25	外墙装饰钢管脚手架墙高（m以内）24	100m²	681.65	139.32	431.84	22.31	48.4	39.78	3.315
8-26	外墙装饰钢管脚手架墙高（m以内）30	100m²	925.54	143.71	668.63	22.31	49.89	41	3.417
8-27	外墙装饰钢管脚手架墙高（m以内）50	100m²	1273.72	171.57	961.98	31.24	59.79	49.14	4.095
8-28	外墙装饰钢管脚手架墙高（m以内）70	100m²	2059.45	218.14	1671.37	32.13	75.64	62.17	5.181
8-29	外墙装饰钢管脚手架墙高（m以内）90	100m²	2710.8	325.6	2148.78	32.13	112.13	92.16	7.68
8-30	外墙装饰钢管脚手架墙高（m以内）110	100m²	3613.74	502.71	2765.04	32.13	172.27	141.59	11.799
8-31	外墙装饰钢管脚手架墙高（m以内）130	100m²	4017.1	563.47	3067.03	34.6	193.2	158.8	13.233
8-32	外墙装饰钢管脚手架墙高（m以内）150	100m²	4302.37	631.71	3241.41	34.95	216.42	177.88	14.823
8-33	外墙装饰钢管脚手架墙高（m以内）180	100m²	4605.76	708.6	3419.93	35.3	242.56	199.37	16.614
8-34	外墙装饰吊篮脚手架	100m²	554.76	172.43	264.66	11	58.55	48.12	4.01
8-35	外墙装饰挑脚手架	100m²	1778.08	952.45	191.07	41.65	325.43	267.48	22.29
8-36	悬空脚手架	100m²	428.7	205.54	83.05	11.9	70.37	57.84	4.82

第二部分

清单计价

第一章 建筑装饰工程量清单计价的概述

学习目的:

工程量清单计价方法是建设工程招投标中,招标人按照国家统一的工程量计算规则提供工程量清单,投标人依据工程量清单、拟建工程的施工方案、结合自身实际情况并考虑风险后自主报价的工程造价计价模式。

工程量清单计价是市场形成工程造价的主要形式,是确定招标标底或投标报价的办法。学习和掌握工程量清单计价的知识,有利于管理者提高企业自主报价的能力,更好地实现从政府定价到市场定价的转变;有利于规范业主在招标中的行为,更有效改变和扼制招标单位在招标中盲目压价的行为;有利于控制建设项目投资,能够合理利用资源,从而促进技术进步,提高劳动生产率,促进建设市场有序竞争。

所以,对工程量清单计价相关知识的认真学习是非常必要的,以此能够按照工程建设的实际情况制定相对应的合理的工程量清单报价,以确保施工任务科学有效地进行。它是从业者必须具备的专业知识和素养。

学习要点:

工程量清单计价的规定是工程造价的依据,本章要求学生熟悉建设工程工程量清单计价的总则;工程量清单计价的相关术语;工程量清单计价的一般规定;工程量清单计价的概念及其与定额计价的差别。

根据建设部工作部署和建设部标准定额司工程造价管理工作要点,为改革工程造价计价方法,推行工程量清单计价,建设部标准定额研究所受建设部标准定额司的委托,开始组织有关部门和地区工程造价专家编制《全国统一工程量清单计价办法》,为了增强工程量清单基价办法的权威性和强制性,最后定名为《建设工程工程量清单计价规范》(以下简称计价规范),经建设部批准为国家标准,于二零一三年七月一日正式施行。

第一节 总则

1. 为规范建设工程造价计价行为,统一建设工程计价文件的编制原则和计价方法,根据《中华人民共和国建筑法》《中华人民共和国合同法》《中华人民共和国招标投标法》等法律法规,制定 GB 50500—2013。

2. GB 50500—2013 适用于建设工程发承包及实施阶段的计价活动。

3. 建设工程发承包及实施阶段的工程造价应由分部分项工程费、措施项目费、其他项目费、规费和税金组成。

4. 招标工程量清单、招标控制价、投标报价、工程计量、合同价款调整、合同价款结算与支付以及工程造价鉴定等工程造价文件的编制与核对,应由具有专业资格的工程造价人员承担。

5. 承担工程造价文件的编制与核对的工程造价人员及其所在单位，应对工程造价文件的质量负责。

6. 建设工程发承包及实施阶段的计价活动应遵循客观、公正、公平的原则。

7. 建设工程发承包及实施阶段的计价活动，除应符合 GB 50500—2013 外，尚应符合国家现行有关标准的规定。

第二节　工程量清单计价的相关术语

一、工程量清单

建设工程的分部分项工程项目、措施项目和其他项目的名称和相应数量以及规费、税金项目等的明细清单。

注：建设工程工程量清单计价构成：分部分项工程项目、措施项目、其他项目、规费、税金的名称及相应的数量。

二、招标工程量清单

招标人依据国家标准、招标文件、设计文件以及施工现场实际情况编制的，随招标文件发布供投标报价的工程量清单，包括对其的说明和表格。

注：招标工程量清单是招标阶段共投标人投标报价的工程量清单，是对工程量清单进一步的具体化。

三、已标价工程量清单

构成合同文件组成部分的投标文件中已表明价格，经算术性错误修正（如有）且承包人已确认的工程量清单，包括对其的说明和表格。

注：已标价工程量清单表示的是投标人对招标工程量清单已标明价格，并被招标人接受，构成合同文件组成部分的工程量清单。

四、分部分项工程

分部工程是单项或单位工程的组成部分，是按结构部位、路段长度及施工特点或施工任务将单项或单位工程划分为若干分部的工程；分项工程是分部工程的组成部分，是按不同施工方法、材料、工序及路段长度等将分部工程划分为若干个分项或项目的工程。

注：已标价工程量清单表示的是投标人对招标工程量清单标明价格，并被招标人接受，构成合同文件组成部分的工程量清单。

五、措施项目

为完成工程项目施工，发生于该工程施工准备和施工过程中的技术、生活、安全、环境保护等方面的项目。

注：其中"安全文明施工费"是不可竞争。

六、项目编码

分部分项工程和措施项目清单名称的阿拉伯数字标识。

注：本条对"项目编码"重新进行了定义，由于新的相关工程国家计量规范不只是对分部分项工程，同时对措施项目名称也进行了编码，所以新的定义增加了措施项目。

七、项目特征

构成分部分项工程项目、措施项目自身价值的本质特征。

八、综合单价

完成一个规定清单项目所需的人工费、材料和工程设备费、施工机具使用费和企业管理费、利润以及一定范围内的风险费用。

注：该定义并不是包括全部费用的综合单价而是一种狭义上的综合单价，规费和税金等不可竞争的费用并不包括在项目单价中。

九、风险费用

隐含于已标价工程量清单综合单价中，用于化解发承包双方在工程合同中约定内容和范围内的市场价格波动风险的费用。

十、工程成本

承包人为实施合同工程并达到质量标准，在确保安全施工的前提下，必须消耗或使用的人工、材料、工程设备、施工机械台班及其管理等方面发生的费用和按规定缴纳的规费和税金。

十一、单价合同

发承包双方约定以工程量清单及其综合单价进行合同价款计算、调整和确认的建设工程施工合同。

注：实行工程量清单计价的工程，一般应采用单价合同方式，即合同中的工程量清单项目综合单价在合同约定的条件下固定不变，超过合同约定条件时，依据合同约定进行调整；工程量清单项目及工程量依据承包人实际完成且应予计量的工程量确定。

十二、总价合同

发承包双方约定以施工图及其预算和有关条件进行合同价款计算、调整和确认的建设工程施工合同。

十三、成本加酬金合同

承包双方约定以施工工程成本再加合同约定酬金进行合同价款计算、调计算、调整和确认的建设工程施工合同。

注：成本加酬金合同是承包人不承担任何价格变化和工程量变化的风险的合同，不利于发包人对工程造价的控制。通常在工程特别复杂且工程技术、结构方案不能预先确定的条件下或时间特别紧迫来不及进行详细的计划和商谈的情况下使用。

十四、工程造价信息

工程造价管理机构根据调查和测算发布的建设工程人工、材料、工程设备、施工机械台班的价格信息，以及各类工程的造价指数、指标。

十五、工程造价指数

指数反映一定时期的工程造价相对于某一固定时期的工程造价变化程度的比值或比率。包括按单位或单项工程划分的造价指数，按工程造价构成要素划分的人工、材料、机械等价格指数。

注：工程造价指数是调整工程造价价差的依据之一。

十六、工程变更

合同工程实施过程中由发包人提出或由承包人提出经发包人批准的合同工程任何一项工作的增、减、取消或施工工艺、顺序、时间的改变；设计图纸的修改；施工条件的改变；招标工程量清单的错、漏从而引起合同条件的改变或工程量的增减变化。

注：本条从工程变更范围角度定义了工程变更，与56号令中"一增一减三改变"的工程变更范围相比，主要有两处不同：

1. 未包括"改变合同中任何一项工作的质量或其他特性"。

2. 将"招标工程量清单的错、漏而引起合同条件的改变或工程量的增减变化"明确为变更的范围。

十七、工程量偏差

承包人按照合同工程的图纸（含经发包人批准由承包人提供的图纸）实施，按照现行国家计量规范规定的工程量计算规则计算得到的完成合同工程项目应予计量的工程量与相应的招标工程量清单项目列出的工程量之间出现的量差。

注：工程量偏差是由于招标工程量清单出现疏漏或者合同履行过程中出现设计变更、施工条件变化等影响引起的。

对于任一招标工程量清单项目，当因本节规定的工程量偏差和工程变更等原因导致工程量偏差超过15%时，可进行调整。当工程量增加15%以上时，增加部分的工程量的综合单价应予调低；当工程量减少15%以上时，减少后剩余部分的工程量的综合单价应予调高。

十八、暂列金额

招标人在工程量清单中暂定并包括在合同价款中的一笔款项。用于工程合同签订时尚未确定或者不可预见的所需材料、工程设备、服务的采购，施工中可能发生的工程变更、合同约定调整因素出现时的合同价款调整以及发生的索赔、现场签证确认等的费用。

注："暂列金额"的含义：

1. 暂列金额的性质：包括在合同价之内，但并不直接属承包人所有，而是由发包人暂定并掌握使用的一笔款项。

2. 暂列金额的用途：由发包人用于在施工合同协议价签订时，尚未确定或者不可预见的在施工过程中所需的材料、设备、服务的采购，以及施工过程中合同约定的各种工程价款调整因素出现时的工程价款调整以及索赔、现场签证确认的费用。

十九、暂估价

招标人在工程量清单中提供的用于支付必然发生但暂时不能确定价格的材料、工程设备的单价以及专业工程的金额。

注：发包人在招标工程量清单中给定暂估价的专业工程，依法必须招标的，应当由发承包双方依法组织招标选择专业分包人，并接受有管辖权的建设工程招标投标管理机构的监督，还应符合下列要求：

1. 除合同另有约定外，承包人不参加投标的专业工程发包招标，应由承包人作为招标人，但拟定的招标文件、评标工作、评标结果应报送发包人批准。与组织招标工作有关的费用应当被认为已经包括在承包人的签约合同价（投标总报价）中。

2. 承包人参加投标的专业工程发包招标，应由发包人作为招标人，与组织招标工作有关的费用由发包人承担。同等条件下，应优先选择承包人中标。

3 应以专业工程发包中标价为依据取代专业工程暂估价，调整合同价款。

二十、计日工

在施工过程中，承包人完成发包人提出的工程合同范围以外的零星项目或工作，按合同中约定的单价计价的一种方式。

采用计日工计价的任何一项变更工作，在该项变更的实施过程中，承包人应按合同约定提交下列报表和有关凭证送发包人复核：

1. 工作名称、内容和数量。

2. 投入该工作所有人员的姓名、工种、级别和耗用工时。

3. 投入该工作的材料名称、类别和数量。

4. 投入该工作的施工设备型号、台数和耗用台时。

5. 发包人要求提交的其他资料和凭证。

任一计日工项目持续进行时，承包人应在该项工作实施结束后的 24 小时内向发包人提交有计日工记录汇总的现场签证报告一式三份。发包人在收到承包人提交现场签证报告后的 2 天内予以确认并将其中一份返还给承包人，作为计日工计价和支付的依据。发包人逾期未确认也未提出修改意见的，应视为承包人提交的现场签证报告已被发包人认可。

任一计日工项目实施结束后，承包人应按照确认的计日工现场签证报告核实该类项目的工程数量，并应根据核实的工程数量和承包人已标价工程量清单中的计日工单价计算，提出应付价款；已标价工程量清单中没有该类计日工单价的，由发承包双方按商定计日工单价计算。

每个支付期末，承包人应按照规定向发包人提交本期间所有计日工记录的签证汇总表，并应说明本期间自己认为有权得到的计日工金额，调整合同价款，列入进度款支付。

注："计日工"是指对工程合同范围以外的零星项目或工作采取的一种计价方式，包括以下内容：

1. 完成该项工作的人工、材料、施工机械台班等。计日工的单价由投标人通过投标报价确定。

2. 计日工的数量按完成发包人发出的计日工指令的数量确定。

二十一、总承包服务费

总承包人为配合协调发包人进行的专业工程发包，对发包人自行采购的材料、工程设备等进行保管以及施工现场管理、竣工资料汇总整理等服务所需的费用。

注：总承包服务费应列出服务项目及其内容等。

二十二、安全文明施工费

在合同履行过程中，承包人按照国家法律、法规、标准等规定，为保证安全施工、文明施工，保护现场内外环境和搭拆临时设施等所采用的措施而发生的费用。

注：安全文明施工费是指按照原建设部办公厅印发的《建筑工程安全防护、文明施工措施费及使用管理规定》，即环境保护费、文明施工费、安全施工费、临时设施费统一在一起的命名。

二十三、索赔

在工程合同履行过程中，合同当事人一方因非己方的原因而遭受损失，按合同约定或法律法规规定承担责任，从而向对方提出补偿的要求。

注：

1. 承包人索赔应按下列程序处理

（1）发包人收到承包人的索赔通知书后，应及时查验承包人的记录和证明材料。

（2）发包人应在收到索赔通知书或有关索赔的进一步证明材料后的 28 天内，将索赔处理结果答复承包人，如果发包人逾期未做出答复，视为承包人索赔要求已被发包人认可。

（3）承包人接受索赔处理结果的，索赔款项应作为增加合同价款，在当期进度款中进行支付；承包人不接受索赔处理结果的，应按合同约定的争议解决方式办理。

2. 承包人要求赔偿时，可以选择下列一项或几项方式获得赔偿

（1）延长工期。

（2）包人支付实际发生的额外费用。

（3）要求发包人支付合理的预期利润。

（4）要求发包人按合同的约定支付违约金。

二十四、现场签证

发包人现场代表（或其授权的监理人、工程造价咨询人）与承包人现场代表就施工过程中涉及的责任事件所做的签认证明。

注："现场签证"是专指在工程建设的施工过程中，发承包双方的现场代表（或其委托人）就涉及的责任事故做出的书面签字确认签证。

二十五、提前竣工（赶工）费

承包人应发包人的要求而采取加快工程进度措施，使合同工程工期缩短，由此产生的应由发包人支付的费用。

注：提前竣工费是发包人要求缩短相应工程定额工期，或要求合同工期缩短产生的应由发包人给予承包人一定补偿支付的费用。

二十六、误期赔偿费

承包人未按照合同工程的计划进度复施工，导致实际工期超过合同工期（包括经发包人批准的延长工期），承包人应向发包人赔偿损失的费用。

注：发承包双方应在合同中约定误期赔偿费，并应明确每日历天应赔额度。误期赔偿费应列入竣工结算文件中，并应在结算款中扣除。

在工程竣工之前，合同工程内的某单项（位）工程已通过了竣工验收，且该单项（位）工程接收证书中表明的竣工日期并未延误，而是合同工程的其他部分产生了工期延误时，误期赔偿费应按照已颁发工程接收证书的单项（位）工程造价占合同价款的比例幅度予以扣减。

二十七、不可抗力

发承包双方在工程合同签订时不能预见的，对其发生的后果不能避免，并且不能克服的自然灾害和社会性突发事件。

二十八、工程设备

工程设备指构成或计划构成永久工程一部分的机电设备、金属结构设备、仪器装置及其他类似的设备和装置。

二十九、缺陷责任期

缺陷责任期指承包人对已交付使用的合同工程承担合同约定的缺陷修复责任的期限。

注：缺陷责任期与《标准施工招标文件》（发改委【2007】第 56 号）中通用条款的相关规定是一致的。

三十、质量保证金

发承包双方在工程合同中约定，从应付合同价款中预留，用以保证承包人在缺陷责任期内履行缺陷修复义务的金额。

注：注意事项

（1）发包人应按照合同约定的质量保证金比例从结算款中预留质量保证金。

（2）承包人未按照合同约定履行属于自身责任的工程缺陷修复义务的，发包人有权从质量保证金中扣除用于缺陷修复的各项支出。经查验，工程缺陷属于发包人原因造成的，应由发包人承担查验和缺陷修复的费用。

（3）在合同约定的缺陷责任期终止后，发包人应按照本规范第 11.6 节的规定，将剩余的质量保证金返还给承包人。

三十一、费用

承包人为履行合同所发生或将要发生的所有合理开支，包括管理费和应分摊的其他费用，但不包括利润。

注：费用是承包人履行合同义务，完成合同工程以后获得的盈利。

三十二、利润

承包人完成合同工程获得的盈利。

三十三、企业定额

施工企业根据本企业的施工技术、机械装备和管理水平而编制的人工、材料和施工机械台班等消耗标准。

注：本条规定的企业定额专指施工企业的施工定额，是施工企业根据本企业具有的管理水平、拥有的施工技术和施工机械装备水平而编制的，完成一个规定计量单位的工程项目所需的人工、材料、施工机械台班等的消耗标准。

三十四、规费

根据国家法律、法规规定，由省级政府或省级有关权力部门规定施工企业必须缴纳的，应计入建篷筑安装工程造价的费用。

三十五、税金

国家税法规定的应计入建筑安装工程造价内的营业税、城市维护建设税、教育费附加和地方教育附加。

注：税收是国家为了实现自身的智能，按照税法预先规定的标准，强制地、无偿地取得财政收入的一种形式。

三十六、发包人

具有工程发包主体资格和支付工程价款能力的当事人以及取得该当事人资格的合法继承人，（GB 50500—2013）有时又称招标人。

注：发包人在建设工程施工招标时又称"招标人"，有时又称"项目业主"。

三十七、承包人

被发包人接受的具有工程施工承包主体资格的当事人以及取得该当事人资格的合法继承人，（GB 50500—2013）有时又称投标人。

注：承包人在建设工程施工招标时又称"投标人"，有时又称"施工企业"。

三十八、工程造价咨询人

取得工程造价咨询资质等级证书，接受委托从事建设工程造价咨询活动的当事人以及取得该当事人资格的合法继承人。

注："工程造价咨询人"是指专门从事工程造价咨询服务的中介机构。中介机构只能在其资质等级许可的范围内从事工程造价咨询活动。

三十九、造价工程师

取得造价工程师注册证书，在一个单位注册。

注：注册、从事建设工程造价活动的专业人员。

四十、造价员

取得全国建设工程造价员资格证书，在一个单位注册、从事建设工程造价活动的专业人员。

注："造价工程师"和"造价员"都是从事建设工程造价活动的专业技术人员，统称造价人员。

四十一、单价项目

工程量清单中以单价计价的项目，即根据合同工程图纸（含设计变更）和相关工程现行国家计量规范规定的工程量计算规则进行计量，与已标价工程量清单相应综合单价进行价款计算的项目。

注：单价项目是指工程量清单中以工程数量乘以综合单价计价的项目。

四十二、总价项目

工程量清单中以总价计价的项目，即此类项目在相关工程现行国家计量规范中无工程量计算规则，以总价（或计算基础乘费率）＊计算的项目。

注：总价项目是指工程量清单中以总价（或计算基础乘费率）计算的项目，在相关工程现行国家计量规范中无工程量计算规则，如安全文明施工费、夜间施工增加费，以及总承包服务费、规费等。具体计算标准以各省当年规范规定执行。

四十三、工程计量

发承包双方根据合同约定，对承包人完成合同工程的数量进行的计算和确认。

注：工程计量可选择按月或按工程形象进度分段计量，具体计量周期应在合同中约定。

四十四、工程结算

发承包双方根据合同约定，对合同工程在实施中、终止时、已完工后进行的合同价款计算、调整和确认。包括期中结算、终止结算、竣工结算。

四十五、招标控制价

招标人根据国家或省级、行业建设主管部门颁发的有关计价依据和办法，以及拟定的招标文件和招标工程量清单，结合工程具体情况编制的招标工程的最高投标限价。

注：注意事项

（1）国有资金投资的建设工程招标，招标人必须编制招标控制价。

（2）招标控制价应由具有编制能力的招标人或受其委托具有相应资质的工程造价咨询人编制和复核。

（3）工程造价咨询人接受招标人委托编制招标控制价，不得再就同一工程接受投标人委托编制投标报价。

（4）招标控制价应按照规范规定编制，不应上调或下浮。

（5）当招标控制价超过批准的概算时，招标人应将其报原概算审批部门审核。

（6）招标人应在发布招标文件时公布招标控制价，同时应将招标控制价及有关资料报送工程所在地或有该工程管辖权的行业管理部门工程造价管理机构备查。

四十六、投标价

投标人投标时响应招标文件要求所报出的对已标价工程量清单汇总后标明的总价。

注："投标报价"是在工程采用招标发包的过程中，由投标人按照招标文件的要求，根据工程特点，并结合自身的施工技术、装备和管理水平，依据有关计价文件规定自主报价。

四十七、签约合同价（合同价款）

发承包双方在工程合同中约定的工程造价，即包括了分部分项工程费、措施项目费、其他项目费、规费和税金的合同总金额。

注：在工程采用招标发包的过程中，其合同价应为投标人的中标价，也即投标人的投标报价。

四十八、预付款

在开工前，发包人按照合同约定，预先支付给承包人用于购买合同工程施工所需的材料、工程设备，以及组织施工机械和人员进场等的款项。

注：注意事项如下：

（1）包工包料工程的预付款的支付比例不得低于签约合同价（扣除暂列金额）的10%，不宜高于签约合同价（扣除暂列金额）的30%。

（2）承包人应在签订合同或向发包人提供与预付款等额的预付款保函后向发包人提交预付款支付申请。

（3）发包人应在收到支付申请的7天内进行核实，向承包人发出预付款支付证书，并在签发支付证书后的7天内向承包人支付预付款。

（4）发包人没有按合同约定按时支付预付款的，承包人可催告发包人支付；发包人在预付款期满后的7天内仍未支付的，承包人可在付款期满后的第8天起暂停施工。发包人应承担由此增加的费用和延误的工期，并应向承包人支付合理利润。

（5）预付款应从每一个支付期应支付给承包人的工程进度款中扣回，直到扣回的金额达到合同约定的预付款金额为止。

四十九、进度款

在合同工程施工过程中，发包人按照合同约定对付款周期内承包人完成的合同价款给予支付的款项，也是合同价款期中结算支付。

注：发承包双方应按照合同约定的时间、程序和方法，根据工程计量结果，办理期中价款结算，支付进度款。

五十、合同价款调整

在合同价款调整因素出现后，发承包双方根据合同约定，对合同价款进行变动的提出、计算和确认。

五十一、竣工结算价

发承包双方依据国家有关法律、法规和标准规定，按照合同约定确定的，包括在履行合同过程中按合同约定进行的合同价款调整，是承包方按合同约定完成了全部承包工作后，发包人应付给承包人的合同总金额。

注：在整个建设期内，构成工程造价的任何因素发生变化都必然会影响工程造价的变化，不能一次确定可靠的价格，要到竣工结算后才能最终确定工程总造价，因此需要对建设程序的各个阶段进行计价，以保证工程造价确定和控制的和控制的科学性。

五十二、工程造价鉴定

工程造价咨询人接受人民法院、仲裁机关委托，对施工合同纠纷案件中的工程造价争议，运用专门知识进行鉴别、判断和评定，并提供鉴定意见的活动。也称为工程造价司法鉴定。

注：在工程合同价款纠纷案件处理中，需做工程造价司法鉴定的，应委托具有相应资质的工程造价咨询人进行。

第三节　工程量清单计价的一般规定

工程量清单计价的"一般规定"共包含四部分，19 条内容，主要针对本规范存在的一些共性问题的条文，并进行解释说明。

一、计价方式

（一）使用国有资金投资的建设工程发承包，必须采用工程量清单计价。

注：本条规定了使用国有资金投资的建设工程发承包，必须采用工程量清单计价。

1. 法律法规基础

根据《工程建设项目招标范围和规模标准规定》（发改委【2000】第 3 号）的规定，国有资金投资的建设项目包括使用国有资金投资和国家融资投资的工程建设项目。

2. 注意事项

本条仍保留为强制性条文。

（二）非国有资金投资的建设工程，宜采用工程量清单计价。

注："宜"非强制性规定

（三）不采用工程量清单计价的建设工程，应执行 GB 50500—2013 除工程量清单等专门性规定外的其他规定。

（四）工程量清单应采用综合单价计价。

注：本条规定了工程量清单应采用的计价方式。

1. 法律法规基础

《建筑工程施工发包与承包计价管理办法》（建设部［2001］第 107 号）第五条规定：工程计价方法包括工料单价法和综合单价法。

2. 注意事项

综合单价包括除规费和税金以外的全部费用。

需要说明的是，本条定义的综合单价与《建筑工程施工发包与承包计价管理办法》（建设部［2001］第 107 号）规定的综合单价存在差异，因为后者的综合单价包括规费和税金，属于全费用单价法。

（五）措施项目中的安全文明施工费必须按国家或省级、行业建设主管部门的规定计算，不得作为竞争性费用。

注：本规范规定措施项目清单中的安全文明施工费应按国家或省级建设行政主管部门或行业建设主管部门的规定费用标准计价，招标人不得要求投标人对该项费用进行优惠，投标人也不得将该项费用参与市场竞争。

（六）规费和税金必须按国家或省级、行业建设主管部门的规定计算，不得作为竞争性费用。

注：规费为社会保险费（养老保险费、失业保险费、医疗保险费、生育保险费、工伤保险费）、住房公积金、工程排污费；税金是指国家税法规定的应计入建筑安装工程造价内的营业税、城市维护建设税、教育附加以及地方教育附加。

规费和税金是由国家或省级、行业建设行政主管部门依据国家税法和有关法律、法规以及省级政府或省级有关权力部门的规定确定，其费用内容和计取标准都由发包人和承包人自主自由控制和确定，更不能依据市场竞争和工程项目等决定，在招投标中不得作为竞争向费用进行随意修改和调整。

参照的法律法规是根据住房和城乡建设部、财政部《关于印发〈建筑安装工程费用项目组成〉的通知》（建标〔2013〕44号）的规定，是指按国家法律、法规规定，由省级政府和省级有关部门规定必须缴纳或计算的费用。

具体规定如下：

1. 社会保险费

（1）社会保险费的法律法规基础是《中华人民共和国社会保险法》，第二条：国家建立基本养老保险、基本医疗保险、工伤保险、失业保险、生育保险等社会保险制度，保障公民在年老、疾病、工伤、失业、生育等情况下依法从国家和社会获得物质帮助的权利。

（2）养老保险的法律法规基础是《中华人民共和国社会保险法》，第十条：职工应当参加养老保险，由用人单位和职工共同缴纳基本养老保险费；

《关于建立统一的企业职工基本养老保险制度的决定》（国发〔1997〕26号），第三条：企业缴纳基本养老保险费的比例一般不得超过企业工资总额的20%（包括划入个人账户的部分），具体比例由省、自治区、直辖市人民政府确定；

《中华人民共和国劳动法》，第七十二条：社会保险基金按照保险类型确定资金来源，逐步实行社会统筹。用人单位和劳动者必须依法参加社会保险，缴纳社会保险费。

（3）失业保险费的法律法规基础是《中华人民共和国社会保险法》，第四十四条：职工应当参加失业保险，由用人单位和职工按照国家规定共同缴纳失业保险费；

《失业保险条例》（国务院令第258号），第六条：城镇企业事业单位按照本单位工资金额的百分之二缴纳失业保险费，城镇企业事业单位职工按照本人工资的百分之一缴纳失业保险费，城镇企业事业单位招用的农民合同制工人本人不缴纳失业保险费。

（4）医疗保险费的法律法规基础是《中华人民共和国社会保险法》，第二十三条：职工应当参加职工基本医疗保险，由用人单位和职工按照国家规定共同缴纳基本医疗保险费；

《关于建立城镇职工基本医疗保险支付的决定》，第二条：基本医疗保险费由用人单位和职工共同缴纳。用人单位缴费应控制在职工工资总额的6%左右，职工缴费一般为本人工资收入的2%。用人单位和职工缴费率可依据经济发展水平进行相应调整。

（5）生育保险费的法律法规基础是《中华人民共和国社会保险费》，第五十三条：职工应当参加生育保险，由用人单位按照国家规定缴纳生育报销费，职工不缴纳生育报销费。

（6）工伤保险费的法律法规基础是《中华人民共和国建筑法》，第三十三条：建筑施工企业必须为从事危险作业的职工办理意外伤害保险，职工不缴纳工伤保险费；

《中华人民共和国建筑法》，第四十八条：建筑施工企业必须为从事危险作业的职工办理意外伤害保险，支付保险费；

《工伤保险条例》（国务院第 375 号），第十条：用人单位应当按时缴纳工伤保险费，职工个人不缴纳工伤报销费。

2. 住房公积金

执行的法律法规基础是《住房公积金管理条例》（国务院令第 262 号），第十八条：职工和单位住房公积金的缴存比例不得低于职工上一年度月平均工资的 5%，有条件的城市，可以适当提高缴存比例。具体缴存比例由住房公积金管理委员会拟订。经本级人民政府审核后报省、自治区、直辖市人民政府批准。

3. 工程排污费

执行的法律法规基础是《中华人民共和国水污染防治法》，第二十四条：直接向水体排放污染物的企业事业单位和个体商户，应当按照排放水污染物的种类、数量和排污费征收标准缴纳排污费。排污费应当用于污染的防治、不挪作他用。

税金：2013 年新规中税金在原来三项的基础上，添加了地方教育费附加。费率在原来的基础上上调。

二、发包人提供材料和工程设备

1. 发包人提供的材料和工程设备（以下简称甲供材料）应在招标文件中按照（GB 50500—2013）附录 L.1 的规定填写《发包人提供材料和工程设备一览表》，写明甲供材料的名称、规格、数量、单价、交货方式、交货地点等。承包人投标时，甲供材料单价应计入相应项目的综合单价中，签约后，发包人应按合同约定扣除甲供材料款，不予支付。

注：本条规定了甲供材料的计价方式。

2. 承包人应根据合同工程进度计划的安排，向发包人提交甲供材料交货的日期计划。发包人应按计划提供。

注：本条规定了甲供材料的供应时间。

3. 发包人提供的甲供材料如规格、数量或质量不符合合同要求，或由于发包人原因发生交货日期延误、交货地点及交货方式变更等情况的，发包人应承担由此增加的费用和（或）工期延误，并应向承包人支付合理利润。

注：本条规定了发包人提供的甲供材料造成承包人费用增加或工期延误的情况及解决办法。

4. 发承包双方对甲供材料的数量发生争议不能达成一致的，应按照相关工程的计价定额同类项目规定的材料消耗量计算。

注：本条规定了发承包双方对甲供材料的数量发生争议不能达成一致时的做法。

5. 若发包人要求承包人采购已在招标文件中确定为甲供材料的，材料价格应由发承包双方根据市场调查确定，并应另行签订补充协议。

注：本条规定了甲定乙供材料的做法。

三、承包人提供材料和工程设备

（一）除合同约定的发包人提供的甲供材料外，合同工程所需的材料和工程设备应由承包人提供，承包人提供的材料和工程设备均应由承包人负责采购、运输和保管。

（二）承包人应按合同约定将采购材料和工程设备的供货人及品种、规格、数量和供货时间等提交发包人确认，并负责提供材料和工程设备的质量证明文件，满足合同约定的质量标准。

（三）对承包人提供的材料和工程设备经检测不符合合同约定的质量标准，发包人应立即要求承包人更换，由此增加的费用和（或）工期延误应由承包人承担。对发包人要求检测承包人已具有合格证明的材料、工程设备，但经检测证明词该项材料、工程设备符合合同约定的质量标准，发包人应承担由此增加的费用和（或）工期延误，并向承包人支付合理利润。

注：执行《建设工程质量管理条例》，第二十九条规定：施工单位必须按照工程设计要求、施工技术标准和合同约定，对建筑材料、建筑构配件、设备和商品混凝土进行检验，检验应当有书面记录和专人签字；未经检验或者检验不合格的，不得使用。

四、计价风险

（一）建设工程发承包，必须在招标文件、合同中明确计价中的风险内容及其范围，不得采用无限风险、所有风险或类似语句规定计价中的风险内容及范围。

注：本条规定了工程计价风险的确定原则。

1. 风险的范围

本条所指的风险是工程建设施工阶段发承包双方在招投标活动和合同履约及施工中所面临涉及工程计价方面的风险。

2. 有限风险

在工程施工阶段，不是所有的风险以及无限度的风险都应有承包人承担，而是应按风险共担的原则，对风险进行合理的分摊。

3. 风险的分摊原则

（1）对于主要由市场价格波动导致的价格风险，发承包双方应当在招标文件中或在合同中对此类风险的范围和幅度予以明确约定，进行合理分摊。承包人可承担5%以内的材料价格风险，10%的施工机械使用费的风险。

（2）对于法律、法规、规章或有关政策出台导致的价格风险，承包人不应承担此类风险，应按照有关调整规定执行。

（3）对于承包人根据自身技术水平、管理、经营状况能够自主控制的风险，如承包人的管理费、利润的风险，承包人应结合市场情况，根据企业自身实际合理确定、自主报价，该部分风险由承包人全部承担。

（二）由于下列因素出现，影响合同价款调整的，应由发包人承担：

1. 国家法律、法规、规章和政策发生变化。

2. 省级或行业建设主管部门发布的人工费调整，但承包人对人工费或人工单价的报价高于发布的除外。

3. 由政府定价或政府指导价管理的原材料等价格进行了调整。因承包人原因导致工期延误的，应按 GB 50500—2013 第 9.2.2 条、第 9.8.3 条的规定执行。

4. 由于市场物价波动影响合同价款的，应由发承包双方合理分摊，按 GB 50500—2013 附录 L.2 或 L.3 填写《承包人提供主要材料和工程设备一览表》作为合同附件；当合同中没有约定，发承包双方发生争议时，应按 GB 50500—2013 第 9.8.1 ~ 9.8.3 条的规定调整合同价款。

5. 由于承包人使用机械设备、施工技术以及组织管理水平等自身原因造成施工费用增加的，应由承包人全部承担。

6. 当不可抗力发生，影响合同价款时，应按 GB 50500—2013 第 9.10 节的规定执行。

（三）由于市场物价波动影响合同价款，应当发包人和承包人双方合理分摊，按本规范附录 L.2 或 L.3 填写《承包人提供主要材料和工程设备一览表》作为合同附件；当合同中没有约定，发包方和承包方发生争议时，按本规范第 9.8.1 ~ 9.8.3 条的规定调整合同价款。

注：本规范要求发承包双方应在合同中约定物价波动的范围，材料价格的风险宜控制在 5% 以内，施工机械使用费的风险可控制在 10% 以内，超过则应予调整。

（四）由于承包人使用机械设备、施工技术以及组织管理水平等原因造成施工费用增加的，应当承包人全部承担。

（五）不可抗力发生时，影响合同价款的，按本规范第 9.11 规定执行。

第四节　工程量清单计价的概念和内容

推行工程量清单计价是适应中国工程投资体制和建设管理体制改革的必然需要，也是深化中国工程造价管理科学化、规范化的重要途径，是规范建设工程发承包方计价的有效科学措施。这种科学的计价方式是维护建设工程市场规范化的重要手段，有效地保障了建筑及装饰工程行业和市场造价机制的运行。

一、工程量清单计价的概念

建筑装饰工程工程量清单计价是根据《全国建筑与装饰工程量清单计价暂行办法》和《全国统一建筑与装饰工程量清单计价规范》等有关资料，编制工程量清单和综合单价，进而确定招标标底或投标报价的办法。

工程量清单计价方法是建设工程招投标中，招标人按照国家统一的工程量计算规则提供工程量清单，投标人依据工程量清单、拟建工程的施工方案、结合自身实际情况并考虑风险后自主报价的工程造价计价模式。工程量清单计价是市场形成工程造价的主要形式，它有利于发挥企业自主报价的能力。

工程量清单计价的造价组成，应包括按招标文件规定，完成工程量清单所列项目的全部费用，具体包括分部分项工程费、措施项目费、其他项目费和规费、税金。

工程量清单计价采用综合单价计价，综合单价应包括完成每一规定计量单位合格产品所需的全部费用，考虑到我国国情，综合单价包括除规费、税金以外的全部费用。

为了避免或减少经济纠纷，合理确定工程造价，工程量清单计价价款，应包括完成招标文件规定的工程量清单项目所需的全部费用。其内涵：

(1) 包括分部分项工程费、措施项目费、其他项目费和规费、税金。

(2) 包括完成每分项工程所含全部工程内容的费用。

(3) 包括完成每项工程内容所需的全部费用（规费、税金除外）。

(4) 工程量清单中没有体现的，施工中又必须发生的工程内容所需的费用。

(5) 考虑风险要素而增加的费用。

二、工程量清单计价的作用

实行工程量清单计价是工程造价深化改革的产物。长期以来，我国发包计价、承包计价、定价以工程预算定额作为主要依据。为了适应建设市场改革的要求，针对工程预算定额编制和使用中存在的问题，提出了"控制量、指导价、竞争费"的改革措施，工程造价管理由静态管理模式逐步转变为动态管理模式。其中，对工程预算定额改革的主要思路和原则是：将工程预算定额中的人工、材料、机械的消耗量和相应的单价分离，人、材、机的消耗量是国家根据有关规范、标准以及社会的平均水平来确定。控制目的就是保证工程质量，指导价就是要逐步走向市场相对价格，这一措施在我国实行社会主义市场经济初期起到了积极的作用。但随着建设市场化进程的发展，这种做法仍然难以改变工程预算定额中国家指令性的状况；难以满足招标投标和评标的要求。因为，控制量是反映的社会平均消耗水平，不能准确地反映各个企业的实际消耗量，不能全面地体现企业技术装备水平、管理水平和劳动生产率，还不能充分体现市场公平竞争，所以，工程量清单计价将改革以工程预算定额为计价依据的计价模式。

（一）有利于规范建设市场秩序，适应社会主义市难经济发展的需要

工程造价是工程建设的核心内容，也是建设市场运行的核心内容，建设市场上存在许多不规范行为，大多与工程造价有关。过去的工程预算定额在工程发包与承包工程计价中调节双方利益、反映市场价格等方面显得滞后，特别是在公开、公平、公正竞争方面，缺乏合理完善的机制，甚至出现了一些漏洞，实现建设市场的良性发展，除了法律法规和行政监管以外，发挥市场规律中"竞争"和"价格"的作用是治本之策。

工程量清单计价是市场形成工程造价的主要形式，工程量清单计价有利于发挥企业自主报价的能力，实现政府定价到市场定价的转变；有利于规范业主在招标中的行为，有效改变招标单位在招标中盲目压价的行为，从而真正体现公开、公平、公正的原则，反映市场经济规律。

（二）有利于促进建设市场有序竞争和企业健康发展的需要

采用工程量清单计价模式招标投标，对发包单位，由于工程量清单是招标文件的组成

部分，招标单位必须编制出准确的工程量清单，并承担相应的风险，促进招标单位提高管理水平。由于工程量清单是公开的，将避免工程招标小的弄虚作假、暗箱操作等不规范行为。对承包企业，采用工程量清单报价，不仅对单位工程成本、利润进行分析、统筹考虑、精心选择施工方案，并应根据企业的定额合理确定人、材料、施工机械等要素的投入，优化组合，合理控制施工技术措施费用，确定投标价。改变过去依赖国家发布定额的状况，企业根据自身的条件编制出自己的企业定额。

工程量清单计价的实行，有利于规范建设市场计价行为，规范建设市场秩序，促进建设市场有序竞争；有利于控制建设项目投资，合理利用资源；有利于促进技术进步，提高劳动生产率；有利于提高造价工程师的素质，使其成为懂技术、懂经济、懂管理的全面发展的复合型人才。

（三）有利于我国工程造价管理政府职能的转变

按照政府部门真正履行起"经济调节、市场监管、社会管理和公共服务"职能的要求，政府对工程造价政府管理的模式要相应改变，将推行政府宏观调控、企业自主报价、市场竞争形成价格、社会全面监督的工程造价管理思路。实行工程量清单计价，将会有利于我国工程造价管理政府职能的转变，由过去政府控制的指令性定额转变为制订适应市场经济规律需要的工程量清单计价方法，由过去行政直接干预转变为对工程造价依法监管，有效地强化政府对工程造价的宏观调控。

（四）适应了我国加入世界贸易组织（WTO），融入世界大市场的需要

随着我国改革开放的进一步加快，中国经济日益融入全球市场，特别是我国加入世界贸易组织（WTO）后，行业壁垒下降，建设市场将进一步对外开放。国外的企业以及投资的项目越来越多地进入国内市场，我国企业走出国门在海外投资和经营的项目也在增加。为了适应这种对外开放建设市场的形式，就必须与国际通行的计价方法相适应，为建设市场主体创造一个与国际惯例接轨的市场竞争环境。工程量清单计价是国际通行的计价做法，在我国实行工程量清单计价，有利于提高国内建设主体参与国际化竞争的能力，有利于提高工程建设的管理水平。

三、工程量清单计价的执行规范

1. 为规范建筑与装饰工程工程量清单计价行为，统一建筑与装饰工程工程量清单计价的编制和计价方法，根据《中华人民共和国建筑法》《中华人民共和国合同法》《中华人民共和国招标投标法》等法律法规，制定《建设工程工程量清单计价规范》（GB 50500—2013）。

2. 规范（GB 50500—2013）适用于建设与装饰工程工程量清单计价活动。

3. 建设与装饰工程工程量清单计价活动应遵循客观、公正、公平的原则。

4. 建设与装饰工程工程量清单计价活动，除应遵循规范（GB 50500—2013）外，还应符合国家有关法律、法规及标准，规范的规定。

5. 《建设工程工程量清单计价规范》应作为编制工程量清单的依据。其中所含的专业工程：是指按现行国家计量规范划分的房屋建筑与装饰工程、仿古建筑工程、通用安装工程、市政工程、园林绿化工程、矿山工程、构筑物工程、城市轨道交通工程、爆破工程等

各类工程。

四、工程量清单计价的内容

工程量清单计价是以项目全生命周期为全过程的工程造价体系，是一个动态且系统性的计价形式，其涉及的内容也是复杂的。工程量清单计价涉及招标控制价、投标总价、工程合同价款的约定、工程计量与价款支付、索赔与现场签证、工程价款调整、竣工结算、工程计价争议处理八个方面的内容。

4.1　招标控制价

（一）招标控制价的作用

（1）我国对国有资金投资项目的是投资控制实行的投资概算审批制度，国有资金投资的工程原则上不能超过批准的投资概算。因此，在工程招标发包时，当编制的招标控制价超过批准的概算，招标人应当将其报原概算审批部门重新审核。

（2）国有资金投资的工程进行招标，根据《中华人民共和国招标投标法》，的规定，招标人可以设标底。当招标人设标底时，有利于客观、合理的评审投标报价和避免哄抬标价，造成国有资产流失，招标人应编制招标控制价。

（3）国有资金投资的工程，招标人编制并公布的招标控制价相当于招标人的采购预算，同时要求其不能超过批准的概算。因此，招标控制价是招标人在工程招标时能接受投标人报价的最高限价。国有资金中的财政性资金投资的工程在招标时还应符合《中华人民共和国政府采购法》相关条款的规定。例如，该法第三十六条规定："在招标采购中，出现下列情形之一的，应予废标……投标人的报价均超过了采购预算，采购人不能支付的"。所以国有资金投资的工程，投标人的投标报价不能高于招标控制价，否则，其投标将被拒绝。

（二）招标控制价的编制人员

招标控制价应由具有编制能力的招标人编制，当招标人不具有编制招标控制价的能力时，可委托具有相应资质的工程造价咨询人编制。工程造价咨询人不得同时接受招标人和投标人对同一工程的招标控制价和投标报价进行编制。

所谓具有相应工程造价咨询资质的工程造价咨询人是根据《工程造价咨询企业管理办法》（原建设部令第149号）的规定，依法取得工程造价咨询企业资质，并在其资质许可的范围内接受招标人的委托，编制招标控制价的工程造价咨询企业。即取得甲级工程造价咨询资质的咨询人可承担各类建设项目的招标控制价编制，取得乙级（包括乙级暂定）工程造价咨询资质的咨询人，则只能承担5000万元以下的招标控制价的编制。

（三）招标控制价编制依据

招标控制价的编制应根据下列依据进行：

1. 《建设工程工程量清单计价规范》（GB 50500—2008）
2. 国家或省级、行业建设主管部门颁发的计价定额和计价办法。
3. 建设工程设计文件及相关资料。
4. 招标文件中的工程最清单及有关要求。
5. 与建设项目相关的标准、规范、技术资料。

6. 工程造价管理机构发布的工程造价信息；工程造价信息没有发布的参照市场价。

7. 其他的相关资料。

按上述依据进行招标控制价编制，应注意以下事项：

（1）使用的计价标准、计价政策应是国家或省级、行业建设主管部门颁布的计价定额和相关政策规定。

（2）采用的材料价格应是工程造价管理机构通过工程造价信息发布的材料单价，工程造价信息未发布材料单价的材料，其材料价格应通过市场调查确定。

（3）或省级、行业建设主管部门对工程造价计价中费用或费用标准有规定的，应按规定执行。

（四）招标控制价的编制

1. 项目工程费应根据招标文件中的分部分项工程量清单项目的特征描述及有关要求，按规定确定综合单价进行计算。综合单价中应包括招标文件中要求投标人承担的风险费用。招标文件提供了暂估单价的材料，按暂估的单价计入综合单价。

2. 措施项目费应按招标文件中提供的措施项目清单确定，措施项目采用分部分项工程综合单价形式进行计价的工程量，按措施项目清单中的工程量，并按规定确定综合单价；以"项"为单位的方式计价的，按规定确定除规费、税金以外的全部费用。措施项目费中的安全文明施工费应当按照国家或省级、行业建设主管部门的规定标准计价。

3. 其他项目费应按下列规定计价：

（1）暂列金额。暂列金额由招标人根据工程特点，按有关计价规定进行估算确定。为保证工程施工建设的顺利实施，在编制招标控制价时应对施工过程中可能出现的各种不确定因素对工程造价的影响进行估算，列出一笔暂列金额。暂列金额可根据工程的复杂程度、设计深度、工程环境条件（包括地质、水文、气候条件等）进行估算，一般可按分部分项工程费的 10%～15% 作为参考。

（2）暂估价。暂估价包括材料暂估价和专业工程暂估价。暂估价中的材料单价应按照工程造价管理机构发布的工程造价信息或参考市场价格确定，暂估价中的专业工程暂估价应分不同专业，按有关计价规定估算。

（3）计日工。计日工包括计日工人工、材料和施工机械。在编制招标控制价时，对计日工中的人工单价和施工机械台班单价应按省级、行业建设主管部门或其授权的工程造价管理机构公布的单价计算；材料应按工程造价管理机构发布的工程造价信息中的材料单价计算，工程造价信息未发布材料单价的材料，其价格应按市场调查确定的单价计算。

（4）总承包服务费。招标人应根据招标文件中列比的内容和向总承包人提出的要求，参照下列标准计算：

①招标人仅要求对分包的专业工程进行总承包管理和协调时，按分包的专业工程估算造价的 1.5% 计算。

②招标人要求对分包的专业工程进行总承包管理和协调，并同时要求提供配合服务时，根据招标文件中列比的配合服务内容和提出的要求，按分包的专业工程估算造价的 3%～5% 计算。

③招标人自行供应材料的，按招标人供应材料价值的 1% 计算。

④招标控制价的规费和税金必须按国家或省级、行业建设主管部门的规定计算。

4.2　投标报价

（一）投标报价编制的依据

投标报价应按下列依据进行编制：

1. 《建设工程工程量清单计价规范》（GB 50500—2008）。
2. 国家或省级、行业建设主管部门颁发的计价办法。
3. 企业定额，国家或省级、行业建设主管部门颁发的计价定额。
4. 招标文件、工程量清单及其补充通知、答疑纪要。
5. 建设工程设计文件及相关资料。
6. 施工现场情况、工程特点及拟定的投标施工组织设计或施工方案。
7. 与建设项目相关的标准、规范等技术资料。
8. 市场价格信息或工程造价管理机构发布的工程造价信息。
9. 其他的相关资料。

（二）投标报价的编制

1. 分部分项工程费

分部分项工程费包括完成分部分项工程量清单项目所需的人工费、材料费、施工机械使用费、企业管理费、利润，以及一定范围内的风险费用。分部分项工程费应按分部分项工程清单项目的综合单价计算。投标人投标报价时依据招标文件中分部分项工程量清单项目的特征描述确定清单项目的综合单价。在招投标过程中，当出现招标文件中分部分项工程量清单特征描述与设计图纸不符时，投标人应以分部分项工程量清单的项目特征描述为准，确定投标报价的综合单价。当施工中施工图纸或设计变更与工程量清单项目特征描述不一致时，发、承包双方应按实际施工的项目特征，依据合同约定重新确定综合单价。

招标文件中提供了暂估单价的材料，应按暂估的单价计入综合单价。综合单价中应考虑招标文件中要求投标人承担的风险内容及其范围（幅度）产生的风险费用。在施工过程中，当出现的风险内容及其范围（幅度）在合同约定的范围内时，工程价款不做调整。

2. 措施项目费

投标人可根据工程实际情况并结合施工组织设计，对招标人所列的措施项目进行增补。由于各投标人拥有的施工装备、技术水平和采用的施工方法有所差异，招标人提出的措施项目清单是根据一般情况确定的，没有考虑不同投标人的"个性"，投标人投标时应根据自身编制的投标施工组织设计或施工方案确定措施项目，对招标人提供的措施项目进行调整。投标人根据投标施工组织设计或施工方案调整和确定的措施项目应通过评标委员会的评审。

措施项目费的计算包括：

（1）措施项目的内容应依据招标人提供的措施项目清单和投标人投标时拟定的施工组织设计或施工方案。

（2）措施项目费的计价方式应根据招标文件的规定，可以计算工程量的措施清单项目采用综合单价方式报价，其余的措施清单项目采用以"项"为计算单位的方式报价。

（3）措施项目费由投标人自主确定，但其中安全文明施工费应按国家或省级、行业建设主管部门的规定确定，且不得作为竞争性费用。

3. 其他项目费

投标人对其他项目的投标报价应按以下原则进行：

（1）暂列金额应按照其他项目清单中列出的金额填写，不得变动。

（2）暂估价不得变动和更改。暂估价中的材料必须按照其他项目清单中列出的暂估单价计入工综合单价；专业工的暂估价必须按照其他项目清单中列出的金额填写。

（3）应按照其他项目清单列出的项目和估算的数量，自主确定各项综合单价并计算费用。

（4）总承包服务费应依据招标人在招标文件中列出的分包专业工程内容和供应材料、设备情况，按照招标人提出协调、配合与服务要求和施工现场管理需要自主确定。

4. 规费和税金

规费和税金应桉国家或省级、行业建设主管部门的规定计算，不得作为竞争性费用。规费和税金的计取标准是依据有关法律、法规和政策规定制定的，具有强制性。投标人是法律、法规和政策的执行者，不能改变更不能制定，而是必须按照法律、法规、政策的有关规定执行。

5. 投标总价

实行工程量清单招标，投标人的投标总价应当与组成工程量清单的分部分项工程费、措施项目费、其他项目费和规费、税金的合计金额相一致，即投标人在投标报价时，不能进行投标总价优惠（或降价、让利），投标人对招标人的任何优惠（或降价、让利）均应反映在相应清单项目的综合单价中。

4.3 工程合同价款的约定

1. 实行招标的工程合同价款应在中标通知书发出之日起 30 天内，由发、承包双方依据招标文件和中标人的投标文件在书面合同中约定。

不实行招标的工程合同价款，在发、承包双方认可的工程价款基础上，由发、承包双方在合同中约定。

2. 实行招标的工程，合同约定不得违背招、投标文件中关于工期、造价、质量等方面的实质性内容。招标文件与中标人投标文件不一致的地方，以投标文件为准。

3. 如实行工程量清单计价的工程，宜采用单价合同。

4. 发、承包双方应在合同条款中对下列事项进行约定：合同中没有约定或约定不明的，由双方协商确定；协商不能达成一致的，按下列规定内容执行。

（1）预付工程款的数额、支付时间及抵扣方式。

（2）工程计量与支付工程进度款的方式、数额及时间。

（3）工程价款的调整因素、方法、程序、支付及时间。

（4）索赔与现场签证的程序、金额确认与支付时间。

（5）发生工程价款争议的解决方法及时间。

（6）承担风险的内容、范围以及超出约定内容、范围的调整办法。

（7）工程竣工价款结算编制与核对、支付及时间。

（8）工程质量保证（保修）金的数额、预扣方式及时间。

（9）与履行合同、支付价款有关的其他事项等。

4.4 工程计量与价款支付

1. 发包人应按照合同约定支付工程预付款。支付的工程预付款，按照合同约定在工程进度款中抵扣。

2. 发包人支付工程进度款，应按照合同约定计量和支付。

3. 工程量计算时，若发现工程量清单中出现漏项、工程的计算偏差，以及工程变更引起工程量的增减，应按承包人在履行合同义务过程中实际完成的工程量计算。

4. 承包人应按照合同约定，向发包人递交完工程量报告。承包人应在接到报告后按合同约定进行核对。

5. 承包人应在每个付款周期末，向发包人递交进度款支付申请并附相应的证明文件；除合同另有约定外，进度款支付申请应包括下列内容：

（1）本周期已完成工程的价款。

（2）累计已完成的工程价款。

（3）累计已支付的工程价款。

（4）本周期已完成计日工金额。

（5）应增加和扣减的变更金额。

（6）应增加和扣减的索赔金额。

（7）应抵扣的工程预付款。

（8）应扣减的质量保证金。

（9）根据合同应增加和扣除的其他金额。

（10）本付款周期实际应支付的工程价款。

6. 发包人在收到承包人递交的工程进度款支付申请及相应的证明文件后，发包人应在合同约定时间内核对和支付工程进度款。发包人应扣回的工程预付款，与工程进度款同期结算抵扣。

7. 发包人未在合同约定时间内支付工程进度款，承包人应及时向发包人发出要求付款的通知，发包人收到承包人通知后仍不按要求付款，可与承包人协商签订延期付款协议，经承包人同意后延期支付。协议应明确延期支付的时间和从付款申请生效后按同期银行贷款利率计算应付款的利息。

8. 发包人不按合同约定支付工程进度款，双方又未达成延期付款协议，导致施工无法进行时，承包人可停止施工，由发包人承担违约责任。

4.5　索赔与现场签证

1. 合同一方向另一方提出索赔时，应有正当的索赔理由和有效证据，须有符合合同的相关约定。

2. 若承包人认为非承包人原因发生的事件造成了承包人的经济损失，承包人应在确认该事件发生后，按合同约定向发包人发出索赔通知。

发包人在收到最终索赔报告后并在合同约定时间内，未向承包人做出答复，视为该项索赔已经认可。

3. 承包人索赔按下列程序处理：

（1）承包人在合同约定的时间内向发包人递交费用索赔意向通知书。

（2）发包人指定专人收集与索赔有关的资料。

（3）承包人在合同约定的时间内向发包人递交费用索赔申请表。

（4）发包人指定的专人初步审查费用索赔申请表，符合"上述第（1）条"规定的条件时予以受理。

（5）发包人指定的专人进行费用索赔核对，经造价工程师复核索赔金额后，与承包人协商确定并由发包人批准。

（6）发包人指定的专人应在合同约定的时间内签署费用索赔审批表，或发出要求承包人提交有关索赔的进一步详细资料的通知，待收到承包人提交的详细资料后，按"上述（4）、（5）条"的程序进行。

4. 若承包人的费用索赔与工程延期索赔要求相关联时，发包人在做出费用索赔的批准决定时，结合工程延期的批准，综合做出费用索赔和工程延期的决定。

5. 若发包人认为由于承包人的原因造成额外损失，发包人应在确认引起索赔的事件后，按合同约定向承包人发出索赔通知。

承包人在收到发包人索赔通知后并在合同约定时间内，未向发包人做出答复，视为该项索赔已经认可。

6. 承包人应发包人要求完成合同以外的零星工作或非承包人责任事件发生时，承包人应按合同约定及时向发包人提出现场签证。

7. 发、承包双方确认的索赔与现场签证费用与工程进度款同期支付。

4.6 工程价款调整

1. 招标工程以投标截止日期28天，非招标工程以合同签订前28天为基准日，具有国家的法律、法规、规章和政策发生变化影响工程造价的，应按省级或行业建设主管部门或其授权的工程造价管理机构发布的规定调整合同价款。

2. 若施工中出现施工图纸（含设计变更）与工程清单项目特征描述不符的，发、承包双方应按新的项目特征确定相应工程虽清单项目的综合单价。

3. 因分部分项工程虽清单漏项或非承包人原因的工程变更，造成增加新的工程量清单项目，其对应的综合单价按下列方法确定：

（1）合同中已有适用的综合单价，按合同中已有的综合单价确定。

（2）合同中有类似的综合单价，参照类似的综合单价确定。

（3）合同中没有适用或类似的综合单价，由承包人提出综合单价，经发包人确认后执行。

4. 因分部分项工程量清单漏项或非承包人原因的工程变更，引起措施项目发生变化，造成施工组织设计和施工方案变更，原措施费中已有的措施项目，按原措施费的组价方法调整；原措施费中没有的措施项目，由承包人根据措施项目变更情况，提出适当的措施费变更，经发包人确认后调整。

5. 因非承包人原因引起的工程量增减，该项工程量变化在合同约定幅度以内的，应执行原有的综合单价；该项工程量变化在合同约定幅度以外的，其综合单价及措施项目费应予以调整。

6. 若施工期内市场价格波动超出一定幅度时，应按合同约定调整工程价款；合同没有约定或约定不明确的，应按省级或行业建设行政主管部门或其授权的工程造价管理机构的规定调整。

7. 因不可抗力事件导致的费用，发、承包双方应按以下原则分别承担并调整工程价款。

（1）工程本身的损害、因工程损害导致第三方人员伤亡和财产损失以及运至施工场地用于施工的材料和待安装的设备的损害，由发包人承担。

（2）发包人、承包人人员伤亡由其所在单位负责，并承担相应费用。

（3）承包人的施工机械设备损坏及停工损失，由承包人承担。

（4）停工期间，承包人应发包人要求留在施工场地的必要的管理人员及保卫人员的费用，由发包人承担。

（5）工程所需清理、修复费用由发包人承担。

8. 工程价款调整报告应由受益方在合同约定时间内向合同的另一方提出，经对方确认后调整合同价款。受益方未在合同约定时间内提出工程价款调整报告的，视为不涉及合同价款的调整。

收到工程价款调整报告的一方应在合同约定时间内确认或提出协商意见，否则，视为工程价款调整报告已经确认。

9. 经发、承包双方确定调整的工程价款，作为追加合同价款与工程进度款同期支付。

4.7　竣工结算

（一）办理竣工结算的依据

工程竣工结算的依据主要以下几个方面：

（1）《建设工程工程量清单计价规范》（GB 50500—2013）。

（2）施工合同。

（3）工程竣工图纸及资料。

（4）双方确认的工程量。

（5）双方确认追加（减）的工程价款。

（6）双方确认的索赔、现场签证事项及价款。

（7）投标文件。

（8）招标文件。

（9）其他依据。

（二）办理竣工结算的要求

（1）分部分项工程费的计算。分部分项工程费应依据发、承包双方确认的工程量、合同约定的综合单价计算。如发生调整的，以发、承包双方确认的综合单价计算。

（2）措施项目费的计算。措施项目费应依据合同中约定的项目和金额计算，如合同中规定采用综合单价计价的措施项目，应依据发、承包双方确认的工程室和综合单价计算，规定采用"项"计价的措施项目，应依据合同约定的措施项目和金额或发、承包双方确认调整后的措施项目费金额计算。如发生调整的，以发、承包双方确认调整的金额计算。

措施项目费中的安全文明施工费应按照国家或省级、行业建设主管部门的规定计算。施工过程中，国家或省级、行业建设主管部门对安全文明施工费进行了调整的，措施项目费中的安全文明施工费应作相应调整。

（3）其他项目费的计算。办理竣工结算时，其他项目费的计算应接以下要求进行：

①计日工的费用应按发包人实际签证确认的数量和合同约定的相应单价计算。

②当暂估价中的材料是招标采购的，其单价按中标在综合单价中调整。当暂估价中的材料为非招标采购的，其单价按发、承包双方最终确认的单价在综合单价中调整。

当暂估价中的专业工程是招标采购的，其金额按中标价计算。当暂估价中的专业工程为非招标采购的，其金额按发、承包双方与分包人最终确认的金额计算。

③总承包服务费应依据合同约定的金额计算，发、承包双方依据合同约定对总承包服务进行了调整，应按调整后的金额计算。

④索赔事件产生的费用在办理竣工结算时应在其他项目费中反映。索赔费用的金额应依据发、承包双方确认的索赔事项和金额计算。

⑤现场签证发生的费用在办理竣工结算时应在其他项目费中反映。现场签证费用金额依据发、承包双方签证资料确认的金额计算。

⑥合同价款中的暂列金额在用于各项价款调整、索赔与现场签证后，若有余额，则余额归发包人，若出现差额，则由发包人补足并反映在相应的工程价款中。

（4）规费和税金的计算。办理竣工结算时，规费和税金应按照国家或省级、行业建设主管部门规定的计取标准计算。

（三）办理竣工结算的程序

（1）承包人应在合同约定时间内编制完成竣工结算书，并在提交竣工验收报告的同时递交给发包人。

承包人未在合同约定时间内递交竣工结算书，经发包人催促后仍未提供或没有明确答复的，发包人可以根据已有资料办理结算。

（2）发包人在收到承包人递交的竣工结算书后，应按合同约定时间核对。

同一工程竣工结算核对完成，发、承包双方签字确认后，禁止发包人又要求承包人与另一个或多个工程造价咨询人重复核对竣工结算。

（3）发包人或受其委托的工程造价咨询人收到承包人递交的竣工结算书后，在合同约定时间内，不核对竣工结算或未提出核对意见的，视为承包人递交的竣工结算书已经认可，发包人应向承包人支付工程结算价款。

承包人在接到发包人提出的核对意见后，在合同约定时间内，不确认也未提出异议的，视为发包人提出的核对意见已经认可，竣工结算办理完毕。

（4）发包人应对承包人递交的竣工结算书签收，拒不签收的，承包人可以不交付竣工工程。

承包人未在合同约定时间内递交竣工结算书，发包人要求交付竣工工程，承包人应当交付。

（5）竣工结算办理完毕，发包人应将竣工结算书报送工程所在地工程造价管理机构备案。竣工结算书作为工程竣工验收备案、交付使用的必备文件。

（6）竣工结算办理完毕，发包人应根据确认的竣工结算书在合同约定时间内向承包人支付工程竣工结算价款。

（7）发包人未在合同约定时间内向承包人支付工程结算价款的，承包人可催告发包人支付结算价款。如达成延期支付协议的，发包人应按同期银行同类贷款利率支付拖欠工程价款的利息。如未达成延期支付协议，承包人可以与发包人协商将该工程折价，或申请人民法院将该工程依法拍卖，承包人就该工程折价或者拍卖的价款优先受偿。

4.8　工程计价争议处理

（1）在工程计价中，对工程造价计价依据、办法以及相关政策规定发生争议事项的，由工程造价管理机构负责解释。

（2）发包人以对工程质量最有异议，拒绝办理工程竣工结算的，已竣工验收或已竣工未验收但实际投入使用的工程，其质量争议按该工程保修合同执行竣工结算按合同约定办理；已竣工未验收且未实际投入使用的工程以及停工、停建工程的质量争议，双方应就有争议的部分委托有资质的检测鉴定机构进行检测，根据检测结果确定解决方案，或按工程质量监督机构的处理决定执行后办理竣工结算，无争议部分的竣工结算按合同约定办理。

（3）发、承包双方发生工程造价合同纠纷时，应通过下列办法解决：

①双方协商。

②提请调整，工程造价管理机构负责调解工程造价问题。

③按合同约定向仲裁机构申请仲裁或向人民法院起诉。

（4）在合同纠纷案件处理中，需做工程造价鉴定的，应委托具有相应资质的工程造价咨询人进行。

第五节　工程量清单计价与定额计价的差异

我国工程量清单计价模式与传统定额计价模式有着内在的联系和本质的区别。工程量清单计价模式下的工作重心相比定额计价有很大的转变。传统定额计价模式下是按图计量套用对应定额，而工程量清单计价模式下的工程量清单编制与工程量清单报价是以自主报价为基础的。

一、计价原则的差异

工程量清单计价实行量价分离的原则。建设项目工程量由招标人提供，投标人依据企业自己的技术能力和管理水平自主报价，所有投标人在招标过程中都站在同一起跑线上竞争，建设工程发承包在公开、公平的情况下进行。

定额计价，企业不分大小，一律按国家统一的预算定额计算工程量，按规定的费率套价，其所报的工程造价实际上是社会平均价。

二、计价方式的差异

工程量清单计价方式与定额计价方式有原则性区别。工程量清单计价的方式。采用项目实体和措施分离，这样加大了承包企业的竞争力度，鼓励企业尽量采用合理技术措施，提高技术水平和生产效率，有利于市场竞争机制可以充分发挥。

工程量清单计价按实际完成工程量乘以单价结算。工程量清单计价中，清单项目的工程量是按实体的净值计算，采用的是当前国际上比较通用的做法。它先约定方综合单价，结算时单价不变，按实际完成工程量乘以单价结算。而定额计价基本是敞口的，结算时按定额规定计价。这样使得工程量清单计价业主与承包商风险共担，有利于控制工程造价。

定额方式计价人工、材料、机械消耗量已经在定额中规定。定额计价中工程量是按实物加上人为规定的预留量或操作余度等因素制定，要求定额项目施工工艺与措施相结合，导致竞争的空间有限，工程价款结算的风险只由投资一方承担，不利于控制工程造价。

三、编制的差异

工程量清单计价和定额计价在计量单位的编制上也有明显的区别。

工程量清单项目是按基本单位计量，由招标单位统一计算或委托有工程造价资质单位统一计算，根据自身的技术装备、施工经验、企业成本、企业定额以及管理水平自主填写报价单价。而传统定额预算计价的计量单位一般不采用基本单位，它分别由招标单位和投标单位按图进行计算。

四、编制依据的差异

工程量清单报价法根据建设部第 107 号令规定，标底的编制根据招标文件中的工程量清单和有关要求、施工现场情况、合理的施工方法以及按建设行政主管部门制定的有关造价计价办法编制。

定额预算计价法以图纸为计算依据；人工、材料、机械台班消耗量以建设行政主管部门颁发的预算定额为计算依据；人工、材料、机械台班单价以工程造价管理部门发布的价格信息为依据进行计算。

五、费用组成的差异

工程量清单计价法的工程造价包括分部分项工程费、措施项目费、其他项目费、规费和税金；包括完成每项工程的全部工程内容的费用；包括完成每项工程内容所需的费用（规费、税金除外）；包括工程量清单中没有体现的，施工中又必须发生的工程内容所需的费用；包括风险因素而增加的费用。

预算定额计价法的工程造价由直接工程费、措施费、间接费、利润、税金组成。

六、项目编码的差异

工程量清单计价实行全国统一编码，项目编码采用十二位阿拉伯数字表示。一至九位为统一编码，其中的一、二位为附录顺序码；三、四位为专业工程顺序码；五、六位为分部分项顺序码；七、八、九位为分项工程项目名称顺序码；十至十二位为清单项目名称顺序码。前九位码不能有任何变动，后三位码由清单编制人根据项目设置的清单项目编制。

七、评标方法的差异

采用工程量清单计价法进行投标，一般采用合理低报价中标法，既要对总价进行评分，还要对综合单价进行分评标法。而采用定额预算计价法一般实行百分制评分法。

八、合同价调整方式的差异

工程量清单计价法合同价调整方式主要是索赔。工程量清单的综合单价一般通过投标报价的形式体现，一旦中标，报价作为签订施工合同的依据相对固定下来，工程结算按承包商实际施工完成的工程量乘以清单中相应的单价计算，减少了调整活口。工程量清单计价不能随意调整。而采用传统的预算定额会经常有定额解释及定额规定，结算中又有政策性文件调整。

九、索赔的差异

因为承包商对工程量清单计价单价中包含的工作内容清楚明确，所以凡是建设方不按照清单内容施工的，任意要求修改清单的，都可能会使得施工索赔的时间增加。较之定额预算计价法，其索赔事件的因素增加。

第二章　建筑装饰工程量清单编制

学习目的：

工程量清单是依据建筑装饰工程设计图纸、工程量计算、一定计量单位、技术标准等计算所得的构成工程实体各分部分项的、可供编制标底和投标报价的实物工程量的汇总清单表。它为投标人提供拟建工程的基础内容、实体数量和质量要求等的基础信息，是调整工程量、进行工程索赔的依据。进行建筑装饰工程量清单编制的学习，适应了我国市场经济的发展要求，规范了对工程量清单计价的行为，统一了建设工程对工程量的编制和计价方法，维护了招标人和投标人的合法权益。通过对工程量清单的掌握，能够明确招标人对投标人完成的工程项目及其相应工程的实体数量。

学习要点：

要求学生熟练掌握工程量清单编制依据、编制程序和编制方法，特别是工程量清单表格的格式和填写方式。为在以后的实际工程中，按照工程建设的实际情况编制相对应的合理的工程量清单，以确保施工任务科学有效地进行。

第一节　工程量清单计价的构成

工程量清单是招标文件的组成部分，主要由分部分项工程量清单、措施清单项目和其他项目清单、规费和税金项目清单组成。

（一）分部分项工程量清单

分部分项清单为不可调整的闭口清单，投标人对招标文件提供的分部分项工程量清单必须逐一计价，对清单所列内容不允许有任何更改和变动，投标人如果认为清单内容有不妥或遗漏，只能通过质疑的方式由清单编制人作统一的修改更正，并将修正后的工程量清单发给所有投标人。

分部分项工程量清单由项目编码、项目名称、计量单位和工程量组成。其中项目编码和计量单位是统一的，项目名称以附录表中的"项目名称"为基础，结合"项目特征"和"工作内容"由编制人确定。工程量按《清单计价规范》2003版规定的计算规则，以形成工程实体为准，并已完成后的净值计算。

1. 分部分项工程量清单应包括项目编码、项目名称、项目特征、计量单位和工程量。清单应满足两方面的要求，其一要满足规范管理、方便管理的要求；二要满足计价的要求。为了完成上述要求，必须要做到分部分项工程量清单四个统一，即统一项目编码、统一项目名称、统一计量单位、统一工程量计算规则。

2. 分部分项工程量清单应根据附录规定的项目编码、项目名称、项目特征、计量单位和工程量计算规则进行编制。

3. 分部分项工程量清单编码以十二位阿拉伯数字表示，前九位为全国统一编码，编制分部分项工程量清单时应按《建设工程工程量清单计价范围》附录中的相应编码设置，不得变动，十至十二位应根据拟建工程的工程量清单项目名称由其编制人设置，并应自001起顺序编制，同一招标工程的项目编制码不得有重码。

4. 分部分项工程量清单的项目名称应按以下规定确定：

（1）项目名称应按《建筑工程工程量清单计价规范》附录 A、附录 B、附录 C、附录 D、附录 E 的项目名称与项目特征并结合拟建工程的实际确定。

（2）拟建工程的实际情况。编制工程量清单时，出现《建筑工程工程量清单计价规范》附录 A、附录 B、附录 C、附录 D、附录 E 中未包括的项目，应以《建筑工程工程量清单计价规范》附录中的项目为主体，考虑该项目的规格、型号、材质等特征要求，结合拟建工程的实际情况，编制人可作相应补充，使其工程量清单项目名称具体化、细化、能够反应影响工程造价的主要因素，并应报省、自治区、直辖市工程造价管理机构备案。

5. 分部分项工程量清单的计量单位应按《建筑工程工程量清单计价规范》附录 A、附录 B、附录 C、附录 D、附录 E 中规定的计量单位。

6. 分部分项工程量清单的工程量应按下列规定进行计算：

（1）工程量应按《建筑工程工程量清单计价规范》附录 A、附录 B、附录 C、附录 D、附录 E 中规定的工程量计算规则计算。

（2）工程数量的有关位数应遵守下列规定：

①以"吨"为单位，应保留小数点后三位数字，第四位四舍五入。

②以"立方米""平方米""米"为单位，应保留小数点后两位数字，第三位四舍五入。

③以"个""项"等为单位，应取整数。

7. 分部分项工程量清单项目特征应按附录中规定的项目特征，结合拟建工程项目的实际情况予以描述。

8. 随着科技的发展，新材料、新技术、新的施工工艺将伴随出现，因此凡所做项目为《建筑工程工程量清单计价规范》附录中的缺项，工程量清单编制时，编制人可以作补充，并报省级或行业工程造价管理机构备案，省级或行业工程造价管理机构应汇总包住房和城乡建设部标准定额研究所。补充项目应填写在工程量清单相应分部工程项目之后，并在"项目编码"栏中以"补"字示之。

现行"预算定额"，其项目一般是按施工工序进行设置的，包括的工程内容一般是单一的，据此规定了相应的工程量计算规则。工程量清单项目的划分，一般是以一个"综合实体"考虑的，一般包括多项工程内容，据此规定了相应的工程量计算规则。二者的工程量计算规则是有区别的。

（二）措施项目清单

1. 措施项目清单应根据拟建工程的实际情况列项。通过措施项目可按下表选择列项（表 2 - 2 - 1），专业工程的措施项目可按附录中规定的项目选择列项。如出现规范未列的项目，可根据工程实际情况补充。

2. 措施项目中可以计算工程量清单宜采用分部分项工程量清单的方式编制，列出项目编码、项目名称、项目特征、计量单位和工程量规则；不能计算工程量的项目清单，以"项"为计量单位。

表 2－2－1　通用措施项目一览表

序号	项目名称
1	安全文明施工费
2	夜间施工增加费
3	二次搬运费
4	冬雨季施工增加费
5	已完工程及设备保护费
6	工程定位复测费
7	特殊地区施工增加费
8	大型机械进出场及安拆费
9	脚手架工程费

本规范提供"措施项目一览表"，作为列项的参考。措施项目清单以"项"为计量单位，相应数量为"1"。

措施项目清单的编制，应考虑多种因素，除工程本身的因素外，还涉及水文、气象、环境、安全等和施工企业的实际情况。影响措施项目设置的因素太多，"措施项目一览表"中不能一一列出，因情况不同，出现表中未列的措施项目，工程量清单编制人可作补充。补充项目应列在清单项目最后，并在"序号"栏中以"补"字示之。

（三）其他项目清单

工程建设标准的高低、工程的复杂程度、工程的工期长短、工程的组成内容等直接影响其他项目清单中的具体内容，《建设工程工程量清单计价规范》提供了两部分四项作为列项的参考。其不足部分，清单编制人可作补充，补充项目应列在清单项目最后，并以"补"字在"序号"栏中示之。

1. 其他项目清单应根据拟建工程的具体情况，参照下列内容列项。

（1）预留金、材料购置费、计日工、总承包服务费、零星工作项目费等。

（2）预留金主要考虑可能发生的工程量变更而预留的金额，此处提出的工程量变更主要指工程量清单漏项、有误引起工程量的增加和施工中的设计变更引起标准提高或工程量的增加等。

（3）总承包服务费包括配合协调招标人工程分包和材料采购所需的费用，提出的工程分包是指国家预分包的工程。

2. 为了准确计价，零星工作项目表应根据拟建工程的具体情况，详细列出人工、材料、机械的名称、计量单位和相应数量。人工应按工种列项，材料和机械应按规格、型号列出，并随工程量清单发至投标人。

3. 当工程实际中出现暂列金额、暂估价（材料暂估单价、专业工程暂估价）、计日工、总承包服务费中未列出的其他项目清单项目时，可依据工程实际情况，编制人可作补充。如工程竣工结算时出现的索赔和现场签证等。

（四）规费项目清单

规费项目清单应按照下列内容列项：

1. 社会保障费

（1）养老保险费：是指企业按规定标准为职工缴纳的基本养老保险费。

（2）失业保险费：是指企业按照国家规定标准为职工缴纳的失业保险费。

（3）医疗保险费：是指企业按照规定标准为职工缴纳的基本医疗保险费。

（4）生育保险费：是指企业按照规定标准为职工缴纳的基本生育保险费。

（5）工伤保险费：是指企业按照规定标准为职工缴纳的工伤保险费。

2. 住房公积金

指企业按规定标准为职工缴纳的住房公积金。

3. 工程排污费

指施工现场按规定缴纳的工程排污费。

出现本规范以上未列项目，应根据省级政府或省级有关权力部门的规定列项。

（五）税金项目清单

税金项目清单应包括下列内容：

1. 营业税

2. 城市维护建设费

3. 教育附加费

4. 地方教育附加费

出现本规范以上未列项目，应根据税务部门的规定列项。

（六）强制规定和一般规定

1. 强制规定

（1）为便于在执行本规范条文时区分对待，对要求严格程度不同的用词，说明如下：

①表示很严格，非这样做不可的用词：

正面词采用"必须"，反面词采用"严禁"。

②表示严格，在正常情况下均应这样做的用词：

正面词采用"应"，反面词采用"不应"或"不得"。

③表示允许稍有选择，在条件许可时首先应这样做的用词：

正面词采用"宜"，反面词采用"不宜"。

表示有选择，在一定条件下可以这样做的，采用"可"。

（2）本规范中指定按其他有关标准、规范或其他有关规定执行时，写法"应符合……的规定"或"应按……执行。"

2. 一般性规定

（1）工程量清单应由具有编制招标文件能力的招标人，或受其委托具有相应资质的中介机构进行编制。

（2）工程清单应作为招标文件的组成部分。

（3）工程量清单应由分部分项工程量清单、措施项目清单、其他项目清单、规费和税金项目清单组成。

第二节　工程量清单计价的特点

工程量清单计价适用于建设工程招标的工程量清单计价活动。工程量清单计价是与现行"定额"计价方式共存于招标投标计价过程中的另一种计价方式。凡是建设工程招标投标实行工程量清单计价，不论招标主体是政府机构、国有企事业单位、集体企业、私人企业和外商投资企业，还有资金来源是国有资金、外国政府贷款及援助资金、私人资金等都应遵循工程量清单计价。

其中"国有资金"是指国家政策性的预算内或预算外资金，国家机关、国有企事业单位和社会团体的自由资金及借贷资金，国家通过对内发行政府债券或向外国政府及国际金融机构举行主权外债所筹集的资金也应视为国有资金。"国有资金投资为主"的工程是指国有资金占总投资额的 50% 以上或虽不足 50%，但国有资产投资者实质上拥有控股权的工程。"大、中型建设工程"的界定按国家有关部门的规定执行。

一、工程量清单计价的具体特点如下所述：

（一）强制性

由建设主管部门按照强制性国家标准的要求批准颁布，规定全部使用国有资金或国有资金投资为主的大中型建设工程应按计价规范规定执行。

明确工程量清单是招标文件的组成部分，并规定了招标人在编制工程量清单时必须遵守的规则，做到四统一，即统一项目编码、统一项目名称、统一计量单位、统一工程计算规则。

（二）实用性

附录中工程量清单项目及计算规则的项目名称表现的是工程实体项目，项目名称明确清晰，工程量计算规则简洁明了;特别是还列有项目特征和工程内容，易于编制工程量清单是明确具体项目名称和投标报价。

（三）竞争性

"计价规范"中的措施项目，在工程量清单中只列"措施项目"一栏，具体采用什么措施，如模板、脚手架、临时设施、施工流水等详细内容有投标人根据企业的措施组织设计，视具体情况报价，因为这些项目在各个企业间各有不同，是企业竞争项目，是留给企业竞争的空间。

"计价规范"中人工、材料和施工机械没有具体的消耗量，投标企业可以根据企业的定额和时常价格信息，也可以参照建设行政管理部门发布的社会平均消耗量定额进行报价，"计价规范"将报价权交给了企业。

（四）通用性

采用工程量清单计价将与国际惯例接轨，符合工程量计算方法标准化、工程量计算量规则统一化、工程造价确定市场化的要求。

二、工程量清单计价的执行规范

1. 为规范建筑与装饰工程工程量清单计价行为，统一建筑与装饰工程工程量清单计价的编制和计价方法，根据《中华人民共和国建筑法》《中华人民共和国合同法》《中华人民共和国招标投标法》等法律法规，制定《建设工程工程量清单计价规范》（GB 50500—2013）。

2. 规范（GB 50500—2013）适用于建设与装饰工程工程量清单计价活动。

3. 建设与装饰工程工程量清单计价活动应遵循客观、公正、公平的原则。

4. 建设与装饰工程工程量清单计价活动，除应遵循规范（GB 50500—2013）外，还应符合国家有关法律、法规及标准，规范的规定。

5.《建设工程工程量清单计价规范》应作为编制工程量清单的依据。其中所含的专业工程：是指按现行国家计量规范划分的房屋建筑与装饰工程、仿古建筑工程、通用安装工程、市政工程、园林绿化工程、矿山工程、构筑物工程、城市轨道交通工程、爆破工程等各类工程。

第三节 工程量清单计价的方法

一、工程量清单计价的形式

《计价规范》中的工程量清单综合单价是指完成规定计量单位项目所需的人工费、材料费、机械使用费、管理费、利润，以及考虑相关的风险因素所产生的费用的综合单价。《计价规范》中采用的综合单价为全费用综合单价。

工程量清单编制由具有编制招标文件能力的招标人或受其委托的具有相应资质的中介机构根据统一的工程量清单标准格式、统一的工程量清单项目设置规则、招标要求和施工图纸进行编制；工程量清单报价由投标人根据招标人提供的工程量清单信息及工程设计图纸，对拟建工程的有关信息进一步细化、核实，再根据投标人掌握的各种市场信息（包括人工、材料、机械价格等）、招标人的施工经验，结合企业自身的工、机、料消耗（即企业定额），考虑风险因素等进行投标报价。

工程量清单报价主要有三种形式：

（一）工价单价法：

工料单价 = 人工费 + 材料费 + 机械使用费

（二）综合单价法：

综合单价 = 人工费 + 材料费 + 机械使用费 + 管理费 + 利润

（三）全费用综合单价法

全费用综合单价 = 人工费 + 材料费 + 机械使用费 + 措施项目费 + 管理费 + 规费 + 利润 + 税金

二、工程量清单计价的编制程序

工程量清单计价过程可以分为两个阶段：工程量清单编制和利用工程量清单投标报价。一般情况下，投标人必须按照招标人提供的工程量清单进行组价，并按照综合单价的形式进行报价。

（一）复核或计算工程量

投标人在以招标人提供的工程量清单为依据来组价时，必须把施工方案及施工工艺造成的工程增量以价格的形式包括在综合单价内。工程量清单的中的各分部分项工程量并不十分准确，若设计深度不够则可能有较大的误差，而工程量的多少是选择施工方法、安排人力和机械、准备材料必须考虑的因素，自然也影响分项工程的单价，因此一定要对工程量进行复核。有经验的投标人在计算施工工程量时就对工程量清单中的工程量进行审核，以便确定招标人提供的工程量的准确度和采用平衡报价方法。

另一方面，在进行工程量清单计价时，工程项目分成三部分进行计价：分部分项工程项目计价、措施项目计价及其他项目计价。招标人提供的工程量清单是分部分项工程项目清单中的工程量，但措施项目中的工程量及施工方案工程量招标人不提供，必须有招标人在投标时按照设计文件及施工组织设计、施工方案进行二次计算。投标人由于考虑不全面而造成低价中标亏损，招标人不予承担。因此这部分用价格的形式分摊到报价内的量必须要认真计算和全面考虑。

（二）确定单价、计算合价

在投标报价中，复核或计算各个分部分项工程的工程量后，就需要确定每一个分部分项工程的单价，并按照工程量清单报价的格式填写，然后计算出合价。

按照工程量清单报价的要求，单价应是包括人工费、材料费、机械费、管理费、利润及风险费的综合单价。人工、材料、机械费用应该是根据分部分项工程的人工、材料、机械消耗量及相应的市场消耗价格计算而得。利润是投标人的预期利润。确定利润取值的目标是考虑既可以获得最大的可能利润，又要保证投标价格具有一定的竞争性。投标人应根据市场竞争情况确定在该工程上的利润率。风险费对投标人来说是个未知数。如果预计的风险没有全部发生，则可能预计的风险费有剩余，这部分剩余和利润加在一起就是盈余；如果风险费估计不足，则有利润来补贴。在投标时，应根据工程规模及工程所在地的实际情况，有经验的专业人员对可能的风险因素进行逐项分析后确定一个比较合理的费用比率。

一般来说，企业应建立自己的标准价格数据库，并据此计算工程的投标价格。在应用数据库针对某一具体工程进行投标报价时，需要对选用的单价进行审核、评价与调整，使之符合拟投标工程的实际情况，反应市场价格的变化。

（三）确定分包工程费

分包人的分包工程费是投标价格的一个重要组成部分，有时总投标人投标价格中的相当部分是分包工程费。因此，在编制投标价格时需要有一个合适的价格来衡量分包人的价格，需要熟悉分包工程的范围，对分包人的能力进行评估。

（四）确定投标价格

将分部分项工程的价格、措施项目费等会总后就可以得到工程总价，但计算出来的工程总价还不能作为投标价格，因为计算出来的价格可能存在重复计算或漏算，也可能某些费用的估算有偏差，因此需要对计算出来的工程总价进行复核，做某些必要的调整。在对工程进行盈亏分析的基础上，找出计算中的问题并分析降低成本的措施，结合企业的投标策略，最后进行投标报价。

由于工程量清单报价是国际通行的报价方法，因此，我国工程量清单报价的程序与国际工程报价的程序基本相同。

三、工程量清单计价的计算方法

（一）总报价的计算

利用综合单价法计价需分项计算清单项目，汇总得到总报价。

分部分项工程费 = Σ 分部分项工程量 × 分部分项工程综合单价

措施费 = Σ 措施项目工程量 × 措施项目综合单价

单位工程造价 = 分部分项工程量 + 措施项目费 + 其他项目费 + 规费 + 税金

单项工程造价 = Σ 单位工程报价

总报价 = Σ 单项工程报价

（二）分部分项工程费的计算

1. 计算施工方案工程量

工程量清单计价模式下，招标人提供的分部分项工程量是按施工图图示尺寸计算得到的工程净量。在计算直接工程费时，必须考虑施工方案等各种因素，重新计算施工作业量，以施工作业量为基数完成计价。施工方案的不同，施工作业量的计算方法与计算结果也不相同。例如，某建筑装饰碎拼石材墙面工程，按清单工程量计算规则，以墙面铺设面积计算工程量，因墙面的清洁平整程度不同而确定的计算工程量不同。投标单位可根据工程条件选择能发挥技术优势的施工方案，力求降低工程造价，确立在投标中的竞争优势。同时，必须注意工程量清单计算规则是针对清单项目主项的计算方法及计算单位，对主项以外工程内容的计算方法及计量单位不作规定，由投标人根据施工图纸及投标人的经验自行确定。最后综合处理形成分部分项工程量清单综合单价。

2. 人、料、机数量测算

企业可以按反映企业水平的企业定额或参照政府消耗量定额确定人工、材料、机械台班的耗用量。

3. 市场调查和询价

根据工程项目的具体情况，考虑市场资源的供求情况，采用市场价格作为参考，考虑一定的调价系数，确定人工工资单价、材料预算价格和施工机械台班单价。

4. 计算清单项目分项工程的直接工程费单价

按确定的分项工程人工、材料和机械的消耗量及询价获得的人工工资单价、材料预算单价、施工机械台班单价，计算出对应分项工程单位数量的人工费、材料费和机械费。

5. 计算综合单价

计算综合单价中的管理费和利润时，可以根据每个分项工程的具体情况逐项估算。一般情况下，采用分摊法计算分项工程中的管理费和利润，即先计算工程的全部管理费和利润，然后再分摊到工程量清单中的每个分项工程上。分摊计算时，投标人可以根据以往的经验确定一个适当的分摊系数来计算每个分项工程应分摊的管理费和利润。

第三章 工程量清单表格的编制

学习目的：

工程量清单是招标文件的重要组成部分，工程量清单在项目清单计价的整个过程中占有十分重要的作用，是后续所有计价的基础和必须条件。

编制工程量清单必须要求满足以下 3 点：

1. 要满足编制招标控制价、投标报价和工程施工的要求，力求实现合理确定、有效控制工程价款的目的。

2. 要严格执行编制工程量清单的五个统一（项目编码、项目名称、项目特征、计量单位、工程量计算规则）。

3. 要保证编制质量，不漏项、不错项、不重项，准确计算工程量，特别是强化了招投标阶段招标人的责任。

学习要点：

工程量清单计价的规定是工程造价的依据，本章要求学生熟悉建筑装饰工程工程量清单计价及招标工程量清单的编制；工程量清单的概念和作用、一般规定、编制方法及案例。

第一节 工程量清单的编制

一、工程量清单的一般规定

（一）招标工程量清单应由具有编制能力的招标人或受其委托、具有相应资质的工程造价资讯人或招标代理人的编制。

注：此条规定对招标工程量清单的编制主体进行了明确的规范和要求。《工程造价咨询企业管理办法》（建设部［2006］149 号）中规定："委托编制工程量清单的工程造价人应依法取得工程造价咨询资质，并在其资质许可的范围内从事工程造价咨询活动。"若招标人不具备编制工程量清单的能力，可委托工程造价资讯人编制。

（二）招标工程量清单必须作为招标文件的组成部分，其准确性和完整性由招标人负责。

注：如项目采用工程量清单的方式招标发包，工程量清单是招标文件的重要组成部分和基础，是招标文件中必须具备的内容，招标人应当将工程量清单和招标文件的其他内容一并提供（发送或发售）给投标人。招标工程量清单的准确性和完整性由招标人负责；投标人不具备修改和调整的权力。

（三）招标工程量清单是工程量清单计价的基础，应作为编制招标控制价、投标报价、计算或调整工程量、施工索赔等的依据之一。

注：规定中明确"工程量"的准确性和风险性由发承包方双方共同承担，招标工程量清单作为调整工程量的依据；招标工程量清单不作为支付工程款、调整合同价款、办理竣工结算的依据。

（四）招标工程量清单应以单位（项）工程为单位编制，由分部分项工程项目清单、措施项目清单、其他项目清单、规费和税金项目清单组成。

注：规定明确了招标工程量清单的编制单位为"单位（项）工程"。

（五）编制招标工程量清单应依据：

（1）《建设工程工程量清单计价规范》（GB 50500—2013）。

（2）国家或省级、行业建筑主管部门颁发的计价定额和办法。

（3）建设工程设计文件及相关资料。

（4）与建设工程有关的标准、规范、技术资料。

（5）拟定的招标文件。

（6）施工现场情况、地勘水文资料、工程特点及常规施工方案。

（7）其他相关资料。

二、工程量清单的概念

《建设工程工程量清单计价规范》（GB 50500—2013）中对工程量清单进行了明确的规定：（规范 2.0.1）工程量清单是载明建设工程分部分项工程项目、措施项目、其他项目的名称和相应数量以及规费、税金项目等内容的明细清单。招标人按照相关规定编制用于招标的工程量清单被称为招标工程量清单。

对工程量清单的填写人也进行了规定：（规范 2.0.2）招标工程量清单是指招标人依据国家标准、招标文件、设计文件以及施工现场实际情况编制的，随招标文件发布供投标报价的工程量清单，包括其说明和表格。一般情况下，工程量清单的编制都指招标工程量清单的编制。

工程量清单的组成部分：（规范 4.1.4）招标工程量清单应以单位（项）工程为单位编制，应由分部分项工程项目清单、措施项目清单、规费和税金项目清单组成。

总之，工程量清单在项目清单计价的整个过程中占有十分重要的作用，是后续所有计价的基础和必须条件。《建设工程工程量清单计价规范》（GB 50500—2013）强制规定：（4.1.2）招标工程量清单中必须作为招标文件的组成部分，其准确性和完整性应由招标人负责。按照此规定可以看出：凡是以工程量清单招标的工程，"量"的风险由发包人承担。

（一）工程量清单的作用

《建设工程工程量清单计价规范》（GB 50500—2013）4.1.3 规定：招标工程量清单是工程量清单计价的基础，应作为编制招标控制价、投标报价、计算或调整工程量、索赔等的依据之一。

（二）工程量清单的工作内容

《建设工程工程量清单计价规范》（GB 50500—2013）4.1.1 规定：招标工程量清单应由具有编制能力的招标人或受其委托、具有相应资质的工程造价资讯人编制。若招标人不具备编制工程量清单的能力，可委托工程造价资讯人编制。受委托编制工程量清单的工程造价资讯人应依法取得工程造价咨询资质，并在其资质许可的范围内从事工程造价咨询活动。工程量清单编制的内容、依据、要求和表格形式等应该执行《建设工程工程量清单计价规范》（GB 50500—2013）的有关规定。

（三）工程量清单的编制依据

根据《建设工程工程量清单计价规范》（GB 50500—2013）4.1.5 规定，编制招标工程量清单应依据：

（1）本规范和相关工程的国家计量规范。

（2）国家或省级、行业建设主管部门颁发的计价定额和办法。

（3）建设工程设计文件及相关资料。

（4）与建设工程有关的标准、规范、技术资料。

（5）拟定的招标文件。

（6）施工现场情况、地勘水温资料、工程特点及常规施工方案。

（7）其他相关资料。

三、工程量清单的编制方法

工程量清单应由具有编制招标文件能力的招标人，或受其委托具有相应资质的中介机构进行编制。工程量清单是招标文件的重要组成部分，它主要是由分部分项工程量清单、措施项目清单和其他项目清单组成。

（一）分部分项工程量项目

《计价规范》（GB 50500—2013）4.2.1 规定："分部分项工程项目清单必须载明项目编号、项目名称、项目特征、计量单位和工程量。"

《计价规范》（GB 50500—2013）4.2.2 规定："分部分项工程项目清单必须根据相关工程现行国家 1 计量规范规定的项目编码、项目名称、项目特征、计量单位和工程量计算规则进行编制。"

此规定明确了分部分项工程量清单的五个组成部分缺一不可，这五个要件为项目编码、项目名称、项目特征、计量单位和工程量。

分部分项工程量清单是不可调整的闭口清单，投标人对投标文件提供的分部分项工程量清单必须逐一计价，并对清单所列出的内容不允许有任何的更动和变动。投标人如果认为清单的内容有所遗漏或者不符，必须通过质疑的方式由清单编制人作统一的修改和更正，并将修正后的工程量清单重新发送给所有的招标人。

1. 项目编码

项目编码是分部分项工程量清单项目名称的数字标识。分部分项工程量清单项目编码以五级编码设置，采用十二位阿拉伯数字表示。一至九位应按《计量规范》的规定设置，十至十二位应根据拟建工程的工程量清单项目名称和项目特征设置，同一招标工程的项目编码不得有重码。各级编码代表的含义如下：

（1）第一级表示工程分类顺序码（分二位）。工程项目划分为 9 类，一级顺序码分别是：01 房屋建筑与装饰工程；02 仿古建筑工程；03 通用安装工程；04 市政工程为；05 园林绿化工程为；06 矿山工程；07 构筑物工程；08 城市轨道交通工程；09 爆破工程。

（2）第二级表示附录分类顺序码（分二位）。以 01 房屋建筑与装饰工程为例，其专业工程第二节顺序码分别是：0101 土方工程（附录 A）；0102 地基处理与边坡支护工程（附录 B）；0103 桩基工程（附录 C）；0104 砌筑工程（附录 D）；0105 混凝土及钢筋混凝土工程（附录 E）；0106 金属结构工程（附录 F）；0107 木结构工程（附录 G）；0108 门窗工程（附录 H）；0109 屋面及防水工程（附录 I）；0110 保温、隔热、防腐工程（附录 J）；0111 楼地面装饰工程（附录 L）；0112 墙、柱面装饰与隔断、幕墙工程（附录 M）；0113 天棚工程（附录 N）；0114 油漆、涂料、裱糊工程（附录 P）；0115 其他装饰工程（附录 Q）；0116 拆除工程（附录 R）；0117 措施项目（附录 S）。

（3）第三级表示分部工程顺序码（分二位）。以 0111 房屋建筑与装饰工程的楼地面装饰工程为例，其分部工程顺序码分别是：01101 整体楼地面及找平层（附录 L.1）；011102 块料面层（附录 L.2）；011103 橡塑面层（附录 L.3）；011104 其他材料面层（附录 L.4）；011105 踢脚线（附录 L.5）；011106 楼梯面层（附录 L.6）；011107 台阶装饰（附录 L.7）；011108 零星装饰面项目（附录 L.8）。

（4）第四级表示分项工程项目名称顺序码（分三位）。以 011102 房屋建筑与装饰工程的楼地面装饰工程的块料面层为例，其分项工程项目顺序码分别是：011102001 石材楼地面；011102002 碎石材楼地面；011102003 块料楼地面。

（5）第五级表示工程量清单项目名称顺序码（分三位）。如花岗岩楼地面铺装的代码为，01（房屋建筑及装饰工程）11（楼地面工程）02（块料面层）001（石材楼地面）001（花岗岩，自定）。

项目编码结构如图 2-3-1 所示（以房屋建筑与装饰工程为例）。

例如：大理石地面铺贴，代码为 011102001001

01（表示房屋建筑及装饰工程代码）

11（附录 L，表示楼地面工程编码）

02（附录 L.2，表示块料楼面层的编码）

001（表示石材楼地面的子目编码）

001（根据部位可区分的顺序编码）

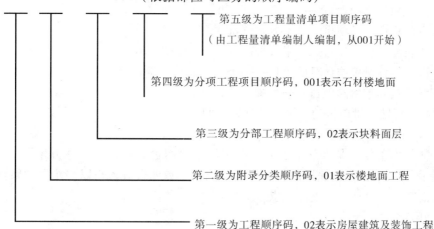

第五级为工程量清单项目顺序码
（由工程量清单编制人编制，从001开始）

第四级为分项工程项目顺序码，001表示石材楼地面

第三级为分部工程顺序码，02表示块料面层

第二级为附录分类顺序码，01表示楼地面工程

第一级为工程顺序码，02表示房屋建筑及装饰工程

图 2-3-1 项目编码结构

2. 项目名称

《计价规范》（GB 50500—2013）附录表中的"项目名称"为分项工程项目名称，是形成分部分项工程量清单项目名称的基础，在此基础上填写相应项目特征，即为清单项目名称，应按相关工程国家计量规范规定根据拟建工程实际确定填写。分项工程项目名称为一般以工程实体而命名，项目名称如有缺项，招标人可按相应的原则进行补充，并报当地工程造价管理部门备案。

在编制分部分项工程量清单时，以附录中的分项分部项目名称为基础，结合和考虑项目的规格、材料、型号、工序等要求，使工程量清单项目名称细节化、规范化、准确化、具体化。如楼地面工程中的竹、木（复合）地板铺装形成工程量清单项目名称中，可具体细化为实木地板铺在木龙骨上，详细、准确地描述出工程的具体施工工艺和材料。当工程量清单项目中工程名称有缺陷或含糊时，招标人可做出相应补充和完善，并报当地工程造价管理机构（省级）备案。

3. 项目特征

项目特征应按照国家相关工程计量规范规定并根据拟建工程予以描述。

项目特征是对项目的准确描述，是影响价格的因素，是设置具体清单项目的依据。项目特征按不同的工程部位、施工工艺或材料品种、规格等分别列项。凡项目特征中未描述到的其他特有特征，由清单编制人依据项目具体情况确定，以准确描述清单项目为准。

清单项目特征主要涉及项目的自身特征（材质、型号、规格、品牌）、项目的工艺特征以及对项目施工方法可能产生影响的特征。这些特征对投标人的报价影响很大，特征描述不清，将导致投标人对招标人的需求不全面，达不到正确报价的目的。对清单项目特征不同的项目应分别列项，如基础工程虽然仅混凝土强度等不同，但这足以影响投标人的报价，故应分开列项。

4. 计量单位

计量单位应按照相关工程国家计量规范的规定填写。

计量单位应采用基本单位，除各专业另有特殊规定外，均按以下单位计量：

（1）以重量计算的项目——吨或千克（t 或 kg）。

（2）以体积计算的项目——立方米（m^3）。

（3）以面积计算的项目——平方米（m^2）。

（4）以长度计算的项目——米（m）。

（5）以自然计量单位计算的项目——个、套、块、组、台、樘等。

（6）没有具体数量的项目——系统、项、宗等。

各专业有特殊计量单位的，再另外加以说明。

计量单位的有效位数应遵守下列规定：

以"吨"为单位，保留三位小数，第四位小数四舍五入；以"立方米""平方米""米""千克"为单位，应保留两位小数，第三位小数四舍五入；以"个""项"等为单位，应取整数。

5. 工作内容

清单工作内容包括主体工作和辅助工作。

例如"竹木地板的铺装"，其工作内容包括：基层清理、抹找平层；铺设填充层；进行龙骨铺设；铺设基层；面层的铺设；刷防护材料等，所有的工程量实施之后完成了最终竹木地板的铺装，其中，竹木地板的面层铺设为主体工作，其他均是围绕主体进行的辅助工作。又如"石材窗台板的安装"，其工作内容包括：基层清理；抹找平层；窗台制作和安装；刷防护材料和油漆，所有的工程量实施之后完成了最终石材窗台板的安，其中，窗台的制作和安装为主体工作，其他均是围绕主体进行的辅助工作。

如上所述，没有辅助工作的实施形成不了实体，辅助项目的工程费是实体项目工程费用的组成部分。因此，工作内容的清晰准确得描述，对投标人的计价甚为重要，否则可能会导致投标报价失误，影响评标质量；也会导致施工过程中的承、发包双方对工作内容的理解产生分歧，影响工程的进度和质量，甚至发生索赔。

6. 工程数量的计算

《计价规范》明确了清单项目的工程量计算规则，实质是以形成工程的实体为准则，并以完成后的净值进行计算的。这种计算方式不同于综合定额的计价方式，综合定额除了计算净值之外，还包括因施工方案所采用的施工方法而导致的工程量的增加。如"石材墙面"，假如墙面粗糙不平，还需进行基层的清理找平等工程量，因施工环境的变更或施工方案的改变导致的施工工程量的增加。

即使同一工程，不同的承包商计算出来的工程量可能不同；同一承包商采取不同的施工方案所计算出来的工程结果也不同。但是，采用了工程量清单计价法去进行计算，严格执行计价规范的工程量计算规则，所得出的工程实体的工程量是唯一的。将施工方案引起工程费用的增加折算到综合单价或因措施费用的增加放置到措施项目清单中。统一的清单工程量为所有的投标人提供了公平合理的竞争方式。

建筑装饰工程包括楼地面工程，墙柱面工程，天棚工程，门窗工程，油漆、涂料、裱糊工程，其他装饰工程。

（二）措施项目清单的编制

《计价规范》（GB 50500—2013）4.3.1 规定："措施项目清单必须根据相关工程现行国家计量规范的规定编制。"

《计价规范》（GB 50500—2013）4.3.2 规定："措施项目清单应根据拟建工程的实际情况列项。"

总价措施项目清单与计价表如下：

措施项目清单为调整清单，投标人对招标文件中所列出的项目，可根据企业自身的特点做出适当的变更增减。投标人要对拟建的工程可能发生的措施项目和措施费用作通盘考虑，清单一经报出，就被认为是包括了所有应该发生的措施项目的全部费用。如果报出的清单中没有列项，且项目中又必须发生的项目，业主有权认为其已经综合在了分部分项工程量清单的综合单价中。将来措施清单项目发生时投标人不得以任何的借口和理由提出索赔和调整。

措施项目清单表是为完成分项实体工程而必须采取的一些措施性工作的清单表，它指为完成工程项目施工，发生于该工程施工前和施工过程中技术、生活、安全等方面的非工程实体项目。

编制总价措施项目清单与计价表时需要注意以下事项：

（1）在编制工程量清单时，表中的项目可以根据工程实际情况进行增减。

（2）在编制招标控制价时，计费基础、费率应按省级或行业建设主管部门的规定计取。

（3）在编制投标报价时，除"安全文明施工费"必须按本规范的强制性规定，按省级或行业建筑主管部门的规定计取外，其他措施项目均可根据投标施工组织设计自主报价。

（4）编制竣工结算时，如省级或行业建设主管部门调整了安全文明施工费，应按调整后的标准计算此费用，其他总价措施项目经发承包双方协商进行调整的，按调整后的标准计算。

（三）其他项目清单的编制

《计价规范》（GB 50500—2013）4.4.1 规定："其他项目清单应按照下列内容列项：

1. 暂列金额

2. 暂估价

包括材料暂估单价、工程设备暂估单价、专业工程暂估价。

3. 计日工

4. 总承包服务费

其他项目清单由招标人部分、投标人部分等两部分组成。招标人填写的内容随招标文件发至投标人或标底编制人，其项目、数量、金额等投标人或标的编制人不得随意改动。由投表人填写部分的零星工作项目表中，招标人填写的项目与数量，投标人不得随意更改，且必须进行报价。如果不报价，招标人有权认为投标人就未报价内容提供无偿服务。当投标人认为招标人列项不全时，投标人可自行增加列项并确定本项目的工程数量及计价。

在编制其他项目清单与计价总表时需要注意以下事项：

（1）在编制招标工程量清单时，应汇总"暂列金额"专业工程暂估价，以提供给投标人报价。

（2）在编制招标控制价时，应按有关计价规定估算"计日工"和"总承包服务费"，如招标工程量清单中未列"暂列金额"，应按有关规定编制。

（3）在编制投标报价时，应按招标工程量清单提供的"暂列金额"和"专业工程暂估价"填写金额，不得变动，"计日工""总承包服务费"自主确定报价。

（4）在编制或核对工程结算时，"专业工程暂估价"按实际分包结算价填写，"计日工""总承包服务费"按双方认可的费用填写。

《计价规范》（GB 50500—2013）4.4.2 规定："暂列金额应根据工程特点，按有关计价规定估算。"

在编制暂列金额明细表时需要注意以下事项：

在招标工程量清单中给出暂列金额及拟用的项目，投标人只需直接将投标工程量清单中所列的暂列金额纳入投标总价之中，并且不需要在所列的暂列金额以外开列任何其他费用。

投标人应注意的是暂列金额包含在投标总价中，但并不属于承包人所有和支配，是否属于承包人所有则受合同约定的开支程序的制约。

《计价规范》（GB 50500—2013）4.4.3 规定："暂估价中的材料、工程设备暂估单价应根据工程造价信息或参照市场价格估算，列出明细表：专业工程暂估价应分不用专业，按有关计价规定估算，列出明细表。"

编制材料（工程设备）暂估单价及调整表时需要注意以下事项：

（1）第二栏"材料（工程设备）名称、规格、型号"中的内容包括原材料、燃料、构件以及按规定计入建筑安装工程造价的设备。本表中所指的设备专指能够列入建筑安装工程造价的设备。

（2）第四栏"数量"指的是材料实际消耗量，包括材料净用量和材料不可避免的损耗量。

（3）第五栏、第六栏、第七栏中的"单价"指的是材料费，《建筑安装工程费用项目组成的通知》（建标［2013］44 号）中的材料费，包括材料原价、运杂费、运输损耗费、采购及保管费。

编制专业工程暂估单价及结算表时需要注意以下事项：

专业工程暂估价项及其表中所列的专业工程暂估价，是指分包人实施专业工程的完整价（含税金额之后的，包含该专业工程中所有供应、安装、完工、调试、修复缺陷等全部工作），除了合同约定的发包人应承担的管理、协调、配合和服务负责所对应的总承包服务费以外，承包人未履行其管理、配合、协调和服务等所需发生的费用应该包括在投标报价中。

《计价规范》（GB 50500—2013）4.4.4 规定："计日工应列出项目名称、计量单位和暂估数量。"

编制计日工表时需要注意以下注意事项

1. 常见的以计日工计价的工作内容

路面保洁、清扫、路基维护等；临时设施搭建；人员设备调遣，雨季、夜间施工等；标志、标语牌制作、安拆、维护；保证建设工期采取的工艺措施发生的费用；加强施工现场精神文明建设发生的费用等。

2. 计日工暂定数量的范围分为人工暂定数量、材料暂定数量、施工机械暂定数量

（1）人工暂定数量中工时的确定。计日人工工时，是从工人抵达工作地点进行指定的工作开始，到回到出发地点（工区内）为止的时间，但不包括用餐和工间休息。计日工劳务按工日 8 小时计算，单次 4 小时以内按 0.5 个工日，单次 4 小时至 8 小时之间按 1 个工日计算，加班时间按照国家劳动法律法规的规定执行。

（2）材料暂定数量指的是在工程实践中涉及到的零星材料，有许多零星常用的零星材料是不计入到材料暂定数量中的，如：设备运转所需要的燃料、电力、压缩空气等，已含在设备使用费的二楼费用中；设备保养类，如润滑油、清洁用品，已含在一类费用的修理费用中；正常运转消耗的设备用品，轮胎、皮带、履带等，计入一类费用的替换设备费中；操作人员工作必备的小型材料用品，如夜间施工使用的应急灯、电池等照明设备，已计入计日工人工单价中；搭建脚手架用的枕木、小型钢管、螺栓等，已经均摊到一类费用中。

（3）施工机械暂定数量。施工及机械台班计量按照 8 小时计算，单次 4 小时以内按 0.5 个台班，单次 4 小时至 8 小时之间按 1 个台班计算，操作人员加班时间按照国家劳动法律法规的规定执行，计日工如果需要使用场外施工机械，台班费用和进出场费用按照市

场平均价格计算。

第二节　招标控制价的编制

工程量清单应由具有编制招标文件能力的招标人，或受其委托具有相应资质的中介机构进行编制。工程量清单是招标文件的重要组成部分，它主要是由分部分项工程量清单、措施项目清单和其他项目清单组成。

一、分部分项工程量清单的编制

分部分项工程量清单是不可调整的闭口清单，投标人对投标文件提供的分部分项工程量清单必须逐一计价，并对清单所列出的内容不允许有任何的更动和变动。投标人如果认为清单的内容有所遗漏或者不符，必须通过质疑的方式由清单编制人作统一的修改和更正，并将修正后的工程量清单重新发送给所有的招标人。

《计价规范》规定："分部分项工程量清单应根据附录表中的规定统一项目编码、项目名称、计量单位和工程量计算规则进行编制。"

（一）项目编码

分部分项工程量清单项目编码以五级编码设置，用 12 位阿拉伯数字表示。一、二、三、四级编码为全国统一；第五级编码由工程量清单编制人区分工程的清单项目特征而分别编制，即十二位数字分为前 9 位数字和后 3 位数字，前 9 位数字必须按照相关工程国家计量规范项目编码栏内的规定；后 3 位数字是自定编码，按照顺序码从 001 编写，不得重复。

（二）项目名称

《计价规范》附录表中的"项目名称"为分项工程项目名称，是形成分部分项工程量清单项目名称的基础。在此基础上填相应项目特征，即为清单项目名称。分项工程项目名称为一般以工程实体而命名，项目名称如有缺项，招标人可按相应的原则进行补充，并报当地工程造价管理部门备案。

（三）项目特征

项目特征是对项目的准确描述，是影响价格的因素，是设置具体清单项目的依据。项目特征按不同的工程部位、施工工艺或材料品种、规格等分别列项。凡项目特征中未描述到的其他特有特征，有清单编制人视项目具体情况确定，以准确描述清单项目为准。

清单项目特征主要涉及项目的自身特征（材质、型号、规格、品牌）、项目的工艺特征以及对项目施工方法可能产生影响的特征。这些特征对投标人的报价影响很大，特征描述不清，将导致投标人对招标人的需求不全面，达不到正确报价的目的。对清单项目特征不同的项目应分别列项，如基础工程虽然仅混凝土强度等不同，但这足以影响投标人的报价，故应分开列项。

（四）计量单位

计量单位应采用基本单位，除各专业另有特殊规定外，均按以下单位计量：

（1）以质量计算的项目——吨或千克（t 或 kg）。

（2）以体积计算的项目——立方米。

（3）以面积计算的项目——平方米（m^2）。

（4）以长度计算的项目——米（m）。

（5）以自然计量单位计算的项目——个、套、块、组、台等。

（6）没有具体数量的项目——系统、项、宗等。

各专业有特殊计量单位的，再另外加以说明。

（五）工作内容

清单工作内容包括主体工作和辅助工作。例如"竹木地板的铺装"，其工作内容包括：基层清理、抹找平层；铺设填充层；进行龙骨铺设；铺设基层；面层的铺设；刷防护材料等，所有的工程量实施之后完成了最终竹木地板的铺装，其中，竹术地板的面层铺设为主体工作，其他均是围绕主体进行的辅助工作。又如"石材窗台板的安装"，其工作内容包括：基层清理；抹找平层；窗台制作和安装；刷防护材料和油漆，所有的工程量实施之后完成了最终石材窗台板的安，其中，窗台的制作和安装为主体工作，其他均是围绕主体进行的辅助工作。

如上所述，没有辅助工作的实施形成不了实体，辅助项目的工程费是实体项目工程费用的组成部分。因此，工作内容清晰准确的描述，对投标人的计价甚为重要，否则可能会导致投标报价失误，影响评标质量；也会导致施工过程中的承、发包双方对工作内容的理解产生分歧，影响工程的进度和质量，甚至发生索赔。

（六）工程数量的计算

《计价规范》明确了清单项目的工程量计算规则，实质是以形成工程的实体为准则，并以完成后的净值进行计算的。这种计算方式不同于综合定额的计价方式，综合定额除了计算净值之外，还包括因施工方案所采用的施工方法而导致的工程量的增加。如"石材墙面"，假如墙面粗糙不平，还需进行基层的清理找平等工程量，因施工环境的变更或施工方案的改变导致的施工工程量的增加。所以，即使同一工程，不同的承包商计算出来的工程量可能不同；同一承包商采取不同的施工方案所计算出来的工程量结果也不同。但是，采用了工程量清单计价法去进行计算，严格执行计价规范的工程量计算规则，所得出的工程实体的工程量是唯一的。将施工方案引起工程费用的增加折算到综合单价或因措施费用的增加放置到措施项目清单中。所以，统一的清单工程量为所有的投标人提供了公平合理的竞争方式。

建筑装饰工程包括楼地面工程，墙柱面工程，天棚工程，门窗工程，油漆、涂料、裱糊工程，其他装饰工程。

二、措施项目清单的编制

措施项目清单为调整清单，投标人对招标文件中所列出的项目，可根据企业自身的特点做出适当的变更增减。投标人要对拟建的工程可能发生的措施项目和措施费用作通盘考虑，清单一经报出，就被认为是包括了所有应该发生的措施项目的全部费用。如果报出的清单中没有列项，且项目中又必须发生的项目，业主有权认为其已经综合在了分部分项工程量清单的综合单价中。将来措施清单项目发生时投标人不得以任何的借口和理由提出索赔和调整。

措施项目清单表是为完成分项实体工程而必须采取的一些措施性工作的清单表，它指为完成工程项目施工，发生于该工程施工前和施工过程中技术、生活、安全等方面的非工程实体项目。

三、其他项目清单的编制

其他项目清单由招标人部分、投标人部分等两部分组成。招标人填写的内容随招标文件发至投标人或标底编制人，其项目、数量、金额等投标人或标的编制人不得随意改动。由投表人填写部分的零星工作项目表中，招标人填写的项目与数量，投标人不得随意更改，且必须进行报价。如果不报价，招标人有权认为投标人就未报价内容提供无偿服务。当投标人认为招标人列项不全时，投标人可自行增加列项并确定本项目的工程数量及计价。

（一）招标人部分

招标人部分包括预留金、材料购置费等。其中预留金是指招标人为可能发生的工程量变更而预留的金额，这里的工程量变更主要是指工程量清单漏项或有误引起的工程量的增加，以及工程施工中的设计变更引起的标准提高或工程量的增加等；材料购置费是指在招标文件中规定的，由招标人采购的拟建工程材料费。

（二）投标人部分

投标人部分包括总承包服务费、零星工作费等。其中总承包费是指为配合协调招标人进行的工程分包和材料采购所需的费用；零星工作费是指完成招标人提出的，不能以实物量计量零星工作项目所需的费用。零星工作项目表应根据拟建工程的具体情况，详细列出人工、材料、机械的名称、计量单位和相应数量，并随工程量清单发至投标以及工程项目设计深度等因素确定其数量。

第三节　投标报价表格的编制

一、投标报价的概述

（一）概念

投标报价是在工程采用招标发包的过程中，由投标人按照招标文件的要求，根据工程特点，并结合自身的施工技术、装备和管理水平，依据有关计价规定自主确定的工程造价。投标报价是一个动态的过程，而成果性结果就是投标价。2013 版《清单计价规范》规定："投标人投标时响应招标文件要求所报出的在已标价工程量清单中标明的总价。"

投标报价是投标人希望达成工程承包交易的期望价格，原则上不能高于招标人设定的招标控制价：工程成本≤投标报价≤招标控制价。

《计价规范》（GB 50500—2013）6.1.3 规定："投标报价不得低于工程成本。"

《计价规范》（GB 50500—2013）6.1.5 规定："投标人的投标报价高于招标控制价的应予作废。"

（二）作用

工程量清单计价模式下，投标人的投标报价是剔除了一切如政府规定的费用、税金等不可竞争费，体现投标人自身技术和管理公平的自主报价，投标人报价过高会失去中标机会，投标过低则会存在亏损的风险。

投标价应由投标人或受其委托具有相应资质的工程造价咨询人编制，且投标报价不得低于工程成本，不得高于招标控制价等相关规定赋予了投标报价在工程招投标阶段和计价等阶段相应的作用。具体如下：

（1）投标报价主要体现了投标人工程造价的意愿，自然投标报价是招标人选择中标人的主要标准，作为合同签署的参照价款，也是招标人和中标人签订承包合同价的主要依据，合理科学的投标报价能够对招标人加强建设项目的投资控制及整体价款的把控起到重要的作用。

（2）2013 版《清单计价规范》规定了工程量清单计价模式中的工程量由招标人负责并承担风险，相应的价款由投标人承担，因此，投标报价可以充分体现投标人自身的技术能力和管理水平。

（3）工程量清单计价模式中规定投标报价是施工过程中支付工程进度款的依据，当发生工程变更时，投标报价也是合同价和调整或索赔的重要参考标准。

（三）工作内容

投标报价分为两个阶段的工作，准备投标报价阶段和实施阶段。

准备阶段需要研究招标文件、分析和投标有关的资料、调查及询价、编制项目管理规划大纲内容；实施阶段需要编制分部分项工程费工程量清单与计价表、措施项目费工程量清单与计价表、其他项目费工程量清单与计价表、规费及税金工程量清单与计价表。

二、投标报价的编制

（一）编制依据

参照《计价规范》（GB 50500—2013）6.2.1 的九条相关规定，投标报价应根据下列依据编制和复核：

（1）《建设工程工程量清单计价规范》（GB 50500—2013）。

（2）国家或升级、行业建设主管部门颁发的计价办法。

（3）企业定额，国家或省级、行业建设主管部门颁发的计价定额和计价办法。

（4）招标文件、招标工程量清单及其补充通知、答疑纪要。

（5）建设工程设计文件及相关资料。

（6）施工现场情况、工程特点及投标时拟定的施工组织设计或施工方案。

（7）与建设项目相关的标准、规范等技术资料。

（8）市场价格信息或工程造价管理机构发布的工程造价信息。

（9）其他的相关资料。

（二）编制内容

《计价规范》（GB 50500—2013）6.2.3；6.2.4；6.2.5；6.2.6 对投标报价的编制内容做出了明确的规定和要求，规定采用工程量清单计价，投标报价由分部分项工程费、措施项目费、其他项目费、规费和税金四部分组成。

1. 分部分项工程费

根据招标文件中的分部分项工程量清单及有关要求，按其依据确定综合单价计价，综合单价是指完成一个规定计量单位的分部分项工程量清单项目所需的人工费、材料费、施工机械使用费和企业管理费、利润，以及一定范围内的风险费用，不包括措施费、规费和税金。

2. 措施项目费

指为完成工程项目施工，发生于该工程施工前和施工过程中技术、生活、文明、安全等方面的非工程实体项目所发生的费用，包括通用措施项目和专业措施项目。

在第1点提到的风险费用，即招标文件中要求投标人承担的风险费用，投标人应考虑计入综合单价。在施工过程中，当出现的风险内容极其按幅度在招标文件规定的幅度内时，综合单价不得变动，工程价款不作调整。

第1点和第2点，即分部分项工程和措施项目中的单价项目最主要的是确定综合单价。在招标过程中，当出现与招标文件中分部分项工程量清单特征描述与图纸不符时，投标人应以分部分项工程量清单特征描述为准，确定投标报价的综合单价。当施工中施工图纸或设计变更与工程量清单项目特征描述不一致时，发包方与承包方应按实际施工的项目特征为主，依据合同约定重新确定综合单价。

3. 其他项目费

是指分部分项工程量清单、措施项目清单所包含的内容以外，因招标人的特殊要求而发生的与拟建工程有关的其他项目的费用。其他项目费包括暂列金额、暂估价、计日工、总承包服务费四个内容。

4. 规费和税金

规费和税金必须按国家或省级、行业建设主管部门的规定计算，不得作为竞争性费用。

第4点规费和税金的计取标准是依据有关法律、法规和政策规定制定的，具有强制性。投标人是法律、法规和政策的执行者，不能改变，更不能制定，而必须按照法律、法规、政策的有关规定执行。因此，规定投标人在投标报价时必须按照国家或省级、行业建设主管部门的有关规定计算规费和税金。

（三）注意事项

1. 投标人填报单价合同的主要事项

实行工程量清单计价，投标人对招标人提供的工程量清单与计价表中所列的项目均应填写单价和合价。否则，将被视为此项费用已包含在其他项目的单价和合价中，施工过程中此项费用得不到支付，在竣工结算时，此项费用将不被承认。

《计价规范》（GB 50500—2013）6.2.7规定："招标工程量清单与计价表中列明的所有需要填写单价和合价的项目，投标人均应填写只允许有一个价格。未填写单价和合价的项目，视为此项费用已包含在已标价工程量清单中其他项目的单价和合价之中。竣工结算时，此项目不得重新组价予以调整。

2. 投标人投标报价的计算原则

投标人在进行工程量清单招标的投标报价时，不能进行投标总价优惠，或降价、让利等行为，投标人对投标报价的任何优惠等行为均应在相应清单项目的综合单价中体现。

《计价规范》（GB 50500—2013）6.2.8 规定："投标总价应当与分部分项工程费、措施项目费、其他项目费和规费、税金的合计金额一致。"

第四节　清单计价表格规范

附录 A　物价变化合同价款调整方法

A.1　价格指数调整价格差额

A.1.1　价格调整公式。（详见建设工程工程量清单计价规范 GB 50500—2013）

A.1.2　暂时确定调整差额。在计算调整差额时得不到现行价格指数的，可暂用上一次价格指数计算，并在以后的付款中再按实际价格指数进行调整。

A.1.3　权重的调整。约定的变更导致原定合同中的权重不合理时，由承包人和发包人协商后进行调整。

A.1.4　承包人工期延误后的价格调整。由于承包人原因未在约定的工期内竣工的，对原约定竣工日期后继续施工的工程，在使用第 A.1.1 条的价格调整公式时，应采用原约定竣工日期与实际竣工日期的两个价格指数中较低的一个作为现行价格指数。

A.1.5　若可调因子包括了人工在内，则不适用本规范第 3.4.2 条第 2 款的规定。（详见建设工程工程量清单计价规范 GB 50500—2013）

A.2　造价信息调整价格差额

A.2.1　施工期内，因人工、材料和工程设备、施工机械台班价格波动影响合同价格时，人工、机械使用费按照国家或省、自治区、直辖市建设行政管理部门、行业建设管理部门或其授权的工程造价管理机构发布的人工成本信息、机械台班单价或机械使用费系数进行调整；需要进行价格调整的材料，其单价和采购数应由发包人复核，发包人确认需调整的材料单价及数量，作为调整合同价款差额的依据。

A.2.2　人工单价发生变化且符合本规范第 3.4.2 条第 2 款规定的条件时（详见建设工程工程量清单计价规范 GB 50500—2013），发承包双方应按省级或行业建设主管部门或其授权的工程造价管理机构发布的人工成本文件调整合同价款。

A.2.3　材料、工程设备价格变化按照发包人提供的本规范附录 L.2 的表 - 21，由发承包双方约定的风险范围按下列规定调整合同价款：

1. 承包人投标报价中材料单价低于基准单价：施工期间材料单价涨幅以基准单价为基础超过合同约定的风险幅度值，或材料单价跌幅以投标报价为基础超过合同约定的风险幅度值时，其超过部分按实调整。

2. 承包人投标报价中材料单价高于基准单价：施工期间材料单价跌幅以基准单价为基础超过合同约定的风险幅度值，或材料单价涨幅以投标报价为基础超过合同约定的风险幅度值时，其超过部分按实调整。

3. 承包人投标报价中材料单价等于基准单价：施工期间材料单价涨、跌幅以基准单价为基础超过合同约定的风险幅度值时，其超过部分按实调整。

4. 承包人应在采购材料前将采购数量和新的材料单价报送发包人核对，确认用于本合同工程时，发包人应确认采购材料的数量和单价。发包人在收到承包人报送的确认资料后3个工作日不予答复的视为已经认可，作为调整合同价款的依据。如果承包人未报经发包人核对即自行采购材料，再报发包人确认调整合同价款的，如发包人不同意，则不作调整。

A.2.4 施工机械台班单价或施工机械使用费发生变化超过省级或行业建设主管部门或其授权的工程造价管理机构规定的范围时，按其规定调整合同价款。

第四章　清单计价表格的应用及案例

学习目的：

清单计价表格共分为四部分：招标工程量清单、招标控制价、投标报价、竣工结算。

编制工程量清单表格必须要求满足以下3点：

1. 掌握工程量清单的编制的规定及表格构成。
2. 掌握招标控制价、投标报价、竣工结算的编制的规定及表格构成。
3. 掌握调差的方法及原则

学习要点：

工程量清单计价表格的是工程造价的规范及标准，本章要求学生熟悉建筑装饰工程工程量清单计价表格的编制方法、实际案例的应用。

第一节　清单计价表格的应用

工程计价表格宜采用统一格式，各省、自治区、直辖市建设行政主管部门和行业建设主管部门根据本地区、本行业的实际情况，在本规范附录 B 至附录 L 计价表格的基础上补充完善。

工程计价表格的设置应满足工程计价的需要，方便使用。

一、工程量清单的编制应符合下列规定：

1. 工程量清单编制使用表格包括：封 – 1、扉 – 1、表 – 01、表 – 08、表 – 11、表 – 12（不含表 – 12 – 6 ~ 表 – 12 – 8）、表 – 13、表 – 20、表 – 21 或表 – 22。

2. 扉页应按规定的内容填写、签字、盖章，由造价员编制的工程量清单应有负责审核的造价工程师签字、盖章。受委托编制的工程量清单，应有造价工程师签字、盖章以及工程造价咨询人盖章。

3. 总说明应按下列内容填写：

（1）工程概况：建设规模、工程特征、计划工期、施工现场实际情况、自然地理条件、环境保护要求等。

（2）工程招标和准也工程发包范围。

（3）工程量清单编制依据。

（4）工程质量、材料、施工等的特殊要求。

（5）其他需要说明的问题。

二、招标控制价、投标报价、竣工结算的编制应符合下列规定：

1. 使用表格

（1）招标控制价使用表格包括：封－2、扉－2、表－01、表－02、表－03、表－04、表－08、表－09、表－11、表－12（不含表－12－6~表－12－8）、表－13、表－20、表－21或表－22。

（2）投标报价使用表格包括：封－3、扉－3、表－01、表－02、表－03、表－04、表－08、表－09、表－11、表－12（不含表－12－6~表－12－8）、表－13、表－16招标文件提供的表－20、表－21或表－22。

（3）竣工结算使用表格包括：封－4、扉－4、表－01、表－05、表－06、表－07、表－08、表－09、表－10、表－11、表－12、表－13、表－14、表－15、表－16、表－17、表－18、表－19、表－20、表－21或表－22。

2. 扉页应按规定的内容填写、签字、盖章，由造价员编制的工程量清单应有负责审核的造价工程师签字、盖章。受委托编制的工程量清单，应有造价工程师签字、盖章以及工程造价咨询人盖章。

3. 总说明应按下列内容填写

（1）工程概况：建设规模、工程特征、计划工期、施工现场实际情况、自然地理条件、环境保护要求等。

（2）编制依据等。

三、工程造价鉴定应符合下列规定

1. 工程造价鉴定使用表格包括：封－5、扉－5、表－01、表－05~表－20、表－21或表－22。

2. 扉页应按规定内容填写、签字、盖章，应有承担鉴定和负责审核的注册造价工程师签字、盖执业专用章。

3. 说明应按以下第1款至第6款的规定填写

（1）鉴定项目委托人名称、委托鉴定的内容。

（2）委托鉴定的证据材料。

（3）鉴定的依据及使用的专业技术手段。

（4）对鉴定过程的说明。

（5）明确的鉴定结论。

（6）其他需说明的事宜。

投标人应按招标文件的要求，附工程量清单综合单价分析表。

四、物价变化合同价款调整方法

（一）价格指数调整价格差额

1. 价格调整公式

因人工、材料和工程设备、施工机械台班等价格波动影响合同价格时，根据招标人提供的本规范附录 L.3 的表 - 22，并由投标人在投标函附录中的价格指数和权重表约定的数据，应按下式计算差额并调整合同价款：

$$\Delta P = P_o\left[A + \left(B_1 \times F_{t1}/F_{01} + B_2 \times F_{t2}/F_{02} + B_1 \times F_{t3}/F_{03} + \cdots + B_n \times F_{tn}/F_{0n}\right) - 1\right]$$

式中：ΔP—需调整的价格差额；

P_o—约定的付款证书中承包人应得到的已完成工程量的金额。此项金额应不包括价格调整、不计质量保证金的扣留和支付、预付款的支付和扣回。约定的变更及其他金额已按现行价格计价的，也不计在内；

A—定值权重（即不调部分的权重）；

B_1、B_2、B_3、$\cdots$、B。——各可调因子的变值权重（即可调部分的权重），为各可调因子在投标函投标总报价中所占的比例；

F_{t1}、F_{t2}、F_{t3}、$\cdots$、F_{tn}——各可调因子的现行价格指数，指约定的付款证书相关周期最后一天的前 42 天的各可调因子的价格指数；

F_{01}、F_{02}、F_{03}、$\cdots$、F_n——各可调因子的基本价格指数，指基准日期的各可调因子的价格指数。以上价格调整公式中的各可调因子、定值和变值权重，以及基本价格指数及其来源在投标函附录价格指数和权重表中约定。价格指数应首先采用工程造价管理机构提供的价格指数，缺乏上述价格指数时，可采用工程造价管理机构提供的价格代替。

2. 暂时确定调整差额

在计算调整差额时得不到现行价格指数的，可暂用上一次价格指数计算，并在以后的付款中再按实际价格指数进行调整。

3. 权重的调整

约定的变更导致原定合同中的权重不合理时，由承包人和发包人协商后进行调整。

4. 承包人工期延误后的价格调整

由于承包人原因未在约定的工期内竣工的，对原约定竣工日期后继续施工的工程，在使用第 A.1.1 条的价格调整公式时，应采用原约定竣工日期与实际竣工日期的两个价格指数中较低的一个作为现行价格指数。

5. 若可调因子包括了人工在内，则不适用本规范第 3.4.2 条第 2 款的规定。

（二）造价信息调整价格差额

1. 施工期内，因人工、材料和工程设备、施工机械台班价格波动影响合同价格时，人工、机械使用费按照国家或省、自治区、直辖市建设行政管理部门、行业建设管理部门或其授权的工程造价管理机发布的人工成本信息、机械台班单价或机械使用费系数进行调整；需要进行价格调整的材料，其单价和采购数应由发包人复核，发包人确认需调整的材料单价及数量，作为调整合同价款差额的依据。

2. 人工单价发生变化且符合本规范第 3.4.2 条第 2 款规定的条件时，发承包双方应按省级或行业建设主管部门或其授权的工程造价管理机构发布的人工成本文件调整合同价款。

3. 材料、工程设备价格变化按照发包人提供的本规范附录 L.2 的表 - 21，由发承包双方约定的风险范围按下列规定调整合同价款：

（1）承包人投标报价中材料单价低于基准单价。施工期间材料单价涨幅以某准单价为基础超过合同约定的风险幅度值，或材料单价跌幅以投标报价为基础超过合同约定的风险幅度值时，其超过部分按实调整。

（2）承包人投标报价中材料单价高于基准单价。施工期间材料单价跌幅以基准单价为基础超过合同约定的风险幅度值，或材料单价涨幅以投标报价为基础超过合同约定的风险幅度值时，其超过部分按实调整。

（3）承包人投标报价中材料单价等于基准单价。施工期间材料单价涨、跌幅以基准单价为基础超合同约定的风险幅度值时，其超过部分按实调整。

（4）承包人应在采购材料前将采购数量和新的材料单价报送发包人核对，确认用于本合同工程时发包人应确认采购材料的数量和单价。发包人在收到承包人报送的确认资料后3个工作日不予答复的视为已经认可，作为调整合同价款的依据。如果承包人未报经发包人核对即自行采购材料，再报发包人确认调整合同价款的，如发包人不同意，则不作调整。

4. 施工机械台班单价或施工机械使用费发生变化超过省级或行业建设主管部门或其授权的工着造价管理机构规定的范围时，按其规定调整合同价款。

第二节 清单计价表格的案例分析与填写

例2-4-1 如某市商业区的休闲活动空间装饰工程，建筑外墙厚240mm，建筑高度为3.8m，建筑面积为139.75m²，地面铺装800 * 800的地板砖，墙面刷乳胶漆，门高2.2m，窗高2m。现需对该工程进行招标，要求业主制定工程量清单，以供招投标使用。具体工程量清单计算如图2-4-1、图2-4-2所示。

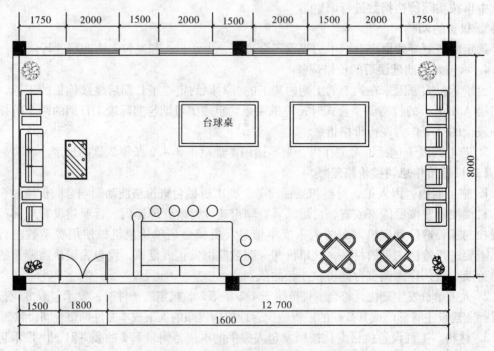

图2-4-1 休闲活动室平面布置图

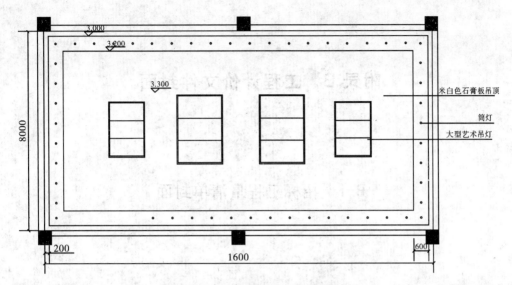

图2-4-2 休闲活动室吊顶布置图

注：本案例根据实际情况做出三部分，第一部分为招标工程量清单，第二部分为招标控制价，第三部分为投标报价，第四部分为竣工结算。其中竣工结算应根据施工过程中实际情况才能准确做出，因而本案例不包含此部分。

解：

(1) 地板砖 800×800 (mm)

工程量：$16 \times 8 = 128.00 m^2$

定额编号：1-40

(2) 釉面踢脚板 500×120 (mm)

工程量：$[(16+8) \times 2 - 1.8] \times 0.12 = 5.54 m^2$

定额编号：1-76

(3) 天棚 U 型轻钢龙骨架（不上人）面层规格（mm）600×600 以上跌级式

工程量：$16 \times 8 = 128.00 m^2$

定额编号：3-23

(4) 天棚面层石膏板螺接 U 型龙骨

工程量：$16 \times 8 + [(16-0.2 \times 2) + (8-0.2 \times 2)] \times 2 \times (3.2-3.0) + [(16-0.8 \times 2) + (8-0.8 \times 2)] \times 2 \times (3.3-3.2) = 141.44 m^2$

定额编号：3-76

(5) 天棚面层抹灰面刷乳胶漆满刮石膏腻子三遍

工程量：$16 \times 8 + [(16-0.2 \times 2) + (8-0.2 \times 2)] \times 2 \times (3.2-3.0) + [(16-0.8 \times 2) + (8-0.8 \times 2)] \times 2 \times (3.3-3.2) = 141.44 m^2$

定额编号：5-164

(6) 墙面：抹灰面刷乳胶漆满刮石膏腻子三遍

工程量：$(16+8) \times 2 \times (3-0.12) - 1.8 \times 2.2 - 2 \times 2 \times 4 = 118.28 m^2$

定额编号：5-164

附录 B 工程计价文件封面

B.1 招标工程量清单封面

休闲活动空间装饰工程

招标工程量清单

招　标　人：　<u>　甲方　</u>
　　　　　　　　（单 位 盖 章）

造价咨询人：　<u>某工程造价咨询企业资质专用章</u>
　　　　　　　　　（单 位 盖 章）

年　　月　　日

附录 C 工程计价文件扉页 封 - 1

C. 1 招标工程量清单扉页

<u>休闲活动空间装饰工程</u>

招标工程量清单

招 标 人： <u>　　　甲方　　　</u>　　　造价咨询人： <u>某工程造价咨询企业资质专用章</u>
　　　　　　　（单位盖章）　　　　　　　　　　　　　　（单位资质专用章）

法定代表人　　　　　　　　　　　　法定代表人
或其授权人： <u>甲方法定代表人</u>　　或其授权人： <u>某工程造价咨询企业法定代表人</u>
　　　　　　　（签字或盖章）　　　　　　　　　　　　（签字或盖章）

编 制 人： <u>　　造价员签字　　</u>　　复 核 人： <u>　　造价工程师签字　　</u>
　　　　　（造价人员签字盖专用章）　　　　　　（造价工程师签字盖专用章）

编 制 时 间： 年 月 日 复 核 时 间： 年 月 日

附录 D 工程计价总说明

总说明

工程名称：休闲活动空间装饰工程　　　　　　　第　页　共　页

一、工程基本情况说明

　　建设单位为某市商业公司，工程位置在某省某市某区某路某号。

二、工程面积、内容、要求、进度

　　该工程建筑面积 139.75m²，装饰面积为 128.00m²。

　　主要内容为商业公司精品店内部装饰工程。

　　该精品店为框架结构，建筑高度为 3.8m，要求优良工程，工期为 39 天。

三、材料和工艺要求说明

　　因工程质量要求优良，故所以材料必须持有市以上有关部门颁发的《产品合格证书》及价格中档的建筑材料。

　　施工工艺必须符合国家有关建筑装饰施工规范标准。

附录 F 分部分项工程和措施项目计价表

F.1 分部分项工程和单价措施项目清单与计价表

工程名称：休闲活动空间装饰工程　　　　　　标段：　　　　　　第　页 共　页

序号	项目编码	项目名称	项目特征描述	计量单位	工程量	综合单价	合价	其中：暂估价
						金额（元）		
1	011102003001	块料楼地面	1. 结合层厚度、砂浆配合比：20mm 厚 1:4 水泥砂浆 2. 面层材料品种、规格：800＊800 地板砖 3. 嵌缝材料种类：白水泥	m²	128.00			
2	011105003001	块料踢脚线	1. 踢脚线高度：150mm 高 2. 粘贴层材料种类：1:1 水泥砂浆 3. 面层材料品种、规格：500＊150 釉面踢脚板	m²	5.54			
3	011302001001	天棚龙骨架	1. 吊顶形式：跌级式吊顶 2. 龙骨材料种类：U 型轻钢龙骨	m²	128.00			
4	011302001002	天棚吊顶	1. 吊顶形式：跌级式吊顶 2. 龙骨材料种类：U 型轻钢龙骨 3. 基层材料种类、规格：12mm 厚纸面石膏板 4. 面层材料品种：刷乳胶漆 满刮石膏腻子 三遍	m²	141.44			
5	011406001001	抹灰面油漆	1. 基层类型：抹灰面 2. 腻子种类：石膏腻子 3. 刮腻子遍数：2 遍 4. 防护材料种类：乳胶漆 5. 油漆品种、刷漆遍数：3 遍 6. 部位：内墙面	m²	118.28			
	本页小计							
	合计							

注：为计取规费等的使用，可在表中增设其中："定额人工费"。

表 – 08

F.4 总价措施项目清单与计价表

工程名称：休闲活动空间装饰工程　　　　　　标段：　　　第　页　共　页

序号	项目编码	项目名称	计算基础	费率（%）	金额0（元）	调整费率（%）	调整后金额（元）	备注
1		安全文明施工费						
1.1		安全生产费						
1.2		文明施工措施费						
2		夜间施工增加费						
3		二次搬运费						
4		冬雨季施工增加费						
5		已完工程及设备保护费						
		合计						

编制人（造价人员）：　　　　　　　复核人（造价工程师）：

注：1. "计算基础"中安全文明施工费可为"定额基价""定额人工费"或"定额人工费 + 定额机械费"，其他项目可为"定额人工费"或"定额人工费 + 定额机械费"。

　　2. 按施工方案计算的措施费，若无"计算基础"和"费率"的数值，也可只填"金额"数值，但应在备注栏说明施工方案出处或计算方法。

表 – 11

附录 G 其他项目计价表

G.1 其他项目清单与计价汇总表

工程名称：休闲活动空间装饰工程   标段：   第 页 共 页

序号	项目名称	金额（元）	结算金额（元）	备注
1	暂列金额			明细详见表 – 12 – 1
2	暂估价			
2.1	材料（工程设备）暂估价/结算价	—		明细详见表 – 12 – 2
2.2	专业工程暂估价/结算价			明细详见表 – 12 – 3
3	计日工			明细详见表 – 12 – 4
4	总承包服务费			明细详见表 – 12 – 5
5	索赔与现场签证	—		明细详见表 – 12 – 6
	合计	—	—	—

注：材料（工程设备）暂估单价进入清单项目综合单价，此处不汇总。

表 - 12

G. 2　暂列金额明细表

工程名称：休闲活动空间装饰工程　　　　　　标段：　　　　第 页 共 页

序号	项目名称	计量单位	暂定金额（元）	备注
1				
2				
3		—		
4				
5				
6				
7		—		
8				
9				
10				
11				
	合计			—

注：此表由招标人填写，如不能详列，也可只列暂定金额总额，投标人应将上述暂列金额计入投标总价中。

表 - 12 - 1

G. 3　材料（工程设备）暂估单价及调整表

工程名称：休闲活动空间装饰工程　　　　　　标段：　　　　第 页 共 页

序号	材料（工程设备）名称、规格、型号	计量单位	数量		暂估（元）		确认（元）		差额 ±（元）		备注
			暂估	确认	单价	合价	单价	合价	单价	合价	
	合计										

注：此表由招标人填写"暂估单价"，并在备注栏说明暂估价的材料、工程设备拟用在哪些清单项目上，投标人应将上述材料、工程设备暂估单价计入工程量清单综合单价报价中。

表 - 12 - 2

G.4 专业工程暂估价及结算价表

工程名称：休闲活动空间装饰工程　　　　　标段：　　　　　第 页 共 页

序号	工程名称	工程内容	暂定金额（元）	结算金额（元）	差额 ±（元）	备注
		合计				

注：此表"暂估金额"由招标人填写，投标人应将"暂估金额"计入投标总价中。结算时按合同约定结算金额填写。

表－12－3

G.5 计日工表

工程名称：休闲活动空间装饰工程　　　　　标段：　　　　第　页　共　页

编号	项目名称	单位	暂定数量	实际数量	综合单价（元）	合价（元）	
						暂定	实际
一	人　工						
1							
2							
3							
4							
	人　工　小　计						
二	材　料						
1							
2							
3							
4							
5							
6							
	材　料　小　计						
三	施工机械						
1							
2							
3							
4							
	施工机械小计						
	四、企业管理费和利润						
	总计						

注：此表项目名称、暂定数量由招标人填写，编制招标控制价时，单价由招标人按有关计价规定确定；投标时，单价由投标人自主报价，按暂定数量计算合价计入投标总价中。结算时，按发承包双方确认的实际数量计算合价。

表 – 12 – 4

G.6 总承包服务费计价表

工程名称：休闲活动空间装饰工程　　　　　　标段：　　　　　第 页 共 页

序号	项目名称	项目价值（元）	服务内容	计算基础	费率（％）	金额（元）
1	发包人发包专业工程					
2	发包人提供材料					
		合计	—	—		—

注：此表项目名称、服务内容由招标人填写，编制招标控制价时，费率及金额由招标人按有关计价规定确定；投标时，费率及金额由投标人自主报价，计入投标总价中。

表 - 12 - 5

附录 H 规费、税金项目计价表

工程名称：休闲活动空间装饰工程　　　　标段：　　　　第 页 共 页

序号	项目名称	计算基础	计算基数	计算费率（％）	金额（元）
1	规费	定额人工费			
1.1	社会保险费	定额人工费			
(1)	养老保险费	定额人工费			
(2)	失业保险费	定额人工费			
(3)	医疗保险费	定额人工费			
(4)	工伤保险费	定额人工费			
(5)	生育保险费	定额人工费			
1.2	住房公积金	定额人工费			
1.3	工程排污费	按工程所在地环境保护部门收取标准，按实计入			
2	税金	分部分项工程费 + 措施项目费 + 其他项目费 + 规费 - 按规定不计税的工程设备金额			
		合计			

编制人（造价人员）：　　　　　　　　复核人（造价工程师）：

表-13

附录 L 主要材料、工程设备一览表

L.1　发包人提供材料和工程设备一览表

工程名称：休闲活动空间装饰工程　　　　　标段：　　　　　第　页　共　页

序号	材料（工程设备）名称、规格、型号	单位	数量	单价（元）	交货方式	送达地点	备注

注：此表由招标人填写，供投标人在投标报价、确定总承包服务费时参考。

表 – 20

L. 2　承包人提供主要材料和工程设备一览表

（适用于造价信息差额调整法）

工程名称：休闲活动空间装饰工程　　　　　标段：　　　　第　页　共　页

序号	名称、规格、型号	单位	数量	风险系数（%）	基准单价（元）	投标单价（元）	发承包人确认单价（元）	备注

注：1. 此表由招标人填写除"投标单价"栏的内容，投标人在投标时自主确定投标单价。

　　2. 招标人应优先采用工程造价管理机构分布的单价作为基准单价，未发布的，通过市场调查确定其基准单价。

表－21

L.3　承包人提供主要材料和工程设备一览表
（适用于价格指数差额调整法）

工程名称：休闲活动空间装饰工程　　　　　标段：　　　　　第　页　共　页

序号	名称、规格、型号	变值权重 B	基本价格指数 F_0	现行价格指数 F_1	备注
	定值权重 A		—	—	
合计	1	—	—		

注：1．"名称、规格、型号""基础价格指数"栏由招标人填写，基本价格指数应首先采用工程造价管理机构发布的价格指数，没有时，可采用发布的价格代替。如人工、机械费也采用本法调整，由招标人在"名称"栏填写。

2．"变值权重"栏由投标人根据该项人工、机械费和材料、工程设备价值在投标总报价中所占的比例填写，1减去其比例为定值权重。

3．"现行价格指数"按约定的付款证书相关周期最后一天的前42天的各项价格指数填写，该指数应首先采用工程造价管理机构发布的价格指数，没有时，可采用发布的价格代替。

B.2 招标控制价封面

<u>休闲活动空间装饰工程</u>

招标控制价

招 标 人：<u>　　　　甲方　　　　</u>
　　　　　　（单 位 盖 章）

造价咨询人：<u>某工程造价咨询企业资质专用章</u>
　　　　　　（单 位 盖 章）

年　　月　　日

C.2 招标控制价扉页

休闲活动空间装饰工程

招标控制价

招标控制价(小写)：36，062.66 元
（大写）：叁万陆仟零陆拾贰元陆角陆分

招 标 人： _____甲方_____   造价咨询人： __某工程造价咨询企业资质专用章__
          （单位盖章）   （单位资质专用章）

法定代表人   法定代表人
或其授权人： __甲方法定代表人__   或其授权人： __某工程造价咨询企业法定代表人__
          （签字或盖章）   （签字或盖章）

编 制 人： ____造价员签字____   复 核 人： ____造价工程师签字____
        （造价人员签字盖专用章）   （造价工程师签字盖专用章）

编 制 时 间： 年 月 日   复 核 时 间： 年 月 日

扉－2

附录 D　工程计价总说明
总说明

工程名称：休闲活动空间装饰工程　　　　　第　页　共　页

一、工程基本情况说明

　　建设单位为甲方，工程位置在某省某市某区某路某号。

二、工程面积、内容、要求、进度

　　该工程建筑面积 139.75m², 装饰面积为 128.00m²。

　　主要内容为商业公司精品店内部装饰工程。

　　该精品店为框架结构，建筑高度为 3.8m, 要求优良工程，工期为 39 天。

三、材料和工艺要求说明

　　因工程质量要求优良，故所以材料必须持有市以上有关部门颁发的《产品合格证书》及价格中档的建筑材料。

　　施工工艺必须符合国家有关装饰施工规范标准。

四、编制依据

　　工程量计算依据《建设工程工程量清单计价规范》。

　　计价依据《河南省建设工程工程量清单综合单价 B 装饰装修工程 2008》。

　　施工工艺必须符合相关图纸、设计文件及相关规范。

附录 E　工程计价汇总表

E.1　建设项目招标控制价汇总表

工程名称：休闲活动空间装饰工程　　　　　　标段：　　　　　　第　页　共　页

序号	单项工程名称	金额（元）	其中：（元）		
			暂估价	安全文明施工费	规费
1	休闲活动空间装饰工程	36 062.66	—	478.98	1197.45
合计		36 062.66	—	478.98	1197.45

注：本表适用于建设项目招标控制价或投标报价的汇总。

表 – 02

E.2 单项工程招标控制价汇总表

工程名称：休闲活动空间装饰工程　　　　　　标段：　　　　　　第　页　共　页

序号	单位工程名称	金额（元）	暂估价	其中：（元）	
				安全文明施工费	规费
1	休闲活动空间装饰工程	36 062.66	—	478.98	1197.45
合计		36 062.66	—	478.98	1197.45

注：本表适用于单项工程招标控制价或投标报价的汇总。暂估价包括分部分项工程中的暂估价和专业工程暂估价。

表 – 03

E.3 单位工程招标控制价汇总表

工程名称：休闲活动空间装饰工程　　　　标段：　　　　第　页　共　页

序号	汇总内容	金额（元）	其中：暂估价（元）
1	分部分项工程	32 757.56	—
1.1	其中：综合工日	111.08	
1.2	1）人工费	9775.14	
1.3	2）材料费	8360.68	
1.4	3）机械费	164.01	
1.5	4）企业管理费	2674.24	
1.6	5）利润	1615.28	
2	措施项目	895.88	
2.1	其中：1）技术措施费		
2.2	2）安全文明措施费	478.98	
2.2.1	2.1）安全生产费	319.11	
2.2.2	2.2）文明施工措施费	159.87	
2.3	3）二次搬运费		
2.4	4）夜间施工措施费		
2.5	5）冬雨施工措施费		
2.6	6）其他		
3	其他项目		—
3.1	其中：1）暂列金额		—
3.2	2）专业工程暂估价		—
3.3	3）计日工		—
3.4	4）总承包服务费		—
4	规费	1197.45	
4.1	其中：1）工程排污费		—
4.2	2）定额测定费		—
4.3	3）社会保障费	897.53	—
4.4	4）住房公积金	188.84	—
4.5	5）工伤保险	111.08	
5	税金	1211.77	
	招标控制价合计 = 1 + 2 + 3 + 4 + 5	36 062.66	—

注：本表适用于单位工程招标控制价或投标报价的汇总，如无单位工程划分，单项工程也使用本表汇总。

表 - 04

附录 F　分部分项工程和措施项目计价表

F.1　分部分项工程和单价措施项目清单与计价表

工程名称：休闲活动空间装饰工程　　　　　标段：　　　　　第 页 共 页

序号	项目编码	项目名称	项目特征描述	计量单位	工程量	综合单价	合价	其中：暂估价
						金额（元）		
1	011102003001	块料楼地面	1. 结合层厚度、砂浆配合比：20mm 厚 1:4 水泥砂浆 2. 面层材料品种、规格：800 * 800 地板砖 3. 嵌缝材料种类：白水泥	m²	128.00	113.80	14 566.40	
2	011105003001	块料踢脚线	1. 踢脚线高度：150mm 2. 粘贴层材料种类：1:1 水泥砂浆 3. 面层材料品种、规格：500 * 150 釉面踢脚板	m²	5.54	129.47	717.26	
3	011302001001	天棚龙骨架	1. 吊顶形式：跌级式吊顶 2. 龙骨材料种类：U 型轻钢龙骨	m²	128.00	54.17	6933.76	
4	011302001002	天棚吊顶	1. 吊顶形式：跌级式吊顶 2. 龙骨材料种类：U 型轻钢龙骨 3. 基层材料种类、规格：12mm 厚纸面石膏板 4. 面层材料品种：刷乳胶漆 满刮石膏腻子 三遍	m²	141.44	53.94	7629.27	
5	011406001001	抹灰面油漆	1. 基层类型：抹灰面 2. 腻子种类：石膏腻子 3. 刮腻子遍数：2 遍 4. 防护材料种类：乳胶漆 5. 油漆品种、刷漆遍数：3 遍 6. 部位：内墙面	m²	118.28	24.61	2910.87	
		本页小计					32 757.56	
		合计					32 757.56	

注：为计取规费等的使用，可在表中增设其中："定额人工费"。

表 – 08

F.2 综合单价分析表

工程名称：休闲活动空间装饰工程　　　　标段：　　　　第 页 共 页

项目编码	011102003001	项目名称	块料楼地面	计量单位	m²	工程量	128.00

清单综合单价组成明细

定额编号	定额名称	定额单位	数量	单价				合价			
				人工费	材料费	机械费	管理费和利润	人工费	材料费	机械费	管理费和利润
1 – 40	地板砖楼地面规格（mm）800 × 800	100m²	0.01	2655.84	7688.96	62.26	973.59	26.56	76.89	0.62	9.74
人工单价			小计					26.56	76.89	0.62	9.74
88 元/工日			未计价材料费					0.00			
清单项目综合单价								113.80			

材料费明细	主要材料名称、规格、型号	单位	数量	单价（元）	合价（元）	暂估单价（元）	暂估合价（元）
	地板砖 800×800	千块	0.0016	45000.00	72.00		
	其他材料费			—	4.89	—	—
	材料费小计			—	76.89	—	—

注：1. 如不使用省级或行业建设主管部门发布的计价依据，可不填定额项目、编号等。

　　2. 招标文件提供了暂估单价的材料，按暂估的单价填入表内"暂估单价"栏及"暂估合价"栏。

表 - 09

F.2 综合单价分析表

工程名称：休闲活动空间装饰工程　　　　　标段：　　　　第　页　共　页

项目编码	011105003001	项目名称	块料踢脚线	计量单位	m²	工程量	5.54

清单综合单价组成明细

定额编号	定额名称	定额单位	数量	单价				合价			
				人工费	材料费	机械费	管理费和利润	人工费	材料费	机械费	管理费和利润
1-76	釉面砖 踢脚线	100m²	0.01	4920.96	5978.66	70.65	1976.13	49.21	59.79	0.71	19.76
人工单价			小计					49.21	59.79	0.71	19.76
88 元/工日			未计价材料费					0.00			
清单项目综合单价								129.47			

	主要材料名称、规格、型号	单位	数量	单价（元）	合价（元）	暂估单价（元）	暂估合价（元）
材料费明细	釉面踢脚板 500×150	m	6.80	8.00	54.40		
	其他材料费			—	5.39	—	—
	材料费小计			—	59.79	—	—

注：1. 如不使用省级或行业建设主管部门发布的计价依据，可不填定额项目、编号等。

　　2. 招标文件提供了暂估单价的材料，按暂估的单价填入表内"暂估单价"栏及"暂估合价"栏。

表－09

F.2 综合单价分析表

工程名称：休闲活动空间装饰工程　　　　　标段：　　　　　第 页 共 页

项目编码	011302001001	项目名称	天棚龙骨架	计量单位	m²	工程量	128.00

清单综合单价组成明细

定额编号	定额名称	定额单位	数量	单价				合价			
				人工费	材料费	机械费	管理费和利润	人工费	材料费	机械费	管理费和利润
3－23	天棚 U 型轻钢龙骨架（不上人）面层规格（mm）600×600 以上 跌级式	100m²	0.01	1774.96	2728.28	0.00	913.71	17.75	27.28	0.00	9.14
人工单价			小计					17.75	27.28	0.00	9.14
88 元/工日			未计价材料费					0.00			
清单项目综合单价								54.17			

材料费明细	主要材料名称、规格、型号	单位	数量	单价（元）	合价（元）	暂估单价（元）	暂估合价（元）
	U 型天棚轻钢大龙骨 h38	m	1.9008	1.85	3.52		
	U 型天棚轻钢中龙骨 h19	m	2.4466	2.70	6.61		
	天棚轻钢中龙骨横撑 h19	m	1.4766	2.70	3.99		
	U 型轻钢龙骨次接件	个	1.72	0.80	1.38		
	U 型轻钢中龙骨垂直吊挂件	个	5.02	0.50	2.51		
	其他材料费			—	9.27	—	—
	材料费小计			—	27.28	—	—

注：1. 如不使用省级或行业建设主管部门发布的计价依据，可不填定额项目、编号等。

2. 招标文件提供了暂估单价的材料，按暂估的单价填入表内"暂估单价"栏及"暂估合价"栏。

表-09

F.2 综合单价分析表

工程名称：休闲活动空间装饰工程　　　　标段：　　　　第 页 共 页

项目编码	011302001002	项目名称	吊顶天棚	计量单位	m²	工程量	141.44

清单综合单价组成明细

定额编号	定额名称	定额单位	数量	单价				合价			
				人工费	材料费	机械费	管理费和利润	人工费	材料费	机械费	管理费和利润
3-76	天棚面层 石膏板 螺接 U型龙骨	100m²	0.01	1050.72	1340.94	0.00	540.88	10.51	13.41	0.00	5.41
5-164	抹灰面刷乳胶漆 满刮石膏腻子 三遍	100m²	0.01	902.88	1173.19	0.00	384.75	9.03	11.73	0.00	3.85
人工单价			小计					19.54	25.14	0.00	9.26
88元/工日			未计价材料费					0.00			
清单项目综合单价								53.94			

	主要材料名称、规格、型号	单位	数量	单价（元）	合价（元）	暂估单价（元）	暂估合价（元）
材料费明细	纸面石膏板厚12mm	m²	1.05	11.30	11.87		
	乳胶漆室内	kg	0.4326	25.00	10.82		
	聚醋酸乙烯乳胶（白乳胶）	kg	0.06	6.20	0.37		
	其他材料费			—	2.08	—	—
	材料费小计			—	25.14	—	—

注：1. 如不使用省级或行业建设主管部门发布的计价依据，可不填定额项目、编号等。

　　2. 招标文件提供了暂估单价的材料，按暂估的单价填入表内"暂估单价"栏及"暂估合价"栏。

F.2　综合单价分析表

工程名称：休闲活动空间装饰工程　　　　　标段：　　　　　第　页　共　页

项目编码	011406001001	项目名称	抹灰面油漆	计量单位	m²	工程量	118.28

清单综合单价组成明细

定额编号	定额名称	定额单位	数量	单价				合价			
				人工费	材料费	机械费	管理费和利润	人工费	材料费	机械费	管理费和利润
5－164	抹灰面刷乳胶漆 满刮石膏腻子 三遍	100m²	0.01	902.88	1173.19	0.00	384.75	9.03	11.73	0.00	3.85
人工单价		小计						9.03	11.73	0.00	3.85
88 元/工日		未计价材料费						0.00			
清单项目综合单价								24.61			

	主要材料名称、规格、型号	单位	数量	单价（元）	合价（元）	暂估单价（元）	暂估合价（元）
材料费明细	乳胶漆室内	kg	0.4326	25.00	10.82		
	聚醋酸乙烯乳胶（白乳胶）	kg	0.06	6.20	0.37		
	其他材料费			—	0.54	—	—
	材料费小计			—	11.73	—	—

注：1. 如不使用省级或行业建设主管部门发布的计价依据，可不填定额项目、编号等。

2. 招标文件提供了暂估单价的材料，按暂估的单价填入表内"暂估单价"栏及"暂估合价"栏。

表 –09

F.4 总价措施项目清单与计价表

工程名称：休闲活动空间装饰工程　　　　　标段：　　　　第　页　共　页

序号	项目编码	项目名称	计算基础	费率（%）	金额（元）	调整费率（%）	调整后金额（元）	备注
1		安全文明施工费	定额基价		478.98			
1.1		安全生产费		5.09	319.11			
1.2		文明施工措施费		2.55	159.87			
2		夜间施工增加费			—			
3		二次搬运费						
4		冬雨季施工增加费			—			
5		已完工程及设备保护费			—			
合计					478.98			

编制人（造价人员）：　　　　　　复核人（造价工程师）：

注：1. "计算基础"中安全文明施工费可为"定额基价"、"定额人工费"或"定额人工费 + 定额机械费"，其他项目可为"定额人工费"或"定额人工费 + 定额机械费"。

　　2. 按施工方案计算的措施费，若无"计算基础"和"费率"的数值，也可只填"金额"数值，但应在备注栏说明施工方案出处或计算方法。

表 –11

附录 G 其他项目计价表

G.1 其他项目清单与计价汇总表

工程名称：休闲活动空间装饰工程　　　　标段：　　　　　第 页 共 页

序号	项目名称	金额（元）	结算金额（元）	备注
1	暂列金额	—	—	明细详见表 –12 –1
2	暂估价	—	—	
2.1	材料（工程设备）暂估价/结算价	—	—	明细详见表 –12 –2
2.2	专业工程暂估价/结算价	—	—	明细详见表 –12 –3
3	计日工	—	—	明细详见表 –12 –4
4	总承包服务费	—	—	明细详见表 –12 –5
5	索赔与现场签证	—	—	明细详见表 –12 –6
	合计	—		—

注：材料（工程设备）暂估单价进入清单项目综合单价，此处不汇总。

表 –12

G.2 暂列金额明细表

工程名称：休闲活动空间装饰工程　　　　标段：　　　　　第 页 共 页

序号	项目名称	计量单位	暂定金额（元）	备注
1				
2				
3		—		
4				
5				
6				
7		—		
8				
9				
10				
11				
	合计			

注：此表由招标人填写，如不能详列，也可只列暂定金额总额，投标人应将上述暂列金额计入投标总价中。

表－12－1

G.3 材料（工程设备）暂估单价及调整表

工程名称：休闲活动空间装饰工程　　　　标段：　　　第 页 共 页

序号	材料（工程设备）名称、规格、型号	计量单位	数量		暂估（元）		确认（元）		差额±（元）		备注
			暂估	确认	单价	合价	单价	合价	单价	合价	
合计											

注：此表由招标人填写"暂估单价"，并在备注栏说明暂估价的材料、工程设备拟用在那些清单项目上，投标人应将上述材料、工程设备暂估单价计入工程量清单综合单价报价中。

表－12－2

G.4 专业工程暂估价及结算价表

工程名称：休闲活动空间装饰工程　　　　标段：　　　第 页 共 页

序号	工 程 名 称	工 程 内 容	暂定金额（元）	结算金额（元）	差额±（元）	备注
合计						

注：此表"暂估金额"由招标人填写，投标人应将"暂估金额"计入投标总价中。结算时按合同约定结算金额填写。

表 - 12 - 3

G.5 计日工表

工程名称：休闲活动空间装饰工程　　　　　标段：　　　　　　第 页 共 页

编号	项 目 名 称	单位	暂定数量	实际数量	综合单价（元）	合价（元）	
						暂定	实际
一	人工						
1	零星人工	工日					
2							
3							
4							
	人工小计						
二	材料						
1							
2							
3							
4							
5							
6							
	材料小计						
三	施工机械						
1							
2							
3							
4							
	施工机械小计						
	四、企业管理费和利润						
	总计						

注：此表项目名称、暂定数量由招标人填写，编制招标控制价时，单价由招标人按有关计价规定确定；投标时，单价由投标人自主报价，按暂定数量计算合价计入投标总价中。结算时，按发承包双方确认的实际数量计算合价。

表 - 12 - 4

G.6 总承包服务费计价表

工程名称：休闲活动空间装饰工程　　　　　标段：　　　　　第 页 共 页

序号	项目名称	项目价值（元）	服务内容	计算基础	费率（％）	金额（元）
1	发包人发包专业工程					
2	发包人提供材料					
	合计	—	—	—		—

注：此表项目名称、服务内容由招标人填写，编制招标控制价时，费率及金额由招标人按有关计价规定确定；投标时，费率及金额由投标人自主报价，计入投标总价中。

表 – 12 – 5

附录 H 规费、税金项目计价表

工程名称：休闲活动空间装饰工程　　　　　　标段：　　　　　第 页 共 页

序号	项目名称	计算基础	计算基数	计算费率（%）	金额（元）
1	规费	定额人工费	1197.45		1197.45
1.1	社会保险费	定额人工费	111.08	808	897.53
(1)	养老保险费	定额人工费			
(2)	失业保险费	定额人工费			
(3)	医疗保险费	定额人工费		897.53	
(4)	工伤保险费	定额人工费		188.84	
(5)	生育保险费	定额人工费			
1.2	住房公积金	定额人工费	111.08	170	188.84
1.3	工程排污费	按工程所在地环境保护部门收取标准，按实计入			
1.4	定额测定费	（已取消）	111.08	0	
1.5	工伤保险费		111.08	100	111.08
2	税金	分部分项工程费 + 措施项目费 + 其他项目费 + 规费 – 按规定不计税的工程设备金额	34 850.89	3.477	1211.77
	合计				2409.22

编制人（造价人员）：　　　　　　　　　复核人（造价工程师）：

表－13

K.2　总价项目进度款支付分解表

工程名称：休闲活动空间装饰工程　　　　　　标段：　　　　　　单位：元

序号	项目名称	总价金额	首次支付	二次支付	三次支付	四次支付	五次支付	
	安全文明施工费	—						
	夜间施工增加费	—						
	二次搬运费	—						
	社会保险费	—						
	住房公积金	—						
	合计	—						

编制人（造价人员）：　　　　　　　　　复核人（造价工程师）：

注：1. 本表应由承包人在投标报价时根据发包人在招标文件明确的进度款支付周期与报价填写，签订合同时，发承包双方可就支付分解协商调整后作为合同附件。

2. 单价合同使用本表，"支付"栏时间应与单价项目进度款支付周期相同。

3. 总价合同使用本表，"支付"栏时间应与约定的工程计量周期相同。

表－16

附录 L 主要材料、工程设备一览表

L.1 发包人提供材料和工程设备一览表

工程名称：休闲活动空间装饰工程　　　　标段：　　　　第 页 共 页

序号	材料（工程设备）名称、规格、型号	单位	数量	单价（元）	交货方式	送达地点	备注

注：此表由招标人填写，供投标人在投标报价、确定总承包服务费时参考。

表－20

L.2 承包人提供主要材料和工程设备一览表

（适用于造价信息差额调整法）工程名称：休闲活动空间装饰

工程 标段： 第 页 共 页

序号	名称、规格、型号	单位	数量	风险系数（%）	基准单价（元）	投标单价（元）	发承包人确认单价（元）	备注

注：1. 此表由招标人填写除"投标单价"栏的内容，投标人在投标时自主确定投标单价。

2. 招标人应优先采用工程造价管理机构分布的单价作为基准单价，未发布的，通过市场调查确定其基准单价。

表 – 21

L.3 承包人提供主要材料和工程设备一览表

（适用于价格指数差额调整法）

工程名称：休闲活动空间装饰工程　　　　标段：　　　　　　第　页　共　页

序号	名称、规格、型号	变值权重 B	基本价格指数 F_0	现行价格指数 F_1	备注
定值权重 A			—	—	
合计		1	—	—	

注：1．"名称、规格、型号""基础价格指数"栏由招标人填写，基本价格指数应首先采用工程造价管理机构发布的价格指数，没有时，可采用发布的价格代替。如人工、机械费也采用本法调整，由招标人在"名称"栏填写。

2．"变值权重"栏由投标人根据该项人工、机械费和材料、工程设备价值在投标总报价中所占的比例填写，1减去其比例为定值权重。

3．"现行价格指数"按约定的付款证书相关周期最后一天的前42天的各项价格指数填写，该指数应首先采用工程造价管理机构发布的价格指数，没有时，可采用发布的价格代替。

第五章 建筑装饰工程价款结算

学习目的：

建筑装饰工程价款结算对于施工项目能够及时取得流动资金、加速资金周转、保证施工活动正常进行、缩短工期、获得应得到经济利益等都具有非常重要的意义。建筑装饰工程竣工决算，是装饰工程经济效益的全面反映，是核定新增固定资产和流动资金价值，办理工程交付使用的依据。通过对建筑装饰工程价款结算知识的学习，使学习者形成系统的科学理论，更好地对工程进行科学合理的管理，便于工程顺利有效地施工。

学习要点：

工程结算与竣工结算是整个施工工程的竣（交）工阶段中的重要环节。它主要从经济指标方面对施工工程进行总结。本章内容介绍建筑装饰工程价款的结算方式，重在了解和掌握每种结算方式的特点、编制程序、具体操作方法，以及各方式之间的联系和转化。特别是工程竣工结算的了解和运用是本章学习要点。

建筑产品（或工程造价）的定价过程，是一个具有单件性、多次性特征的动态定价过程。由于生产建筑产品时人工、材料耗用量巨大，在施工过程中为了合理补偿施工企业的生产资金，通常将已完成的施工部分作为"假定的建筑装饰产品"，按有关文件规定的结算方式或合同约定的付款方式结算建筑安装工程价款，俗称工程进度款，直到工程项目全部竣工验收，再进行最终产品的工程竣工结算。最终工程竣工决算价才是承发包双方的市场真实价格，也是最终产品的工程造价。

第一节 建筑装饰工程价款的结算方法

建筑装饰工程结算是指建筑装饰施工工程实施过程中，项目经理部与建设单位之间进行的工程进度款结算与项目竣工验收后的最终结算。工程结算一般由施工项目经理部编制，经建设单位审核同意后，按合同规定签章认可，通过建设银行办理。工程结算的主要依据是国家关于工程结算的有关规定、施工进度计划、施工图预算以及建筑装饰施工企业与建设单位签订的建筑装饰工程施工合同规定的工程造价、材料供应方式、工程价款结算方式等。

建筑装饰施工工程结算的目的是建筑装饰施工企业向建设单位索要工程款，因此，结算对于施工项目经理部及时取得流动资金、加速资金周转、保证施工活动正常进行、缩短工期，获得应得到经济利益等都具有非常重要的意义。

一、工程价款的主要结算方式

按现行规定，工程价款结算可以根据不同情况采取多种方式。

1. 按月结算

即先预付工程备料款，在施工过程中按月结算工程进度款，竣工后进行竣工结算。我国现行建筑安装工程价款结算中，相当一部分是实行这种按月结算方式。

2. 竣工后一次结算

建设项目或单项工程全部建筑安装工程建设期在 12 个月以内，或者工程承包合同价值在 100 万以下的，可以实行工程价款每月月中预支，竣工后一次结算。

3. 分段结算

即开工，当年不能竣工的单项工程或单位工程按照工程形象进度，划分不同阶段进行结算。分段结算可以按月预支工程款。

4. 结算双方约定的其他结算方式

其中按月结算和与支付分段结算支付两种方式是现行建筑装饰工程价款的主要结算方式。

二、工程价款约定的内容

在合同条款中，对涉及工程价款结算的一些事项，发包人和承包人进行约定，具体事项如下：

（1）预付工程款的数额、支付时限其扣抵方式。

（2）工程进度款的支付方式、数额及时限。

（3）工程施工中发生变更时，工程价款的调整方式、索赔方式、时限要求及金额支付方式。

（4）发生工程价款纠纷的解决方法。

（5）约定承担风险的范围及幅度以及超出约定范围和幅度的调整方式。

（6）工程竣工价款的结算与支付方式、数额及时限。

（7）工程质量保证（保修）金的数额、预扣方式以及时限。

（8）安全措施和意外伤害保险费用。

（9）工期及工期提前或延后的奖惩方法。

（10）与履行合同、支付价款相关的担保事项。

三、工程预付款的收取

施工企业承包工程，一般都实行包工包料，这就需要有一定是用户量的备料周转金。在工程承包合同条款中，一般要明文规定发包人在开工之前拨付给承包人一定限额的工程预付款。此预付款构成施工企业为该承包工程项目储备主要材料、结构件所需的流动资金，因此，工程预付款也被称之为工程备料款。

工程预付款是建设工程施工合同订立后由发包人按照合同约定，在正式开工前预先支付给承包人的工程款。它是施工准备和所需要材料、结构件等流动资金的主要来源，国内习惯上又称为预付备料款。预付工程款的具体事宜由发、承包双方根据建设行政主管部门的规定，结合工程款、建设工期和包工包料情况在合同中约定。

《建设工程施工合同（示范文本）》中，有关工程预付款作了如下约定：在具备施工条件的前提下，发包人应在双方签订合同后的一个月内或不迟于约定的开工日期前的 7 天内预付工程款，发包人不按约定预付，承包人应在预付时间到期后 10 天内向发包人发出要求预付的通知，发包人收到通知后仍不按要求预付，承包人可在发出通知 14 天后停止施工，发包人应从约定应付之日起向承包人支付应付款的利息（利率按同期银行贷款利率计），并承担违约责任。

工程开始首先要面对工程预付款的问题。施工企业按规定向装饰单位收取工程备料款，备料款是以形成工程实体需要材料多少，储备时间长短计算所需要占用的资金。

工程预付款仅用于承包人支付施工开始时与本工程有关的动员费用。如承包人滥用此款，发包人有权立即收回。在承包人向发包人提交金额等于预付款数额（发包人认可的银行开出）的银行保函后，发包人按规定的金额和规定的时间向承包人支付预付款，在发包人全部扣回预付款之前，该银行保函将一直有效。当预付款被发包人扣回时，银行保函金额相应递减。

（一）工程预付款的额度

包工包料工程的预付款按合同约定拨付，原则上预付比例不低于合同金额的 10%，不高于合同金额的 30%，对于重大工程项目，按年度工程计划逐年预付。计价执行《建设工程工程量清单计价规范》的工程，实体性消耗和非实体性消耗部分应在合同中分别约定预付款比例。

施工企业向装饰单位预收备料款的数额，取决于材料（包括配套产品、设备）占装饰工程造价的比重，材料储备期和施工期等因素。预收备料款的数额，可按公式计算：

$$工程预付款数额 = \frac{工程总价 \times 材料比重（\%）}{年度施工天数} \times 材料储备定额天数$$

$$工程预付款比率 = \frac{工程预付款数额}{工程总价} \times 100\%$$

其中，年度施工天数按 365 天计算；材料储备定额天数由当地材料供应的在途天数、加工天数、整理天数、供应间隔简述、保险天数等因素决定。

假定其装饰施工企业承担其装饰单位的装饰工程，双方签订合同中规定，当年计划工程造价 500 万元，工程备料定额按 30% 计算，则：

预收备料款 = 500 万元 × 30% = 150 万元

在实际工作中，工程预付款的数额，要根据各工程类型、合同工期、承包方式和供应体制等不同条件而定的。例如，建筑装饰工程项目中大型建筑的饰面涂料和地面铺装材料占有较大的比重，其主要装饰材料所占比重比一般小型建筑装饰工程要高，因而工程预付款数额也要相应的提高；工期短的工程比工期长的要高，材料由承包人自购的比由发包人提供的要高。

对于只包定额工日（不包材料定额，一切材料由发包人供给）的工程项目，则可以不预付备料款。

（二）工程预付款的扣回

发包单位拨付给承包单位的工程预付款属于预知性质，到了工程实施后，随着工程所需主要材料储备的逐步减少，应以抵充工程价款的方式陆续扣回，抵扣方式必须在合同中约定。扣款的方法有两种：

（1）由发包人和承包人通过洽商用合同的形式予以确定，采用等比率或等额扣款的方式。也可针对工程实际情况具体处理，如有些工程工期较短、造价较低，就无须分期扣还；有些工期较长，如跨年度工程，其备料款的占用时间很长，根据需要可以少扣或不扣。其基本公式如下：

$$T = P - M/N$$

其中 T 表示起扣点，即工程预付款开始扣回时的累计完成工作量金额；

M 表示主要预付款限额；

N 表示主要材料所占比重；

P 表示承包工程价款总额。

（2）建设部《招标文件规范》中规定，在承包人完成金额累计达到合同总价的 10% 后，由承包人开始向发包人还款，发包人从每次应付给承包人的金额中扣回工程预付款，发包人至少在合同规定的完工期前三个月将功成预付款的总计金额按逐次分摊的办法扣回。当发包人一次付给承包人的余额少于规定扣回的金额时，其差额应转入下一次支付中作为债务结转。

在实际经济活动中，情况比较复杂，有些工程工期较短，就无须分期扣回。有些工程工期较长，如跨年度施工，工程付余款可以不扣或少扣，并于次年按应付工程预付款调整，多退少补。具体地说，跨年度工程，预计次年承包工程大于或相当于当年承包工程价值进行调整，在当年扣回部分工程预付款，并将末扣回部分，转入次年，直到竣工年度，再按上述办法扣回。

例 2 - 5 - 1　某工程合同总额 500 万元，工程预付款为 120 万元，主要材料、构件所占比重为 60% ，问：起扣点为多少万元？

解：按起扣点计算公式：$T = P - M/N = 500 - \dfrac{120}{60\%} = 300$（万元）

则当工程完成 300 万元时，本项工程预付款开始起扣。

四、工程进度款的收取

工程进度款结算一般每月结算一次。工程进度款按照完成多少任务给多少钱的原则，每月由施工项目经理部提出已完工程月报表，连同工程进度款结算账单，送建设单位办理已完工程款的结算。

施工企业在施工过程中，按逐月完成的工程数量计算各项费用，向发包人办理工程进度款的支付，工程进度款按月结算的支付步骤如图 2 - 5 - 1 所示：

图 2 - 5 - 1　工程进度款支付步骤

《建设工程施工合同（示范文本）》关于工程款的支付做出了相应的约定："在确认计量结果后 14 天内，发包人应向承包人支付工程款（进度款）"。"发包人超过约定的支付时间不支付工程款（进度款），承包人可向发包人发出要求付款的通知，发包人接到承包人通知后仍不能按要求付款，可与承包人协商签订延期付款协议，经承包人同意后可延期支付。协议应明确延期支付的时间和从计量结果确认后第 15 天起计算应付款的贷款利息"。"发包人不按合同约定支付工程款（进度款），双方又未达成延期付款协议，导致施工无法进行，承包人可停止施工，由发包人承担违约责任"。

工程进度款的计算，主要涉及两个方面：一是工程量的计算；二是单价的计算方法。

（一）工程量的计算

工程量计算的主要规定是依据《建设工程价款结算暂行办法》而进行的，具体规定如下：

（1）承包人应当按照合同约定的方法和时间，向发包人提交已完成工程量报告。发包人接到报告后应在 1 天之内核实已完成的工程量，并在核实前 1 天通知承包人，承包人应提供条件和派人参加核实，承包人收到通知后如不参与核实，以发包人核实的工程量作为工程价款的支付依据。发包人不按约定时间通知承包人，并导致承包人未能参加核实的，其核实结果均无效。

（2）发包人收到承包人报告后 14 天之内未核实完成工程量，从第 15 天算起，承包人报告的工程量被视为确认，即被作为工程价款支付的依据，双方合同另有约定的，按合同执行。

（3）对承包人超出设计图纸，包括设计变更等范围，和因承包人原因造成返工的工程量，发包人不给予计量。

（二）单价的计算

单价的计算方法，主要根据由发包人和承包人事先约定的工程价格的计价方法决定。目前我国一般来讲，工程价格的计价方法可以分为工料单价和综合单价两种方法。

1. 工料单价法

指单位工程分部分项的单价为直接成本单价，按现行计价定额的人工、材料、机械的消耗量及其预算价格确定，其他直接成本、间接成本、利润、税金等按现行计算方法计算。

2. 综合单价法

指单位工程分部分项工程量的单价是全部费用单价，既包括直接成本，也包括间接成本、利润、税金等一切费用。二者在选择时，既可采取可调价格的方式，即工程价格在实施期间可随价格变化而调整，也可采取固定价格的方式，即工程价格在实施期间不因价格变化而调整，在工程价格中已考虑价格风险因素并在合同中明确了固定价格所包括的内容和范围。实践中采用较多的是可调工料单价法和固定综合单价法，现结合实例进行介绍和计算工程进度款。

（1）可调工料单价法的表现形式。以某办公楼结构工程报价单为例，见表 2 - 5 - 1。

（2）固定综合单价法的表现形式。仍以某办公楼结构工程工程量清单为例，其形式见表 2 - 5 - 2。

表 2-5-1　可调工料单价法

序号	分项编号	项目名称	计量单位	工程量	工料单价（元）	合价（元）
1	1-1	人工挖土方一、二类	100m³	1.50	540.00	810.00
2	1-46	室内外回填土劣填	100m³	17.20	1140.00	19 608.00
3	1-49	人工运土 20m 内	100m³	1.50	600.00	900.00
4	1-55	支木挡土板	100m²	0.70	2100.00	1470.00
5	1-149	反铲挖掘机挖土深度 2.5m 内	100m³	2.40	5245.00	12 588.00
6	1-213	自卸汽车运土方 8t5m 内	1000m³	4.12	12 500.00	51 500.00
7	2-1	轨道试柴油打桩机御制方桩 12m 内二类	10m³	15.00	11 500.00	172 500.00
8	3-7	外脚手架钢管双排 24m 内	100m²	27.20	950.00	25 840.00
9	3-41	安全网立挂式	100m²	27.20	410.00	11 152.00
10	4-1	普通黏土砖砖基础	10m³	13.60	2250.00	30 600.00
11	4-10	普通黏土砖混水砖墙一转	10m³	48.50	2450.00	118 825.00
12	5-9	钢筋混凝土带型基础组合钢模板钢支撑	100m²	9.76	1450.00	14 152.00
13	5-34	混凝土基础垫层木模版	100m²	1.38	1200.00	1656.00
14	5-58	矩形柱组合钢模板钢支撑	100m²	29.80	1780.00	53 044.00
15	5-74	连续梁组合钢模板钢支撑	100m²	37.50	1890.00	70 875.00
16	5-11	有梁板组合钢模板钢支撑	100m²	54.30	1575.00	85 523.00
17	5-119	楼梯直行木模板支撑	10m²	4.70	320.00	1504.00
18	5-121	雨篷悬挑板直行木模板支撑	10m²	1.10	216.00	238.00
19	5-296	圆钢筋 φ12 以内	t	3.20	3100.00	9920.00
20	5-312	螺纹钢筋 φ20 以内	t	131.00	3600.00	471 600.00
21	5-316	螺纹钢筋 φ30 以内	t	96.00	3400.00	326 400.00
22	5-356	箍筋 φ8 以内	t	12.00	3300.00	39 600.00
23	5-396	带型基础混凝土 C20	10m³	48.00	3500.00	168 000.00
24	5-401	矩形柱混凝土 C25	10m³	29.80	4200.00	125 160.00
25	5-405	连续梁混凝土 C25	10m³	37.50	4300.00	161 250.00
26	5-417	有梁板混凝土 C20	10m²	85.50	3900.00	333 450.00
27	5-421	楼梯直行混凝土 C20	10m²	4.70	1080.00	5076.00
28	5-423	悬挑板混凝土 C20	10m²	1.10	600.00	660.00
29	13-26	办公楼现浇框架垂直运输费	100m²	55.00	1500.00	82 500.00

序号	分项编号	项目名称	计量单位	工程量	工料单价（元）	合价（元）
30	说明	机械场外运输安拆费	元	1.00	5000.00	5000.00
	（一）	直接费小计	元			2 401 401.00
	（二）	其他直接费（一）×3%	元			72 042.00
	（三）	现场经费（一）×5%	元			120 070.05
	（四）	间接费［（一）+（二）+（三）］×10%	元			259 351.31
	（五）	利润［（一）+（二）+（三）+（四）］×5%	元			142 643.22
	（六）	税金［（一）+（二）+（三）+（四）+（五）］×3.41%	元			102 146.81
	（七）	总计	元			3 097 654.39

表2-5-2　固定综合单价法示例

序号	分项编号	项目名称	计量单位	工程量	工料单价（元）	合价（元）
1	1-1	人工挖土方一、二类	100m³	1.50	702.00	1053.00
2	1-46	室内外回填土劣填	100m³	17.20	1482.00	25 490.00
3	1-49	人工运土20m内	100m³	1.50	780.00	1170.00
4	1-55	支木挡土板	100m²	0.70	2730.00	1911.00
5	1-149	反铲挖掘机挖土深度2.5m内	100m³	2.40	6819.00	16 366.00
6	1-213	自卸汽车运土方8t5m内	1000m³	4.12	16 250.00	66 950.00
7	2-1	轨道式柴油打桩机御制方桩12m内二类	10m³	15.00	14 820.00	222 300.00
8	3-7	外脚手架钢管双排24m内	100m²	27.20	1235.00	33 592.00
9	3-41	安全网立挂式	100m²	27.20	533.00	1498.00
10	4-1	普通黏土砖砖基础	10m³	13.60	2925.00	39 780.00
11	4-10	普通黏土砖混水砖墙一转	10m³	48.50	3185.00	154 473.00
12	5-9	钢筋混凝土带型基础组合钢模板钢支撑	100m²	9.76	1885.00	18 398.00
13	5-34	混凝土基础垫层木模版	100m²	1.38	1560.00	2153.00
14	5-58	矩形柱组合钢模板钢支撑	100m²	29.80	2314.00	38 957.00
15	5-74	连续梁组合钢模板钢支撑	100m²	37.50	2457.00	92 138.00
16	5-11	有梁板组合钢模板钢支撑	100m²	54.30	2048.00	11 206.00
17	5-119	楼梯直行木模板支撑	10m²	4.70	416.00	1955.00

续表

序号	分项编号	项目名称	计量单位	工程量	工料单价（元）	合价（元）
18	5－121	雨篷悬挑板直行木模板支撑	10m²	1.10	281.00	309.00
19	5－296	圆钢筋 φ12 以内	t	3.20	4030.00	12 896.00
20	5－312	螺纹钢筋 φ20 以内	t	131.00	4680.00	613 080.00
21	5－316	螺纹钢筋 φ30 以内	t	96.00	4420.00	424 320.00
22	5－356	箍筋 φ8 以内	t	12.00	4290.00	51 480.00
23	5－396	带型基础混凝土 C20	10m³	48.00	4550.00	218 400.00
24	5－401	矩形柱混凝土 C25	10m³	29.80	5460.00	162 708.00
25	5－405	连续梁混凝土 C25	10m³	37.50	5590.00	209 625.00
26	5－417	有梁板混凝土 C20	10m²	85.50	5070.00	433 485.00
27	5－421	楼梯直行混凝土 C20	10m²	4.70	1404.00	6599.00
28	5－423	悬挑板混凝土 C20	10m²	1.10	780.00	858.00
29	13－26	办公楼现浇框架垂直运输费	100m²	55.00	1950.00	107 250.00
30	说明	机械场外运输安拆费	元	1.00	6500.00	6500.00
		总计	元		3 119 900.00	

（三）工程进度款的支付

（1）根据确定的工程计量结果，承包人向发包人提出支付工程进度款申请，14 天内，发包人应按不低于工程价款的 60%、不高于工程价款的 90% 向承包人支付工程进度款。按约定时间内发包人应扣回的预付款，与工程进度款同期结算抵扣。

（2）发包人如超过约定的支付时间不支付进度款，承包人应及时向发包人发出要求付款的通知，发包人受到承包人通知后仍不能按要求付款，可与承包人协商签订延期付款协议，经承包人同意后可延期支付，协议应明确延期支付的时间和从工程计量结果确定后第 15 天起计算应付款的利息（利率按同期银行贷款利率计）。

（3）发包人不按合同约定支付工程进度款，双方又未达成延期付款协议，导致施工无法进行，承包人可停止施工，有发包人承担违约责任。

例 2－5－2　某建筑装饰工程承包合同总额为 600 万元，主要材料及结构件金额占合同总额 62.5%，预付备料款额度为 25%，预付款扣款的方法是以未施工工程尚需的主要材料及构件价值相当于预付款数额时起扣，从每次中间结算工程价款中，按材料及构件比重抵扣工程价款。保留金为合同总额的 5%。2007 年上半年各月实际完成合同价值如表 2－5－3 所示（单位：万元）。问如何按月结算工程款。

表 2－5－3　上半年各月实际完成合同价值

二月	三月	四月	五月竣工
100	140	180	180

解：（1）预付备料款 $=600 \times 25\% = 150$ （万元）

（2）求预付备料款的起扣点。

即：开始扣回预付备料款时的合同价值

$$= 600 - \frac{150}{62.5\%} = 600 - 240 = 360 \text{（万元）}$$

当累计完成合同价值为 360 万元后，开始扣预付款。

（3）二月完成合同价值 100 万元，结算 100 万元。

（4）三月完成合同价值 140 万元，结算 140 万元。

（5）四月完成合同价值 180 万元，到四月份累计完成合同价值 420 万元，超过了预付备料款的起扣点。

四月份应扣回的预付备料款 $=$ （$420 - 360$） $\times 62.5\% = 37.5$ （万元）

四月份结算工程款 $= 180 - 37.5 = 142.5$ （万元），累计结算工程款 382.5 万元。

（6）五月份完成合同价值 180 万元，应扣回预付备料款 $= 180 \times 62.5\% = 112.5$ （万元）；应扣 5% 的预留款 $= 600 \times 5\% = 30$ （万元）。

五月份结算工程款 $= 180 - 112.5 = 37.5$ （万元），累计结算工程款 420 万元，加上预付备料款 150 万元，共结算 570 万元。预留合同总额的 5% 作为保留金。

五、质量保证金

质量保证金简称保修金或保证金，它是指发包人与承包人在建设工程承包合同中约定，从应付的工程款中预留，用以保证承包人在缺陷责任期内对建筑装饰工程出现的缺陷进行维修的资金。

（一）缺陷和缺陷责任期

缺陷是指建设工程质量不符合工程建设强制性标准、设计文件，以及承包合同的约定。缺陷责任期一般为 6 个月、12 个月或 24 个月，具体由发、承包双方在合同中约定。缺陷责任期从工程通过竣（交）工验收之日起计。由于承包人原因导致工程无法按规定期限进行竣（交）工验收的，缺陷责任期从实际通过竣（交）工验收之日起计。由于发包人原因导致工程无法按照规定期限进行竣（交）工验收的，在承包人提交竣（交）工验收报告 90 天后，工程自动进入缺陷责任期。

（二）保证金的预留和返还

1. 承包双方的约定

发包人应当在招标文件中明确保证预留、返还等内容，并与承包人在合同条款中对涉及保证金的下列事件进行约定：

（1）保证金预留、返还方式。

（2）保证金预留比例和期限。

（3）保证金是否计付利息。

（4）缺陷责任期的期限及计算方式。

（5）保证金预留、返还及工程维修质量、费用等争议的处理程序。

（6）缺陷责任期内出现缺陷的索赔方式。

2. 保证金的预留

建筑装饰工程竣工结算之后，发包人应按照约定及时向承包人支付工程结算价款并预留保证金。全部或者部分使用政府投资的建设项目，按工程价款结算总额5%左右的比例预留保证金。社会投资项目采用预留保证金方式的，预留保证金的比例可参照执行。

3. 保证金的返还

缺陷责任期内承包人认真履行合同约定的责任，到期后，承包人向发包人申请返还保证金。发包人在接到承包人返还保证金申请后，应在14日之内会同承包人按照合同约定的内容进行核实。如无异议，发包人应当在核实之后14日以内将保证金返还承包人，逾期支付的，从逾期之日起，按照同期银行贷款利率计付利息，并承担违约责任。发包人在接到承包人返还保证金申请后14日内不予答复，经催告后14内仍不予答复的，被视同并认可承包人的返还保证金申请。

（三）保证金的管理及缺陷修复

（1）保证金的管理。缺陷责任期内，实行国库集中支付的政府投资项目，保证金的管理应按国库集中支付的有关规定执行。其他的政府投资项目，保证金可以预留在财政部门或发包方。缺陷责任期内，如发包人被撤销，保证金随交付使用资产一并移交施工单位管理，由使用单位代行发包人职责。

（2）缺陷责任期内缺陷责任的承担。缺陷责任期内，由承包人原因造成的缺陷，承包人应负维修，并承担鉴定及维修费。如承包人不维修也不承担费用，发包人可按合同约定扣除保证金，并由承包人承担违约责任。承包人维修并承担相应费用后，不免除对工程的一般损失赔偿责任。由他人原因造成的缺陷，发包人负责组织维修，承包人不承担费用，且发包人不得从保证金钟扣除费用。

六、竣工结算

竣工结算是指施工企业按照合同规定的内容全部完成所承包的工程，经验收质量合格，并符合合同要求之后，向发包单位进行的最终工程价款结算。工程竣工结算分为单位工程竣工结算、单项工程竣工结算和建设项目竣工总结算。

工程竣工验收报告经发包人认可后28天内，承包人向发包人递交竣工结算报告及完整的结算资料，双方按照协议书约定的合同价款及专项条款约定的合同价款调整内容，进行工程竣工结算。专业监理工程师审核承包人报送的竣工结算报表；总监理工程师审定竣工结算报表；与发包人，承包人协商一致后，签发竣工结算文件和最终的工程款支付证书。

发包人收到承包人递交的竣工结算报告结算资料后28天内进行核实，给予确认或者提出修改意见。发包人确认竣工结算报告后通知经办银行向承包人支付竣工结算价款。承包人收到竣工结算价款后14天内将竣工工程交付发包人。

发包人收到竣工结算报告及结算资料后28天内无正当理由不支付工程竣工结算价款，从第29天起按承包人同期向银行贷款利率支付拖欠工程价款的利息，并承担违约责任。

发包人收到竣工结算报告及结算资料后28天内无正当理由不支付工程竣工结算价款，承包人可以催告发包人支付结算价款。发包人在收到竣工结算报告及结算资料后56天内仍不支付的，承包人可以与发包人协议将该工程折价，也可以由承包人申请法院将该工程依法拍卖，承包人就该工程折价或者拍卖的价款优先受偿。

工程竣工验收报告经发包人认可后 28 天内，承包人未能向发包人递交竣工结算报告及完整的结算资料，造成工程竣工结算不能正常进行或工程竣工结算价款不能及时支付，发包人要求交付工程的，承包人应当交付；发包人不要求交付工程的，承包人承担保管责任。

（一）竣工结算的编审

竣工价款结算的公式：

竣工结算工程价款 = 合同价款 + 施工过程合同价款调整数额 − 预付已结算工程价款 − 保修金

单位工程竣工结算由承包人编制，发包人审查，实行总承包的工程，由具体承包人编制，在总包人审查的基础上，发包人审查。

单项工程竣工结算或建设项目竣工总结算由总（承）包人编制，发包人可直接进行审查，也可以委托具有相应资质的工程造价咨询机构进行审查。政府投资项目，由同级财政部门审查。单项工程竣工结算或建设项目竣工总结算经发、承包人签字盖章后有效。

工程竣工结算审查。单项工程竣工后，承包人应在提交竣工验收报告的同时，向发包人递交竣工结算报告及完整的结算资料，发包人进行审查，工程竣工结算审查是竣工结算阶段的一项重要工作。经审查核定的工程竣工结算是核定建设工程造价的依据，也是建设项目验收后编制竣工决算和核算新增固定资产价值的依据。因此，发包人、监理公司以及审计部门等，都十分关注竣工结算的审核把关。一般从以下几方面入手：

1. 核对合同条款

首先，应该对竣工工程内容是否符合合同条件要求，工程是否竣工验收合格，只有按合同要求完成全部工程并验收合格才能列入竣工结算。其次，应按合同约定的计算方法、计价定额、取费标准、主材价格和优惠条件等，对工程竣工结算进行审核，若发现合同开口或有漏洞，应请发包人与承包人认真研究，明确结算要求。

2. 检查隐蔽验收记录

所有隐蔽工程均需进行验收，两个人以上签证；实行工程监理的项目应经监理工程师签证确认。审核竣工结算时应该对隐蔽工程施工记录和验收签证，手续完整，工程量与竣工图一致方可列入结算。

3. 落实设计变更签证

设计修改变更应由原设计单位出具体变更通知单和修改图纸，设计、校审人员签字并加盖公章，经建设单位和监理工程师审查同意、签证；重大设计变更应经原审批部门审批，否则不应列入结算。

4. 按图核实工程数量

竣工结算的工程量应依据竣工图、设计变更单位和现场签证等进行核算，并按核定的计算规则计算工程量。

5. 认真核实单价

结算单位应按现行的计价原则和计价方法确定，不得违背。

6. 注意各项费用计取

建筑装饰工程的取费标准应按合同要求或项目建设期间与计价定额配套使用的建筑装饰工程费用定额及有关规定执行，先审核各项费率、价格指数或换算系数防止因计算误差多计或少算。

7. 防止各种计算误差

工程竣工结算子目多、篇幅大，往往有计算误差应认真核算，防止因计算误差多计或少算。

发包人应按表格规定的时限进行核对（审查），并提出审查意见。

建设项目竣工总结算在最后一个单项工程竣工结算审查确定后 15 天之内汇总，送发包人后 30 天之内审查完成。工程竣工结算的审核时限如表 2 - 5 - 4 所示：

表 2 - 5 - 4　工程竣工结算审查时限

工程竣工结算报告金额	审查时间
500 万元以下	从接到竣工结算报告和完整的竣工结算资料之日起 20 天
500 万元 ~ 2000 万元	从接到竣工结算报告和完整的竣工结算资料之日起 30 天
2000 万元 ~ 5000 万元	从接到竣工结算报告和完整的竣工结算资料之日起 45 天
5000 万元以上	从接到竣工结算报告和完整的竣工结算资料之日起 60 天

（二）竣工结算的过程

（1）发包人受到竣工结算报告及完整的结算资料后，按上列表规定的时限（合同约定有期限的，从其约定）对结算报告及资料没有提出意见，则视同认可。

（2）承包人如未在规定时间内提供完整的竣工结算资料，经发包人催促后 14 天之内仍未提出或没有明确答复，发包人有权根据已有资料进行审查，责任由承包人自负。

（3）根据确定的竣工结算报告，承包人向发包人申请支付工程竣工结算款。发包人应在收到申请后 15 天内支付结算款，到期没有支付的应承担违约责任。承包人可以催告发包人支付结算价款，如达成延期支付协议，发包人应按同期银行贷款利率支付拖欠工程价款的利息。如未达成延期支付协议，承包人可以与发包人协商将该工程折价，或申请人民法院将该工程依法拍卖，承包人就该工程折价或者拍卖的价款优先受偿。

（三）索赔价款结算

发承包人未能按合同约定履行自己的各项义务或发生错误，给另一方造成经济损失的，由受损方按合同约定提出索赔，索赔金额按合同约定支付。

（四）合同以外零星项目工程价款结算

发包人要求承包人完成合同以外零星项目，承包人应在接受发包人要求的 7 天之内就用工数量和单价、机械台班数量和单价、施工材料和金额等向发包人提出施工签证，发包人签证后施工，如发包人未签证，承包人施工后发生争议的，责任由承包人自负。

七、保修金的返还

建筑装饰工程保修金一般为施工合同价款的 30%。发包人在质量保修期后 14 天内，如无任问题，需将剩余保修金和利息返还承包商。

第二节 竣工决算的编制

一、竣工决算的概述

（一）竣工决算的概念和作用

竣工决算是以实物数量和货币指标为计量单位的，综合反映了竣工项目从筹建到项目将竣工交付使用为止的全部建设费用。它是建设成果和财务情况的总结性文件，是工程经济效益的全面反映。通过竣工决算，一方面能够正确反映建设工程的实际造价和投资结果；另一方面还可以通过竣工决算与概算、预算的对比分析，考核分析投资的工作成效，健全经济责任制的依据，积累技术经济方面的基础资料。总之，竣工决算是反映建设项目实际造价和投资效果的重要文件。

竣工决算对于建筑装饰工程项目具有极其重要的作用，具体有三个方面。

（1）竣工决算是综合全面反映建筑装饰工程项目成果以及财务情况的总结性文件，明确反映了工程项目从开始施工直至完成建设的成果和财务状况。

（2）竣工决算是办理交付资使用资金的重要依据。它反映了工程交付使用资产的固定资金、流动资金、无形资金等全部价值；还详细提供了交付使用资产的名称、规格、数量和型号等资料。

（3）竣工决算是分析和检查设计概算执行情况以及考核投资效果的依据。竣工决算反映了竣工项目计划、实际的工程规模、设计和实际的生产能力，以及概算总投资和实际的建设成本等。通过对这些数据的掌握，有利于全面了解和掌握工程项目的计划和概算执行情况，为今后项目的施工提供了必要地参考资料，特别是有利于降低建设成本。

（二）竣工决算与竣工结算的区别

竣工结算是承包方将所承包的工程按照合同规定全部完工交付之后，向发包单位进行的最终工程价款结算。竣工结算由承包方的预算部门负责编制。

竣工决算与竣工结算的具体区别可从三个方面分析：

1. 编制单位和部门

竣工结算的编制单位或部门是承包方的预算部门；竣工决算的编制单位或部门是项目业主的财务部门。

2. 内容

竣工结算的内容主要是承包方承包施工的建筑装饰工程的全部费用，它最终反映了承包方已完成的施工产值；竣工决算的内容主要是装饰工程从筹建开始到竣工交付使用为止的全部建设费用，它反映了工程的投资效益。

3. 性质和作用

竣工结算是承包方与业主办理工程价款最终结算的依据，是双方签订的建筑装饰工程承包合同终止的有效凭证；是业主编制竣工决算的重要资料和依据。竣工决算是业主办理交付、验收、动用新增各类资产的依据；是竣工验收报告的重要组成部分。

（三）竣工决算的内容

竣工决算时建设工程从筹建到竣工投产全过程中发生的所有实际支出，包括设备器具购置费、建筑安装工程费和其他费用等。竣工决算由竣工财务决算报表、竣工财务决算说明书、竣工工程平面示意图、工程造价比较分析4部分组成。其中竣工财务决算报表和竣工财务决算说明书属于竣工财务决算的内容。竣工财务决算时竣工决算的组成部分，是正确核定新增资产价值、反映竣工项目建设成果的文件。是办理固定资产交付使用手续的依据。

（四）竣工决算的编制依据

（1）经批准的可行性研究报告及其投资估算。

（2）经批准的初步设计或扩大初步设计及其概算或修正概算。

（3）经批准的施工图设计及其施工图预算。

（4）设计交底或图纸会审纪要。

（5）招投标的标底、承包合同、工程结算资料。

（6）施工记录或施工签证单，以及其他施工中发生的费用记录，如：索赔报告与记录、停（交）工报告等。

（7）竣工图及各种竣工验收资料。

（8）历年基建资料、历年财务决算及批复文件。

（9）设备、材料调价文件和调价记录。

（10）有关财务核算制度、办法和其他有关资料、文件等。

（五）竣工决算的编制步骤

竣工决算的编制步骤如下：

1. 收集、整理、分析相关依据资料

从建设工程开始就按编制依据的要求，收集、清点、整理有关资料，主要包括建设工程档案资料，如：设计文件、施工记录、上级批文、概（预）算文件、工程结算的归集整理，财务处理、财产物资的盘点核实及债权债务的清偿，做到账账、账证、账实、账表相符。对各种设备、材料、工具、器具等要逐项盘点核实并填列清单，妥善保管，或按照国家有关规定处理，不准任意侵占和挪用。

2. 清理各项财务、债务以及结余物质

将审定后的待摊投资、设备工器具投资、建筑安装工程投资、工程建设其他投资严格划分和核定后，分别计入相应的建设成本栏目内。

在进行收集和整理工程的相关资料时，需注意工程从筹建直至竣工使用阶段的投入和使用的全部费用的各项债务、账务等，做到工程完毕时账目清晰。同时，对结余的各种材料、工具设备要逐一清点核实，妥善处理。对各种往来的款项要及时全面清理。

3. 对照、核实工程变动情况

重新核实各单位工程、单项工程造价。将竣工资料与原设计图纸进行查对、核实，必要时可实地测量，确认实际变更情况；根据经审定的施工单位竣工结算等原始资料，按照有关规定对原概（预）算进行增减调整，重新核定工程造价。

4. 编制竣工财务决算说明书

要求内容全面、简明扼要、文字流畅、说明问题。

5. 填报竣工财务决算报表

按照建设工程决算表格中的内容要求，根据编制依据中的相关资料进行统计或计算各个项目和数量，并将其结果填到相应的栏目内，完成所有报表。

6. 做好工程造价对比分析

7. 清理、装订好竣工图

8. 按国家规定上报、审批、存档

大中型建设项目的竣工结算需抄送财务部、建设银行总部和省、市、自治区的财务局和建设银行分行各一份。建设工程竣工决算的文件需要由建设单位负责组织人员进行编写，在竣工项目办理验收使用一个月内完成。

二、竣工决算的编制方法

工程项目竣工财务决算由竣工财务决算报表和竣工财务决算说明书两部分组成。现主要介绍竣工财务决算的主要内容。

竣工财务决算报表的格式根据大、中型项目和小型工程项目的不同情况，进行分别制定。其共有 6 种表，报表结构如图 2 - 5 - 2 所示。

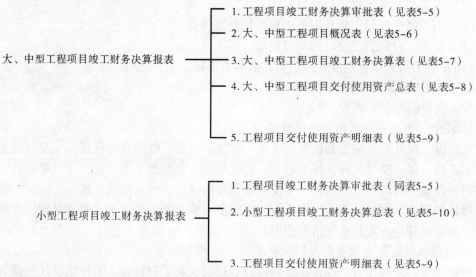

图 2 - 5 - 2　竣工财务决算报表结构图

（一）工程项目竣工财务决算审批表

该表作为决算上报有关部门审批之用。有关部门应对决算进行认真审查后将签署的审核意见填列该表中。其格式如表 2 - 5 - 5 所示。填表说明如下：

（1）表中"建设性质"按新建、扩建、改建、迁建和恢复建设工程等分类填列。

（2）表中"主管部门"是指建设单位的主管部门。

（3）有关意见的签署。

①所有项目均须先经开户银行签署意见。

②中央级小型工程项目由主管部门签署审批意见，财政监察专员办和地方财政部门不签署意见。

③中央级大、中型工程项目报所在地财政监察专员办签署意见后，再由主管部门签署意见报财政部审批。

④地方级项目由同级财政部门签署审批意见，主管部门和财政监察专员办不签署意见。

表2-5-5　工程项目竣工财务决算审批表

项目法人（建设单位）		建设性质	
工程项目名称		主管部门	
开户银行意见：			
			盖章
			年　　月　　日
专员办（审批）审核意见			
			盖章
			年　　月　　日
主管部门或地方财政部门审批意见：			
			盖章
			年　　月　　日

（二）大、中型工程项目概况表

该表综合反映建成的大中型工程项目的基本概况，其格式如表2-5-6所示。填表说明如下：

（1）表中各有关项目的设计、概算、计划等指标，根据批准的设计文件和概算、计划等确定的数字填列。

（2）表中所列新增生产能力、完成在主要工程量、主要材料消耗等指标的实际数，根据建设单位统计资料和施工企业提供的有关成本核算资料填列。

（3）表中"主要技术经济指标"根据概算和主管部门规定的内容分别按概算数和实际数填列。填列包括单位面积造价、单位生产能力投资、单位投资增加的生产能力、单位生产成本、投资回收年限等反映投资效果的综合指标。

（4）表中基建支出是指工程项目从开工起至竣工结止发生的全部基本建设支出，包括形成资产价值的交付使用资产如固定资产、流动资产、无形资产、其他资产，以及不形成资产价值按规定应核销的非经营性项目的待核销基建支出和转出投资。根据财政部门历年批准的"基建投资表"中有关数字填列。

（5）表中"初步设计和概算批准日期"按最后批准日期填列。

（6）表中收尾工程指全部项目验收后还遗留的少量尾工，这部分工程的实际成本，可根据具体情况进行估算，并作说明，完工以后不再编制竣工决算。

表 2 - 5 - 6　大、中型工程项目概况表

工程项目名称 （单项工程）			建设 地址					项目		概 算	实 际	主要 指标
主要设计单位			主要施 工企业					建筑安装工 程设备工具 器具待摊投 资				
占地面积	计划	实际	总投资 （万元）	设计		实际		基建 支出	其中：建设 单位管理费 其他投资待 核销基建支 出非经营项 目转出			
				固定 资产	流动 资产	固定 资产	流动 资产					
									合　计			
新增生产能力	能力（效益）		设计		实际				名称	单位		
建设起止时间	设计	从　　年　月　开工至　　年　月　竣工						主要 材料 消耗	钢材	t		
	实际	从　　年　月　开工至　　年　月　竣工							木材	m³		
设计概算 批准文号									水泥	t		
完成主要 工程量	建筑面积 （m²）		设备（台　套　吨）									
	设计	实际	设计		实际			主要 技术 经济 指标				
收尾工程	工程内容		投资额		完成时间							

（三）大、中型工程项目竣工财务决算表

该表是反映竣工的大、中型项目竣工财务决算表，它反映竣工的大中型项目全部资金来源和资金占用情况。对于跨年度的项目，在编制该表前，一般应先编制出项目的竣工年度财务决算。根据编出的竣工年度财务决算和历年财务决算编制出该项目的竣工财务决算。其格式见表 2 - 5 - 7。填表说明如下：

（1）表中"交付使用资产""自筹资金拨款""其他拨款""项目资本""基建投资借款""其他借款"等项目，填列自开工建设至竣工止的累计数。

（2）表中其余各项目反映办理竣工验收时的结余数，根据竣工年度财务决算中资金平衡表的有关项目期末数填列。

（3）资金占用总额应等于资金来源总额。

（4）补充资料的"基建投资借款期末余额"反映竣工时尚未偿还的基建投资借款数，应根据竣工年度资金平衡表内"基建投资借款"项目期末数填列。

表 2-5-7　大、中型工程项目竣工财务决算表　　　　单元：元

资源来源	金额	资源占用	金额
一、基建拨款		一、基本建设支出	
1. 预算拨款		1. 交付使用资金	
2. 基建基金拨款		2. 在建工程	
3. 进口设备转账拨款		3. 待核销基建支出	
4. 器材转账拨款		4. 非经营项目转出投资	
5. 煤带油专用基金拨款		二、应收生产单位投资借款	
6. 自筹资金拨款		三、拨付所需投资借款	
7. 其他拨款		四、器材	
二、项目资本		其中：待处理器材损失	
1. 国家资本		五、货币资金	
2. 法人资本		六、预付及应收款	
3. 个人资本		七、有价证券	
三、项目资本公积		八、固定资金	
四、基建借款		固定资产原价	
五、上级拨入投资借款		减：累计折旧	
六、企业债券资金		固定资产净值	
七、待冲基建支出		固定资产清理	
八、应付款		待处理固定资产损失	
九、未交款			
1. 未交税金			
2. 未交基建收入			
3. 未交基建包干节余			
4. 其他未交款			
十、上级拨入资金			
十一、留成收入			
合计		合计	

补充资料：基建投资借款期末余额：

　　　　　应收生产单位投资借款末数：

　　　　　基建结余资金：

（四）大、中型工程项目交付资产总表

该表反映工程项目建成后新增固定资产、流动资产、无形资产和其他资产价值，作为

财产交接的依据。小型项目不编制此表，直接编"交付使用资产明细表"。大、中型工程项目交付使用资产总表格式见表2-5-8。填表说明如下：

（1）表中各栏数字应根据"交付使用资产明细表"中相应项目的数字汇总填列。

（2）表中第2栏、第6栏、第7栏、第8栏和第9栏的合计数，应分别于竣工财务决算表交付使用的固定资产、流动资产、无形资产和其他资产的数字相符。

表2-5-8　大、中型工程项目交付使用资产总表

工程项目名称	总计	固定资产				流动资产	无形资产	其他资产
		建安工程	设备	其他	合计			

（五）工程项目交付使用资产明细表

该表反映交付使用资产及其价值的更详细的情况，适用于大、中、小型工程项目。该表既是交付单位办理资产交接的依据，也是接收单位登记资产账目的依据。因此，编制此表应做到固定资产部门逐项盘点填列，工、器具和家具等低值易耗品，可分类填列。该表的格式见表2-5-9。

表2-5-9　工程项目交付使用资产明细表

建筑工程			设备　工具　器具　家具						流动资产		无形资产		其他资产	
结构	面积 m²	价值（元）	名称	规格型号	单位	数量	价值（元）	设备安装费（元）	名称	价值（元）	名称	价值（元）	名称	价值（元）

（六）小型工程项目竣工财务决算总表

该表主要反映小型工程项目的全部工程和财务情况。该表比照大、中型工程项目概况表指标和大、中型工程项目竣工财务决算表指标口径填列，见表2-5-10。

表2-5-10　小型工程项目竣工财务决算总表

工程项目名称（单项工程）	建设地址						资料来源		资金运转	
							项目	金额	项目	金额
初步设计概算批准文号							一、基建拨款		一、交付使用资产	
占地面积	计划	实际	总投资（万元）	设计		实际		其中：预算拨款		二、待核销基建支出	
				固定资产	流动资产	固定资产	流动资产	二、项目资本			
								三、资本公积		三、转出投资	
新增生产能力	能力（效益）		设计	实际				四、基建借款		四、应收生产单位投资借款	
								五、上级拨入借款		五、拨付所需投资借款	
建设起止时间	设计	从　年　月开工至　年　月　竣工									
	实际	从　年　月开工至　年　月　竣工						六、企业债券资本			
建设成本	项目		概算（元）	实际（元）				七、待冲基建支出		六、器材	
										七、货币资金	
	建安工程							八、应付款		八、预付及应收款	
								九、未交款			
	设备、工具、器具待摊投资							十、上级拨入资金		九、有价证券	
								十二、留成收入		十、固定资产	
	合计							合计		合计	

第三节　竣工阶段的合同管理

一、合同约定方式结算

我国从1984年以来改革了建筑业与基本建设管理体制，推行招标投标工程承包制。按照承包合同规定的工程结算方式的不同，工程概算又可分为固定总价合同结算、计量定价合同结算、单价合同结算、成本加酬金合同结算以及统包合同结算五类，具体如下：

（一）固定总价合同结算

固定总价合同结算，是指以投资估算、设计图纸和工程书为依据计算和确定的工程总造价。此类合同也是按工程总造价一次包死的承包合同。其工程概结算是编制的设计总结算或单价工程综合结算。工程总造价的精确程度，取决于设计图纸和工程说明书的精细程度。因此，国外在采取固定总价合同承包方式时，常常是实行设计、施工总承包的办法，即将一个建设项目从规定、设计、施工到竣工后的生产服务总结算实行一揽子总承包。这样做不仅有利于推进科学技术的进步和改进建设项目管理，有利于设计、采购、施工间的协调，而且还能降低建设成本，创出最佳作品。但当总承包单位经营思想不端正、承包能力薄弱，或建设监理不力，则具有项目投资增加的风险。

（二）计量定价合同结算

计量定价合同结预算，是以合同规定的工程量清单和单价项目表为基础，来计算和确定工程预算造价，此种结算编制的关键在于正确地确定每个分项工程的单价。这种定价方式风险较小，是国际工程施工承包中较为普遍的方式。

（三）单价合同结算

所谓单价合同是根据工程项目的分项单价进行招标、投标时所签订的合同。其结算造价的确定方法，是确定分部分项工程的单价，再根据以后给出的施工图纸计算工程量，集合已规定的单价计算和确定工程造价。显然，这种承包方式往往是设计、施工同时发包，施工承包商是在无图纸的条件下先报单价。这种单价，可以由投标单位按照招标单位提出的分项工程逐项开列，也可由招标单位提出，再由中标单位认可，或经双方协调修订后作正式报价单价。单价可固定不变，也可商定允许在实物工程量完成时随工资和材料价格指数的变化进行合理的调整。调整方法应在合同中明文规定。

（四）成本加酬金合同结算

成本加酬金合同结算，是指按合同规定的直接成本（人工、材料和机械台班费等），加上双方商定的总管理费用和计划利润来确定工程结算总造价。这种合同承包方式，同样是适用于没有提出施工图纸的情况下，或是在遭受毁灭性灾害或战争破坏后亟待修复的工程项目中。此种概预算方式还可细分为成本加固定百分数，成本加固酬金，成本加浮动酬金和目标成本加奖罚酬金四种方式。

（五）统包合同结算

统包合同结算，是按照合同规定从项目可行性研究开始，直到交付使用和维修服务全过程的工程总造价。这种统包合同承包方式，每进行一个程序都要签订合同，并规定出应付中标单位的报酬金额。一般只能采用阶段性的成本加酬金的结算方式。

二、竣工验收

工程验收是合同履行中的一个重要工作阶段，工程未经竣工验收或竣工验收未通过的，发包人不得使用。发包人强行使用时，由此发生的质量问题及其他问题，由发包人承担责任。竣工验收分为分项工程竣工验收和整体工程竣工验收两大类，视施工合同约定的工作范围而定。

（一）竣工验收的条件

依据施工合同范本通用条款和法规的规定，竣工工程必须符合下列基本要求：

（1）完成工程设计和合同约定的各项内容。

（2）施工单位在工程完工后对工程质量进行了检查，确认工程质量符合有关工程建设强制性标准，符合设计文件及合同要求，并提出工程竣工报告。工程竣工报告应经项目经理和施工单位有关负责人审核签字。

（3）对于委托监理的工程项目，监理单位对工程进行了质量评价，具有完整的监理资料，并提出工程质量评价报告。工程质量评价报告应经总监理工程师和监理单位有关负责人审核签字。

（4）勘察、设计单位对勘察、设计文件及施工过程中由设计单位签署的设计变更通知书进行了确认。

（5）有完整的技术档案和施工管理资料。

（6）有工程使用的主要建筑材料、建筑构配件和设备合格证及必要的进场试验报告。

（7）有施工单位签署的工程质量保修书。

（8）有公安消防、环保等部门出具的认可文件或准许使用文件。

（9）建设行政主管部门及其委托的工程质量监督机构等有关部门责令整改的问题全部整改完毕。

（二）竣工验收程序

工程具备竣工验收条件，发包人按国家工程竣工验收有关规定组织验收工作。

1. 承包人申请验收

工程具备竣工验收条件，承包人向发包人申请工程竣工验收，递交竣工验收报告并提供完整的竣工资料。实行监理的工程，工程竣工报告必须经总监理工程师签署意见。

2. 发包人组织验收组

对符合竣工验收要求的工程，发包人收到工程竣工报告后 28 天内，组织勘察、设计、施工、监理、质量监督机构和其他有关方面的专家组成验收组，制订验收方案。

3. 验收步骤

由发包人组织工程竣工验收。验收过程主要包括：

（1）发包人、承包人、勘察、设计、监理单位分别向验收组汇报工程合同履约情况和在工程建设各个环节执行法律、法规和工程建设强制性标准的情况。

（2）验收组审阅建设、勘察、设计、施工、监理单位提供的工程档案资料。

（3）查验工程实体质量。

（4）验收组通过查验后，对工程施工、设备安装质量和各管理环节等方面做出总体评价，形成工程竣工验收意见（包括基本合格对不符合规定部分的整改意见）。参与工程竣工验收的发包人、承包人、勘察、设计、施工、监理等各方不能形成一致意见时，应报当地建设行政主管部门或监督机构进行协调，待意见一致后，重新组织工程竣工验收。

4. 验收后的管理

（1）发包人在验收后 14 天内给予认可或提出修改意见。竣工验收合格的工程移交给发包人运行使用，承包人不再承担工程保管责任。需要修改缺陷的部分，承包人应按要求进行修改，并承担由自身原因造成修改的费用。

（2）发包人收到承包人送交的竣工验收报告后 28 天内不组织验收，或验收后 14 天内不提出修改意见，视为竣工验收报告已被认可。同时，从第 29 天起，发包人承担工程保管及一切意外责任。

（3）因特殊原因，发包人要求部分单位工程或工程部位甩项竣工的，双方另行签订甩项竣工协议，明确双方责任和工程价款的支付方法。

中间竣工工程的范围和竣工时间，由双方在专用条款内约定，其验收程序与上述规定相同。

（三）竣工时间的确定

工程竣工验收通过，承包人送交竣工验收报告的日期为实际竣工日期。工程按发包人要求修改后通过竣工验收的，实际竣工日期为承包人修改后提请发包人验收的日期。这个日期的重要作用是用于计算承包人的实际施工期限，与合同约定的工期比较是提前竣工还是延误竣工。

合同约定的工期指协议书中写明的时间与施工过程中遇到合同约定可以顺延工期条件情况后，经过工程师确认应给予承包人顺延工期之和。

承包人的实际施工期限，从开工日起到上述确认为竣工日期之间的日历天数。开工日正常情况下为专用条款内约定的日期，也可能是由于发包人或承包人要求延期开工，经工程师确认的日期。

三、工程保修

承包人应当在工程竣工验收之前，与发包人签订质量保修书，作为合同附件。质量保修书的主要内容包括工程质量保修范围和内容；质量保修期；质量保修责任；保修费用和其他约定5部分：

（一）工程质量保修范围和内容

双方按照工程的性质和特点，具体约定保修的相关内容。房屋建筑工程的保修范围包括：地基基础工程、主体结构工程，屋面防水工程、有防水要求的卫生间和外墙面的防渗漏，供热与供冷系统，电气管线、给排水管道、设备安装和装修工程，以及双方约定的其他项目。

（二）质量保修期

保修期从竣工验收合格之日起计算。当事人双方应针对不同的工程部位，在保修书内约定具体的保修年限。当事人协商约定的保修期限，不得低于法规规定的标准。国务院颁布的《建设工程质量管理条例》明确规定，在正常使用条件下的最低保修期限为：

（1）基础设施工程、房屋建筑的地基基础工程和主体工程，为设计文件规定的该工程的合理使用年限。

（2）屋面防水工程、有防水要求的卫生间、房间和外墙面的防渗漏，为5年。

（3）供热与供冷系统，为2个采暖期、供冷期。

（4）电气管线、给排水管道、设备安装和装修工程，为2年。

（三）质量保修责任

（1）属于保修范围、内容的项目，承包人应在接到发包人的保修通知起7天内派人保修。承包人不在约定期限内派人保修，发包人可以委托其他人修理。

（2）发生紧急抢修事故时，承包人接到通知后应当立即到达事故现场抢修。

（3）涉及结构安全的质量问题，应当按照《房屋建筑工程质量保修办法》的规定，立即向当地建设行政主管部门报告，采取相应的安全防范措施。由原设计单位或具有相应资质等级的设计单位提出保修方案，承包人实施保修。

（4）质量保修完成后，由发包人组织验收。

（四）保修费用

《建设工程质量管理条例》颁布后，由于保修期限较长，为了维护承包人的合法利益，竣工结算时不再扣留质量保修金。保修费用，由造成质量缺陷的责任方承担。

四、竣工结算的违约责任

（一）发包人的违约责任

（1）发包人收到竣工结算报告及结算资料后 28 天内无正当理由不支付工程竣工结算价款，从第 29 天起按承包人同期向银行贷款利率支付拖欠工程价款的利息，并承担违约责任。

（2）发包人收到竣工结算报告及结算资料后 28 天内不支付工程竣工结算价款，承包人可以催告发包人支付结算价款。发包人在收到竣工结算报告及结算资料后 56 天内仍不支付，承包人可以与发包人协议将该工程折价，也可以由承包人申请人民法院将该工程依法拍卖，承包人就该工程折价或者拍卖的价款优先受偿。

（二）承包人的违约责任

工程竣工验收报告经发包人认可后 28 天内，承包人未能向发包人递交竣工结算报告及完整的结算资料，造成工程竣工结算不能正常进行或工程竣工结算价款不能及时支付时，如果发包人要求交付工程，承包人应当交付；发包人不要求交付工程，承包人仍应承担保管责任。

第六章　附录
房屋建筑与装饰工程工程量计算规范

学习目的：

本章通过对楼地面工程，墙、柱面工程，天棚工程，门窗工程，油漆、涂料、裱糊工程以及其他工程工程量计算规则和相关数据的学习和了解，旨在掌握和提高工程的实际施工计算法则。使学习者能够清楚各项工程的工程内容和项目特征，依据不同的建筑装饰工程，合理的计算出工程量清单，从而用于工程量清单计价，确保最终工程量清单计价的科学性和准确性，更好地运用于建设工程和招投标等工作中。

学习要点：

本章学习要点是楼地面工程，墙、柱面工程，天棚工程，门窗工程，油漆、涂料、裱糊工程，其他工程的计算规则，以及各工程的项目特征、施工工艺和程序、工程内容。

此附录《房屋建筑与装饰工程工程量计算规范》，GB 50854—2013，主编部门为中华人民共和国住房和城乡建设部，批准部门为中华人民共和国住房和城乡建设部，实施日期为 2013 年 7 月 1 日。凡 2013 年 7 月 1 日之后的装饰工程工程量计算规范按此规范执行，之前 2008 年计算规范作废。

注：

1. 2008 年规范中装饰装修工程分部分项工程代码进行了调整和变动，将之前楼地面工程（B·1）；墙、柱面工程（B·2）；门窗工程（B·3）；油漆、涂料、裱糊工程（B·4）；门窗工程（B·5）；其他工程（B·6）等代码和内容调整。

2. 房屋建筑与装饰工程涉及电气、给排水、消防等安装工程的项目，按照现行国家标准《通用安装工程工程量计算规范》GB 50586 的相应项目执行；涉及仿古建筑工程的项目，按照现行国家标准《仿古建筑工程工程量计算规范》GB 50855 的相应项目执行；涉及室外地（路）面、室外给排水等工程的项目，按照现行国家标准《市政工程工程量计算规范》GB 50857 的相应项目执行；涉及爆破法施工的石方工程项目，按照现行国家标准《爆破工程工程量计算规范》GB 50862 的相应项目执行。

附录A　土石方工程（详见《房屋建筑与装饰工程工程量计算规范》，GB 50854—2013）

A.1 土方工程

A.2 石方工程

A.3 回填

附录B　地基处理与边坡支护工程（详见《房屋建筑与装饰工程工程量计算规范》，GB 50854—2013）

B.1 地基处理

B.2 基坑与边坡支护

附录C 桩基工程（详见《房屋建筑与装饰工程工程量计算规范》，GB 50854—2013）

  C.1 打桩

  C.2 灌注桩

附录D 砌筑工程（详见《房屋建筑与装饰工程工程量计算规范》，GB 50854—2013）

  D.1 砖砌体

  D.2 砌块砌体

  D.3 石砌体

  D.4 垫层

  D.5 相关问题及说明

附录E 混凝土及钢筋混凝土工程（详见《房屋建筑与装饰工程工程量计算规范》，GB 50854—2013）

  E.1 现浇混凝土基础

  E.2 现浇混凝土柱

  E.3 现浇混凝土梁

  E.4 现浇混凝土墙

  E.5 现浇混凝土板

  E.6 现浇混凝土楼梯

  E.7 现浇混凝土其他构件

  E.8 后浇带

  E.9 预制混凝土柱

  E.10 预制混凝土梁

  E.11 预制混凝土屋架

  E.12 预制混凝土板

  E.13 预制混凝土楼梯

  E.14 其他建筑构件

  E.15 钢筋工程

  E.16 螺栓、铁件

  E.17 相关问题及说明

附录F 金属结构工程（详见《房屋建筑与装饰工程工程量计算规范》，GB 50854—2013）

  F.1 钢网架

  F.2 钢屋架、钢托架、钢桁架、钢架桥

  F.3 钢柱

  F.4 钢梁

  F.5 钢板楼板、墙板

  F.6 钢构件

  F.7 金属制品

  F.8 相关问题及说明

附录G 木结构工程（详见《房屋建筑与装饰工程工程量计算规范》，GB 50854—2013）

  G.1 木屋架

G. 2 木构件

G. 3 屋面木基层

以上具体详细内容均参照《房屋建筑与装饰工程工程量计算规范》，GB 50854—2013，按此规范执行。

附录H 门窗工程（详见《房屋建筑与装饰工程工程量计算规范》，GB 50854—2013）

H. 1 木门

H. 2 金属门

H. 3 金属卷帘（闸）门

H. 4 厂库房大门、特种门

H. 5 其他门

H. 6 木窗

H. 7 金属窗

H. 8 门窗套

H. 9 窗台板

H. 10 窗帘、窗帘盒、轨

附录J 屋面及防水工程（详见《房屋建筑与装饰工程工程量计算规范》，GB 50854—2013）

J. 1 瓦、型材及其他屋面

J. 2 屋面防水及其他

J. 3 墙面防水、防潮

J. 4 楼（地）面防水、防潮

附录K 保温、隔热、防腐工程（详见《房屋建筑与装饰工程工程量计算规范》，GB 50854—2013）

K. 1 保温、隔热

K. 2 防腐面层

K. 3 其他防腐

附录L 楼地面装饰工程（详见《房屋建筑与装饰工程工程量计算规范》，GB 50854—2013）

L. 1 整体面层及找平层

L. 2 块料面层

L. 3 橡塑面层

L. 4 其他材料面层

L. 5 踢脚线

L. 6 楼梯面层

L. 7 台阶装饰

L. 8 零星装饰项目

附录M 墙、柱面装饰与隔断、幕墙工程（详见《房屋建筑与装饰工程工程量计算规范》，GB 50854—2013）

M. 1 墙面抹灰

M.2 柱（梁）面抹灰

M.3 零星抹灰

M.4 墙面块料面层

M.5 柱（梁）面镶贴块料

M.6 镶贴零星块料

M.7 墙饰面

M.8 柱（梁）饰面

M.9 幕墙工程

M.10 隔断

附录N 天棚工程（详见《房屋建筑与装饰工程工程量计算规范》，GB 50854—2013）

N.1 天棚抹灰

N.2 天棚吊顶

N.3 采光天棚

N.4 天棚其他装饰

附录P 油漆、涂料、裱糊工程（详见《房屋建筑与装饰工程工程量计算规范》，GB 50854—2013）

P.1 门油漆

P.2 窗油漆

P.3 木扶手及其他板条、线条油漆

P.4 木板材油漆

P.5 金属面油漆

P.6 抹灰面油漆

P.7 喷刷涂料

P.8 裱糊

附录Q 其他装饰工程（详见《房屋建筑与装饰工程工程量计算规范》，GB 50854—2013）

Q.1 柜类、货架

Q.2 压条、装饰线

Q.3 扶手、栏杆、栏板装饰

Q.4 暖气罩

Q.5 浴厕配件

Q.6 雨篷、旗杆

Q.7 招牌、灯箱

Q.8 美术字

附录R 拆除工程（详见《房屋建筑与装饰工程工程量计算规范》，GB 50854—2013）

R.1 砖砌体拆除

R.2 混凝土及钢筋混凝土构件拆除

R.3 木构件拆除

R.4 抹灰层拆除

R.5 块料面层拆除

R.6 龙骨及饰面拆除

R.7 屋面拆除

R.8 铲除油漆涂料裱糊面

R.9 栏杆栏板、轻质隔断隔墙拆除

R.10 门窗拆除

R.11 金属构件拆除

R.12 管道及卫生洁具拆除

R.13 灯具、玻璃拆除

R.14 其他构件拆除

R.15 开孔（打洞）

附录S 措施项目（详见《房屋建筑与装饰工程工程量计算规范》，GB 50854—2013)

S.1 脚手架工程

S.2 混凝土模板及支架（撑）

S.3 垂直运输

S.4 超高施工增加

S.5 大型机械设备进出场及安拆

S.6 施工排水、降水

S.7 安全文明施工及其他措施项目

本规范用词说明

引用标准名录

附：条文说明

建筑装饰工程主要涉及规范中的门窗工程、楼地面装饰工程、墙、柱面装饰与隔断、幕墙工程、天棚工程、油漆、涂料、裱糊工程、其他装饰工程、拆除工程、脚手架工程，现进行详述，按《房屋建筑与装饰工程量计算规范 GB 50854—2013》执行。

一、概况

包括整体面层、块料面层、其他材料面层、踢脚线、楼梯装饰、台阶装饰、零星装饰等项目。适用于楼地面、楼梯、台阶等装饰工程。

二、有关项目的说明

（一）零星装饰适用于小面积（0.5m² 以内）少量分散的楼地面装饰，其工程部位或名称应在清单项目中进行描述。

（二）楼梯、台阶侧面装饰，可按零星装饰项目编码列项，并在清单项目中进行描述。

（三）扶手、栏杆、栏板适用于楼梯、阳台、走廊、回廊及其他装饰性扶手栏杆、栏板。

三、有关项目特征说明

（一）楼地面是指构成的基层（楼板、夯实土基）、垫层（承受地面荷载并均匀传递给基层的构造层）、填充层（在建筑楼地面上起隔音、保温、找坡或敷设暗管、暗线等作用的构造层）、隔离层（起防水、防潮作用的构造层）、找平层（在垫层、楼板上或填充层上起找平层、找坡或加强作用的构造层）、结合层（面层与下层相结合的中间层）、面层（直接承受各种荷载作用的表面层）等。

（二）垫层是指混凝土垫层、砂石人工级配垫层、天然级配砂石垫层、灰、土垫层、碎石、碎砖垫层、三合土垫层、炉渣垫层等材料垫层。

（三）找平层是指水泥砂浆找平层，有比较特殊要求的可采用细石混凝土、沥青砂浆、沥青混凝土找平层等材料铺设。

（四）隔离层是指卷材、防水砂浆、沥青砂浆或防水涂料等隔离层。

（五）填充层是指轻质的松散（炉渣、膨胀蛭石、膨胀珍珠岩等）或块体材料（加气混凝土、泡沫混凝土、泡沫塑料、矿棉、膨胀珍珠岩、膨胀蛭石块和板材等）以及整体材料（沥青膨胀珍珠岩、沥青膨胀蛭石、水泥膨胀珍珠岩、膨胀蛭石等）填充层。

（六）面层是指整体面层（水泥砂浆、现浇水磨石、细石混凝土、菱苦土等面层）、块料面层（石材、陶瓷地砖、橡胶、塑料、竹、木地板）等面层。

（七）面层中其他材料

1. 防护材料是耐酸、耐碱、耐臭氧、耐老化、防火、防油渗等材料。

2. 嵌条材料是用于水墨是的分格、做图案等的嵌条，如：玻璃嵌条、铜嵌条、铝合金嵌条、不锈钢嵌条等。

3. 压线条是指地毯、橡胶板、橡胶卷材铺设的压线条，如铝合金、不锈钢、铜压线条等。

4. 颜色是用于水磨石地面、踢脚线、楼梯、台阶和块料面层勾缝所需配置石子浆或砂浆内添加的颜料（耐碱的矿物颜料）。

5. 防滑条是用于楼梯、台阶踏步的防滑设施，如：水泥玻璃屑、水泥钢屑、铜、铁防滑条等。

6. 地毡固定配件是用于固定地毡的压棍角和压棍。

7. 扶手固定配件是用于楼梯、台阶的栏杆柱、栏杆、栏板、与扶手相连的固定件；靠墙扶手与墙相连的固定件。

8. 酸洗、打蜡磨光，磨石、菱苦土、陶瓷块料等，均可用酸洗（草酸）清洗油渍、污渍，然后打蜡（腊脂、松香水、鱼油、煤油等按设计要求配合）和磨光。

四、工程量计算规则

楼地面工程量计算规则，见表 L−1−1～L−1−9。

五、工程量计算规则的说明

（一）"不扣除间壁墙和面积在 $0.3m^2$ 以内的柱、垛、附墙烟囱及孔洞所占面积"，与《基础定额》不同。

（二）单跑楼梯不论其中是否有休息平台，其工程量与双跑楼梯同样计算。

（三）楼梯面层与平台面层是同一种材料时，平台计算名称后，台阶不再计算最上一层踏步面积；如台阶计算最上一层踏步（加 30cm），平台面层中心必须扣除该面积。

（四）包括垫层的地面和不包括垫层地面应分别计算工程量，分别编码列项。

六、有关工程内容说明

（一）有填充层和隔离层的楼地面往往有二层找平层，应注意报价
（二）当台阶面层与平台面层

第一节 附录 L 楼地面工程

L.1 整体面层及找平层

整体面层及找平层工程量清单项目的设置、项目特征描述的内容、计量单位及工程量计算规则应按照表 L.1 的规定执行。

表 L.1 整体面层及找平层（编码：011101）

项目编码	项目名称	项目特征	计量单位	工程量计算规则	工程内容
011101001	水泥砂浆楼地面	1. 找平层厚度、砂浆配合比 2. 素水泥浆遍数 3. 面层厚度、砂浆配合比 4. 面层做法要求	2	按设计图示尺寸以面积计算。扣除凸出地面建筑物、设备基础、室内铁道、地沟等所占面积，不扣除间壁墙及 ≤ 0.3m² 柱、垛、附墙烟囱及孔洞所占面积。门洞、空圈、暖气包槽、壁龛的开口部分不增加面积	1. 基层清理 2. 抹找平层 3. 抹面层 4. 材料运输
011101002	现浇水磨石楼地面	1. 找平层厚度、砂浆配合比 2. 面层厚度、水泥石子浆配合比 3. 嵌条材料种类、规格 4. 石子种类、规格、颜色 5. 颜料种类、颜色 6. 图案要求 7. 磨光、酸洗、打蜡要求			1. 基层清理 2. 抹找平层 3. 面层铺设 4. 嵌缝条安装 5. 磨光、酸洗、打蜡 6. 材料运输
011101003	细石混凝土楼地面	1. 找平层厚度、砂浆配合比 2. 面层厚度、混凝土强度等级			1. 基层清理 2. 抹找平层 3. 面层铺设 4. 材料运输
011101004	菱苦土楼地面	1. 找平层厚度、砂浆配合比 2. 面层厚度 3. 打蜡要求			1. 基层清理 2. 抹找平层 3. 面层铺设 4. 打蜡 5. 材料运输

续表

项目编码	项目名称	项目特征	计量单位	工程量计算规则	工程内容
011101005	自流坪地面	1. 找平层砂浆配合比、厚度 2. 界面剂材料种类 3. 中层漆材料种类、厚度 4. 面漆材料种类、厚度 5. 面层材料种类	2	按设计图示尺寸以面积计算。扣除凸出地面构筑物、设备基础、室内铁道、地沟等所占面积，不扣除间壁墙和0.3m²以内的柱、垛、附墙烟囱及孔洞所占面积。门洞、空圈、暖气包槽、壁龛的开口部分不增加面积	1. 基层处理 2. 抹找平层 3. 涂界面剂 4. 涂刷中层漆 5. 打磨、吸尘 6. 镘自流平面漆（浆） 7. 拌合自流平浆料 8. 铺面层
011101006	平面砂浆找平层	找平层砂浆配合比、厚度	m²	按设计图纸尺寸以面积计算	1. 基层清理 2. 抹找平层 3 材料运输

注：1. 水泥砂浆面层处理是拉毛还是提浆压光应在面层做法要求中描述。

2. 平面砂浆找平层只适用于仅做找平层的平面抹灰。

3. 间壁墙指墙厚≤120mm 的墙。

4. 楼地面混凝土垫层另按附录 E.1 垫层项目编码列项，除混凝土外的其他材料垫层按本规范表 D.4 垫层 项目编码列项。

L.2　块料面层

块料面层工程量清单项目的设置，项目特征描述的内容、计量单位及工程量计算规则应按表 L.2 的规定执行。

表 L.2　块料面层（编码：011102）

项目编码	项目名称	项目特征	计量单位	工程量计算规则	工程内容
011102001	石材楼地面	1. 找平层厚度、砂浆配合比 2. 结合层厚度、砂浆配合比 3. 面层材料品种、规格、颜色 4. 嵌缝材料种类 5. 防护层材料种类 6. 酸洗、打蜡要求	m²	按设计图示尺寸以面积计算。门洞、空圈、暖气包槽、壁龛的开口部分并入相应的工程量内。	1. 基层清理 2. 抹找平层 3. 面层铺设、磨边 4. 嵌缝 5. 刷防护材料 6. 酸洗、打蜡 7. 材料运输
011102002	碎石材楼地面				
011102003	块料楼地面				

注：1 在描述碎石材项目的面层材料特征时可不用描述规格、品牌、颜色。

2 石材、块料与粘接材料的结合面刷防渗材料的种类在防护层材料种类中描述。

3 上表工作内容中的磨边指施工现场磨边，后面章节工作内容中涉及的磨边含义同此条。

L.3 橡塑面层

橡塑面层工程量清单项目设置、项目特征描述的内容、计量单位及工程量计算规则应按表 L.3 的规定执行。

L.3 橡塑面层（编码：011103）

项目编码	项目名称	项目特征	计量单位	工程量计算规则	工程内容
011103001	橡胶板楼地面	1. 黏结层厚度、材料种类 2. 面层材料品种、规格、颜色 3. 压线条种类 +	m²	按设计图示尺寸以面积计算。门洞、空圈、暖气包槽、壁龛的开口部分并入相应的工程量内	1. 基层清理 2. 面层铺贴 3. 压缝条装钉 4. 材料运输
011103002	橡胶板卷材楼地面				
011103003	塑料板楼地面				
011103004	塑料卷材楼地面				

注：本表项目中如涉及找平层，另按本附录表 L.1 找平层项目编码列项。

L.4 其他材料面层

其他材料面层工程量项目的设置、项目特征描述的内容、计量单位及工程量计算规则应按照表 L.4 的规定执行。

表 L.4 其他材料面层（编码：011104）

项目编码	项目名称	项目特征	计量单位	工程量计算规则	工程内容
011104001	地毯楼地面	1. 面层材料品种、规格、颜色 2. 防护材料种类 3. 黏结材料种类 4. 压线条种类	m²	按设计图示尺寸以面积计算。门洞、空圈、暖气包槽、壁龛的开口部分并入相应的工程量内	1. 基层清理 2. 铺贴面层 3. 刷防护材料 4. 装钉压条 5. 材料运输
011104002	竹木地板	1. 龙骨材料种类、规格、铺设间距 2. 基层材料种类、规格 3. 面层材料品种、规格、颜色 4. 防护材料种类			1. 基层清理 2. 龙骨铺设 3. 基层铺设 4. 面层铺贴 5. 刷防护材料 6. 材料运输
011104003	金属复合地板				
011104004	防静电活动地板	1. 支架高度、材料种类 2. 面层材料品种、规格、颜色 3. 防护材料种类			1. 基层清理 2. 固定支架安装 3. 活动面层安装 4. 刷防护材料 5. 材料运输

L.5 踢脚线

踢脚线工程量清单项目的设置、项目特征描述的内容、计量单位及工程量计算规则应按照表 L.5 的规定执行。

表 L.5 踢脚线（编码：011105）

项目编码	项目名称	项目特征	计量单位	工程量计算规则	工程内容
011105001	水泥砂浆踢脚线	1. 踢脚线高度 2. 底层厚度、砂浆配合比 3. 面层厚度、砂浆配合比	1. m² 2. m	1. 以平方米计量，按设计图示长度乘高度以面积计算 2. 以米计量，按延长米计算	1. 基层清理 2. 底层和面层抹灰 3. 材料运输
011105002	石材踢脚线	1. 踢脚线高度 2. 粘贴层厚度、材料种类 3. 面层材料品种、规格、颜色 4. 防护材料种类			1. 基层清理 2. 底层抹灰 3. 面层铺贴、磨边 4. 擦缝 5. 磨光、酸洗、打蜡 6. 刷防护材料 7. 材料运输
011105003	块料踢脚线				
011105004	塑料板踢脚线	1. 踢脚线高度 2. 黏结层厚度、材料种类 3. 面层材料种类、规格、颜色			1. 基层清理 2. 基层铺贴 3. 面层铺贴 4. 材料运输
011105005	木质踢脚线	1. 踢脚线高度 2. 基层材料种类、规格 3. 面层材料品种、规格、颜色			
011105006	金属踢脚线				
011105007	防静电踢脚线				

注：石材、块料与粘接材料的结合面刷防渗材料的种类在防护层材料种类中描述。

L.6 楼梯面层

楼梯面积工程量清单项目的设置、项目特征描述的内容、计量单位及工程量计算规则应按表 L.6 的规定执行。

表 L.6 楼梯面层（编码：011106）

项目编码	项目名称	项目特征	计量单位	工程量计算规则	工程内容
011106001	石材楼梯面层	1. 找平层厚度、砂浆配合比 2. 贴结层厚度、材料种类 3. 面层材料品种、规格、颜色 4. 防滑条材料种类、规格 5. 勾缝材料种类 6. 防护层材料种类 7. 酸洗、打蜡要求	m²	按设计图示尺寸以楼梯（包括踏步、休息平台及 ≤ 500mm 的楼梯井）水平投影面积计算。楼梯与楼地面相连时，算至梯口梁内侧边沿；无梯口梁者，算至最上一层踏步边沿加300mm	1. 基层清理 2. 抹找平层 3. 面层铺贴、磨边 4. 贴嵌防滑条 5. 勾缝 6. 刷防护材料 7. 酸洗、打蜡 8. 材料运输
011106002	块料楼梯面层				
011106003	拼碎块料面层				
011106004	水泥砂浆楼梯面层	1. 找平层厚度、砂浆配合比 2. 面层厚度、砂浆配合比 3. 防滑条材料种类、规格			1. 基层清理 2. 抹找平层 3. 抹面层 4. 抹防滑条 5. 材料运输
011106005	现浇水磨石楼梯面层	1. 找平层厚度、砂浆配合比 2. 面层厚度、水泥石子浆配合比 3. 防滑条材料种类、规格 4. 石子种类、规格、颜色 5. 颜料种类、颜色 6. 磨光、酸洗打蜡要求			1. 基层清理 2. 抹找平层 3. 抹面层 4. 贴嵌防滑条 5. 磨光、酸洗、打蜡 6. 材料运输
011106006	地毯楼梯面层	1. 基层种类 2. 面层材料品种、规格、颜色 3. 防护材料种类 4. 黏结材料种类 5. 固定配件材料种类、规格			1. 基层清理 2. 铺贴面层 3. 固定配件安装 4. 刷防护材料 5. 材料运输

续表

项目编码	项目名称	项目特征	计量单位	工程量计算规则	工程内容
011106007	木板楼梯面层	1. 基层材料种类、规格 2. 面层材料品种、规格、颜色 3. 黏结材料种类 4. 防护材料种类	m²	按设计图示尺寸以楼梯（包括踏步、休息平台及≤500mm的楼梯井）水平投影面积计算。楼梯与楼地面相连时，算至梯口梁内侧边沿；无梯口梁者，算至最上一层踏步边沿加300mm	1. 基层清理 2. 基层铺贴 3. 面层铺贴 4. 刷防护材料 5. 材料运输
011106008	橡胶板楼梯面层	1. 黏结层厚度、材料种类 2. 面层材料品种、规格、颜色 3. 压线条种类			1. 基层清理 2. 面层铺贴 3. 压缝条装钉 4. 材料运输
011106009	塑料板楼梯面层				

注：1. 在描述碎石材项目的面层材料特征时可不用描述规格、品牌、颜色。

　　2. 石材、块料与粘接材料的结合面刷防渗材料的种类在防护层材料种类中描述。

L.7　台阶装饰

台阶装饰工程量清单项目的设置、项目特征描述的内容、计量单位及工程量计算规则应按表 L.7 的规定执行。

表 L.7　台阶装饰（编码：011107）

项目编码	项目名称	项目特征	计量单位	工程量计算规则	工程内容
011107001	石材台阶面	1. 找平层厚度、砂浆配合比 2. 黏结层材料种类 3. 面层材料品种、规格、颜色 4. 勾缝材料种类 5. 防滑条材料种类、规格 6. 防护材料种类	m²	按设计图示尺寸以台阶（包括最上层踏步边沿加300mm）水平投影面积计算	1. 基层清理 2. 抹找平层 3. 面层铺贴 4. 贴嵌防滑条 5. 勾缝 6. 刷防护材料 7. 材料运输
011107002	块料台阶面				
011107003	拼碎块料台阶面				
011107004	水泥砂浆台阶面	1. 找平层厚度、砂浆配合比 2. 面层厚度、砂浆配合比 3. 防滑条材料种类			1. 基层清理 2. 抹找平层 3. 抹面层 4. 抹防滑条 5. 材料运输

续表

项目编码	项目名称	项目特征	计量单位	工程量计算规则	工程内容
011107005	现浇水磨石台阶面	1. 找平层厚度、砂浆配合比 2. 面层厚度、水泥石子浆配合比 3. 防滑条材料种类、规格 4. 石子种类、规格、颜色 5. 颜料种类、颜色 6. 磨光、酸洗、打蜡要求	m²	按设计图示尺寸以台阶（包括最上层踏步边沿加300mm）水平投影面积计算	1. 垫层材料种类、厚度 2. 找平层厚度、砂浆配合比 3. 面层厚度、砂浆配合比 4. 剁假石要求
011107006	剁假石台阶面	1. 清理基层 2. 抹找平层 3. 抹面层 4. 贴嵌防滑条 5. 打磨、酸洗、打蜡 6. 材料运输			1. 清理基层 2. 抹找平层 3. 抹面层 4. 剁假石 5. 材料运输

注：1 在描述碎石材项目的面层材料特征时可不用描述规格、品牌、颜色。
2 石材、块料与粘接材料的结合面刷防渗材料的种类在防护层材料种类中描述。

L.8 零星装饰项目

零星装饰项目工程量清单项目的设置、项目特征描述的内容、计量单位及工程量计算规则应按表 L.8 的规定执行。

表 L.8 零星装饰项目（编码：011108）

项目编码	项目名称	项目特征	计量单位	工程量计算规则	工程内容
011108001	石材零星项目	1. 工程部位 2. 找平层厚度、砂浆配合比 3. 贴结合层厚度、材料种类 4. 面层材料品种、规格、颜色 5. 勾缝材料种类 6. 防护材料种类 7. 酸洗、打蜡要求	m²	按设计图示尺寸以面积计算	1. 清理基层 2. 抹找平层 3. 面层铺贴、磨边 4. 勾缝 5. 刷防护材料 6. 酸洗、打蜡 7. 材料运输
011108002	拼碎石材零星项目				
011108003	块料零星项目				

续表

项目编码	项目名称	项目特征	计量单位	工程量计算规则	工程内容
011108004	水泥砂浆零星项目	1. 工程部位 2. 找平层厚度、砂浆配合比 3. 面层厚度、砂浆厚度	m²	按设计图示尺寸以面积计算	1. 清理基层 2. 抹找平层 3. 抹面层 4. 材料运输

注：1. 楼梯、台阶牵边和侧面镶贴块料面层，≤0.5m² 的少量分散的楼地面镶贴块料面层，应按本表执行。

2 石材、块料与粘接材料的结合面刷防渗材料的种类在防护层材料种类中描述。

第二节　附录 M　墙、柱面工程

一、概况

包括墙面抹灰、柱面抹灰、零星抹灰、墙面镶贴块料、零星镶贴块料，墙饰面、柱（梁）饰面、隔断、幕墙等工程。适用于一般抹灰、装饰抹灰工程。

二、有关项目说明

（一）一般抹灰包括：石灰砂浆、水泥混合砂浆、水泥砂浆、聚合物水泥砂浆、膨胀珍珠岩水泥砂浆和麻刀灰、纸筋石灰、石灰膏等。

（二）装饰抹灰包括：水刷石、水磨石、斩假石（剁斧石）、干粘石、假面砖、拉条灰、拉毛灰、甩毛灰、扒拉石、喷毛灰、喷涂、喷砂、滚涂、弹涂等。

（三）柱面抹灰项目、石材柱面项目、块料柱面项目适用于矩形柱、异形柱（包括圆形柱、半圆形柱等）。

（四）零星抹灰和零星镶贴块料面层项目适用于面积 0.5m² 以内少量分散的抹灰和块料面层。

（五）设置在隔断、幕墙上的门窗，可以包括在隔断、幕墙项目报价内，也可以单独编码列项，并在清单项目中进行描述。

（六）主墙的界定以"建筑工程工程量清单项目及计算规则"解释为准。

三、有关项目特征说明

（一）墙体类型指砖墙、石墙、混凝土墙、砌块墙以及内墙、外墙等。

（二）底层、面层的厚度应根据设计规定（一般采用标准设计图）确定。

（三）勾缝类型指清水砖墙、砖柱的加浆勾缝（平缝或凹缝），石墙、石柱的勾缝（如：平缝、屏凹缝、平凸缝、半圆凹缝、半圆凸缝和三角凸缝等）。

（四）块料饰面板是指石材饰面板（天然花岗岩、大理石、人造花岗岩、人造大理石、预制水磨石饰面板），陶瓷面砖（内墙彩釉面瓷砖、外墙面砖、陶瓷锦砖、大型陶瓷锦砖面板等），玻璃面砖（玻璃锦砖、玻璃面砖等），金属饰面板（彩色涂色钢板、彩色不锈钢板、镜面不锈钢饰面板、铝合金板、复合铝板、塑铝板等），塑料饰面板（聚氯乙烯塑料饰面板、玻璃钢饰面板、塑料贴面饰面板、聚酯装饰板、覆塑中密度纤维板等），木质饰面板（胶合板、硬质纤维板、细木工板、刨花板、建筑纸面草板、水泥木屑板、灰板条等）。

（五）挂贴方式是对大规格的石材（大理石、花岗岩、青石等）使用先挂后灌浆的方式固定于墙、柱面。

（六）干挂方式是指直接干挂法，是通过不锈钢膨胀螺栓、不锈钢挂件、不锈钢连接件、不锈钢钢针等将外墙饰面板连接在外墙墙面；间接干挂法，是指通过固定在墙、柱、梁上的龙骨，再通过各种挂件固定在外墙饰面板。

（七）嵌缝材料是指嵌缝砂浆、嵌缝油膏、密封胶水材料等。

（八）防护材料指石材等防碱背涂处理和面层防酸涂济等。

（九）基层材料是指面层内的底板材料，如：木墙裙、木护墙、木隔板墙等，在龙骨上，粘贴或铺钉一层加强面层的底板。

四、工程量计算规则

墙、柱面工程量计算规则，见表 M－2－1～M－2－10。

五、有关工程量计算说明

（一）墙面抹灰不扣除与构件交接处的面积，是指墙与梁的交接处所占面积，不包括墙与楼板的交接。

（二）外墙裙抹灰面积，按期长度乘以高度计算，长度是指外墙群的长度。

（三）柱的一般抹灰和装饰抹灰及勾缝，以柱断面周长乘以高度计算，柱断面周长是指结构断面周长。

（四）装饰板柱（梁）面按设计图示外围饰面尺寸乘以高度（长度）以面积计算。外围饰面尺寸是饰面的表面尺寸。

（五）带肋全玻璃幕墙是指玻璃幕墙带玻璃肋，玻璃肋的工程量应合并在玻璃幕墙工程量内计算。

六、有关工程内容说明

（一）"抹灰层"是指一般抹灰或普通抹灰（一层底层和一层面层或不分层一遍成活），中级抹灰（一层底层、一层中层和一层面层或一层底层、一层面层），高级抹灰（一层底层、数层中层和一层面层）的面层。

"抹灰装饰"是指装饰抹灰（抹底灰、涂刷107胶溶液、刮或刷水泥浆液、抹中层、抹装饰面层）的面层。

附录 M　墙、柱面装饰与隔断、幕墙工程

墙面抹灰工程量清单项目的设置、项目特征描述的内容、计量单位、工程量计算规则应按表 M.1 的规定执行。

表 M.1　墙面抹灰（编码：011201）

项目编码	项目名称	项目特征	计量单位	工程量计算规则	工程内容
011201001	墙面一般抹灰	1. 墙体类型 2. 底层厚度、砂浆配合比 3. 面层厚度、砂浆配合比 4. 装饰面材料种类 5. 分格缝宽度、材料种类	m²	按设计图示尺寸以面积计算。扣除墙裙、门窗洞口及单个 >0.3m² 的孔洞面积，不扣除踢脚线、挂镜线和墙与构件交接处的面积，门窗洞口和孔洞的侧壁及顶面不增加面积。附墙柱、梁、垛、烟囱侧壁并入相应的墙面面积内 1. 外墙抹灰面积按外墙垂直投影面积计算	1. 基层清理 2. 砂浆制作、运输 3. 底层抹灰 4. 抹面层 5. 抹装饰面 6. 勾分格缝
011201002	墙面装饰抹灰				
011201003	墙面勾缝	1. 勾缝类型 2. 勾缝材料种类		2. 外墙裙抹灰面积按其长度乘以高度计算 3. 内墙抹灰面积按主墙间的净长乘以高度计算 （1）无墙裙的，高度按室内楼地面至天棚底面计算 （2）有墙裙的，高度按墙裙顶至天棚底面计算 （3）有吊顶天棚抹灰，高度算至天棚底 4. 内墙裙抹灰面按内墙净长乘以高度计算	1. 基层清理 2. 砂浆制作、运输 3. 勾缝
011201004	立面砂浆找平层	1. 基层类型 2. 找平层砂浆厚度、配合比			1. 基层清理 2. 砂浆制作、运输 3. 抹灰找平

注：1. 立面砂浆找平项目适用于仅做找平层的立面抹灰。

2. 墙面抹石灰砂浆、水泥砂浆、混合砂浆、聚合物水泥砂浆、麻刀石灰浆、石膏灰浆等按墙面一般抹灰列项，墙面水刷石、斩假石、干粘石、假面砖等按墙面装饰抹灰列项。

3. 飘窗凸出外墙面增加的抹灰并入外墙工程量内。

4. 有吊顶天棚的内墙面抹灰，抹至吊顶以上部分在综合单价中考虑。

M.2 柱（梁）面抹灰

柱（梁）面抹灰工程量清单项目的设置、项目特征描述的内容、计量单位及工程量计算规则应按表 M.2 的规定执行。

表 M.2 柱（梁）面抹灰（编码：011202）

项目编码	项目名称	项目特征	计量单位	工程量计算规则	工程内容
011202001	柱、梁面一般抹灰	1. 柱体类型 2. 底层厚度、砂浆配合比 3. 面层厚度、砂浆配合比 4. 装饰面材料种类 5. 分格缝宽度、材料种类	m²	1. 柱面抹灰：按设计图示柱断面周长乘高度以面积计算 2. 梁面抹灰：按设计图示梁断面周长乘长度以面积计算	1. 基层清理 2. 砂浆制作、运输 3. 底层抹灰 4. 抹面层 5. 勾分格缝
011202002	柱、梁面装饰抹灰				
011202003	柱、梁面砂浆找平	1. 柱（梁）体类型 2. 找平的砂浆厚度、配合比			1. 基层清理 2. 砂浆制作、运输 3. 抹灰找平
011202004	柱面勾缝	1. 勾缝类型 2. 勾缝材料种类		按设计图示柱断面周长乘高度以面积计算	1. 基层清理 2. 砂浆制作、运输 3. 勾缝

注：1 砂浆找平项目适用于仅做找平层的柱（梁）面抹灰。

2 柱（梁）面抹石灰砂浆、水泥砂浆、混合砂浆、聚合物水泥砂浆、麻刀石灰浆、石膏灰浆等按本表中柱（梁）面一般抹灰编码列项，水刷石、斩假石、干粘石、假面砖等按本表中柱（梁）面装饰抹灰编码列项。

M.3 零星抹灰

零星抹灰工程量清单项目的设置、项目特征描述的内容、计量单位、工程量计算规则应按表 M.3 的规定执行。

表 M.3　零星抹灰（编码：011203）

项目编码	项目名称	项目特征	计量单位	工程量计算规则	工程内容
011203001	零星项目一般抹灰	1. 基层类型 、部位 2. 底层厚度、砂浆配合比 3. 面层厚度、砂浆配合比	m²	按设计图示尺寸以面积计算	1. 基层清理 2. 砂浆制作、运输 3. 底层抹灰 4. 抹面层 5. 抹装饰面 6. 勾分格缝
011203002	零星项目装饰抹灰	4. 装饰面材料种类 5. 分格缝宽度、材料种类			
011203003	零星项目砂浆找平	1. 基层类型 2. 找平的砂浆厚度、配合比			1. 基层清理 2. 砂浆制作、运输 3. 抹灰找平

注：1 零星项目抹石灰砂浆、水泥砂浆、混合砂浆、聚合物水泥砂浆、麻刀石灰浆、石膏灰浆等按零星项目一般抹灰编码列项，水刷石、斩假石、干粘石、假面砖等按本表中零星项目装饰抹灰编码列项。

　　2. 墙、柱（梁）面≤0.5m² 的少量分散的抹灰按本表中零星抹灰项目编码列项。

M.4　墙面块料面层

　　墙面块料面层工程量清单项目的设置、项目特征描述的内容、计量单位及工程量计算规则应按表 M.4 执行。

表 M.4　墙面块料面层（编码：011204）

项目编码	项目名称	项目特征	计量单位	工程量计算规则	工程内容
011204001	石材墙面	1. 墙体类型 2. 安装方式 3. 面层材料品种、规格、颜色 4. 缝宽、嵌缝材料种类 5. 防护材料种类 6. 磨光、酸洗、打蜡要求	m²	按镶贴表面积计算	1. 基层清理 2. 砂浆制作、运输 3. 黏结层铺贴 4. 面层安装 5. 嵌缝 6. 刷防护材料 7. 磨光、酸洗、打蜡
011204002	拼碎石材墙面				
011204003	块料墙面				
011204004	干挂石材钢骨架	1. 骨架种类、规格 2. 防锈漆品种遍数	t	按设计图示以质量计算	1. 骨架制作、运输、安装 2. 刷漆

注：1 在描述碎块项目的面层材料特征时可不用描述规格、品牌、颜色。

　　2. 石材、块料与粘接材料的结合面刷防渗材料的种类在防护层材料种类中描述。

　　3. 安装方式可描述为砂浆或粘接剂粘贴、挂贴、干挂等，不论哪种安装方式，都要详细描述与组价相关的内容。

M.5 柱（梁）面镶贴块料

柱（梁）面镶贴块料：工程量清单项目的设置、项目特征描述的内容、计量单位、工程量计算规则应按表 M.5 执行。

表 M.5 柱（梁）面镶贴块料（编码：011205）

项目编码	项目名称	项目特征	计量单位	工程量计算规则	工程内容
011205001	石材柱面	1. 柱截面类型、尺寸 2. 安装方式 3. 面层材料品种、规格、颜色 4. 缝宽、嵌缝材料种类 5. 防护材料种类 6. 磨光、酸洗、打蜡要求	m²	按镶贴表面积计算	1. 基层清理 2. 砂浆制作、运输 3. 黏结层铺贴 4. 面层安装 5. 嵌缝 6. 刷防护材料 7. 磨光、酸洗、打蜡
011205002	块料柱面				
011205003	拼碎块柱面				
011205004	石材梁面	1. 安装方式 2. 面层材料品种、规格、颜色 3. 缝宽、嵌缝材料种类 4. 防护材料种类 5. 磨光、酸洗、打蜡要求			
011205005	块料梁面				

注：1. 在描述碎块项目的面层材料特征时可不用描述规格、品牌、颜色。

2. 石材、块料与粘接材料的结合面刷防渗材料的种类在防护层材料种类中描述。

3. 柱梁面干挂石材的钢骨架按表 M.4 相应项目编码列项。

M.6 镶贴零星块料

镶贴零星块料工程量清单项目的设置、项目特征描述的内容、计量单位、工程量计算规则应按表 M.6 的规定执行。

表 M.6 镶贴零星块料（编码：011206）

项目编码	项目名称	项目特征	计量单位	工程量计算规则	工程内容
011206001	石材零星项目	1. 基层类型、部位 2. 安装方式 3. 面层材料品种、规格、颜色 4. 缝宽、嵌缝材料种类 5. 防护材料种类 6. 磨光、酸洗、打蜡要求	m²	按镶贴表面积计算	1. 基层清理 2. 砂浆制作、运输 3. 面层安装 4. 嵌缝 5. 刷防护材料 6. 磨光、酸洗、打蜡
011206002	块料零星项目				
011206003	拼碎块零星项目				

注：1 在描述碎块项目的面层材料特征时可不用描述规格、品牌、颜色。

2 石材、块料与粘接材料的结合面刷防渗材料的种类在防护层材料种类中描述。

3 零星项目干挂石材的钢骨架按本附表 M.4 相应项目编码列项。

4. 墙柱面≤0.5m² 的少量分散的镶贴块料面层应按本表中零星项目执行。

M.7 墙饰面

墙饰面：工程量清单项目的设置、项目特征描述的内容、计量单位、工程量计算规则应按表 M.7 执行。

表 M.7 墙饰面（编码：011207）

项目编码	项目名称	项目特征	计量单位	工程量计算规则	工程内容
011207001	墙面装饰板	1. 龙骨材料种类、规格、中距 2. 隔离层材料种类、规格 3. 基层材料种类、规格 4. 面层材料品种、规格、颜色 5. 压条材料种类、规格	m²	按设计图示墙净长乘净高以面积计算。扣除门窗洞口及单个 >0.3 m² 的孔洞所占面积	1. 基层清理 2. 龙骨制作、运输、安装 3. 钉隔离层 4. 基层铺钉 5. 面层铺贴
011207002	墙面装饰浮雕	1. 基层类型 2. 浮雕材料种类 3. 浮雕样式		按设计图示尺寸以面积计算	1. 基层清理 2. 材料制作、运输 3. 安装成型

M.8 柱（梁）饰面

柱（梁）饰面：工程量清单项目的设置、项目特征描述的内容、计量单位、工程量计算规则应按表 M.8 执行。

表 M.8 柱（梁）饰面（编码：011208）

项目编码	项目名称	项目特征	计量单位	工程量计算规则	工程内容
011208001	柱（梁）面装饰	1. 龙骨材料种类、规格、中距 2. 隔离层材料种类 3. 基层材料种类、规格 4. 面层材料品种、规格、颜色 5. 压条材料种类、规格	m²	按设计图示饰面外围尺寸以面积计算。柱帽、柱墩并入相应柱饰面工程量内	1. 清理基层 2. 龙骨制作、运输、安装 3. 钉隔离层 4. 基层铺钉 5. 面层铺贴
011208002	成品装饰柱	1. 柱截面、高度尺寸 2. 柱材质	1. 根 2. m	1. 以根计量，按设计数量计算 2. 以米计量，按设计长度计算	柱运输、固定、安装

M.9 幕墙工程

幕墙工程工程量清单项目的设置、项目特征描述的内容、计量单位、工程量计算规则应按表 M.9 执行。

表 M.9 幕墙工程（编码：011209）

项目编码	项目名称	项目特征	计量单位	工程量计算规则	工程内容
011209001	带骨架幕墙	1. 骨架材料种类、规格、中距 2. 面层材料品种、规格、颜色 3. 面层固定方式 4. 隔离带、框边封闭材料品种、规格 5. 嵌缝、塞口材料种类	m²	按设计图示框外围尺寸以面积计算。与幕墙同种材质的窗所占面积不扣除	1. 骨架制作、运输、安装 2. 面层安装 3. 隔离带、框边封闭 4. 嵌缝、塞口 5. 清洗
011209002	全玻（无框玻璃）幕墙	1. 玻璃品种、规格、颜色 2. 黏结塞口材料种类 3. 固定方式			1. 幕墙安装 2. 嵌缝、塞口 3. 清洗

注：幕墙钢骨架按本附录表 M.4 干挂石材钢骨架编码列项。

M.10 隔断

隔断：工程量清单项目的设置、项目特征描述的内容、计量单位、工程量计算规则应按表 M.10 的规定执行。

表 M.10 隔断（编码：011210）

项目编码	项目名称	项目特征	计量单位	工程量计算规则	工程内容
011210001	木隔断	1. 骨架、边框材料种类、规格 2. 隔板材料品种、规格、颜色 3. 嵌缝、塞口材料品种 4. 压条材料种类	m^2	按设计图示框外围尺寸以面积计算。不扣除单个 ≤ 0.3m^2 的孔洞所占面积；浴厕门的材质与隔断相同时，门的面积并入隔断面积内	1. 骨架及边框制作、运输、安装 2. 隔板制作、运输、安装 3. 嵌缝、塞口 4. 装钉压条
011210002	金属隔断	1. 骨架、边框材料种类、规格 2. 隔板材料品种、规格、颜色 3. 嵌缝、塞口材料品种			1. 骨架及边框制作、运输、安装 2. 隔板制作、运输、安装 3. 嵌缝、塞口
011210003	玻璃隔断	1. 边框材料种类、规格 2. 玻璃品种、规格、颜色 3. 嵌缝、塞口材料品种		按设计图示框外围尺寸以面积计算。不扣除单个≤0.3m^2 的孔洞所占面积	1. 边框制作、运输、安装 2. 玻璃制作、运输、安装 3. 嵌缝、塞口
011210004	塑料隔断	1. 边框材料种类、规格 2. 隔板材料品种、规格、颜色 3. 嵌缝、塞口材料品种			1. 骨架及边框制作、运输、安装 2. 隔板制作、运输、安装 3. 嵌缝、塞口
011210005	成品隔断	1. 隔断材料品种、规格、颜色 2. 配件品种、规格	1. m^2 2. 间	1. 按设计图示框外围尺寸以面积计算 2. 按设计间的数量以间计算	1. 隔断运输、安装 2. 嵌缝、塞口

项目编码	项目名称	项目特征	计量单位	工程量计算规则	工程内容
011210006	其他隔断	1. 骨架、边框材料种类、规格 2. 隔板材料品种、规格、颜色 3. 嵌缝、塞口材料品种	m²	按设计图示框外围尺寸以面积计算。不扣除单个≤0.3m²的孔洞所占面积	1. 骨架及边框安装 2. 隔板安装 3. 嵌缝、塞口

第三节　附录 N　天棚工程

一、概况

包括顶棚抹灰、顶棚吊顶、顶棚其他装饰。适用于顶棚装饰。

二、有关项目的说明

（一）顶棚的检查孔、顶棚内的检修走道、灯槽等应包括在报价内。

（二）顶棚吊顶的平面、跌级、锯齿形、阶梯型、吊挂式、藻井式以及矩形、弧形、拱形等应在清单项目中进行描述。

（三）采光顶棚和顶棚设置保温、隔热、吸音层时，按"建筑工程工程量清单项目及计算规则"相关项目编码列项。

三、有关项目特征的说明

（一）"顶棚抹灰"项目基层类型是指混凝土现浇板、预制混凝土板、木板条等。

（二）龙骨类型是指上人或不上人，以及平面、跌级、锯齿形、阶梯形、吊挂式、藻井式以及矩形、弧形、拱形等类型。

（三）基层材料，指底板或面层背后的加强材料。

（四）龙骨中距，指相邻龙骨中线之间的距离。

（五）顶棚面层适用于：石膏板（包括石膏板、纸面石膏板、吸声穿孔石膏板、嵌装式装饰石膏板等）、埃特板、装饰吸声罩面板（包括矿棉装饰吸声板、贴塑矿（岩）棉吸声板、膨胀珍珠岩装饰吸声制品、玻璃棉装饰吸声板等）、塑料装饰罩面板（钙塑泡沫装饰吸声板、聚苯乙烯泡沫塑料装饰吸声板、聚氯乙烯塑料天花板等）、纤维水泥加压板（穿孔吸声石棉水泥板、轻质硅酸钙吊顶板等）、金属装饰板（包括铝合金罩面板、金属微孔吸声板、铝合金单体构件等）、木质饰板（胶合板、薄板、板条、水泥木丝板、刨花板等）、玻璃饰面（包括镜面玻璃、镭射玻璃等）。

（六）栅格吊顶面层适用于木栅格、金属栅格、塑料栅格等。

（七）吊筒吊顶适用于木（竹）质吊筒、金属吊筒、塑料吊筒以及圆形、矩形、扁钟形吊筒等。

（八）灯带格栅有不锈钢格栅、铝合金格栅、玻璃类格栅等。

（九）送风口、回风口适用于金属、塑料、木质风口。

四、工程量计算规则

顶棚面工程量计算规则，见表 N-3-1~N-3-3。

五、有关工程量计算的说明

1. 顶棚抹灰与顶棚吊顶工程量计算规则有所不同：顶棚抹灰不扣除柱垛所占面积；顶棚吊顶不扣除柱垛所占面积，但应扣除独立柱所占面积。柱垛是指与墙体相连的主而突出墙体的部分。

2. 顶棚吊顶应扣除与顶棚吊顶相连的窗帘盒所站的面积。

3. 栅格吊顶、吊筒吊顶、藤条造型悬挂吊顶、织物软吊顶、网架（装饰）吊顶均按设计图示的吊顶尺寸水平投影面积计算。

六、有关工程内容的说明

"抹装饰线条"线角的道数以一个突出的棱角为一道线，应在报价时注意。

N.1 天棚抹灰

天棚抹灰工程量清单项目的设置、项目特征描述的内容、计量单位、工程量计算规则应按表 N.1 执行 。

表 N.1 天棚抹灰 （编码：011301）

项目编码	项目名称	项目特征	计量单位	工程量计算规则	工程内容
011301001	天棚抹灰	1. 基层类型 2. 抹灰厚度、材料种类 3. 砂浆配合比	m²	按设计图示尺寸以水平投影面积计算。不扣除间壁墙、垛、柱、附墙烟囱、检查口和管道所占的面积，带梁天棚、梁两侧抹灰面积并入天棚面积内，板式楼梯底面抹灰按斜面积计算，锯齿形楼梯底板抹灰按展开面积计算	1. 基层清理 2. 底层抹灰 3. 抹面层

N.2 天棚吊顶

天棚吊顶工程量清单项目的设置、项目特征描述的内容、计量单位、工程量计算规则应按表 N.2 的规定执行。

表 N.2 天棚吊顶（编码：011302）

项目编码	项目名称	项目特征	计量单位	工程量计算规则	工程内容
011302001	吊顶天棚	1. 吊顶形式、吊杆规格、高度 2. 龙骨材料种类、规格、中距 3. 基层材料种类、规格 4. 面层材料品种、规格 5. 压条材料种类、规格 6. 嵌缝材料种类 7. 防护材料种类	m²	按设计图示尺寸以水平投影面积计算。天棚面中的灯槽及跌级、锯齿形、吊挂式、藻井式天棚面积不展开计算。不扣除间壁墙、检查口、附墙烟囱、柱垛和管道所占面积，扣除单个 >0.3m² 的孔洞、独立柱及与天棚相连的窗帘盒所占的面积	1. 基层清理、吊杆安装 2. 龙骨安装 3. 基层板铺贴 4. 面层铺贴 5. 嵌缝 6. 刷防护材料
011302002	格栅吊顶	1. 龙骨材料种类、规格、中距 2. 基层材料种类、规格 3. 面层材料品种、规格 4. 防护材料种类			1. 基层清理 3. 安装龙骨 4. 基层板铺贴 5. 面层铺贴 6. 刷防护材料
011302003	吊筒吊顶	1. 吊筒形状、规格 2. 吊筒材料种类 3. 防护材料种类		按设计图示尺寸以水平投影面积计算	1. 基层清理 2. 吊筒制作安装 3. 刷防护材料
011302004	藤条造型悬挂吊顶	1. 骨架材料种类、规格 2. 面层材料品种、规格			1. 基层清理 2. 龙骨安装 3. 铺贴面层
011302005	织物软雕吊顶				
011302006	装饰网架吊顶	网架材料品种、规格			1. 基层清理 2. 网架制作安装

N.3 采光天棚工程

采光天棚工程工程量清单项目的设置、项目特征描述的内容、计量单位、工程量计算规则应按表 N.3 执行。

表 N.3 采光天棚工程（编码：011303）

项目编码	项目名称	项目特征	计量单位	工程量计算规则	工程内容
011303001	采光天棚	1. 骨架类型 2. 固定类型、固定材料品种、规格 3. 面层材料品种、规格 4. 嵌缝、塞口材料种类	m²	按框外围展开面积计算	1. 清理基层 2. 面层制安 3. 嵌缝、塞口 4. 清洗

注：采光天棚骨架不包括在本节中，应单独按本规范附录 F 相关项目编码列项。

N.4 天棚其他装饰

棚其他装饰工程量清单项目的设置、项目特征描述的内容、计量单位、工程量计算规则应按表 N.4 执行 。

表 N.4 天棚其他装饰（编码：011304）

项目编码	项目名称	项目特征	计量单位	工程量计算规则	工程内容
011304001	灯带（槽）	1. 灯带型式、尺寸 2. 格栅片材料品种、规格 3. 安装固定方式	m²	按设计图示尺寸以框外围面积计算	安装、固定
011304002	送风口、回风口	1. 风口材料品种、规格、 2. 安装固定方式 3. 防护材料种类	个	按设计图示数量计算	1. 安装、固定 2. 刷防护材料

第四节　附录 H　门窗工程

一、概况

包括木门、金属门、其他门，木窗、金属窗、门窗套、窗帘盒、窗帘轨、窗台板。适用于门窗工程。

二、有关项目的说明

（一）木门窗五金包括：折页、插锁、风钩、弓背拉手、搭扣、弹簧折页、管子拉手、地弹簧、滑轮、滑轨、门轧头、铁角、木螺丝等。

（二）铝合金门窗五金包括：卡销、滑轮、铰拉、执手、拉把、拉手、风撑、角码、牛角制、地弹簧、门销、门插、门铰等。

（三）其他五金包括：L 形执手锁、球形执手锁、地锁、防盗门扣、门眼、门碰珠、电子锁、（磁卡锁）、闭门器、装饰拉手等。

（四）门窗框与洞口之间缝隙的填塞，应包括在报价内。

（五）实木装饰门项目也适应与竹压板装饰门。

（六）转门项目应适用于电子感应和人力推动转门。

（七）"特殊五金"项目指贵重五金及业主认为应单独列项的五金配件。

三、有关项目特征说明

（一）项目特征中的门窗类型是指带亮子或不带亮子、带纱或不带纱、单扇、双扇或三扇、半百叶或全百叶、半玻或全玻、全玻自由门或半玻自由门、带门框或不带门框、单独门框和开启方式（平开、推拉、折叠）等。

（二）框截面尺寸（或面积）指边立挺截面尺寸或面积。

（三）凡面层材料有品种、规格、品牌、颜色要求的，应在工程量清单中进行描述。

（四）特殊五金名称是指拉手、门锁、窗锁等，用途是指具体使用的门或窗，应在工程量清单中进行描述。

（五）门窗套、贴脸板、筒子板和窗台板项目，包括底层抹灰，如底层抹灰已包括在墙、柱面底层抹灰内，应在工程量清单中进行描述。

四、工程量计算规则

门窗工程量计算规则，见表 H－4－1～H－4－9。

H.1　木门

木门工程量清单项目设置、项目特征描述、计量单位及工程量计算规则应按表 H.1 的规定执行。

表 H.1 木门（编码：010801）

项目编码	项目名称	项目特征	计量单位	工程量计算规则	工程内容
010801001	木质门	1. 门代号及洞口尺寸		1. 以樘计量，按设计图示数量计算	1. 门安装 2. 玻璃安装
010801002	木质门带套	1. 门代号及洞口尺寸 2. 镶嵌玻璃品种、厚度	1. 樘 2. m²	1. 以樘计量，按设计图示数量计算 2. 以平方米计量，按设计图示洞口尺寸以面积计算	1. 门安装 2. 玻璃安装 3. 五金安装
010801003	木质连窗门				
010801004	木质防火门	1. 门代号及洞口尺寸 2. 镶嵌玻璃品种、厚度			
010801005	木门框	1. 门代号及洞口尺寸 2. 框截面尺寸 3. 防护材料种类			1. 木门框制作、安装 2. 运输 3. 刷防护材料
010801006	门锁安装	1. 锁品种 2. 锁规格	个（套）	按设计图示数量计算	安装

注：1. 木质门应区分镶板木门、企口木板门、实木装饰门、胶合板门、夹板装饰门、木纱门、全玻门（带木质扇框）、木质半玻门（带木质扇框）等项目，分别编码列项。

2. 木门五金应包括：折页、插销、门碰珠、弓背拉手、搭机、木螺丝、弹簧折页（自动门）、管子拉手（自由门、地弹门）、地弹簧（地弹门）、角铁、门轧头（地弹门、自由门）等。

3. 木质门带套计量按洞口尺寸以面积计算，不包括门套的面积，但门套应计算在综合单价中。

4. 以樘计量，项目特征必须描述洞口尺寸，以平方米计量，项目特征可不描述洞口尺寸。

5. 单独制作安装木门框按木门框项目编码列项。

H.2 金属门

金属门工程量清单项目设置、项目特征描述、计量单位及工程量计算规则应按表 H.2 的规定执行。

表 H.2　金属门（编码：010802）

项目编码	项目名称	项目特征	计量单位	工程量计算规则	工程内容
010802001	金属（塑钢）门	1. 门代号及洞口尺寸 2. 门框或扇外围尺寸 3. 门框、扇材质 4. 玻璃品种、厚度	1. 樘 2. m²	1. 以樘计量，按设计图示数量计算 2. 以平方米计量，按设计图示洞口尺寸以面积计算	1. 门安装 2. 五金安装 3. 玻璃安装
010802002	彩板门	1. 门代号及洞口尺寸 2. 门框或扇外围尺寸			
010802003	钢质防火门	1. 门代号及洞口尺寸 2. 门框或扇外围尺寸 3. 门框、扇材质			
010702004	防盗门	1. 门代号及洞口尺寸 2. 门框或扇外围尺寸 3. 门框、扇材质			1. 门安装 2. 五金安装

注：1. 金属门应区分金属平开门、金属推拉门、金属地弹门、全玻门（带金属扇框）、金属半玻门（带扇框）等项目，分别编码列项。

2. 铝合金门五金包括：地弹簧、门锁、拉手、门插、门铰、螺丝等。

3. 金属门五金包括 L 形执手插锁（双舌）、执手锁（单舌）、门轨头、地锁、防盗门机、门眼（猫眼）、门碰珠、电子锁（磁卡锁）、闭门器、装饰拉手等。

4. 以樘计量，项目特征必须描述洞口尺寸，没有洞口尺寸必须描述门框或扇外围尺寸，以平方米计量，项目特征可不描述洞口尺寸及框、扇的外围尺寸。

5. 以平方米计量，无设计图示洞口尺寸，按门框、扇外围以面积计算。

H.3　金属卷帘（闸）门

金属卷帘（闸）门工程量清单项目设置、项目特征描述、计量单位及工程量计算规则应按表 H.3 的规定执行。

表 H.3　金属卷帘（闸）门（编码：010803）

项目编码	项目名称	项目特征	计量单位	工程量计算规则	工程内容
010803001	金属卷帘（闸）门	1. 门代号及洞口尺寸 2. 门材质 3. 启动装置品种、规格	1. 樘 2. m²	1. 以樘计量，按设计图示数量计算 2. 以平方米计量，按设计图示洞口尺寸以面积计算	1. 门运输、安装 2. 启动装置、活动小门、五金安装
010803002	防火卷帘（闸）门	1. 门代号及洞口尺寸 2. 门材质 3. 启动装置品种、规格			

注：以樘计量，项目特征必须描述洞口尺寸，以平方米计量，项目特征可不描述洞口尺寸。

H.4　厂库房大门、特种门

厂库房大门、特种门工程量清单项目设置、项目特征描述、计量单位及工程量计算规则应按表 H.4 的规定执行。

表 H.4　厂库房大门、特种门（编码：010804）

项目编码	项目名称	项目特征	计量单位	工程量计算规则	工程内容
010804001	木板大门	1. 门代号及洞口尺寸 2. 门框或扇外围尺寸 3. 门框、扇材质 4. 五金种类、规格 5. 防护材料种类	1. 樘 2. m²	1. 以樘计量，按设计图示数量计算 2. 以平方米计量，按设计图示洞口尺寸以面积计算	1. 门（骨架）制作、运输 2. 门、五金配件安装 3. 刷防护材料
010804002	钢木大门				
010804003	全钢板大门			1. 以樘计量，按设计图示数量计算 2. 以平方米计量，按设计图示门框或扇以面积计算	
010804004	防护铁丝门				
010804005	金属格栅门	1. 门代号及洞口尺寸 2. 门框或扇外围尺寸 3. 门框、扇材质 4. 启动装置的品种、规格		1. 以樘计量，按设计图示数量计算 2. 以平方米计量，按设计图示洞口尺寸以面积计算	1. 门安装 2. 启动装置、五金配件安装

项目编码	项目名称	项目特征	计量单位	工程量计算规则	工程内容
010804006	钢质花饰大门	1. 门代号及洞口尺寸 2. 门框或扇外围尺寸 3. 门框、扇材质	1. 樘 2. m²	1. 以樘计量，按设计图示数量计算 2. 以平方米计量，按设计图示门框或扇以面积计算	1. 门安装 2. 五金配件安装
010804007	特种门			1. 以樘计量，按设计图示数量计算 2. 以平方米计量，按设计图示洞口尺寸以面积计算	

注：1. 特种门应区分冷藏门、冷冻间门、保温门、变电室门、隔音门、防射电门、人防门、金库门等项目，分别编码列项。

2. 以樘计量，项目特征必须描述洞口尺寸，没有洞口尺寸必须描述门框或扇外围尺寸，以平方米计量，项目特征可不描述洞口尺寸及框、扇的外围尺寸。

3. 以平方米计量，无设计图示洞口尺寸，按门框、扇外围以面积计算。

H. 5　其他门

其他门工程量清单项目设置、项目特征描述、计量单位及工程量计算规则应按表 H. 5 的规定执行。

表 H. 5　其他门（编码：010805）

项目编码	项目名称	项目特征	计量单位	工程量计算规则	工程内容
010805001	电子感应门	1. 门代号及洞口尺寸 2. 门框或扇外围尺寸 3. 门框、扇材质 4. 玻璃品种、厚度 5. 启动装置的品种、规格 6. 电子配件品种、规格	1. 樘 2. m²	1. 以樘计量，按设计图示数量计算 2. 以平方米计量，按设计图示洞口尺寸以面积计算	1. 门安装 2. 启动装置、五金、电子配件安装
010805002	旋转门				

续表

项目编码	项目名称	项目特征	计量单位	工程量计算规则	工程内容
010805003	电子对讲门	1. 门代号及洞口尺寸 2. 门框或扇外围尺寸 3. 门材质	1. 樘 2. m²	1. 以樘计量，按设计图示数量计算 2. 以平方米计量，按设计图示洞口尺寸以面积计算	1. 门安装 2. 启动装置、五金、电子配件安装
010805004	电动伸缩门	4. 玻璃品种、厚度 5. 启动装置的品种、规格 6. 电子配件品种、规格			
010805005	全玻自由门	1. 门代号及洞口尺寸 2. 门框或扇外围尺寸 3. 框材 4. 玻璃品种、厚度			
010805006	镜面不锈钢饰面门	1. 门代号及洞口尺寸 2. 门框或扇外围尺寸 3. 框、扇材质 4. 玻璃品种、厚度			1. 门安装 2. 五金安装
010805007	复合材料门				

注：1. 以樘计量，项目特征必须描述洞口尺寸，没有洞口尺寸必须描述门框或扇外围尺寸，以平方米计量，项目特征可不描述洞口尺寸及框、扇的外围尺寸。

2. 以平方米计量，无设计图示洞口尺寸，按门框、扇外围以面积计算。

H.6　木窗

木窗工程量清单项目设置、项目特征描述、计量单位及工程量计算规则应按表 H.6 的规定执行。

表 H.6　木窗（编码：010806）

项目编码	项目名称	项目特征	计量单位	工程量计算规则	工程内容
010806001	木质窗	1. 窗代号及洞口尺寸 2. 玻璃品种、厚度	1. 樘 2. m²	1. 以樘计量，按设计图示数量计算 2. 以平方米计量，按设计图示洞口尺寸以面积计算	1. 窗安装 2. 五金、玻璃安装
010806002	木飘（凸）窗			1. 以樘计量，按设计图示数量计算 2. 以平方米计量，按设计图示尺寸以框外围展开面积计算	1. 窗制作、运输、安装 2. 五金、玻璃安装 3. 刷防护材料
010806003	木橱窗	1. 窗代号 2. 框截面及外围展开面积 3. 玻璃品种、厚度 4. 防护材料种类			1. 窗安装 2. 五金安装
010806004	木纱窗	1. 窗代号及洞口尺寸 2. 玻璃材料品种、规格		1. 以樘计量，按设计图示数量计算 2. 以平方米计量，按框吊顶外围尺寸以面积计算	

注：1. 木质窗应区分木百叶窗、木组合窗、木天窗、木固定窗、木装饰空花窗等项目，分别编码列项。

2. 以樘计量，项目特征必须描述洞口尺寸，没有洞口尺寸必须描述窗框外围尺寸，以平方米计量，项目特征可不描述洞口尺寸及框的外围尺寸。

3. 以平方米计量，无设计图示洞口尺寸，按窗框外围以面积计算。

4. 木橱窗、木飘（凸）窗以樘计量，项目特征必须描述框截面及外围展开面积。

5. 木窗五金包括：折页、插销、风钩、木螺丝、滑楞滑轨（推拉窗）等。

H.7　金属窗

金属窗工程量清单项目设置、项目特征描述、计量单位及工程量计算规则应按表 H.7 的规定执行。

表 H.7　金属窗（编码：010807）

项目编码	项目名称	项目特征	计量单位	工程量计算规则	工程内容
010807001	金属（塑钢、断桥）窗	1. 窗代号及洞口尺寸 2. 框、扇材质 3. 玻璃品种、厚度	1. 樘 2. m²	1. 以樘计量，按设计图示数量计算 2. 以平方米计量，按设计图示洞口尺寸以面积计算	1. 窗安装 2. 五金、玻璃安装
010807002	金属防火窗				
010807003	金属百叶窗				
010807004	金属纱窗	1. 窗代号及洞口尺寸 2. 框材质 3. 窗纱材料品种、规格			1. 窗安装 2. 五金安装
010807005	金属格栅窗	1. 窗代号及洞口尺寸 2. 框外围尺寸 3. 框、扇材质			
010807006	金属（塑钢、断桥）橱窗	1. 窗代号 2. 框外围展开面积 3. 框、扇材质 4. 玻璃品种、厚度 5. 防护材料种类		1. 以樘计量，按设计图示数量计算 2. 以平方米计量，按设计图示尺寸以框外围展开面积计算	1. 窗制作、运输、安装 2. 五金、玻璃安装 3. 刷防护材料
010807007	金属（塑钢、断桥）飘（凸）窗	1. 窗代号 2. 框外围展开面积 3. 框、扇材质 4. 玻璃品种、厚度			1. 窗安装 2. 五金、玻璃安装
010807008	彩板窗	1. 窗代号及洞口尺寸 2. 框外围尺寸 3. 框、扇材质 4. 玻璃品种、厚度		1. 以樘计量，按设计图示数量计算 2. 以平方米计量，按设计图示洞口尺寸或框外围以面积计算	

续表

项目编码	项目名称	项目特征	计量单位	工程量计算规则	工程内容
010807009	复合材料窗	1. 窗代号及洞口尺寸 2. 框外围尺寸 3. 框、扇材质 4. 玻璃品种、厚度	1. 樘 2. m²	1. 以樘计量，按设计图示数量计算 2. 以平方米计量，按设计图示洞口尺寸或框外围以面积计算	1. 窗安装 2. 五金、玻璃安装

注：1. 金属窗应区分金属组合窗、防盗窗等项目，分别编码列项。

2. 以樘计量，项目特征必须描述洞口尺寸，没有洞口尺寸必须描述窗框外围尺寸，以平方米计量，项目特征可不描述洞口尺寸及框的外围尺寸。

3. 以平方米计量，无设计图示洞口尺寸，按窗框外围以面积计算。

4. 金属橱窗、飘（凸）窗以樘计量，项目特征必须描述框外围展开面积。

5. 金属窗中铝合金窗五金应包括：卡锁、滑轮、铰拉、执手、拉把、拉手、风撑、角码、牛角制等。

H. 8　门窗套

门窗套工程量清单项目设置、项目特征描述、计量单位及工程量计算规则应按表 H. 8 的规定执行。

表 H. 8　门窗套（编码：010808）

项目编码	项目名称	项目特征	计量单位	工程量计算规则	工程内容
010808001	木门窗套	1. 窗代号及洞口尺寸 2. 门窗套展开宽度 3. 基层材料种类 4. 面层材料品种、规格 5. 线条品种、规格 6. 防护材料种类	1. 樘 2. m² 3. m	1. 以樘计量，按设计图示数量计算 2. 以平方米计量，按设计图示尺寸以展开面积计算 3. 以米计量，按设计图示中心以延长米计算	1. 清理基层 2. 立筋制作、安装 3. 基层板安装 4. 面层铺贴 5. 线条安装 6. 刷防护材料
010808002	木筒子板	1. 筒子板宽度 2. 基层材料种类 3. 面层材料品种、规格 4. 线条品种、规格 5. 防护材料种类			
010808003	饰面夹板筒子板				

续表

项目编码	项目名称	项目特征	计量单位	工程量计算规则	工程内容
010808004	金属门窗套	1. 窗代号及洞口尺寸 2. 门窗套展开宽度 3. 基层材料种类 4. 面层材料品种、规格 5. 防护材料种类	1. 樘 2. m² 3. m	1. 以樘计量，按设计图示数量计算 2. 以平方米计量，按设计图示尺寸以展开面积计算 3. 以米计量，按设计图示中心以延长米计算	1. 清理基层 2. 立筋制作、安装 3. 基层板安装 4. 面层铺贴 5. 刷防护材料
010808005	石材门窗套	1. 窗代号及洞口尺寸 2. 门窗套展开宽度 3. 底层厚度、砂浆配合比 4. 面层材料品种、规格 5. 线条品种、规格		1. 以樘计量，按设计图示数量计算 2. 以平方米计量，按设计图示尺寸以展开面积计算 3. 以米计量，按设计图示中心以延长米计算	1. 清理基层 2. 立筋制作、安装 3. 基层抹灰 4. 面层铺贴 5. 线条安装
010808006	门窗木贴脸	1. 门窗代号及洞口尺寸 2. 贴脸板宽度 5. 防护材料种类		1. 以樘计量，按设计图示数量计算 2. 以米计量，按设计图示尺寸以延长米计算	安装
010808007	成品木门窗套	1. 窗代号及洞口尺寸 2. 门窗套展开宽度 3. 门窗套材料品种、规格	1. 樘 2. m² 3. m	1. 以樘计量，按设计图示数量计算 2. 以平方米计量，按设计图示尺寸以展开面积计算 3. 以米计量，按设计图示中心以延长米计算	1. 清理基层 2. 立筋制作、安装 3. 板安装

注：1. 以樘计量，项目特征必须描述洞口尺寸、门窗套展开宽度。

2. 以平方米计量，项目特征可不描述洞口尺寸、门窗套展开宽度。

3. 以米计量，项目特征必须描述门窗套展开宽度、筒子板及贴脸宽度。

4. 木门窗套适用于单独门窗套的制作、安装。

H.9　窗台板

窗台板工程量清单项目设置、项目特征描述、计量单位及工程量计算规则应按表 H. 9 的规定执行。

表 H. 9　窗台板（编码：010809）

项目编码	项目名称	项目特征	计量单位	工程量计算规则	工程内容
010809001	木窗台板	1. 基层材料种类 2. 窗台面板材质、规格、颜色 3. 防护材料种类	m^2	按设计图示尺寸以展开面积计算	1. 基层清理 2. 基层制作、安装 3. 窗台板制作、安装 4. 刷防护材料
010809002	铝塑窗台板				
010809003	金属窗台板				
010809004	石材窗台板	1. 黏结层厚度、砂浆配合比 2. 窗台板材质、规格、颜色			1. 基层清理 2. 抹找平层 3. 窗台板制作、安装

H.10　窗帘、窗帘盒、轨

窗帘、窗帘盒、轨工程量清单项目设置、项目特征描述、计量单位及工程量计算规则应按表 H. 10 的规定执行。

表 H. 10　窗帘、窗帘盒、轨（编码：010810）

项目编码	项目名称	项目特征	计量单位	工程量计算规则	工程内容
010810001	窗帘（杆）	1. 窗帘材质 2. 窗帘高度、宽度 3. 窗帘层数 4. 带幔要求	1. m 2. m^2	1. 以米计量，按设计图示尺寸以长度计算 2. 以平方米计量，按图示尺寸以展开面积计算	1. 制作、运输 2. 安装
010810002	木窗帘盒	1. 窗帘盒材质、规格 2. 防护材料种类	m	按设计图示尺寸以长度计算	1. 制作、运输、安装 2. 刷防护材料
010810003	饰面夹板、塑料窗帘盒				
010810004	铝合金窗帘盒				
010810005	窗帘轨	1. 窗帘轨材质、规格 2. 轨的数量 3. 防护材料种类			

注：1. 窗帘若是双层，项目特征必须描述每层材质。
　　2. 窗帘以米计量，项目特征必须描述窗帘高度和宽。

其他相关问题应按下列规定处理：

1. 玻璃、百叶面积占其门扇面积一半以内者应为半玻门或半百叶门，超过一半时应为全玻门或全百叶门。

2. 木门五金应包括：折页、插销、风钩、弓背拉手、搭扣、木螺丝、弹簧折页（自动门）、管子拉手（自由门、地弹门）、地弹簧（地弹门）、角铁、门轧头（自由门、地弹门）等。

3. 木窗五金应包括：折页、插销、风钩、木螺丝、滑轮滑轨（推拉窗）。

4. 铝合金窗五金包括：卡锁、滑轮、铰拉、执手、拉把、拉手、风撑、角码、牛角制等。

5. 铝合门五金应包括：地弹簧、门锁、拉手、门插、门铰、螺丝等。

6. 其他门五金应包括 L 形执手插锁（双舌）、球形执手锁（单舌）、门轧头、地锁、防盗门扣、门眼（猫眼）、门碰珠、电子销（磁卡削）、闭门器、装饰拉手等。

五、有关工程量计算

（一）门窗工程量均以"樘"计算，如遇框架结构的连续长窗也以"樘"计算，但对连续长窗的扇数和洞数尺寸应在工程量清单中进行描述。

（二）门窗套、门窗贴脸、筒子板"以展开面积计算"即指按其铺钉面积计算。

（三）窗帘盒、窗台板，如为弧形时，其长度以中心线计算。

六、有关工程内容的说明

（一）木门窗的制作应考虑木材的干燥损耗、抛光损耗、下料后备长度、门窗走头增加的体积等。

（二）防护材料分防火、防腐、防潮、耐磨、耐老化等材料，应根据清单项目要求报价。

第五节　附录 P　油漆、涂料、裱糊工程

一、概况

包括门油漆、窗油漆、扶手、板条面、线条面、木材面油漆、抹灰面油漆、喷刷涂料、裱糊等。适用于门窗油漆、金属、抹灰面油漆工程。

二、有关项目的说明

（一）有关项目中一包括油漆、涂料的不再单独按本内容列项。

（二）连门窗可按门油漆项目编码列项。

（三）木扶手区别带托板与不带托板分别编码列项。

三、有关项目特征的说明

（一）门的类型应分镶板门、木板门、胶合板门、装饰实木门、木纱门、木质防火门、连窗门、平开门、推拉门、单扇门、双扇门、代纱门、全玻门（带木扇框）半玻门、半百叶门以及带亮子、不带亮子、有门框、无门框和单独门框等油漆。

（二）窗类型应分为平开窗、推拉窗、提拉窗、固定窗、空花窗、百叶窗以及单扇窗、双扇窗、单层窗、双层窗、带亮子、不带亮子等。

（三）腻子种类分为石膏油腻子（熟桐油、石膏粉、适量水）、胶腻子（大白、色粉、凌甲基纤维素）、漆片腻子（漆片、酒精、石膏粉、适量色粉）、油腻子（矾石粉、桐油、脂肪酸、松香）等。

（四）刮腻子要求，分刮腻子遍数（道数）或满刮腻子或找补腻子。

四、工程量计算规则

油漆、涂料、裱糊工程工程量，见表 P-5-1~P-5-8。

P.5 油漆、涂料、裱糊工程
P.1 门油漆

门油漆。工程量清单项目设置、项目特征描述的内容、计量单位、工程量计算规则应按表 P.1 的规定执行。

表 P.1 门油漆（编号：011401）

项目编码	项目名称	项目特征	计量单位	工程量计算规则	工程内容
011401001	木门油漆	1. 门类型 2. 门代号及洞口尺寸 3. 腻子种类 4. 刮腻子遍数 5. 防护材料种类 6. 油漆品种、刷漆遍数	1. 樘 2. m²	1. 以樘计量，按设计图示数量计量 2. 以平方米计量，按设计图示洞口尺寸以面积计算	1. 基层清理 2. 刮腻子 3. 刷防护材料、油漆
011401002	金属门油漆				1. 除锈、基层清理 2. 刮腻子 3. 刷防护材料、油漆

注：1. 木门油漆应区分木大门、单层木门、双层（一玻一纱）木门、双层（单裁口）木门、全玻自由门、半玻自由门、装饰门及有框门或无框门等项目，分别编码列项。

2. 金属门油漆应区分平开门、推拉门、钢制防火门等项目，分别编码列项。

3. 以平方米计量，项目特征可不必描述洞口尺寸。

P.2 窗油漆

窗油漆工程量清单项目设置、项目特征描述的内容、计量单位及工程量计算规则应按表 P.2 的规定执行。

表 P.2 窗油漆（编号：011402）

项目编码	项目名称	项目特征	计量单位	工程量计算规则	工程内容
011402001	木窗油漆	1. 窗类型 2. 窗代号及洞口尺寸 3. 腻子种类 4. 刮腻子遍数 5. 防护材料种类 6. 油漆品种、刷漆遍数	1. 樘 2. m²	1. 以樘计量，按设计图示数量计量 2. 以平方米计量，按设计图示洞口尺寸以面积计算	1. 基层清理 2. 刮腻子 3. 刷防护材料、油漆
011402002	金属窗油漆				1. 除锈、基层清理 2. 刮腻子 3. 刷防护材料、油漆

注：1. 木窗油漆应区分单层木门、双层（一玻一纱）木窗、双层框扇（单裁口）木窗、双层框三层（二玻一纱）木窗、单层组合窗、双层组合窗、木百叶窗、木推拉窗等项目，分别编码列项。

2. 金属窗油漆应区分平开窗、推拉窗、固定窗、组合窗、金属隔栅窗等项目，分别编码列项。

3. 以平方米计量，项目特征可不必描述洞口尺寸。

P.3 木扶手及其他板条、线条油漆

木扶手及其他板条、线条油漆。工程量清单项目设置、项目特征描述的内容、计量单位、工程量计算规则应按表 P.3 的规定执行。

表 P.3 木扶手及其他板条、线条油漆（编号：011403）

项目编码	项目名称	项目特征	计量单位	工程量计算规则	工程内容
011403001	木扶手油漆	1. 断面尺寸 2. 腻子种类 3. 刮腻子遍数 4. 防护材料种类 5. 油漆品种、刷漆遍数	m	按设计图示尺寸以长度计算	1. 基层清理 2. 刮腻子 3. 刷防护材料、油漆
011403002	窗帘盒油漆				
011403003	封檐板、顺水板油漆				
011403004	挂衣板、黑板框油漆				
011403005	挂镜线、窗帘棍、单独木线油漆				

注：木扶手应区分带托板与不带托板，分别编码列项，若是木栏杆代扶手，木扶手不应单独列项，应包含在木栏杆油漆中。

P.4 木材面油漆

木材面油漆工程量清单项目设置、项目特征描述的内容、计量单位、工程量计算规则应按表 P.4 的规定执行。

表 P.4 木材面油漆 （编号：011404）

项目编码	项目名称	项目特征	计量单位	工程量计算规则	工程内容
011404001	木护墙、木墙裙油漆			按设计图示尺寸以面积计算	
011404002	窗台板、筒子板、盖板、门窗套、踢脚线油漆				
011404003	清水板条天棚、檐口油漆				
011404004	木方格吊顶天棚油漆				
011404005	吸音板墙面、天棚面油漆	1. 腻子种类 2. 刮腻子遍数 3. 防护材料种类 4. 油漆品种、刷漆遍数	m²		1. 基层清理 2. 刮腻子 3. 刷防护材料、油漆
011404006	暖气罩油漆				
011404007	其他木材面				
011404008	木间壁、木隔断油漆			按设计图示尺寸以单面外围面积计算	
011404009	玻璃间壁露明墙筋油漆				
011404010	木栅栏、木栏杆（带扶手）油漆				
011404011	衣柜、壁柜油漆			按设计图示尺寸以油漆部分展开面积计算	
011404012	梁柱饰面油漆				
011404013	零星木装修油漆				
011404014	木地板油漆				

项目编码	项目名称	项目特征	计量单位	工程量计算规则	工程内容
011404015	木地板烫硬蜡面	1. 硬蜡品种 2. 面层处理要求	m²	按设计图示尺寸以面积计算。空洞、空圈、暖气包槽、壁龛的开口部分并入相应的工程量内	1. 基层清理 2. 烫蜡

P.5 金属面油漆

金属面油漆工程量清单项目设置、项目特征描述的内容、计量单位、工程量计算规则应按表 P.5 的规定执行。

表 P.5 金属面油漆（编号：011405）

项目编码	项目名称	项目特征	计量单位	工程量计算规则	工程内容
011405001	金属面油漆	1. 构件名称 2. 腻子种类 3. 刮腻子要求 4. 防护材料种类 5. 油漆品种、刷漆遍数	1. t 2. m²	1. 以吨计量，按设计图示尺寸以质量计算 2. 以平方米计量，按设计展开 面积计算	1. 基层清理 2. 刮腻子 3. 刷防护材料、油漆

P.6 抹灰面油漆

抹灰面油漆工程量清单项目设置、项目特征描述的内容、计量单位、工程量计算规则应按表 P.6 的规定执行。

表 P.6 抹灰面油漆（编号：011406）

项目编码	项目名称	项目特征	计量单位	工程量计算规则	工程内容
011406001	抹灰面油漆	1. 基层类型 2. 腻子种类 3. 刮腻子遍数 4. 防护材料种类 5. 油漆品种、刷漆遍数 6. 部位	m²		1. 基层清理 2. 刮腻子 3. 刷防护材料、油漆
011406002	抹灰线条油漆	1. 线条宽度、道数 2. 腻子种类 3. 刮腻子遍数 4. 防护材料种类 5. 油漆品种、刷漆遍数	m	按设计图示尺寸以长度计算	

项目编码	项目名称	项目特征	计量单位	工程量计算规则	工程内容
011406003	满刮腻子	1. 基层类型 2. 腻子种类 3. 刮腻子遍数	m²	按设计图示尺寸以面积计算	1. 基层清理 2. 刮腻子

P.7　喷刷涂料

　　喷刷涂料工程量清单项目设置、项目特征描述的内容、计量单位、工程量计算规则应按表 P.7 的规定执行。

表 P.7　喷刷涂料（编号：011407）

项目编码	项目名称	项目特征	计量单位	工程量计算规则	工程内容
011407001	墙面喷刷涂料	1. 基层类型 2. 喷刷涂料部位 3. 腻子种类 4. 刮腻子要求 5. 涂料品种、喷刷遍数	m²	按设计图示尺寸以面积计算	1. 基层清理 2. 刮腻子 3. 刷、喷涂料
011407002	天棚喷刷涂料				
011407003	空花格、栏杆刷涂料	1. 腻子种类 2. 刮腻子遍数 3. 涂料品种、刷喷遍数	m²	按设计图示尺寸以单面外围面积计算	1. 基层清理 2. 刮腻子 3. 刷、喷涂料
011407004	线条刷涂料	1. 基层清理 2. 线条宽度 3. 刮腻子遍数 4. 刷防护材料、油漆	m	按设计图示尺寸以长度计算	
011407005	金属构件刷防火涂料	1. 喷刷防火涂料构件名称 2. 防火等级要求 3. 涂料品种、喷刷遍数	1. m² 2. t	1. 以 t 计量，按设计图示尺寸以质量计算 2. 以 m² 计量，按设计展开面积计算	1. 基层清理 2. 刷防护材料、油漆
011407006	木材构件喷刷防火涂料		m²	以平方米计量，按设计图示尺寸以面积计算	1. 基层清理 2. 刷防火材料

　　注：喷刷墙面涂料部位要注明内墙或外墙。

P.8 裱糊

裱糊工程量清单项目设置、项目特征描述的内容、计量单位、工程量计算规则应按表 P.8 的规定执行。

表 P.8 裱糊（编号：011408）

项目编码	项目名称	项目特征	计量单位	工程量计算规则	工程内容
011408001	墙纸裱糊	1. 基层类型 2. 裱糊部位 3. 腻子种类 4. 刮腻子遍数 5. 黏结材料种类 6. 防护材料种类 7. 面层材料品种、规格、颜色	m²	按设计图示尺寸以面积计算	1. 基层清理 2. 刮腻子 3. 面层铺粘 4. 刷防护材料

其他相关问题按下列规定处理：

1. 门油漆应区分单层木门、双层（一玻一纱）木门、双层（单裁口）木门、全玻自由门、半玻自由门、装饰门及有框门或无框门等，分别编码列项。

2. 窗油漆应区分单层玻璃层、双层（一玻一纱）木窗、双层（单裁口）木窗、双层框三层（二玻一纱）木窗、单层组合窗、双层组合窗、木百叶窗、木推拉窗等，分别编码列项。

3. 木扶手应区分带托板与不带托板、分别编码列项。

五、有关工程量计算的说明

（一）楼梯扶手工程量按中心线斜长计算，弯头长度应计算在扶手长度内。

（二）博风板工程量按中心斜长计算，有大刀头的每个大刀头增加长度50cm。

（三）木板、纤维板、胶合板油漆，单面油漆按单面面积计算，双面油漆按双面面积计算。

（四）木护墙、木墙裙油漆按垂直投影面积计算。

（五）台板、筒子板、盖板、门窗套、踢脚线油漆按水平或垂直投影面积（门窗套的贴脸板和筒子板垂直投影面积合并）计算。

（六）清水板条顶棚、檐口油漆、木方格吊顶顶棚油漆以及水平投影面积计算，不扣除空洞面积。

（七）暖气罩油漆，垂直面按垂直投影面积计算，突出墙面的水平面按水平投影面积计算，不扣除空洞面积。

（八）工程量以面积计算的油漆、涂料项目，线脚、线条、压条等不展开。

六、有关工程内容的说明

（一）有线脚、线条、压条的油漆、涂料面的工料消耗应包括在报价内。

（二）灰面的油漆、涂料，应注意基层的类型，如：一般抹灰墙柱面与拉条灰、拉毛灰、甩毛灰等油漆、涂料的耗工量与材料消耗量的不同。

（三）空花格、栏杆刷涂料工程量按外框单面垂直投影面积计算，应注意其展开面积工料消耗应包括在报价内。

（四）刮腻子应注意刮腻子遍数，是满刮，还是找补腻子。

（五）墙纸和织锦锻的裱糊，应注意要求对花还是不对花。

第六节　附录 Q　其他工程

一、概况

包括柜类、货架、暖气罩、浴厕配件、压条、装饰线、雨篷、旗杆、招牌、灯箱、美术字等项目。适用于装饰物件的制作、安装工程。

二、有关项目的说明

（一）厨房壁柜和厨房吊柜以嵌入墙内为壁柜，以支架固定在墙上的为吊柜。

（二）压条、装饰线项目已包括在门扇、墙柱面、顶棚等项目内，不在单独列项。

（三）洗漱台项目适用于石质（天然石材、人造石才等）、玻璃等。

（四）旗杆的砌砖或混凝土台座，台座的饰面可按相关附录的章节另行编码列项，也可纳入旗杆的报价内。

（五）美术字不分体字，按大小规格分类。

三、有关项目特征的说明

（一）台柜的规格以能分离的成品单体长、宽、高来表示，如：一个组合书柜分上下两部分，下部为独立的矮柜，上部为敞开式的书柜，可以上、下两部分标注尺寸。

（二）镜面玻璃和灯箱等的基层材料是指玻璃背后的衬垫材料，如：胶合板、油毡等。

（三）装饰线和美术字的基层，是指装饰线、美术字依托体的材料，如砖墙、木墙、石墙、混凝土墙、墙面抹灰、钢支架等。

（四）旗杆高度指旗杆台座上表面至旗杆顶的尺寸（包括球珠）。

（五）美术字的字体规格以字的外接矩形长、宽和字的厚度表示。固定方式指粘接、焊接以及铁钉、螺栓、铆钉固定等方式。

四、工程量计算规则

其他工程工程量计算规则，见表 Q-6-1~ Q-6-7。

Q.1　柜类、货架

工程量清单项目设置、项目特征描述的内容、计量单位、工程量计算规则应按表 Q.1 的规定执行。

表 Q.1　柜类、货架（编号：011501）

项目编码	项目名称	项目特征	计量单位	工程量计算规则	工程内容
011501001	柜台	1. 台柜规格 2. 材料种类、规格 3. 五金种类、规格 4. 防护材料种类 5. 油漆品种、刷漆遍数	1. 个 2. m³. m³	1. 以个计量，按设计图示数量计量 2. 以米计量，按设计图示尺寸以延长米计算 3. 以立方米计量，按设计图示尺寸以体积计算	1. 台柜制作、运输、安装（安放） 2. 刷防护材料、油漆 3. 五金件安装
011501002	酒柜				
011501003	衣柜				
011501004	存包柜				
011501005	鞋柜				
011501006	书柜				
011501007	厨房壁柜				
011501008	木壁柜				
011501009	厨房低柜				
011501010	厨房吊柜				
011501011	矮柜				
011501012	吧台背柜				
011501013	酒吧吊柜				
011501014	酒吧台				
011501015	展台				
011501016	收银台				
011501017	试衣间				
011501018	货架				
011501019	书架				
011501020	服务台				

Q.2　装饰线

压条、装饰线工程量清单项目设置、项目特征描述的内容、计量单位、工程量计算规则应按表 Q.2 的规定执行。

表 Q.2 装饰线（编号：011502）

项目编码	项目名称	项目特征	计量单位	工程量计算规则	工程内容
011502001	金属装饰线	1. 基层类型 2. 线条材料品种、规格、颜色 3. 防护材料种类	m	按设计图示尺寸以长度计算	1. 线条制作、安装 2. 刷防护材料
011502002	木质装饰线				
011502003	石材装饰线				
011502004	石膏装饰线				
011502005	镜面玻璃线	1. 基层类型 2. 线条材料品种、规格、颜色 3. 防护材料种类			
011502006	铝塑装饰线				
011502007	塑料装饰线				
011502008	GRC装饰线条	1. 基层类型 2. 线条规格 3. 线条安装部位 4. 填充材料种类			线条制作安装

Q.3 扶手、栏杆、栏板装饰

扶手、栏杆、栏板装饰：工程量清单项目的设置、项目特征描述的内容、计量单位、工程量计算规则应按表 Q.3 执行。

表 Q.3 扶手、栏杆、栏板装饰（编码：011503）

项目编码	项目名称	项目特征	计量单位	工程量计算规则	工程内容
011503001	金属扶手、栏杆、栏板	1. 扶手材料种类、规格、品牌 2. 栏杆材料种类、规格 3. 栏板材料种类、规格、颜色 4. 固定配件种类 5. 防护材料种类	m	按设计图示以扶手中心线长度（包括弯头长度）计算	1. 制作 2. 运输 3. 安装 4. 刷防护材料
011503002	硬木扶手、栏杆、栏板				
011503003	塑料扶手、栏杆、栏板				
011503004	GRC栏杆、扶手				
011503005	金属靠墙扶手	1. 扶手材料种类、规格、品牌 2. 固定配件种类 3. 防护材料种类			
011503006	硬木靠墙扶手				
011503007	塑料靠墙扶手				

续表

项目编码	项目名称	项目特征	计量单位	工程量计算规则	工程内容
011503008	玻璃栏板	1. 栏杆玻璃的种类、规格、颜色 2. 固定方式 3. 固定配件种类	m	按设计图示以扶手中心线长度（包括弯头长度）计算	1. 制作 2. 运输 3. 安装 4. 刷防护材料

Q.4 暖气罩

暖气罩工程量清单项目设置、项目特征描述的内容、计量单位、工程量计算规则、应按表 Q.4 的规定执行。

表 Q.4 暖气罩（编号：011504）

项目编码	项目名称	项目特征	计量单位	工程量计算规则	工程内容
011504001	饰面板暖气罩	1. 暖气罩材质 2. 防护材料种类	m²	按设计图示尺寸以垂直投影面积（不展开）计算	1. 暖气罩制作、运输、安装 2. 刷防护材料
011504002	塑料板暖气罩				
011504003	金属暖气罩				

Q.5 浴厕配件

浴厕配件工程量清单项目设置、项目特征描述的内容、计量单位、工程量计算规则应按表 Q.5 的规定执行。

表 Q.5 浴厕配件（编号：011505）

项目编码	项目名称	项目特征	计量单位	工程量计算规则	工程内容
011505001	洗漱台	1. 材料品种、规格、品牌、颜色 2. 支架、配件品种、规格、品牌	1. m² 2. 个	1. 按设计图示尺寸以台面外接矩形面积计算。不扣除孔洞、挖弯、削角所占面积，挡板、吊沿板面积并入台面面积内。 2. 按设计图示数量计算	1. 台面及支架、运输、安装 2. 杆、环、盒、配件安装 3. 刷油漆
011505002	晒衣架		个	按设计图示数量计算	
011505003	帘子杆				
011505004	浴缸拉手				
011505005	卫生间扶手				
011505006	毛巾杆（架）	1. 材料品种、规格、品牌、颜色 2. 支架、配件品种、规格	套	按设计图示数量计算	1. 台面及支架制作、运输、安装 2. 杆、环、盒、配件安装 3. 刷油漆
011505007	毛巾环		副		
011505008	卫生纸盒		个		
011505009	肥皂盒				

项目编码	项目名称	项目特征	计量单位	工程量计算规则	工程内容
011505010	镜面玻璃	1. 镜面玻璃品种、规格 2. 框材质、断面尺寸 3. 基层材料种类 4. 防护材料种类	m²	按设计图示尺寸以边框外围面积计算	1. 基层安装 2. 玻璃及框制作、运输、安装
011505011	镜箱	1. 箱体材质、规格 2. 玻璃品种、规格 3. 基层材料种类 4. 防护材料种类 5. 油漆品种、刷漆遍数	个	按设计图示数量计算	1. 基层安装 2. 箱体制作、运输、安装 3. 玻璃安装 4. 刷防护材料、油漆

Q.6 雨篷、旗杆

雨篷、旗杆工程量清单项目设置、项目特征描述的内容、计量单位、工程量计算规则应按表 Q.6 的规定执行。

表 Q.6 雨篷、旗杆（编号：011506）

项目编码	项目名称	项目特征	计量单位	工程量计算规则	工程内容
011506001	雨篷吊挂饰面	1. 基层类型 2. 龙骨材料种类、规格、中距 3. 面层材料品种、规格 4. 吊顶（天棚）材料品种、规格、品牌 5. 嵌缝材料种类 6. 防护材料种类	m²	按设计图示尺寸以水平投影面积计算	1. 底层抹灰 2. 龙骨基层安装 3. 面层安装 4. 刷防护材料、油漆
011506002	金属旗杆	1. 旗杆材料、种类、规格 2. 旗杆高度 3. 基础材料种类 4. 基座材料种类 5. 基座面层材料、种类、规格	根	按设计图示数量计算	1. 土石挖、填、运 2. 基础混凝土浇注 3. 旗杆制作、安装 4. 旗杆台座制作、饰面

续表

项目编码	项目名称	项目特征	计量单位	工程量计算规则	工程内容
011506003	玻璃雨篷	1. 玻璃雨篷固定方式 2. 龙骨材料种类、规格、中距 3. 玻璃材料品种、规格、品牌 4. 嵌缝材料种类 5. 防护材料种类	m²	按设计图示尺寸以水平投影面积计算	1. 龙骨基层安装 2. 面层安装 3. 刷防护材料、油漆

Q.7　招牌、灯箱

招牌、灯箱。工程量清单项目设置、项目特征描述的内容、计量单位、应按表 Q.7 的规定执行。

表 Q.7　招牌、灯箱（编号：011507）

项目编码	项目名称	项目特征	计量单位	工程量计算规则	工程内容
011507001	平面、箱式招牌	1. 箱体规格 2. 基层材料种类 3. 面层材料种类 4. 防护材料种类	m²	按设计图示尺寸以正立面边框外围面积计算。复杂形的凸凹造型部分不增加面积	1. 基层安装 2. 箱体及支架制作、运输、安装 3. 面层制作、安装 4. 刷防护材料、油漆
011507002	竖式标箱				
011507003	灯箱				
011507004	信报箱	1. 箱体规格 2. 基层材料种类 3. 面层材料种类 4. 防护材料种类 5. 户数	个	按设计图示数量计算	

Q.8　美术字

美术字工程量清单项目设置、项目特征描述的内容、计量单位，应按表 Q.8 的规定执行。

表 Q. 8 美术字（编号：011508）

项目编码	项目名称	项目特征	计量单位	工程量计算规则	工程内容
011508001	泡沫塑料字	1. 基层类型 2. 镂字材料品种、颜色 3. 字体规格 4. 固定方式 5. 油漆品种、刷漆遍数	个	按设计图示数量计算	1. 字制作、运输、安装 2. 刷油漆
011508002	有机玻璃字				
011508003	木质字				
011508004	金属字				
011508005	吸塑字				

五、有关工程量计算的说明

（一）台柜工程量以"个"计算，即能分离的同规格的单体个数计算。如：柜台有同规格为 1500mm×400mm×1200mm 的 5 个单体，另有一个柜台规格为 1500mm×400mm×1150mm，台底安装胶轮 4 个，以便柜台内营业员由此出入，这样 1500mm×400mm×1200mm 规格的规台数为 5 个，1500mm×400mm×1150mm 柜台数为 1 个。

（二）洗漱台放置洗面盆的地方必须挖洞，根据洗漱台摆放的位置有些还需选形，产生挖弯、削角，为此洗漱台的工程量按外接矩形计算。挡板指镜面玻璃下边沿至洗漱台面和侧墙与台面接触部位的竖挡板（一般挡板与台面使用同种材料品种，不同材料品种应另行计算）。

六、有关工程内容的说明

（一）台柜项目以"个"计算，应按设计图纸或说明，包括台柜＝台面材料（石材、皮草、金属、实木等）、内隔板材料、连接件、配件等，均应包括在报价内。

（二）洗漱台现场制作，切割、磨边等人工、机械的费用应包括在报价内。

（三）金属旗杆也可将旗杆台座及台座面层一并纳入报价。

附录 R 拆除工程
R.1 砖砌体拆除

砖砌体拆除工程量清单项目的设置、项目特征描述的内容、计量单位、工程量计算规则应按表 R.1 执行。

表 R.1 砖砌体拆除（编码：011601）

项目编码	项目名称	项目特征	计量单位	工程量计算规则	工程内容
011601001	砖砌体拆除	1. 砌体名称 2. 砌体材质 3. 拆除高度 4. 拆除砌体的截面尺寸 5. 砌体表面的附着物种类	1. m³ 2. m	1. 以立方米计量，按拆除的体积计算 2. 以米计量，按拆除的延长米计算	1. 拆除 2. 控制扬尘 3. 清理 4. 建渣场内、外运输

注：①砌体名称指墙、柱、水池等。
②砌体表面的附着物种类指抹灰层、块料层、龙骨及装饰面层等。
③以米计量，如砖地沟、砖明沟等必须描述拆除部位的截面尺寸；以立方米计量，截面尺寸则不必描述。

R.2 混凝土及钢筋混凝土构件拆除

混凝土及钢筋混凝土构件拆除工程量清单项目的设置、项目特征描述的内容、计量单位、工程量计算规则应按表 R.2 执行。

表 R.2 混凝土及钢筋混凝土构件拆除（编码：011602）

项目编码	项目名称	项目特征	计量单位	工程量计算规则	工程内容
011602001	混凝土构件拆除	1. 构件名称 2. 拆除构件的厚度或规格尺寸 3. 构件表面的附着物种类	1. m³ 2. m² 3. m	1. 以立方米计量，按拆除构件的混凝土体积计算 2. 以平方米计量，按拆除部位的面积计算 3. 以米计量，按拆除部位的延长米计算	1. 拆除 2. 控制扬尘 3. 清理 4. 建渣场内、外运输
011602002	钢筋混凝土构件拆除				

注：①以立方米作为计量单位时，可不描述构件的规格尺寸，以平方米作为计量单位时，则应描述构件的厚度，以米作为计量单位时，则必须描述构件的规格尺寸。
②构件表面的附着物种类指抹灰层、块料层、龙骨及装饰面层等。

R.3 木构件拆除

木构件拆除工程量清单项目的设置、项目特征描述的内容、计量单位、工程量计算规则应按表 R.3 执行。

表 R.3 木构件拆除（编码：011603）

项目编码	项目名称	项目特征	计量单位	工程量计算规则	工程内容
011603001	木构件拆除	1. 构件名称 2. 拆除构件的厚度或规格尺寸 3. 构件表面的附着物种类	1. m³ 2. m² 3. m	1. 以立方米计量，按拆除构件的混凝土体积计算 2. 以平方米计量，按拆除面积计算 3. 以米计量，按拆除延长米计算	1. 拆除 2. 控制扬尘 3. 清理 4. 建渣场内、外运输

注：1. 拆除木构件应按木梁、木柱、木楼梯、木屋架、承重木楼板等分别在构件名称中描述。
2. 以立方米作为计量单位时，可不描述构件的规格尺寸，以平方米作为计量单位时，则应描述构件的厚度，以米作为计量单位时，则必须描述构件的规格尺寸。
3. 构件表面的附着物种类指抹灰层、块料层、龙骨及装饰面层等。

R.4 抹灰面拆除

抹灰层拆除工程量清单项目的设置、项目特征描述的内容、计量单位、工程量计算规则应按表 R.4 执行。

表 R.4 抹灰面拆除（编码：011604）

项目编码	项目名称	项目特征	计量单位	工程量计算规则	工程内容
011604001	平面抹灰层拆除				
011604002	立面抹灰层拆除	1. 拆除部位 2. 抹灰层种类	m²	按拆除部位的面积计算	1. 拆除 2. 控制扬尘 3. 清理 4. 建渣场内、外运输
011604003	天棚抹灰面拆除				

注：1. 单独拆除抹灰层应按表 R.4 项目编码列项。
2. 抹灰层种类可描述为一般抹灰或装饰抹灰。

R.5 块料面层拆除

R.5 块料面层拆除工程量清单项目的设置、项目特征描述的内容、计量单位、工程量计算规则应按表 P.5 执行。

表 R.5 块料面层拆除（编码：011605）

项目编码	项目名称	项目特征	计量单位	工程量计算规则	工程内容
011605001	平面块料拆除	1. 拆除的基层类型 2. 饰面材料种类	m²	按拆除面积计算	1. 拆除 2. 控制扬尘 3. 清理 4. 建渣场内、外运输
011605002	立面块料拆除				

注：1. 如仅拆除块料层，拆除的基层类型不用描述。
　　2. 拆除的基层类型的描述指砂浆层、防水层、干挂或挂贴所采用的钢骨架层等。

R.6 龙骨及饰面拆除

龙骨及饰面拆除工程量清单项目的设置、项目特征描述的内容、计量单位、工程量计算规则应按表 R.6 执行。

表 R.6 龙骨及饰面拆除（编码：011606）

项目编码	项目名称	项目特征	计量单位	工程量计算规则	工程内容
011606001	楼地面龙骨及	1. 拆除的基层类型 2. 龙骨及饰面种类	m²	按拆除面积计算	1 拆除 2. 控制扬尘 3. 清理 4. 建渣场内、外运输
011606002	墙柱面龙骨及饰面拆除				
011606003	天棚面龙骨及饰面拆除				

注：1. 基层类型的描述指砂浆层、防水层等。
　　2. 如仅拆除龙骨及饰面，拆除的基层类型不用描述。
　　3. 如只拆除饰面，不用描述龙骨材料种类。

R.7 屋面拆除

屋面拆除工程量清单项目的设置、项目特征描述的内容、计量单位、工程量计算规则应按表 R.7 执行。

表 R.7 屋面拆除（编码：011607）

项目编码	项目名称	项目特征	计量单位	工程量计算规则	工程内容
011607001	刚性层拆除	刚性层厚度	m²	按铲除部位的面积计算	1. 铲除 2. 控制扬尘 3. 清理 4. 建渣场内、外运输
011607002	防水层拆除	防水层种类			

R.8 铲除油漆涂料裱糊面

铲除油漆涂料裱糊面工程量清单项目的设置、项目特征描述的内容、计量单位、工程量计算规则应按表 R.8 执行。

表 R.8 铲除油漆涂料裱糊面（编码：011608）

项目编码	项目名称	项目特征	计量单位	工程量计算规则	工程内容
011608001	铲除油漆面	1. 铲除部位名称 2. 铲除部位的截面尺寸	1. m² 2. m	1、以平方米计量，按铲除部位的面积计算 2、以米计量，按按铲除部位的延长米计算	1. 铲除 2. 控制扬尘 3. 清理 4. 建渣场内、外运输
011608002	铲除涂料面				
011608003	铲除裱糊面				

注：1. 单独铲除油漆涂料裱糊面的工程按表 R.8 编码列项。
　　2. 铲除部位名称的描述指墙面、柱面、天棚、门窗等。
　　3. 按米计量，必须描述铲除部位的截面尺寸，以平方米计量时，则不用描述铲除部位的截面尺寸。

R.9 栏杆、轻质隔断隔墙拆除

栏杆栏板、轻质隔断隔墙拆除工程量清单项目的设置、项目特征描述的内容、计量单位、工程量计算规则应按表 R.9 执行。

表 R.9 栏杆、轻质隔断隔墙拆除（编码：011609）

项目编码	项目名称	项目特征	计量单位	工程量计算规则	工程内容
011609001	栏杆、栏板拆除	1. 栏杆（板）的高度 2. 栏杆、栏板种类	1. m² 2. m	1. 以平方米计量，按拆除部位的面积计算 2. 以米计量，按拆除的延长米计算	1 拆除 2. 控制扬尘 3. 清理 4. 建渣场内、外运输
011609002	隔断隔墙拆除	1. 拆除隔墙的骨架种类 2. 拆除隔墙的饰面种类	m²	按拆除部位的面积计算	

注：以平方米计量，不用描述栏杆（板）的高度。

R.10 门窗拆除

门窗拆除工程量清单项目的设置、项目特征描述的内容、计量单位、工程量计算规则应按表 R.10 执行。

表 R.10　门窗拆除（编码：011610）

项目编码	项目名称	项目特征	计量单位	工程量计算规则	工程内容
011610001	木门窗拆除	1. 室内高度 2. 门窗洞口尺寸	1. m² 2. 樘	1. 以平方米计量，按拆除面积计算 2. 以樘计量，按拆除樘数计算	1. 拆除 2. 控制扬尘 3. 清理 4. 建渣场内、外运输
011610002	金属门窗拆除				

注：门窗拆除以平方米计量，不用描述门窗的洞口尺寸。室内高度指室内楼地面至门窗的上边框。

R.11　金属构件拆除

金属构件拆除工程量清单项目的设置、项目特征描述的内容、计量单位、工程量计算规则应按表 R.11 执行。

表 R.11　金属构件拆除（编码：011611）

项目编码	项目名称	项目特征	计量单位	工程量计算规则	工程内容
011611001	钢梁拆除	1. 构件名称 2. 拆除构件的规格尺寸	1. t 2. m	1. 以吨计量，按拆除构件的质量计算 2. 以米计量，按拆除延长米计算	1. 拆除 2. 控制扬尘 3. 清理 4. 建渣场内、外运输
011611002	钢柱拆除		1. t 2. m		
011611003	钢网架拆除		t	按拆除构件的质量计算	
011611004	钢支撑、钢墙架拆除		1. t 2. m	1. 以吨计量，按拆除构件的质量计算 2. 以米计量，按拆除延长米计算	
011611005	其他金属构件拆除				

注：拆除金属栏杆、栏板按表 P.9 相应清单编码执行。

R.12　管道及卫生洁具拆除

管道及卫生洁具拆除工程量清单项目的设置、项目特征描述的内容、计量单位、工程量计算规则应按表 R.12 执行。

表 R. 12　管道及卫生洁具拆除（编码：011612）

项目编码	项目名称	项目特征	计量单位	工程量计算规则	工程内容
011612001	管道拆除	1. 管道种类、材质 2. 管道上的附着物种类	m	按拆除管道的延长米计算	1. 拆除 2. 控制扬尘 3. 清理 4. 建渣场内、外运输
011612002	卫生洁具拆除	卫生洁具种类	1. 套 2. 个	按拆除的数量计算	

R. 13　灯具、玻璃拆除

灯具、玻璃拆除工程量清单项目的设置、项目特征描述的内容、计量单位、工程量计算规则应按表 R. 13 执行。

表 R. 13　灯具、玻璃拆除（编码：011613）

项目编码	项目名称	项目特征	计量单位	工程量计算规则	工程内容
011613001	灯具拆除	1. 拆除灯具高度 2. 灯具种类	套	按拆除的数量计算	1. 拆除 2. 控制扬尘 3. 清理 4. 建渣场内、外运输
011613002	玻璃拆除	1. 玻璃厚度 2. 拆除部位	m²	按拆除的面积计算	

注：拆除部位的描述指门窗玻璃、隔断玻璃、墙玻璃、家具玻璃等。

R. 14　其他构件拆除

其他构件拆除工程量清单项目的设置、项目特征描述的内容、计量单位、工程量计算规则应按表 R. 14 执行。

表 R. 14　其他构件拆除（编码：011614）

项目编码	项目名称	项目特征	计量单位	工程量计算规则	工程内容
011614001	暖气罩拆除	暖气罩材质	1. 个 2. m	1. 以个为单位计量，按拆除个数计算 2. 以米为单位计量，按拆除延长米计算	1. 拆除 2. 控制扬尘 3. 清理 4. 建渣场内、外运输
011614002	柜体拆除	1. 柜体材质 2. 柜体尺寸：长、宽、高			
011614003	窗台板拆除	窗台板平面尺寸	1. 块 2. m	1. 以块计量，按拆除数量计算 2. 以米计量，按拆除的延长米计算	
011614004	筒子板拆除	筒子板的平面尺寸			

续表

项目编码	项目名称	项目特征	计量单位	工程量计算规则	工程内容
011614005	窗帘盒拆除	窗帘盒的平面尺寸	m	按拆除的延长米计算	1. 拆除 2. 控制扬尘 3. 清理 4. 建渣场内、外运输
011614006	窗帘轨拆除	窗帘轨的材质			

注：双轨窗帘轨拆除按双轨长度分别计算工程量。

R.15　开孔（打洞）

开孔（打洞）工程量清单项目的设置、项目特征描述的内容、计量单位、工程量计算规则应按表 R.15 执行。

表 R.15　开孔（打洞）（编码：011615）

项目编码	项目名称	项目特征	计量单位	工程量计算规则	工程内容
011615001	开孔（打洞）	1. 部位 2. 打洞部位材质 3. 洞尺寸	个	按数量计算	1. 拆除 2. 控制扬尘 3. 清理 4. 建渣场内、外运输

注：1. 部位可描述为墙面或楼板。
　　2. 打洞部位材质可描述为页岩砖或空心砖或钢筋混凝土等。

附录 S　措施项目
S.1　一般措施项目

一般措施项目工程量清单项目设置、计量单位、工作内容及包含范围应按表 S.1 的规定执行。

表 S.1　一般措施项目（011701）

项目编码	项目名称	工作内容及包含范围
011701001	安全文明施工（含环境保护、文明施工、安全施工、临时设施）	1. 环境保护包含范围：现场施工机械设备降低噪音、防扰民措施费用；水泥和其他易飞扬细颗粒建筑材料密闭存放或采取覆盖措施等费用；工程防扬尘洒水费用；土石方、建渣外运车辆冲洗、防洒漏等费用；现场污染源的控制、生活垃圾清理外运、场地排水排污措施的费用；其他环境保护措施费用

项目编码	项目名称	工作内容及包含范围
011701001	安全文明施工（含环境保护、文明施工、安全施工、临时设施）	2. 文明施工包含范围："五牌一图"的费用；现场围挡的墙面美化（包括内外粉刷、刷白、标语等）、压顶装饰费用；现场厕所便槽刷白、贴面砖，水泥砂浆地面或地砖费用，建筑物内临时便溺设施费用；其他施工现场临时设施的装饰装修、美化措施费用；现场生活卫生设施费用；符合卫生要求的饮水设备、淋浴、消毒等设施费用；生活用洁净燃料费用；防煤气中毒、防蚊虫叮咬等措施费用；施工现场操作场地的硬化费用；现场绿化费用、治安综合治理费用；现场配备医药保健器材、物品费用和急救人员培训费用；用于现场工人的防暑降温费、电风扇、空调等设备及用电费用；其他文明施工措施费用 3. 安全施工包含范围：安全资料、特殊作业专项方案的编制，安全施工标志的购置及安全宣传的费用；"三宝"（安全帽、安全带、安全网）、"四口"（楼梯口、电梯井口、通道口、预留洞口），"五临边"（阳台周边、楼板围边、屋面围边、槽坑围边、卸料平台两侧），水平防护架、垂直防护架、外架封闭等防护的费用；施工安全用电的费用，包括配电箱三级配电、两级保护装置要求、外电防护措施；起重机、塔吊等起重设备（含井架、门架）及外用电梯的安全防护措施（含警示标志）费用及卸料平台的临边防护、层间安全门、防护棚等设施费用；建筑工地起重机械的检验检测费用；施工机具防护棚及其围栏的安全保护设施费用；施工安全防护通道的费用；工人的安全防护用品、用具购置费用；消防设施与消防器材的配置费用；电气保护、安全照明设备费；其他安全防护措施费用 4. 临时设施包含范围：施工现场采用彩色、定型钢板，砖、砼砌块等围挡的安砌、维修、拆除费或摊销费；施工现场临时建筑物、构筑物的搭设、维修、拆除或摊销的费用；如临时宿舍、办公室，食堂、厨房、厕所、诊疗所、临时文化福利用房、临时仓库、加工场、搅拌台、临时简易水塔、水池等。施工现场临时设施的搭设、维修、拆除或摊销的费用。如临时供水管道、临时供电管线、小型临时设施等；施工现场规定范围内临时简易道路铺设，临时排水沟、排水设施安砌、维修、拆除的费用；其他临时设施费搭设、维修、拆除或摊销的费用
011701002	夜间施工	1. 夜间固定照明灯具和临时可移动照明灯具的设置、拆除 2. 夜间施工时，施工现场交通标志、安全标牌、警示灯等的设置、移动、拆除 3. 包括夜间照明设备摊销及照明用电、施工人员夜班补助、夜间施工劳动效率降低等费用

续表

项目编码	项目名称	工作内容及包含范围
011701003	非夜间施工照明	为保证工程施工正常进行，在如地下室等特殊施工部位施工时所采用的照明设备的安拆、维护、摊销及照明用电等费用
011701004	二次搬运	包括由于施工场地条件限制而发生的材料、成品、半成品等一次运输不能到达堆放地点，必须进行二次或多次搬运的费用
011701005	冬雨季施工	1. 冬雨（风）季施工时增加的临时设施（防寒保温、防雨、防风设施）的搭设、拆除 2. 冬雨（风）季施工时，对砌体、混凝土等采用的特殊加温、保温和养护措施 3. 冬雨（风）季施工时，施工现场的防滑处理、对影响施工的雨雪的清除 4. 包括冬雨（风）季施工时增加的临时设施的摊销、施工人员的劳动保护用品、冬雨（风）季施工劳动效率降低等费用
011701006	大型机械设备进出场及安拆	1. 大型机械设备进出场包括施工机械整体或分体自停放场地运至施工现场，或由一个施工地点运至另一个施工地点，所发生的施工机械进出场运输及转移费用，由机械设备的装卸、运输及辅助材料费等构成 2. 大型机械设备安拆费包括施工机械在施工现场进行安装、拆卸所需的人工费、材料费、机械费、试运转费和安装所需的辅助设施的费用
011701007	施工排水	包括排水沟槽开挖、砌筑、维修，排水管道的铺设、维修，排水的费用以及专人值守的费用等
011701008	施工降水	包括成井、井管安装、排水管道安拆及摊销，降水设备的安拆及维护的费用，抽水的费用以及专人值守的费用等
011701009	地上、地下设施、建筑物的临时保护设施	在工程施工过程中，对已建成的地上、地下设施和建筑物进行的遮盖、封闭、隔离等必要保护措施所发生的费用
011701010	已完工程及设备保护	对已完工程及设备采取的覆盖、包裹、封闭、隔离等必要保护措施所发生的费用

注：1. 安全文明施工费是指工程施工期间按照国家现行的环境保护、建筑施工安全、施工现场环境与卫生标准和有关规定，购置和更新施工安全防护用具及设施、改善安全生产条件和作业环境所需要的费用

2. 施工排水是指为保证工程在正常条件下施工，所采取的排水措施所发生的费用

3. 施工降水是指为保证工程在正常条件下施工，所采取的降低地下水位的措施所发生的费用

S.2 脚手架工程

脚手架工程工程量清单项目设置、项目特征描述的内容、计量单位及工程量计算规则，应按表 S.2 的规定执行。

表 S.2 脚手架工程（编码：011702）

项目编码	项目名称	项目特征	计量单位	工程量计算规则	工程内容
011702001	综合脚手架	1. 建筑结构形式 2. 檐口高度	m²	按建筑面积计算	1. 场内、场外材料搬运 2. 搭、拆脚手架、斜道、上料平台 3. 安全网的铺设 4. 选择附墙点与主体连接 5. 测试电动装置、安全锁等 6. 拆除脚手架后材料的堆放
011702002	外脚手架	1. 搭设方式 2. 搭设高度 3. 脚手架材质	m²	按所服务对象的垂直投影面积计算	1. 场内、场外材料搬运 2. 搭、拆脚手架、斜道、上料平台 3. 安全网的铺设 4. 拆除脚手架后材料的堆放
011702003	里脚手架				
011702004	悬空脚手架	1. 搭设方式 2. 悬挑宽度 3. 脚手架材质		按搭设的水平投影面积计算	
011702005	挑脚手架		m	按搭设长度乘以搭设层数以延长米计算	
011702006	满堂脚手架	1. 搭设方式 2. 搭设高度 3. 脚手架材质	m²	按搭设的水平投影面积计算	
011702007	整体提升架	1. 搭设方式及启动装置 2. 搭设高度	m²	按所服务对象的垂直投影面积计算	1. 场内、场外材料搬运 2. 选择附墙点与主体连接 3. 搭、拆脚手架、斜道、上料平台 4. 安全网的铺设。 5. 测试电动装置、安全锁等 6. 拆除脚手架后材料的堆放

续表

项目编码	项目名称	项目特征	计量单位	工程量计算规则	工程内容
011702008	外装饰吊篮	1. 升降方式及启动装置 2. 搭设高度及吊篮型号	m²	按所服务对象的垂直投影面积计算	1. 场内、场外材料搬运 2. 吊篮的安装 3. 测试电动装置、安全锁、平衡控制器等 4. 吊篮的拆卸

注：1. 使用综合脚手架时，不再使用外脚手架、里脚手架等单项脚手架；综合脚手架适用于能够按"建筑面积计算规则"计算建筑面积的建筑工程脚手架，不适用于房屋加层、构筑物及附属工程脚手架。

　　2. 同一建筑物有不同檐高时，按建筑物竖向切面分别按不同檐高编列清单项目。

　　3. 整体提升架已包括2米高的防护架体设施。

　　4. 建筑面积计算按《建筑面积计算规范》（GB/T 50353—2005）

　　5. 脚手架材质可以不描述，但应注明由投标人根据工程实际情况按照《建筑施工扣件式钢管脚手架安全技术规范》《建筑施工附着升降脚手架管理规定》等规范自行确定。

S.3　混凝土模板及支架（撑）

混凝土模板及支架（撑）工程量清单项目设置、项目特征描述的内容、计量单位、工程量计算规则及工作内容，应按表S.3的规定执行

表S.3　混凝土模板及支架（撑）（编码：011703）

项目编码	项目名称	项目特征	计量单位	工程量计算规则	工程内容
011703001	垫层	基础形状	m²	按模板与现浇混凝土构件的接触面积计算。①现浇钢筋砼墙、板单孔面积≤0.3m²的孔洞不予扣除，洞侧壁模板亦不增加；单孔面积>0.3m²时应予扣除，洞侧壁模板面积并入墙、板工程量内计算。②现浇框架分别按梁、板、柱有关规定计算；附墙柱、暗梁、暗柱并入墙内工程量内计算	1. 模板制作 2. 模板安装、拆除、整理堆放及场内外运输 3. 清理模板黏结物及模内杂物、刷隔离剂等
011703002	带形基础				
011703003	独立基础				
011703004	满堂基础				
011703005	设备基础				
011703006	桩承台基础				
011703007	矩形柱	柱截面尺寸			
011703008	构造柱				
011703009	异形柱	柱截面形状、尺寸			
011703010	基础梁	梁截面			
011703011	矩形梁				
011703012	异形梁				

续表

项目编码	项目名称	项目特征	计量单位	工程量计算规则	工程内容
011703013	圈梁	梁截面	m²	③柱、梁、墙、板相互连接的重迭部分，均不计算模板面积 ④构造柱按图示外露部分计算模板面积	1. 模板制作 2. 模板安装、拆除、整理堆放及场内外运输 3. 清理模板黏结物及模内杂物、刷隔离剂等
011703014	过梁				
011703015	弧形、拱形梁				
011703016	直形墙	墙厚度			
011703017	弧形墙				
011703018	短肢剪力墙、电梯井壁				
011703019	有梁板	板厚度			
011703020	无梁板				
011703021	平板				
011703022	拱板				
011703023	薄壳板				
011703024	栏板				
011703025	其他板				
011703026	天沟、檐沟	构件类型	m²	按模板与现浇混凝土构件的接触面积计算按图示外挑部分尺寸的水平投影面积计算，挑出墙外的悬臂梁及板边不另计算	
011703027	雨篷、悬挑板、阳台板	1. 构件类型 2. 板厚度			
011703028	直形楼梯	形状	m²	按楼梯（包括休息平台、平台梁、斜梁和楼层板的连接梁）的水平投影面积计算，不扣除宽度≤500mm 的楼梯井所占面积，楼梯踏步、踏步板、平台梁等侧面模板不另计算，伸入墙内部分亦不增加	
011703029	弧形楼梯				
011703030	其他现浇构件	构件类型	m²	按模板与现浇混凝土构件的接触面积计算	
011703031	电缆沟、地沟	1. 沟类型 2. 沟截面	m²	按模板与电缆沟、地沟接触的面积计算	

续表

项目编码	项目名称	项目特征	计量单位	工程量计算规则	工程内容
011703032	台阶	形状	m²	按图示台阶水平投影面积计算，台阶端头两侧不另计算模板面积。架空式混凝土台阶，按现浇楼梯计算	1. 模板制作 2. 模板安装、拆除、整理堆放及场内外运输 3. 清理模板黏结物及模内杂物、刷隔离剂等
011703033	扶手	扶手断面尺寸	m²	按模板与扶手的接触面积计算	
011703034	散水	坡度	m²	按模板与散水的接触面积计算	1. 模板制作 2. 模板安装、拆除、整理堆放及场内外运输 3. 清理模板黏结物及模内杂物、刷隔离剂等
011703035	后浇带	后浇带部位	m²	按模板与后浇带的接触面积计算	
011703036	化粪池底	化粪池规格	m²	按模板与混凝土接触面积	
011703037	化粪池壁				
011703038	化粪池顶				
011703039	检查井底	检查井规格	m²	按模板与混凝土接触面积	1. 模板制作 2. 模板安装、拆除、整理堆放及场内外运输 3. 清理模板黏结物及模内杂物、刷隔离剂等
011703040	检查井壁				
011703041	检查井顶				

注：1. 原槽浇灌的混凝土基础、垫层，不计算模板。

2. 此混凝土模板及支撑（架）项目，只适用于以平方米计量，按模板与混凝土构件的接触面积计算，以"立方米"计量，模板及支撑（支架）不再单列，按混凝土及钢筋混凝土实体项目执行，综合单价中应包含模板及支架。

3. 采用清水模板时，应在特征中注明。

S.4　垂直运输

　　垂直运输工程量清单项目设置、项目特征描述的内容、计量单位、工程量计算规则应按表 S.4 的规定执行。

表 S. 4　垂直运输（011704）

项目编码	项目名称	项目特征	计量单位	工程量计算规则	工程内容
011704001	垂直运输	1. 建筑物建筑类型及结构形式 2. 地下室建筑面积 3. 建筑物檐口高度、层数	1. m² 2. 天	1. 按《建筑工程建筑面积计算规范》GB/T 50353—2005 的规定计算建筑物的建筑面积 2. 按施工工期日历天数	1. 垂直运输机械的固定装置、基础制作、安装 2. 行走式垂直运输机械轨道的铺设、拆除、摊销

注：1. 建筑物的檐口高度是指设计室外地坪至檐口滴水的高度（平屋顶系指屋面板底高度），突出主体建筑物屋顶的电梯机房、楼梯出口间、水箱间、瞭望塔、排烟机房等不计入檐口高度

　　2. 垂直运输机械指施工工程在合理工期内所需垂直运输机械

　　3. 同一建筑物有不同檐高时，按建筑物的不同檐高做纵向分割，分别计算建筑面积，以不同檐高分别编码列项

S. 5　超高施工增加

　　超高施工增加工程量清单项目设置、项目特征描述的内容、计量单位、工程量计算规则应按表 S. 5 的规定执行。

表 S. 5　超高施工增加（011705）

项目编码	项目名称	项目特征	计量单位	工程量计算规则	工程内容
011705001	超高施工增加	1. 建筑物建筑类型及结构形式 2. 建筑物檐口高度、层数 3. 单层建筑物檐口高度超过 20m，多层建筑物超过 6 层部分的建筑面积	m²	按《建筑工程建筑面积计算规范》GB/T 50353—2005 的规定计算建筑物超高部分的建筑面积	1. 建筑物超高引起的人工工效降低以及由于人工工效降低引起的机械降效 2. 高层施工用水加压水泵的安装、拆除及工作台班 3. 通信联络设备的使用及摊销

注：1. 单层建筑物檐口高度超过 20m，多层建筑物超过 6 层时，可按超高部分的建筑面积计算超高施工增加。计算层数时，地下室不计入层数。

　　2. 同一建筑物有不同檐高时，可按不同高度的建筑面积分别计算建筑面积，以不同檐高分别编码列项。

参考文献

[1] 中华人民共和国住房和城乡建设部．GB 50500—2013 建设工程工程量清单计价规范［S］．北京：中国计划出版社，2013.

[2] 中华人民共和国住房和城乡建设部．GB 500854—2013 房屋建筑与装饰工程工程量清单计价规范［S］．北京：中国计划出版社，2013.

[3] 袁建华．工程量清单计价［M］．北京：中国建筑工业出版社，2010.

[4] 刘富勤，陈德方．工程量清单的编制与投标报价［M］．北京：北京大学出版社，2006.

[5] 宋彩萍．工程施工项目投标报价实战策略与技巧［M］．北京：科学出版社，2007.

[6] 顾湘东．建筑装饰装修工程预算［M］．长沙：湖南大学出版社，2011.

[7] 吴承钧．室内装饰工程预算技法［M］．河南：河南科学技术出版社，2010.